化学工业出版社"十四五"普通高等教育规划教材

WUJI YU FENXI HUAXUE SHIYAN

无机与分析化学实验

第二版

宰建陶　马荔　陈虹锦　主编

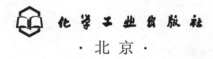

化学工业出版社

·北京·

内容简介

《无机与分析化学实验》（第二版）在介绍实验基本常识、数据处理、实验常用仪器和基本操作等基础知识后设置了 48 个实验项目，以制备合成、分离分析、测试表征为主线，按基本技能训练、综合性实验、设计性实验三个层次安排实验内容，18 个基础实验可满足技能训练的需求，20 个综合实验可培养学生独立思考、综合分析和解决问题的能力，10 个设计实验可训练学生基本的科研能力。附录中数据表可供学生查阅。

本书可作为高等院校化学、化工、材料、药学、生物、环境、食品、轻工等专业本科生的教材，也可供相关人员参考。

图书在版编目（CIP）数据

无机与分析化学实验 / 宰建陶，马荔，陈虹锦主编.
2 版. -- 北京：化学工业出版社，2025. 1. --（化学工业出版社"十四五"普通高等教育规划教材）. -- ISBN 978-7-122-46791-1

Ⅰ. O61-33；O652. 1

中国国家版本馆 CIP 数据核字第 2024LQ2195 号

责任编辑：宋林青　　　　　　　　文字编辑：刘志茹
责任校对：赵懿桐　　　　　　　　装帧设计：刘丽华

出版发行：化学工业出版社
　　　　　（北京市东城区青年湖南街 13 号　邮政编码 100011）
印　　装：三河市双峰印刷装订有限公司
787mm×1092mm　1/16　印张 16½　彩插 1　字数 405 千字
2025 年 3 月北京第 2 版第 1 次印刷

购书咨询：010-64518888　　　　　售后服务：010-64518899
网　　址：http://www.cip.com.cn
凡购买本书，如有缺损质量问题，本社销售中心负责调换。

定　　价：45.00 元　　　　　　　　版权所有　违者必究

前言

无机与分析化学实验是我校"自然科学大平台"学生（化工、环境、生命科学、农学、药学、海洋化学）、拔尖和强基学生（化学、生物、生物医学工程）一年级的第一门基础实验课，培养计划要求加强基础，在培养学生的基本实验技能外还要注重学生的学习能力、实践能力。为了配合该课程的教学，我们在多项教学建设项目的支持下，形成了以制备合成、分离分析、测试表征为主线，按基本技能训练、综合性实验、设计性实验三个层次，循序渐进安排实验内容的教学方法。为此，2019年出版了配套教材《无机与分析化学实验》，在多个专业中使用情况良好，体现了其广泛的适用性。该教材还用于后续的专业课《化学综合实验一》、《ET创新实验》和《中级无机化学实验》等课程的教学。在教学实践中，我们发现原教材在安全教育、各类溶液配制和化学学科前沿方面尚有欠缺，也没有收录近年来新开发的教学实验，这些都亟须改进。

第二版在第一版基础上进行了修正和更新，保持了原教材的整体框架，但强化了树立学生的安全意识，增加了实验安全风险评估内容；进一步整合实验内容，如化学原理验证的三个实验，既体现了原理的验证，更强化了原理的应用；单独列出了各类常用标准溶液的配制和标定，方便学生将教材作为实验工具书；增加了多个新的综合、设计实验，这些都是科研成果转化的新实验，融入了科学研究的流程，以让学生明确理解在设计实验方案中化学理论的支撑作用，鼓励学生自行设计实验，提高他们的思维和创新能力，体验科研的过程和乐趣。

本书共48个实验，除了通用性强的化学基础实验，还吸收了最新的科研成果转化的实验，充分体现绿色化的理念，适用于化学、化工及化学近缘专业使用。

除教材原编写团队马荔、陈虹锦、宰建陶、张利、张卫、谢少艾外，本次修订又增加了刘晓宁、魏霄老师，完成了传帮带。刘晓宁主要完成了安全风险评估内容，新增的标准溶液配制和标定内容由张利完成，新增实验主要来自宰建陶、魏霄的拔尖和强基计划化学专业学生的课堂，全书统稿由宰建陶和马荔完成，张卫和陈虹锦审阅了新增内容。

配套教材的实验安全学习平台：上海交通大学-虚拟仿真实验平台-实验管理，欢迎大家浏览学习。

尽管我们努力确保教材的质量，但由于水平所限，书中可能存在不足和疏漏之处，欢迎广大读者和师生提出宝贵意见。

编　者

2024. 8. 于上海

第一版前言

化学是一门实践性很强的学科。在学习化学理论知识的同时，必须通过化学实验课程来达到两个目的：一是验证理论知识，加深对理论的了解和掌握，同时使学生学会用自己所学的知识对实验现象和结果进行分析和讨论；二是通过这个实践性环节，开发学生独立处理问题、解决问题的能力和提高学生设计实验的水平，为今后的专业课程学习和科研工作训练良好的实验技能和创下良好的综合基础。

《无机与分析化学实验》是在我们总结多年基础化学实验教学经验的基础上，为提高学生综合实验能力而编写的，它从基础知识、基本技能训练、综合实验到设计性实验，有步骤地引导学生从掌握最基本的实验技能到熟练进行综合实验设计，全面提高学生的独立工作能力、综合设计能力、科学研究能力以及团队协作精神。

本教材着重介绍无机化学实验、分析化学实验的基础知识和基本实验技能，以基础实验、综合实验、设计实验三个部分呈现给读者，学生通过基本操作、基本化合物的合成和测试训练为后续的系列实验打下基础。本书在基本操作和仪器使用部分配有 24 个教学演示视频，扫码即可观看，方便学生规范实验操作，这也是我们对新形态教材的一种尝试。

教材的编写团队由马荔、陈虹锦、宰建陶、张利、张卫组成。在编写过程中，得到了基础化学实验中心和教学团队教师的大力帮助，吴旦老师、谢少艾老师对本书中有关基础化学知识、基本实验技能以及无机与化学分析有关的实验内容的编写给予了很大的帮助，马晓东、戚嵘嵘、袁望章、应迪文、邱惠斌、黄香宜、韩莉、王亚林等老师在实验内容的修改和完善中提出了宝贵的意见。在实验验证过程中，得到了基础化学实验中心老师的大力支持与帮助，使我们的实验改革和教材编写工作得以顺利进行，在此向他们表示最真诚的谢意。

本着便于学生自学和引导学生实验过程中积极思考的理念，书中编写了大量的思考题，既可以引导学生在课前预习时理解实验内容，又可以让学生在完成报告时积极思考。本书是一本有特色并有利于学生理解化学实验本质的教材。

由于能力有限和对基础化学实验教学的改革还处于探索阶段，书中难免会有一些不妥之处，欢迎读者批评指正。

编　者
2019 年 5 月于上海

目 录

第1章

绪论

1.1 化学实验的目的

化学是一门理论和实践并重的学科。熟练掌握化学实验操作是化学工作者做化学研究必备的条件。在化学学习的过程中，通过化学实验能够真正地掌握好化学理论知识及研究方法，达到融会贯通的效果。

无机与分析化学实验作为高等理工院校化学、化工、材料、环境、生命、海洋化学、医学、药学、农学等专业的基础课程的一部分，对培养学生的综合能力有着极为重要的作用。实验训练可达到以下几个目的：

① 通过实验课程掌握基本实验技能和基础实验方法，通过实验更好地理解化学基本原理。

② 通过实验课程逐步培养独立思考问题、解决问题的能力，树立严谨的治学作风，培养良好的实验规范及科学素养。

③ 通过基础实验、综合实验、设计实验等不同层次教学，逐步提高学生获取新知识和掌握科学研究方法的能力。

④ 通过整个实验过程，培养学生对实验方案设计原理的了解和思考，促使学生逐步形成带着问题学习的良好学习习惯。

⑤ 经过严格的实验训练，使学生具有一定的分析和解决较复杂问题的能力、收集和处理分析化学信息的能力、文字表达能力、团结协作精神，最后具有一定的实验设计能力。

⑥ 培养学生准确、细致、整洁等良好的科学习惯，培养学生实事求是的科学精神、科学思维方法和开拓创新能力。

1.2 化学实验课的要求

化学实验是一个独立的课程，为了使实验课程达到上述学习效果，学生应端正学习态度，更重要的是要建立一套正确、有效的学习方法。本课程要注重预习、实验、实验报告三个环节。

1.2.1　实验前——预习

预习是实验成败的关键因素之一。首先要根据实验目的，了解实验的内容和步骤，以及每一步要达到的目的或可能有的现象，对实验的整体过程在头脑中建立起一个框架，做到心中有数。对实验中可能遇到的问题及疑点、难点，应查阅有关资料，制定可行的实验方案，使实验得以顺利进行。同时，应了解实验设计中的理念和方法。实验的预习步骤包含以下几点。

① 阅读实验相关的内容，参考给出的思考题，研究并领会实验原理，了解及考虑实验步骤和操作过程中的注意事项，尤其是对化学实验过程中可能遇到的安全问题要有一个具体的预判，规避或可以应对实验中发生的安全问题。实验前要根据自己对实验预习的体会写好预习报告。预习报告的主要内容包括：实验目的，简要的实验原理（特别是主反应和重要副反应的方程式），简明实验步骤或流程图，使用的原料、产物和主要副反应产物，实验方法和操作要点，查阅或计算出与实验相关的物理化学常数及主要试剂规格、用量。

② 对于一些简单的设计性实验，首先要明确需要解决的问题，再根据所学的知识，通过查阅有关资料，结合实验室可提供的条件，选定实验方法，设计实验方案。必要时先和指导教师讨论再做设计。

③ 预习报告的书写要求简明扼要，实验内容按不同实验的要求，可用框图、箭头或表格的形式表达，有些文字可用符号简化，如实验所用仪器或实验步骤。另外，结合思考题和实验原理来预测实验现象，估计实验中可能出现的问题，并设想解决办法，标出操作中的关键步骤。必须考虑设计相应的实验数据记录表格和实验现象的记录表格，便于实验中记录实验现象及数据。

总之，预习要达到了解概貌、预测现象和难点、明确思路的效果。

1.2.2　实验中——行动

学生应根据教材上所规定的或自己设计的方法、步骤和试剂用量进行操作，实验时应做到以下几点。

① 实验过程中保持安静，严格遵守实验室安全和操作规范。

② 认真操作，细心观察实验现象，包括气体的生成、沉淀的产生、颜色的变化、温度、压力、流量、pH 值的变化等等。

③ 对实验中产生的现象，应本着实事求是的科学态度进行如实记录，应用所学的理论进行分析，得出结论。如果发现实验现象和化学原理或预想不符合，应认真检查原因，并细心重做此实验。必要时，可以做空白实验或对照实验加以检验或校正。

④ 实验中遇到疑难问题时提倡师生间、同学间的讨论，逐步提高解决问题的能力，提高实验效率。

⑤ 每个学生必须准备一本有页码的预习报告本记录实验数据和现象。记录时，文字要简明扼要、书写整齐、字迹清楚。如实、详细地把实验现象、数据记录在预习报告所留出的空格或表格内。数据记录一定要真实、有效、规范。

⑥ 实验完毕后，在"原始数据记录表"上登记实验原始数据，并将记录和实验产品一并交教师审阅。

实验指导教师在学生实验中起着重要作用。为此，要求教师必须做到：坚持做预备实验；实验课开始前，检查学生的预习情况；讲授实验基本知识和实验操作。指导实验时，指导教师应坚守工作岗位，及时发现和指出学生的操作错误与不足，集中精力指导实验，认真批改实验报告，及时归纳学生实验过程中和实验报告中存在的问题，及时进行讲评和总结。而学生应该在实验之前认真预习，最好与指导教师进行讨论，并且，整个实验环节完成以后，要弄懂其中每一个环节的内涵。

学生在实验课上应勤于思考，胆大心细，手指勤快！安全第一！

1.2.3　实验后——总结

实验报告是实验教学的最后一项工作，是实验的总结，是一个把感性认识上升到理性认识的重要环节。这一环节是培养学生分析、归纳、总结、科技写作能力的重要步骤。

实验报告一般应包括以下内容：

① 实验名称、日期、当时环境温度、实验者及班级代号、学号、指导教师姓名。

② 实验目的。

③ 实验原理：要求简明扼要，尽量用化学语言表达。

④ 实验步骤及操作重点：通过简图、表格、化学反应方程式、符号等简洁明了地表示。

⑤ 实验结果：表达实验获得的数据及处理实验的结果。根据实验现象、数据进行整理、归纳、计算。

⑥ 结果讨论与分析：对实验进行小结，包括对实验现象与结果的分析讨论。也可对实验的整体设计（包括内容和安排不合理的地方）提出自己的建议和意见，实验中的一切现象（包括异常现象）都应进行讨论，提出自己的看法和原理依据，做到生动、活泼、主动地学习。

⑦ 解答思考题。提出自己的看法或疑问。

1.3　实验报告格式

这里提供的实验报告格式，是为低年级学生示范的，高年级学生可在教师的指导下根据实验的具体内容拟定实验报告格式。总的原则是简洁明了，尽量用化学语言及符号、图、表等有层次地清晰表达。以下为几种类型实验报告格式的示例。

1.3.1　"无机制备实验"报告格式

姓名＿＿＿＿＿＿＿　班级＿＿＿＿＿　学号＿＿＿＿＿　实验日期＿＿＿＿＿＿
指导教师＿＿＿＿＿＿＿　助教＿＿＿＿＿＿　成绩＿＿＿＿＿＿＿
课程名称：无机与分析化学实验
实验名称：硫酸亚铁铵的制备
一、实验目的
（略）
二、实验原理

$$Fe + H_2SO_4 \longrightarrow FeSO_4 + H_2 \uparrow$$

$$FeSO_4 + (NH_4)_2SO_4 + 6H_2O \xlongequal{\quad\quad} FeSO_4 \cdot (NH_4)_2SO_4 \cdot 6H_2O$$

如何控制温度析出 $FeSO_4 \cdot (NH_4)_2SO_4 \cdot 6H_2O$，可根据溶解度曲线确定反应温度，如图 1 所示。

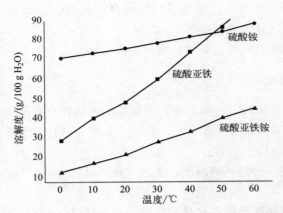

图 1　$FeSO_4$、$(NH_4)_2SO_4$、$FeSO_4 \cdot (NH_4)_2SO_4 \cdot 6H_2O$ 溶解度曲线

三、实验步骤

1. 制备实验流程

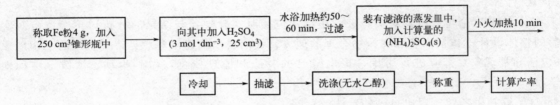

2. 产品质量分析：采用的是 Fe^{3+} 的限量分析的目视比色法

原理：$Fe^{3+} + nSCN^- \xlongequal{\quad} [Fe(SCN)_n]^{3-n}$

配制溶液的方法：

四、实验现象与解释

步　骤	现　象	解释和备注

五、实验结果

理论产率的计算：

产量：　　　　　　　　　　产率：

产品等级：

六、问题与讨论

七、思考题

1.3.2 "分析测定实验"报告格式

姓名_____　班级_____　学号_____　实验日期_____

指导教师_____　助教_____　成绩_____

课程名称：无机与分析化学实验

实验名称：醋酸解离平衡常数和解离度的测定

一、实验目的

（略）

二、实验原理

（略）

三、实验内容

1. 实验步骤

（1）$0.2\ mol\cdot dm^{-3}$ HAc 溶液的配制

（2）HAc 浓度的标定

（3）不同浓度 HAc 的配制

（4）不同浓度 HAc 的 pH 值的测定

2. 实验数据及处理

（1）HAc 浓度的标定

	Ⅰ	Ⅱ	Ⅲ
NaOH 浓度/$mol\cdot dm^{-3}$		0.1985	
HAc 体积/cm^3		25.00	
NaOH 体积(终)/cm^3	25.05	25.02	24.96
NaOH 体积(初)/cm^3	0.00	0.00	0.00
NaOH 体积/cm^3	25.05	25.02	24.96
NaOH 体积平均值/cm^3			
HAc 浓度计算公式			
HAc 平均浓度/$mol\cdot dm^{-3}$			

（2）系列 HAc 溶液 pH 值的测定

编号	V_{HAc}	$V_总$	c	lgc	pH	2pH	$[H^+]$	K_{HAc}	α
1	$5.00\ cm^3$	$100\ cm^3$							
2	$10.00\ cm^3$	$100\ cm^3$							
3	$25.00\ cm^3$	$100\ cm^3$							
4	$50.00\ cm^3$	$100\ cm^3$							
5		未稀释							

四、结果与讨论

五、实验结论

六、思考题

1.4　实验课程考核

"无机与分析化学实验"是一个独立的课程体系，根据课程的特点，课程的考核结果应能客观反映学生的真实情况，同时，又应该成为学生学习的方向标。因此实验课的考核以综合过程管理和目标管理两方面为关注点，对四个环节进行考核，即实验预习-实验操作-实验设计-实验考试（实验结果），使之更能客观、准确、科学地反映学生的知识、技术和创新能力，并对学生能力和素质提高起到导向作用。

这里的过程包括两个部分：

一部分是针对每一个实验进行全程跟踪，从实验预习、实验操作、实验报告、思考与创新四个方面考核，考核表见表1-1。教师给成绩包括以下几项内容：预习情况，实验态度，实验操作技能，实验记录，实验报告的撰写是否认真、是否符合要求，实验结果的科学性与准确性，实验过程中和实验结束后是否做到积极思考、主动学习，是否有意识地培养思考分析的习惯，等等。

另一部分是安排一个实验，进行全过程考核，进一步检查学生最终的学习效果。

表1-1　实验成绩考核表

序号	学号	姓名	一、实验预习（20分）	二、实验操作（40分）	三、实验报告（35分）	四、思考与创新（5分）	总分
			原理清晰，过程明了，数据记录表格，必要数据查阅，主要仪器使用	态度端正，条理清楚，操作规范，记录正确，结果合理，整洁安全	数据处理，结果分析解释，有讨论和建议，思考题的分析解答，报告书写规范	有针对实验的思考，进一步实验设计并进行探索	
1							
2							

1.5　实验行为规范

为了保证实验的正常进行和培养良好的实验室作风，学生必须遵守下列实验室规则。

①　实验前做好充分的准备工作。

②　实验中应保持安静和遵守秩序。实验时注意力要集中，操作要认真，不得大声喧哗，不得擅自离开。要安排好时间，按时结束。

③　遵从教师的指导，注意安全，严格按照操作规程和实验步骤进行实验。发生意外事故时，要冷静，及时采取应急措施，并立即报告指导教师。

④　保持实验室整洁。实验时做到桌面、地面、水槽、仪器四净。

⑤　爱护公物。公用仪器及药品用后立即归还原处。节约水、电、煤气及消耗性药品，严格药品用量。

⑥　实验中产生的三废应根据不同的性质进行分类处理。

⑦　遵守实验室卫生条例，实验完毕后要整理公用仪器，打扫实验室，并协助实验室管理人员检查和关好水、电、煤气阀门及门窗。

第2章

化学实验室基本常识

2.1 化学实验室概貌

化学实验室的基础设施主要有实验台、洗涤设施、通风装置、废液回收装置、220 V 交流电和管道煤气（天然气）等。如果条件允许，还应配备 36 V 以下直流电和纯水管道。同时化学实验室的基本附件有灭火沙箱、灭火器、洗眼器、防火毯、烟雾报警器、喷淋装置和应急电源或应急灯，还有监控设备。

学生进入实验室后的第一件事就是要了解实验室的基本情况，比如是否有前后门、安全通道如何走、喷淋装置在哪里、防火毯在哪里，以便今后很好地进行实验和在出现事故时能镇定地应对，在实验室发生问题时能够做到安全、自救、逃生。

2.2 化学实验室用水及试剂

根据任务和要求的不同，实验室对水的纯度要求也不同。对于一般的分析实验，采用蒸馏水或去离子水即可。而对于超纯物质分析，则要求纯度较高的"高纯水"。

我国已建立了实验室用水规格的国家标准（GB/T 6682—2008），其中规定了实验室用水的技术指标、制备方法及检验方法。

2.2.1 实验室用水规格

实验室用水根据国家标准 GB/T 6682—2008《分析实验室用水规格和试验方法》的规定，见表 2-1。

表 2-1 实验室用水的级别及主要指标

指标名称		一级	二级	三级
pH 范围(25 ℃)		—	—	5.0～7.5
电导率(κ)(25 ℃)/mS·m^{-1}	≤	0.01	0.10	0.50
可氧化物质[以(O)计]/mg·dm^{-3}	<	—	0.08	0.40
吸光度(A)(254 nm,1 cm 光程)	≤	0.001	0.01	—

续表

指标名称		一级	二级	三级
蒸发残渣(105 ℃±2 ℃)/mg·dm^{-3}	≤	—	1.0	2.0
可溶性硅(以 SiO$_2$)/mg·dm^{-3}	<	0.01	0.02	—

标准中只规定了一般技术指标，在实际工作中，有些实验对水有特殊要求，还要检查有关项目，例如 Cl$^-$、Fe^{3+}、Cu^{2+}、Zn^{2+}、Pb^{2+}、Ca^{2+}、Mg^{2+} 等的含量。

2.2.2 纯水的制备方法

制备实验室用水的原料水应当是饮用水或比较干净的水。如有污染，则必须进行预处理。

实验室根据用水要求的不同，可以采取以下几种方法获得不同纯度和用途的纯水：蒸馏法、离子交换法及电渗析法。

目前实验室用水大多采用离子交换树脂去除水中的杂质离子，用这种方法制得的纯水通常称为去离子水。

离子交换系统是通过阴、阳离子交换树脂对水中的各种阴、阳离子进行置换的一种传统水处理工艺，普通水进入离子交换树脂柱之前先经过活性炭过滤，再分别通过单独阳离子、阴离子交换树脂柱，再通过按不同比例进行搭配而组成的混合离子交换柱中和去离子水的酸碱度（见图 2-1）。

图 2-1　离子交换法制备纯水原理示意

以氯化钠（NaCl）代表水中无机盐类，水质除盐的基本反应可以用下列方程式表示：

$$阳离子交换树脂：R—H+Na^+ \Longrightarrow R—Na+H^+$$

$$阴离子交换树脂：R—OH+Cl^- \Longrightarrow R—Cl+OH^-$$

阳、阴离子交换树脂总的反应方程式即可写成：

$$RH+ROH+NaCl \Longrightarrow RNa+RCl+H_2O$$

由此可看出，水中的 NaCl 已分别被树脂上的 H$^+$ 和 OH$^-$ 所取代，而反应生成物只有 H$_2$O，故达到了去除水中盐的作用。

离子交换树脂需要预处理，先用清水对树脂进行冲洗，然后用 4%～5% 的 HCl 和 NaOH 在交换柱中依次交替浸泡 2～4 h，在酸碱之间用大量清水淋洗至出水接近中性，如此重复 2～3 次，每次酸碱用量为树脂体积的 2 倍。最后一次处理应用 4%～5% 的 HCl 溶液进行，浸泡约 3～4 h，用清水淋洗至中性即可，备用。

此法的优点是简单、制备量大、成本低和去离子的能力强；缺点是设备及操作较复杂，不能除去非电解质（如有机物）杂质，而且尚有微量离子交换树脂溶在水中。

随着反渗透技术的发展，目前最流行的方法是反渗透＋混合离子交换柱（或床）结合的工艺。首先预处理，即砂碳过滤器和精密过滤器，然后是反渗透膜＋混合离子交换柱（或床）工艺，这样可使出水电导率降到 $0.2~\mu\text{S}\cdot\text{cm}^{-1}$ 以下。

在容量分析实验中，一般使用三级水；仪器分析实验中一般使用二级水。有的实验则需使用一级水，可以以去离子水为原料，用蒸馏法制备更高一级的纯水。

2.2.3　化学试剂的规格

表 2-2 是化学试剂等级的标志。

表 2-2　化学试剂等级对照

质量次序		1	2	3	4
化学试剂等级标志	级　别	一级品	二级品	三级品	
	中文标志	优级纯	分析纯	化学纯	生物试剂
	符　号	G. R.	A. R.	C. P.	B. R. ，C. R.

化学试剂中，指示剂纯度往往不太明确。除少数标明"分析纯""试剂四级"外，经常只标明"化学试剂""企业标准"或"部颁暂行标准""生物染色素"等等。常用的有机溶剂、掩蔽剂等，也经常见到级别不明的情况，平常只可作为"化学纯"试剂使用，必要时需进行提纯。例如，三乙醇胺中铁含量较大，而又常用来掩蔽铁，因此使用该试剂时，必须注意。

需特别注意，还有一些特殊用途的所谓高纯试剂。例如："色谱纯"试剂，是在最高灵敏度下以 10^{-10} g 无杂质峰来表示的；"光谱纯"试剂是以光谱分析时出现的干扰谱线的数目强度大小来衡量的，往往含有该试剂的各种氧化物，不能认为是化学分析的基准试剂；"放射化学纯"试剂是以放射性测定时出现干扰的核辐射强度来衡量的；"MOS"试剂是"金属-氧化物-半导体"试剂的简称，是电子工业专用的化学试剂等等。

在一般分析工作中，通常要求使用分析纯试剂。

2.2.4　化学试剂的存放

化学试剂应贮存在通风良好、干净和干燥的房间。要远离火源，并要注意防止水分、灰尘和其他物质的污染，同时，还应根据试剂的性质采用不同的贮存方法。

每个试剂瓶都要贴上标签，并标明试剂的名称、规格、浓度、配制日期，标签纸外应涂上石蜡或贴上透明胶带。试剂应存放在专用柜子中。贮存的方法是：

① 氧化剂和还原剂分开放置，酸和碱分开放置；

② 固体放在上层，液体放在下层，且有托盘保护；

③ 柜门上贴目录，柜子边上有使用记录；

④ 冰箱内存放药品需要购置特种冰箱；

⑤ 试剂瓶及时盖好。

液体试剂通常存放在细口瓶中，固体试剂则存放在广口瓶中；见光易分解的试剂（如 $AgNO_3$、$KMnO_4$、$CHCl_3$、CCl_4 等）应装在棕色瓶中；盛液体的瓶盖多为磨口的，碱性很强的试剂（$NaOH$、KOH、浓氨水、Na_2SO_3 等）应盛放在有橡胶塞的瓶中；氢氟酸只能装在塑料瓶中；H_2O_2 见光易分解，但不能装在棕色玻璃瓶中，因玻璃中的微量金属会对 H_2O_2 分解起催化作用，因而应存放在不透明的塑料瓶中，必要时应用黑色纸或塑料袋罩住以避光。特种试剂应有特殊的贮存方法，如金属钠浸在煤油中，白磷在水中保存等。

2.3　化学实验室安全知识

　　化学实验室是教与学、理论与实践相结合的重要场所，实验教学是培养学生化学素质、熏陶学生安全和环保意识的重要环节，实验室的安全问题不仅关系到个人健康安全，而且关系到国家财产安全。

　　在化学实验室中有许多不安全的因素存在：

　　① 有大量易燃、易爆危险品和高压气体等；

　　② 实验过程中有时会产生或使用大量的有毒化学品；

　　③ 实验中还会用到各种电器设备，不仅要与 220 V 的低压电打交道，甚至还可能用到上千伏的高压电；

　　④ 实验过程中，玻璃器皿破碎造成的皮肤与手指创伤、割伤。

　　实验室事故与人员（指导教师和学生）在安全管理和安全技术上的认识和修养水平有密切的关系。发生事故的原因大多是缺乏安全知识、安全保护重视程度不够、没有建立相应的规章制度或者没有采取必要的保护措施。因此，保证学生在实验前熟悉实验内容、步骤，了解实验中使用的仪器、设备、药品、工具，掌握发生事故时的急救措施和紧急处理方法，是避免事故发生和应对事故的有效手段。

　　安全专家在对各种事故分析调查研究后提出了控制事故发生的 3E 措施，即安全技术（engineering）、安全教育（education）和安全管理（enforcement）。安全技术是指符合安全技术要求的设计，包括实验室安全设计、实验工艺流程、操作条件、设备性能的安全等。安全教育是指不断提高实验人员的安全素养，要达到这一点必须通过教育，使实验人员提高操作技能，了解各种不安全因素并懂得如何防止，一旦事故发生，能够迅速冷静地排除事故。安全管理包括制订和执行与安全有关的制度、标准、章程等。

2.3.1　常见危险品及安全预防措施

　　化学实验室大门外显眼处需贴上实验室安全责任人信息，同时需张贴紧急处理事故的提示信息。

2.3.1.1　易燃、易爆品

　　（1）燃烧和爆炸

　　燃烧是一种同时产生热和光的剧烈氧化反应。燃烧的发生必须同时具备三个条件：

　　① 可燃物质　如气体、液体和固体可燃物；

　　② 助燃物质　如氧气或氧化剂；

　　③ 点火源　即要使可燃物和助燃物发生化学反应，必须具有足够的点火能量。

　　实验室潜在的点火源有明火、电器火花、摩擦静电火花、化学反应热、高温表面、雷电火花、日光聚焦。因此，预防燃烧发生的措施就是避免燃烧三条件同时出现，化学实验室唯一可行的预防措施是禁止明火。

　　爆炸物在热力学上是一种或多种均一或非均一的很不稳定的体系，当受到外界能量激发时，可迅速地自一种状态转变为另一种状态，并在瞬间以机械功的形式放出大量能量，此过程称为爆炸。爆炸具有过程进行快、爆炸点附近瞬间压力急剧升高、发出响声、周围介质发生震动或物质遭到破坏等特点。爆炸只能预防不能中途控制。爆炸分为物理爆炸和化学爆炸。物理爆炸：如压力容器爆炸；化学爆炸：如物质发生高速放热的化学反应，产生大量气体并急剧膨胀做功而形成。

（2）燃爆类物质

可燃气体：如 H_2、CH_4、乙炔、煤气等。当这类气体从容器或管道里泄漏出来，或者空气进入盛有这类气体的容器相互混合达到某种浓度范围时，遇火就会立即燃烧，甚至能在瞬间将燃烧传播到整个混合物而发生爆炸。

① 可燃液体　一般是指闪点小于 45 ℃的易燃液体，如乙醚、丙酮、汽油、苯、乙醇等。闪点是指液面挥发的可燃性气体与空气混合，当火源接近时，发生瞬间火苗或闪光的最低温度。在闪点时，液体的挥发速度并不快，蒸发出来仅能维持一刹那的燃烧，还来不及补充新的蒸气，所以火焰会自然熄灭。闪点低的可燃液体在常温下就能不断地挥发出可燃蒸气，与空气形成爆炸性混合物，因此闪点越低，危险性越大。乙醚的闪点为 −45 ℃，夏天乙醚的存放要特别当心。有些人习惯把乙醚放入冰箱，这同样具有危险性。因为液体在任何温度下都能挥发，只不过温度低时挥发得慢，温度高时挥发得快，由于冰箱空间小，长期不打开冰箱，就会使乙醚充满整个空间。实验室放置药品的冰箱要购置特种防爆冰箱，这种冰箱不是继电器控温，不至于产生火花并引起爆炸。放有机试剂的冰箱要经常打开冰箱门，减少小空间内可燃气体的浓度。

② 易燃固体　凡是遇火、受热、撞击、摩擦或与氧化剂接触能着火的固体都称为可燃固体，燃点小于 300 ℃的称为易燃固体。固体物质的颗粒越细危险性越大，如镁粉、铝粉、合成树脂粉，当粒度小于 0.01 mm 时，会悬浮在空气中，与空气形成的混合物具有一定的爆炸性。

③ 自燃物　有些物质在没有任何外界热源的作用下，由于本身自行发热和向外散热的速度处于不平衡状态，热量积蓄，温度升高到自燃点能自行燃烧，称为自燃物。自燃物分为两个级别，其中一级自燃物，在空气中氧化速率极快，自燃点低，燃烧迅速而猛烈，危害性大。如黄磷，自燃点 34 ℃，在常温下就能与空气中的氧气发生氧化还原反应，同时放出大量热，极易达到自燃点而燃烧，故应放入水中保存。

④ 遇水燃烧物　有些化学品当吸收空气中的潮气或接触水时，会发生剧烈反应，并放出可燃气体和大量热量，这些热量使可燃气体的温度猛升到自燃点而发生燃烧或爆炸。根据物质性质不同，遇水后危险程度不同：碱金属、硼氢化物置于空气中就会自燃；氢化钾遇水具有自燃性和自爆性；磷化钙遇水生成有毒磷化氢。遇水燃烧物遇酸或氧化剂时，反应更剧烈，危险性更大。安全预防措施有：a. 密封放置，严禁受潮，如 K、Na、Li 应放入煤油中；b. 与氧化剂、酸、易燃物、含水物隔离；c. 发生火灾时只能用干沙或干粉灭火，不能用水、泡沫、酸、碱、二氧化碳灭火；d. 在通风橱中使用，防止跌落或细粉在空气中扩散。

⑤ 混合危险物　两种或两种以上物质，相互混合或接触能发生燃烧和爆炸。一般发生在强氧化剂和强还原剂之间。强氧化剂有硝酸盐、过氯酸盐、高锰酸钾、重铬酸盐、过氧化物、发烟硝酸、发烟硫酸等；强还原剂有苯胺、胺类、醇类、油脂、硫黄、磷、碳、锑、金属粉等。

氧化剂使用安全的原则是：a. 用量最小化；b. 远离有机物、易燃品、还原剂存放；c. 实验过程移去不必要的化学品；d. 使用通风橱和个人安全用品；e. 防止过期化学品中有过氧化物存在。

在化学实验室中易形成过氧化物的化学品有乙醛、环己烯、乙醚、p-二氧六环、金属钠、四氢呋喃、二异丙乙醚等。防止过氧化物引起的爆炸，应落实以下几方面措施：a. 熟悉常用的易形成过氧化物的化学品；b. 过期药品使用前要检查是否含有过氧化物；c. 加还原剂去除过氧化物；d. 化学品应存放于干燥、低温、阴暗处；e. 用这些溶剂时，反应停止后应及时处理。化学实验室有发生蒸馏过期四氢呋喃溶剂引起爆炸事故的风险；用四氢呋喃作溶剂时，反应结束后没有当天处理第二天再去处理也有爆炸风险。

⑥ 其他危险品　实验室可能还会使用一些其他燃爆危险品，务必要十分小心。如过氧化物、苦味酸、叠氮化合物、高氯酸盐等对撞击敏感的危险品。

（3）安全措施

① 存有易燃易爆物品的实验室禁止使用明火，如需加热可使用封闭式电炉、加热套或可加热磁力搅拌器，玻璃加工操作应有专用房间。

② 使用电磁搅拌器前应检查转动是否正常、有无火花产生。

③ 加热蒸馏易燃液体时，蒸馏中途不要加注试剂，尤其是活性炭等多孔物质。

④ 实验室保持良好的通风环境，必要时，实验过程应在通风橱中进行。

⑤ 如有机溶剂洒落到地上，应立即用纸巾吸除，并做适当的处理。

⑥ 熟悉使用物质的爆炸危险性质、影响因素与正确处理事故的方法，了解仪器结构、性能、安全操作条件和防护要求。对于乙醚等试剂，在进行回流和加热之前，应检查是否有过氧化物存在，如有应先除去过氧化物，方可使用。

⑦ 干燥有爆炸危险性的物质时，不得关闭烘箱门，且宜使用氮气保护。

⑧ 使用个人保护措施。

⑨ 禁止使用无标签、性质不明的物质。

⑩ 勿将易燃液体与玻璃器皿放于日光下，因为玻璃弯曲面的聚焦作用可产生局部高温而引起燃爆事故。

2.3.1.2　有毒化学品及其预防措施

毒物侵入人体后，通过血液循环分布到全身各个组织或器官。由于毒物本身的理化特性及各自的生化、生理特点，可破坏人的正常生理机能，导致中毒。中毒可分为急性中毒和慢性中毒。急性中毒指短时间内大量毒物迅速作用于人体后所发生的病变，多见于突发性事故场合。慢性中毒指长期接触少量毒物，毒物在人体内积累到一定程度所引起的病变；职业中毒以慢性中毒为主。

（1）有毒化学品进入人体的途径

① 呼吸道　是最常见，也是最危险的一种入侵方式，毒物经肺部吸收进入血液循环，可不经肝脏的解毒作用直接遍及全身，产生毒性作用，引起急慢性中毒。

② 皮肤　如 CS_2、汽油、苯等能够溶解于皮肤脂肪层且通过皮脂腺及汗腺侵入人体。当皮肤破损时，各类毒物只要接触患处都可以顺利地侵入人体。

③ 消化道摄取　与个人卫生习惯、实验室卫生状况有关。

（2）有毒化学品分类和预防措施

① 窒息化学品　窒息气体取代正常呼吸的空气，使氧浓度达不到维持生命所需的浓度，而引起窒息。有些窒息气体向低凹处聚集，逐步驱逐空气，且通常不易引起注意。窒息分为物理窒息和化学窒息，相对而言，化学窒息更危险。

药品储藏室由于通风不良有时会积累大量窒息性气体,进入前要特别注意。一般氧气浓度低于 16% 时,人会感到眼花;低于 12% 时,造成永久性脑损伤;低于 5% 的场合,6～8 min 人会死亡。

使用时要避免面部直接对准气体出口。

② 刺激性化学品 Cl_2、NH_3、H_2S、SO_2 等气体作用于上呼吸道黏膜,会导致气管痉挛和支气管炎,病情严重时可发生呼吸道机械性阻塞而窒息死亡。水溶性较大的刺激性气体对局部黏膜产生强烈的刺激作用而引起充血、水肿。吸入大量水溶性的刺激性气体或蒸气常引起中毒性肺水肿。除了上述气体外,还有氮氧化物、三氧化硫、卤代烃、光气、硫酸二甲酯、羰基镍等。

③ 麻醉或神经性化学品 锰、汞、苯、甲醇、有机磷等所谓"亲神经性毒物"作用于人体对神经系统起不良反应,会出现头晕、呕吐、幻视、视觉障碍、昏迷等。二硫化碳、砷、铊的慢性中毒可引起指、趾触觉减退、麻木、疼痛、痛觉过敏,甚至会造成下肢运动神经瘫痪和营养障碍。

④ 致癌化学品 现在已经基本确认有致癌作用的化学物质有砷、镉、铬酸盐、亚硝酸盐、石棉、苯并[a]芘类多环芳烃、蒽和菲衍生物、联苯胺、氯甲醚等。还有大量被怀疑有致癌作用或有潜在致癌作用的化学品。

⑤ 无机、金属及金属有机危险品 汞以蒸气形式经呼吸道侵入人体,易积累于肝、肾甚至脑中。浓度在 $1～3\ mg \cdot m^{-3}$ 可引起急性中毒,所以学生在实验中应尽量避免使用水银温度计,意外打碎温度计时,应立即收入小试剂瓶中并加水封,撒硫黄粉于被汞污染的地面,清理干净后,用 10% 漂白粉冲洗。

⑥ 强腐蚀化学品 氢氟酸有第一酸之称,具有强烈的腐蚀作用,受氢氟酸伤害后开始无明显征兆,慢慢感到疼痛,并逐步加重到剧疼,且治愈难,耗时长。因此,应尽量避免使用氢氟酸,如果必须要用,使用前应接受专门训练。另外,在工作中所有可能接触到 HF 的地方都要备有葡萄糖酸钙。一旦有皮肤接触氢氟酸,立即用大量水彻底冲洗皮肤 5 min,在灼伤处擦葡萄糖酸钙,然后尽快接受医生的检查和处理。

(3) 防毒措施

① 养成良好的个人卫生习惯,保持实验室良好的环境卫生。

② 采取必要的防护措施,进入实验室一定要穿工作服,选择并戴好防护眼睛、防护手套。另外,根据实验要求决定是否需戴防毒面具。

③ 改进实验方案,尽量不用或少用有毒物质。

④ 化学操作一定在通风橱内完成。

⑤ 加强室内通风条件,防止吸入有毒气体、蒸气、烟雾。

⑥ 建立实验室安全制度和安全检查机制,实验室配置和使用各种安全警告标牌。

2.3.2 事故紧急处理

(1) 火灾紧急处理

火灾的发展分为初起、发展和猛烈扩展三个阶段,其中初起阶段约持续 5～10min,实践证明该阶段是最容易灭火的阶段,所以一旦出现事故,实验室人员应保持冷静,设法制止事态的发展。首先应发出警报;然后尽快把火种周围的易燃物品转移;最后采用相应的手段进行灭火。切记易燃固体和固体有机物着火不能用水浇。实验室常用的灭火工具有灭火器、灭火沙、灭火毯和湿抹布。实验室配置的灭火器有酸碱灭火器、泡沫灭火器、二氧化碳灭火器、干粉灭火器，其中以二氧化碳灭火器为主。在物理化学或分析化学实验室等场所，易燃物数量较少，电气设备和精密仪器的数量较多，最好使用二氧化碳灭火器。灭火器应挂在实验室进门附近，不应直接挂在危险地段。

如果火势已开始蔓延，则应该及时通知消防和安全部门（一般实验室应该贴有紧急火灾联络电话等信息）；再切断所有电源开关；并且尽量疏散那些可能使火灾扩大、有爆炸危险的物品以及重要物资；对消防人员进出通道要及时清理保持畅通；在专业消防人员到达后，主动介绍着火部位等有关信息。一些严重的紧急事故，要求进行人员疏散。有条件的单位，实验大楼和实验室内应安装烟雾报警器，报警器还应该与学校保安消防部门保持连接。

（2）中毒紧急处理

在化学实验室或工厂，有时因为打翻容器或蒸馏时冲料等造成大量毒物外溢，造成实验人员或作业人员中毒。急性中毒往往发展急剧、病情严重，因此必须争分夺秒，及时抢救。

现场抢救原则：

① 救护者进入毒区抢救前，首先要做好个人呼吸系统和皮肤的防护，佩戴好供氧式防毒面具或氧气呼吸器，穿好防护服。

② 切断毒物源。救护人员进入事故现场后，除对中毒者进行抢救外，还应迅速侦察毒物源，采取果断措施切断毒物源，防止毒物继续外逸。对于已扩散的有毒气体或蒸气，应立即启动通风设备或开启门窗，并采取中和处理等措施。还应该在实验室醒目处安置危险警示牌，以免他人误入。

③ 采取有效措施防止毒物继续入侵人体：将中毒者迅速转移到空气新鲜处，松开颈部纽扣和腰带，让其头部侧偏以保持呼吸通畅；迅速脱去中毒者被污染的衣服、鞋袜、手套等，并用清水有针对性地冲洗 15 min。毒物进入眼睛时，用冲眼器冲 15 min 以上，冲眼时把眼睑撑开。实验室应设安全淋浴器和冲眼器，可设在过道、厕所靠近实验室附近。毒物经口腔引起中毒时，可根据具体情况和现场条件正确处理。

④ 在急救时如果遇到呼吸失调或休克，在医务人员到达前，应立即施行人工呼吸，必要时应给氧呼吸。具体做法是：使中毒者仰卧，救护者一只手托起中毒者下颌，尽量使头部后仰，另一只手捏紧中毒者的鼻孔；救护者深呼吸后，紧对中毒者的口吹气，使中毒者上胸部升起，然后松开鼻孔。如此有节律地均匀反复进行，直至中毒者可自行呼吸为止。

实验大楼平时应组织由学生和所有工作人员参加的安全演习，演习包括：灭火器、防毒面具的使用；搜寻和营救训练；快速有效地疏散；急救工具使用和急救方法的训练以及事故现场指挥和联络等训练。

化学实验室经常使用高压钢瓶，它是一种高压容器，容积 $12\sim55$ dm^3 不等。由于瓶内压力很高，所以，使用钢瓶有一定的危险性。具体使用方法见 5.4.3 节。

（3）烫伤和试剂灼伤

烫伤：轻伤涂以玉树油或鞣酸油膏或其他有效药，重伤涂以烫伤油膏后送医院。

酸灼伤：立即用大量水洗，再以 3％～5％碳酸氢钠溶液洗，最后用水洗。严重时要消毒，拭干后涂烫伤油膏。特别提示，如果是浓硫酸溅到皮肤上，要先轻轻擦掉，再用大量的水冲洗。

碱灼伤：立即用大量水洗，再以 $1\%\sim2\%$ 硼酸液洗，最后用水洗。严重时同上处理。

溴灼伤：立即用大量水洗，再用酒精擦至无溴液存在为止，然后涂上甘油或烫伤油膏。

钠灼伤：可见的小块用镊子移去，其余与碱灼伤处理相同。

（4）试剂或异物溅入眼内

任何情况下都要先洗涤急救后送医院。

酸：用大量水洗，再用 1% 碳酸氢钠溶液洗。

碱：用大量水洗，再用 1% 硼酸溶液洗。

溴：用大量水洗，再用 1% 碳酸氢钠溶液洗。

玻璃：用镊子移去碎玻璃，或在盆中用水洗，切勿用手揉动。

2.4　"三废"处理

学生在化学实验中会产生各种有毒的废气、废液和废渣。教学或科研实验室产生的废物要有针对性地回收和处理。

（1）废气的处理

做产生少量有毒气体的实验时，可以在通风橱中进行。通过排风设备把有毒废气排到室外，利用室外的大量空气来稀释有毒废气。如果实验时产生大量有毒气体，应该安装气体吸收装置来吸收这些气体，然后集中进行处理。例如卤化氢、二氧化硫等酸性气体可以用氢氧化钠水溶液吸收后排放，碱性气体用酸溶液吸收后排放，CO 可点燃转化为 CO_2 气体后排放。

（2）废渣的处理

废渣的处理分为有毒和无毒两类。无毒的沉淀和滤纸等直接处理掉；有毒的固体回收后，集中放在回收点处理。

（3）废液的处理

实验室废液的种类很多，比如无机废液和有机废液，有毒废液和无毒废液，等等。有机废液需回收后集中处理，无机物的处理方法如下：

① 无机废液：中和到 $pH=6\sim10$ 的无机酸和无机碱以及无毒无机盐可以直接放入城市下水道。

② 对于含有重金属离子的废液，应收集到一起集中处理，绝对不能随意倒入下水道。

③ 高活性化学品、爆炸品、强氧化剂、还原剂不能和其他如生物废物和放射性废物一起处理，应分别盛于回收容器中，单独处理。

另外特别提醒，有害化学废物集中回收程序应注意：①检查回收桶液面高度，控制加入后的废液不能超过容器容积的 75%；②加新液体前应注意做相容性实验；③废液转入回收桶；④为防止溢出烟和蒸气，每次倾倒废液之后应紧盖容器；⑤填写化学废物记录卡。

废物处理时注意使用个人防护用品，如防护眼镜、手套等，有毒蒸气的处理应在通风橱中进行。

2.5 　实验室安全规则

在化学实验中，经常使用腐蚀性的、易燃的、易爆炸的或有毒的化学试剂，大量使用易损的玻璃仪器和某些精密分析仪器，使用煤气、水电等。为确保实验的正常进行和人身安全，必须严格遵守实验室的安全规则。

① 实验室内严禁饮食、吸烟，一切化学药品严禁入口。实验完毕后须洗手。水、电、煤气灯使用完毕后，应立即关闭。离开实验室时，应仔细检查水、电、煤气开关和门、窗是否均已关闭。

② 使用煤气灯时，应严格遵守操作规则。用后及时关闭。

③ 使用电器设备时，应特别小心，切不可用湿手去开启电闸和电器开关。凡是漏电的仪器不要使用，以免触电。

④ 浓酸、浓碱具有强烈的腐蚀性，使用时要谨慎。使用浓 HNO_3、浓 HCl、浓 H_2SO_4、浓 $HClO_4$、浓氨水时，均应在通风橱中操作，绝不允许在通常的实验室中加热。夏天，打开浓氨水瓶盖之前，应先将氨水瓶放在自来水下流水冷却后，再行开启。如不小心有试剂溅到皮肤上和眼内，应立即用水冲洗，然后用碳酸氢钠溶液（酸腐蚀时采用）或硼酸溶液（碱腐蚀时采用）冲洗，最后用水冲洗。

⑤ 使用 CCl_4、乙醚、苯、丙酮、三氯甲烷等有机溶剂时，一定要远离明火和热源。使用完毕后将试剂瓶盖紧，放在阴凉处保存。低沸点的有机溶剂不能直接在火焰上或热源（煤气灯或电炉）上加热，而应在水浴或电热套中加热。

⑥ 热、浓的 $HClO_4$ 遇有机物常易发生爆炸，使用时应特别小心。

⑦ 汞盐、砷化物、氰化物等剧毒物品，使用时应特别小心。氰化物不能接触酸，因与酸作用时产生剧毒的 HCN！

⑧ H_2S、Cl_2、NH_3 等有毒，涉及有关这些有毒气体的操作时，一定要在通风橱中进行。

⑨ 如发生烫伤，可在烫伤处抹上黄色的苦味酸溶液或烫伤软膏。严重者应立即送医院治疗。

⑩ 实验室应保持整齐、干净，不能将毛刷、抹布扔在水槽中，禁止将固体物、玻璃碎片等扔入水槽内，以免造成下水道堵塞。此类物质以及废纸、碎屑应放入废纸箱或实验室规定的地方。废酸、废碱等分别倒入废液缸（或塑料提桶内），切勿倒入水槽内，以免腐蚀下水管。

2.6 　实验安全风险评估

高校实验室是开展教学和科学研究的重要场所，实验室的安全与师生员工的健康密切相关。随着"双一流"建设的开展，高校实验室规模不断扩大、设施不断完善，同时实验室安全管理工作也面临许多新的挑战。如何做好防患于未然、杜绝事故发生、保护师生的健康和安全，是实验室管理者面临的重要课题。风险评估是指通过识别和分析风险发生的概率和可能的后果，确定风险级别、控制内容，以及控制的过程。风险评估在安全管理中起着提前预防的作用，对实验的风险因素进行评估并采取适当的控制措施，可以减少或避免事故带来的损害。

2019 年 11 月，习近平在中央政治局第十九次集体学习时强调，要健全风险防范化解机制，坚持从源头上防范化解重大安全风险，真正把问题解决在萌芽之时、成灾之前。教育部2019 年印发了《教育部关于加强高校实验室安全工作的意见》，专项指导高校实验室安全工作。2022 年 4 月，教育部发布《关于组织开展 2022 年高等学校实验室安全检查工作的通知》。根据通知和安全形势的要求，在教学实验和科研项目实施前进行安全风险评估已经成为必要环节和硬性要求。这就要求化学从业者除了本身接受安全教育，具有相应的风险防范意识与能力外，还应熟练掌握对即将开展的实验项目和实验场所进行风险评估的能力。

2010 年，Robert H. Hill 和 David C. Finster 教授在他们的著作《Laboratory Safety for Chemistry Students》中提出了化学实验教学的风险防控体系 "RAMP"，其中 "R" 即识别危险 "Recognize hazards"；"A" 即评估风险 "Assess the risks of those hazards"；"M" 指减控危险 "Minimize and control those hazards"；"P" 则指应急准备 "Prepare to respond to emergencies"。此外，该理论体系将化学实验中的风险源分为媒介、条件和行为 3 个方面，系统地对常见化学性危险，如接触腐蚀性危险品、易燃性危险品、物理性危险和健康性危险4 类情形进行了梳理分析，提出学生应该正确识别这些危险，并能评估风险，通过风险差异化最优管理，将实验室中发生事故的风险控制到最小。

2.6.1　化学实验危险识别

正确识别危险是科学评估风险、妥善处理事故的前提和基础。学生只有对水、电、煤气、易燃易爆物质、有毒有害物质等事物的性质、操作要求有了明确的了解，在理论上才能进行安全的化学实验。为此，需引导学生全面了解化学实验中的危险源，区分危险事项类别，制作 "化学实验危险事项清单表"，熟悉一项勾一项，逐项识别危险。化学实验的危险主要来源于 3 个方面，即媒介、条件和行为。

（1）媒介危险源

媒介危险源主要包括致癌致突变致畸形生物危害物质、催化剂以及一些危险化学品，如爆炸品，压缩气体和液化气体，易燃液体、自燃物品和遇湿易燃物品，氧化剂和有机过氧化物，放射性物品，腐蚀品等。以易燃易爆物品为例，三硝基甲苯、环三亚甲基三硝胺、雷酸汞等，受到高热、摩擦、撞击、震动等外来因素的作用时，发生剧烈的化学反应，产生大量的气体和高热，引起爆炸；或者由于加热撞击而发生分解，突然分解气化而爆炸；或者强氧化剂与性质有抵触的物质混存，引起燃烧和爆炸。借鉴国际 ABET 认证要求，由于在化学实验室中使用的试剂许多是易燃易爆和有毒的化学危险品，如果管理不善或使用不当，易产生燃烧或爆炸和中毒事故。因此实验室必须定期更新化学品清单，统一规范化学品安全技术说明书。化学试剂使用说明书一般包括 5 部分内容，即物理化学性质、急救措施、处理和储存、消防措施、泄漏处理方法。对易燃、易爆和易中毒等这些化学品的分类和日常保管应做较详细的介绍，如开启易挥发液体试剂之前（特别是夏季），应先将试剂瓶放在自来水流中冷却几分钟，开启时瓶口不要对人，应在通风橱中进行等。

（2）条件危险源

条件危险源包括高压、低压、电流、不平的表面、尖锐物品、粉尘、热表面、极冷、蒸汽、噪声、杂乱堆放、磁场、缺氧、紫外线辐射、激光灯等，这些都可能导致事故的发生。

比较典型的例子是物理爆炸。由于物质的物理变化，如温度、压力、体积的变化，会引起爆炸，例如容器内液体过热气化而引起的爆炸，压缩气体、液化气体超压引起的爆炸等都属于物理爆炸。为了预防显性直接危险源事故的发生，实验人员应该在每次实验前进行自查，负责安全的职能部门需进行定期检查和专项抽查，还可以通过规范操作、制定标准、加强监管等措施消除安全隐患。在被保护对象和显性直接危险源能量之间设置隔离系统，建立隔离系统的检测、修复和报警系统。该系统在隔离效果降低时，能适时报警，并修复隔离系统、检测和修复系统中的自动控制器具，确保具有良好的灵敏度和可靠性。

（3）行为危险源

行为危险源主要包括生成次级产品及化学混合物、使用电力设备不当、长期使用烘箱、交叉重复使用吸液管、处理化学废品、运输危险化学品、操作玻璃仪器或者其他尖锐物品、加热化学品、萃取、离心过滤、不按操作规范操作等。如某大学实验室突发火情，事故原因是学生做完实验后忘记关电路而引发火灾；再如一名教师在做实验时，中途离开 2～3 min，就在这段时间内，发生了甲醛泄漏事故。按照实验的规范要求，师生在做实验时，不得中途离开，以应对突发状况。此外，实验产生的废液、废弃物不能有效回收和恰当处置则可能污染大气、土壤、地下水等，随意倾倒废液或者乱扔废弃物不仅会污染环境，而且可能给自身造成伤害。学生在做实验时应具有高度的安全意识，不能由于人为的原因而增加风险源，出入实验室需严格遵守门禁规定，不得乱窜实验室，遵守实验室日常管理规定，不得在实验室内饮食及进行娱乐活动，不得在实验室内留宿。实验开始前须制订实验方案，实验过程中遵守操作规程、不得擅自离岗，实验结束后及时关闭仪器设备及气源、水源、电源、门窗等。有的学校进行错误操作案例演习，收效甚好。如展出一些实验室常见的不规范操作和仪器摆放不正确的实例，引导学生找出问题和错误，指出案例中实验室的一些安全隐患，纠正不正确的操作习惯，从而减少了行为危险源。

2.6.2　化学实验风险评估

通过教育和培训，使学生能够准确评估具体危险发生的风险。这种风险是指人们由于接触不安全的化学品，采取不正当的操作程序，或者使用某种不安全的设备而导致身体、环境受到伤害的可能性和严重程度。风险评估，首先要做好一些准备工作，如读懂产品说明书、看懂危险警示标签、清楚物品燃点和自燃温度、进行实验室安全检查、将风险按紧急和严重程度排序等。关于评估风险的具体方法，可以借鉴以下模型。

① 控制带法　根据限值和条件（如燃点、爆点、温度、压力）以及操作程序，将风险划分为几个控制带，从低风险到高风险，分别拟定不同的应对策略。

② 作业危害分析法　记录化学实验所涉及的每个工作步骤和风险，逐项应对。

③ 如果分析法　假设化学实验可能发生的一系列问题，找出可能存在的风险点，提出应对措施。

④ 检查清单法　根据以往该项目的实验经验，列出风险点检查清单，一一对应排查，采取有针对性的预防措施。

⑤ 标准操作程序法　严格规范化学实验操作程序，明确风险所在。

2.6.3　化学实验风险等级

在化学实验中，可以根据物品的数据值确定不同等级的风险，如发生火灾的危险，可以分为 4 级：第一级为最低，第二级为燃点接近周围环境温度、预期集中在高于 10% 的位置，第三级为周围温度预期集中在高于燃点 10% 的位置，第四级为存在引火物、预期可能发生空气或水剧烈反应、导致爆炸等。

对于化学反应产生的危险，也可以分为 4 级：第一级为在实验程序中预期没有化学变化，第二级为没有已知不相容的物质在实验中被使用，第三级为存在已知化学反应或者危险混合物，第四级为正在进行高度危险的化学反应。

从操作流程的角度去确定可能发生风险的等级，如个人保护装置（PPE）分为 4 级：第一级为仅覆盖腿和脚，第二级为有乳胶手套和眼保护，第三级为有合适的手套、眼保护、实验服，第四级为全流程专业保护装置。

在训练程度上也可分为：仅认识化学品标签、知道实验流程、进行突发事件培训、进行预演习等不同层级。在确定风险等级时，需注意即使是同一种材质，也可能具有不同的危险性。如同样是玻璃仪器，试管是可以直接在明火上加热的，而烧杯、烧瓶等的加热应是间接的，加热过程要垫石棉网或用水浴、油浴；再如量筒、容量瓶等仪器是不能加热的，要在规定的温度范围内使用。如果玻璃仪器选择不当，有可能在实验过程中发生破裂、爆炸以及一些难以想象的实验事故。因此对风险等级要根据不同的条件，按照具体的情况进行评估，不能一概而论，否则将有可能发生危险。此外，技术因素造成化学事故的概率最高，也是引起化学事故最复杂的原因，例如实验室设施不合适、仪器设备陈旧、工艺落后、管理混乱、缺少科学的规章制度或不执行规章制度等，这些因素风险程度很高，需要高度重视。

2.6.4　实验安全问题存在的原因

要开展好学生实验安全教育教学，首先要弄清楚大家在学习和实验中不遵守实验室安全规则的主要原因：

① 个性因素　学生认为自己比其他人更知道自己是否安全，没有必要那么努力学习和遵守实验规程。

② 正规实验程序不清晰　如忽视风险或认为用自己的方式来开展实验也不会有事故发生。

③ 实验技能掌握不好和缺乏相关知识。

2.6.5　实验安全教育教学实践

对于实验安全教育教学的广度和深度及其教学效果的评价，全世界都在深入研究，如美国和意大利在问卷调查和访谈的基础上引入了统计分析理论和评价软件（T-LAB）来分析教学培训效果。在我国，也出版了一些实验室安全的教材，一些学校和机构开发了实验室安全培训和考试系统；北京大学针对大学生是网络常客的特点，引入基于 E-Learning 基础的实验室安全培训系统，利用学校成熟的校园网络资源，系统地对学生开展实验安全知识教育培训。

（1）欧美大学实验安全课程学习内容

欧美大学 EHS 管理体系和学习中心提供的实验安全学习和培训内容大体为：①生物安全；②化学安全（纳米材料的使用指导、通风）；③工程与技术；④消防安全；⑤职业安全与健康（用电、个人防护设施、听力保护、石棉、呼吸保护等）；⑥放射安全（激光、微波与射频等）；⑦急救；⑧工作场所安全；⑨风险物质和废弃物；⑩实验安全手册和化学卫生计划；⑪紧急事件管理和反应等。

（2）国内顶级大学实验安全课程学习内容

北京大学实验室安全学习和培训内容为：①消防安全；②用电安全；③危险化学品使用安全；④生物安全；⑤电离辐射安全；⑥特殊仪器设备使用安全；⑦事故人员急救等。清华大学实验安全学习知识点构成为：①防火安全与保密；②辐射防护安全；③化学品使用安全（环境安全）；④化学危险品使用安全（化工系）；⑤化学危险品使用安全（微电子所）；⑥机械工程；⑦生物及医学；⑧实验室安全管理；⑨仪器设备（特种设备）使用安全；⑩用电安全（强电）；⑪用电安全（弱电）；⑫土木工程等。

2.6.6 实验安全风险评估范例

范例一："混合碱中各组分含量的测定"实验安全风险评估

实验内容：

1. $0.1\ mol \cdot dm^{-3}$ HCl 溶液的标定

准确称取无水 Na_2CO_3 $0.15\sim0.2\ g$ 于 $250\ cm^3$ 锥形瓶中，用 $20\sim30\ cm^3$ 水溶解后加 1 滴甲基橙指示剂，用 HCl 溶液滴定至溶液由黄色变为橙色，即为终点。平行测定 3~5 次，根据 Na_2CO_3 的质量和滴定时消耗 HCl 的体积，计算 HCl 溶液的浓度。标定 HCl 溶液的相对平均偏差应在 $\pm0.2\%$ 以内。

2. 混合碱的测定

准确称取混合碱试样 $0.5\ g$ 左右于干燥小烧杯中，加水使之溶解后，定量转入 $50\ cm^3$ 容量瓶中，用水稀释至刻度，充分摇匀。准确移取 $2.00\ cm^3$ 上述试液于 $25\ cm^3$ 锥形瓶中，加酚酞 1 滴，用盐酸溶液滴定至溶液由红色恰好褪为无色，记下所消耗 HCl 标准溶液的体积 V_1，再加入甲基橙指示剂 1 滴，继续用盐酸溶液滴定溶液至由黄色恰好变为橙色，所消耗 HCl 溶液的体积记为 V_2，平行测定 3 次，计算混合碱中各组分的含量。

从实验内容中可以看出此实验具有以下安全风险。

1. 药品使用安全

（1）盐酸（HCl）

①健康危害　本品对眼睛和呼吸道黏膜有强烈的刺激作用。急性中毒：出现头痛、头昏、恶心、眼痛、咳嗽、痰中带血、声音嘶哑、呼吸困难、胸闷、胸痛等。重者发生肺炎、肺水肿、肺不张。眼角膜可见溃疡或浑浊。皮肤直接接触可出现大量粟粒样红色小丘疹而呈潮红痛热。

②意外处理　皮肤接触：立即脱去污染的衣着，用大量流动清水冲洗至少 15 min，就医。

眼睛接触：立即提起眼睑，用大量流动清水或生理盐水彻底冲洗至少 15 min，就医。

吸入：迅速脱离现场至空气新鲜处，保持呼吸道通畅。如呼吸困难，给输氧。如呼吸停止，立即进行人工呼吸。就医。

（2）乙醇（CH_3CH_2OH）

①健康危害　本品为中枢神经系统抑制剂。首先引起兴奋，随后抑制。

②意外处理　皮肤接触：脱去污染的衣着，用流动清水冲洗。眼睛接触：提起眼睑，用流动清水或生理盐水冲洗，就医。吸入：迅速脱离现场至空气新鲜处，就医。食入：饮足量温水，催吐，就医。

③ **危险特性**　易燃，其蒸气与空气可形成爆炸性混合物，遇明火、高热能引起燃烧爆炸。与氧化剂接触发生化学反应或引起燃烧。在火场中，受热的容器有爆炸危险。其蒸气比空气重，能在较低处扩散到相当远的地方，遇火源会着火回燃。

④ **灭火方法**　尽可能将容器从火场移至空旷处。喷水保持火场容器冷却，直至灭火结束。灭火剂：抗溶性泡沫、干粉、二氧化碳、沙土。

（3）甲基橙

① **健康危害**　本品属微毒类。无吸入中毒报道，大量口服可引起腹部不适。对眼睛有刺激作用。有致敏作用，可引起皮肤湿疹。

② **意外处理**　皮肤接触：脱去污染的衣着，用流动清水冲洗。眼睛接触：提起眼睑，用流动清水或生理盐水冲洗，就医。吸入：脱离现场至空气新鲜处。食入：饮足量温水，催吐，就医。

（4）酚酞

① **健康危害**　怀疑可造成遗传性缺陷。可能致癌。怀疑对生育能力或胎儿造成伤害。

② **意外处理**　吸入：如果吸入，将患者移到空气新鲜处。如呼吸停止，进行人工呼吸。就医。皮肤接触：用肥皂和大量的水冲洗。就医。眼睛接触：谨慎起见用水冲洗眼睛。食入：切勿给失去知觉者喂食任何东西。用水漱口。就医。

2. 玻璃器皿使用安全

使用所有玻璃仪器时注意轻拿轻放，避免打碎。勿直接用手接触玻璃破碎处，以免划伤，碎玻璃清扫后放入指定位置，禁止扔入水槽内，以免造成下水道堵塞。

范例二："氯化钠的提纯"实验安全风险评估

实验内容见【第 7 章 实验 1】。

实验安全风险分析

1. 用电安全

不用潮湿的手接触电器。电源裸露部分应有绝缘装置（例如电线接头处应裹上绝缘胶布），所有电器的金属外壳都应保护接地，防止漏电。

实验前先检查用电设备，再接通电源；实验结束后，先关仪器设备，再关闭电源。

做完实验或离开实验室要及时断电，确保实验装置不带电。

2. 加热安全

加热可能用到煤气灯，大多数学校是电热板加热。

明火加热使用的是煤气灯，煤气灯及煤气管道要经常用肥皂水涂于可疑处或接头处检查是否泄漏，严禁用火试验。而同学们必须进行煤气安全知识教育，掌握煤气设备操作、煤气爆炸、中毒和火灾处理等知识。

点煤气灯时，必须先闭风，后点火，再开煤气，最后调节风量。停用时要先闭风，后闭煤气；若无人在室内，禁止使用煤气灯。

使用煤气的实验室，不准堆放易燃、易爆物品，谨防火灾和爆炸事故发生。

用完煤气后，要切记关闭煤气开关，丝毫不得疏漏。

一旦发生煤气意外泄漏，要立即关闭煤气开关，千万不可开启或关闭任何电器开关，包括开灯、排风扇及打电话等，轻轻地打开所有门窗迅速逃至户外，并迅速报告有关部门处理。

3. 药品使用安全

（1）氯化钡（$BaCl_2$）

① 健康危害　口服后急性中毒表现为恶心、呕吐、腹痛、腹泻、脉缓、进行性肌麻痹、心律紊乱、血钾明显降低等。可因心律紊乱和呼吸肌麻痹而死亡。吸入烟尘可引起中毒，但消化道症状不明显。接触高温本品溶液造成皮肤灼伤可同时吸收中毒。

② 意外处理　皮肤接触：脱去被污染的衣着，用肥皂水和清水彻底冲洗皮肤。眼睛接触：提起眼睑，用流动清水或生理盐水冲洗。就医。吸入：迅速脱离现场至空气新鲜处。保持呼吸道通畅。如呼吸困难，给输氧。如呼吸停止，立即进行人工呼吸。就医。食入：饮足量温水，催吐，用 2%～5% 硫酸钠溶液洗胃，导泻。就医。

（2）氢氧化钠（NaOH）

① 健康危害　本品有强烈刺激和腐蚀性。粉尘刺激眼睛和呼吸道，腐蚀鼻中隔；皮肤和眼睛直接接触可引起灼伤；误服可造成消化道灼伤，黏膜糜烂、出血和休克。

② 意外处理　皮肤接触：立即脱去污染的衣着，用大量流动清水冲洗至少 15 min。就医。眼睛接触：立即提起眼睑，用大量流动清水或生理盐水彻底冲洗至少 15 min。就医。吸入：迅速脱离现场至空气新鲜处。保持呼吸道通畅。如呼吸困难，给输氧。如呼吸停止，立即进行人工呼吸。就医。食入：用水漱口，给饮牛奶或蛋清。就医。

（3）盐酸（HCl）

① 健康危害　本品对眼睛和呼吸道黏膜有强烈的刺激作用。急性中毒：出现头痛、头昏、恶心、眼痛、咳嗽、痰中带血、声音嘶哑、呼吸困难、胸闷、胸痛等。重者发生肺炎、肺水肿、肺不张。眼角膜可见溃疡或浑浊。皮肤直接接触可出现大量粟粒样红色小丘疹而呈潮红痛热。

② 意外处理　皮肤接触：立即脱去污染的衣着，用大量流动清水冲洗至少 15 min。就医。眼睛接触：立即提起眼睑，用大量流动清水或生理盐水彻底冲洗至少 15 min。就医。吸入：迅速脱离现场至空气新鲜处，保持呼吸道通畅。如呼吸困难，给输氧。如呼吸停止，立即进行人工呼吸。就医。

（3）草酸铵 $[(NH_4)_2C_2O_4]$

① 健康危害　造成严重皮肤灼伤和眼损伤，咳嗽，呼吸短促，头痛，恶心，呕吐。

② 意外处理　皮肤接触：立即脱掉污染的衣服和鞋子。用肥皂水和大量的水冲洗。就医。眼睛接触：用大量水彻底冲洗至少 15 min 并就医。吸入：如果吸入，请将患者移到空气新鲜处。如果停止了呼吸，给予人工呼吸。就医。食入：禁止催吐。切勿给失去知觉者往嘴里喂食任何东西。用水漱口。就医。

4. 其他安全风险问题

蒸发溶液时不可蒸干，以免下层溶液暴沸引起飞溅；加热过程中器皿温度较高，禁止直接用手接触，以免烫伤。

2.6.7　总结

化学实验安全需要高度重视。基于学科传统和专业特点，大多数化学实验涉及危险化学品、危险废弃物、压力气瓶、特种设备、辐射设备、生物试剂、高温高压设备等危险源，这些危险源还会在有限的实验空间累积叠加，需要认真应对。通过借鉴国外 RAMP 风险防控体系，认识危险、评估风险，全流程差异化应对，可有效防范和化解化学事故风险，保障实验教学和科研工作的顺利开展（见图 2-2）。

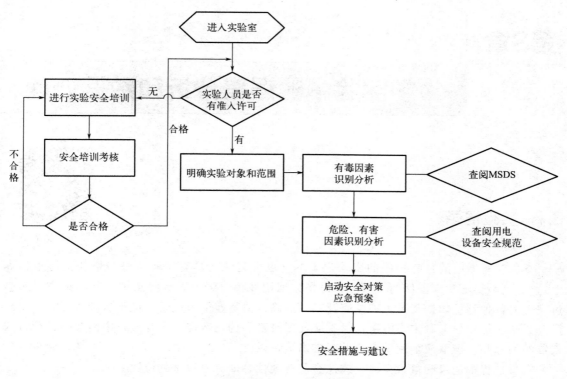

图 2-2　实验安全风险评估流程图

第3章

化学实验中的误差分析和数据处理

误差与数据的处理

3.1 实验记录

学生应有专门的具有页码的实验记录本（也可记录在具有实验记录表格的预习报告本上），并且不得随意撕去任何一页。不得将数据记在单页纸上，或随意记在任何地方。实验过程中的各种测量数据及有关现象应及时、准确、清楚地予以记录。记录实验数据时，要严谨、实事求是，忌夹杂主观因素，更不能随意拼凑和伪造数据。实验过程中涉及的各种特殊仪器的型号和标准溶液浓度等也应及时准确地记录。

实验过程中记录测量数据时，应注意其有效性，即有效数字的位数。

有效数字就是实际能测到的数字。在一个数据中，除最后一位是不确定的或可疑的外，其他各位都应是确定的。例如：滴定管及吸量管的读数，应记录至 $0.01 \ cm^3$，所得体积读数 $25.86 \ cm^3$，表示前三位是准确的，只有第四位是估读出来的，属于可疑数字，那么这四位数字都是有效数字，它表示了确定体积为 $25.86 \ cm^3$；用分析天平称重时，要求记录至 $0.0001 \ g$；有时候，仪器的不同使用范围，对有效数据的要求是不一样的。

实验记录上的每一个数据都是测量结果。所以，重复观测时，即使数据完全相同也应记录下来。

另外，文字记录应整齐清洁；数据记录应尽量用一定形式的表格，使其更加清楚明白。

若发现数据算错、测错或读错而需要改动，可将该数据用横线划去，并在其上方写上正确的数字并签名，切忌随意涂抹。

3.2 误差分析

为了衡量实验结果的精密度，一般对单次测定的一组结果 x_1、x_2、$\cdots$、x_n，计算出算术平均值 $\bar{x}$ 后，应再将单次测量结果的相对偏差、平均偏差、标准偏差、相对标准偏差和置信区间表示出来，这些是化学实验中最常用的几种处理数据的表示方法，下面一一介绍。

化学实验的目的是通过一系列的操作步骤来获得可靠的实验结果或获得被测定组分的准确含量。但是在实际测定过程中即使采用最可靠的实验方法，使用最精密的仪器，由技术很熟练的实验人员进行操作，也不可能得到绝对准确的结果。即使同一个人在相同条件下对同一试样进行多次测定，所得结果也不会完全相同。这表明，在实验过程中，误差是客观存在的、不可避免的。因此，我们应该了解实验过程中产生误差的原因及误差出现的规律，以便采取相应措施减小误差，并对所得的数据进行归纳、取舍等一系列分析处理，使测定结果尽量接近客观真实值。

3.2.1　准确度和精密度

实验结果的准确度是指测定值 x 与真实值 μ 的接近程度，两者差值越小，则分析结果准确度越高。准确度的高低用误差来衡量。误差又可分为绝对误差和相对误差两种，其表示方法如下：

$$绝对误差 = x - \mu$$

$$相对误差 = \frac{x - \mu}{\mu} \times 100\%$$

相对误差表示误差在真实值中所占的百分率，例如分析天平称量两物体的质量各为 1.6380 g 和 0.1637 g，假定两者的真实质量分别为 1.6381 g 和 0.1638 g，则两者称量的绝对误差分别为：

$$1.6380 - 1.6381 = -0.0001(g)$$
$$0.1637 - 0.1638 = -0.0001(g)$$

两者称量的相对误差分别为：

$$\frac{-0.0001}{1.6381} \times 100\% = -0.006\%$$

$$\frac{-0.0001}{0.16381} \times 100\% = -0.06\%$$

由此可知，绝对误差相等，相对误差并不一定相同，上例中第一个称量结果的相对误差为第二个称量结果相对误差的 1/10。也就是说，同样的绝对误差，当被测定的量较大时，相对误差就比较小，测定的准确度也就比较高。因此，用相对误差来表示各种情况下测定结果的准确度更为确切。

绝对误差和相对误差都有正值和负值。正值表示实验结果偏高，负值表示实验结果偏低。

在实际工作中，真实值常常是不知道的，因此无法求得实验结果的准确度，所以常用另一种表达方式来说明实验结果可靠与否。这种表达方式是：在确定条件下，将测试方法实施多次，求出所得结果之间的一致程度，即精密度。精密度的高低用偏差来衡量。偏差是指单次测定结果与几次测定结果的平均值之间的差别。与误差表达的方式相似，偏差也有绝对偏差和相对偏差之分，测定结果与平均值之差为绝对偏差，绝对偏差在平均值中所占的百分率为相对偏差。

例如，标定某一标准溶液的浓度，三次测定结果分别为 0.1827 mol·dm^{-3}、0.1825 mol·dm^{-3} 及 0.1828 mol·dm^{-3}，其平均值则为 0.1827 mol·dm^{-3}。

三次测定的绝对偏差分别为 0、-0.0002 mol·dm^{-3} 及 +0.0001 mol·dm^{-3}。

三次测定的相对偏差分别为 0、-0.1% 及 +0.06%。

准确度是表示测定结果与真实值符合的程度，而精密度是表示测定结果的重现性。由于真实值是未知的，因此常常根据测定结果的精密度来衡量分析测量是否可靠，但是精密度高

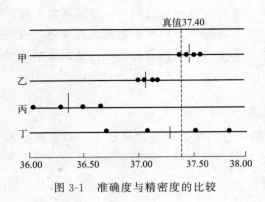

图 3-1　准确度与精密度的比较

的测定结果，不一定是准确的，两者关系可用图 3-1 说明。

图 3-1 表示甲、乙、丙、丁四人测定同一试样中铁含量时所得的结果。由图 3-1 可见：甲所得结果的准确度和精密度均好，结果较可靠；乙的实验结果的精密度虽然很高，但准确度较低；丙的精密度和准确度都很差；丁的精密度很差，平均值虽然接近真值，但这是由于大的正负误差相互抵消的结果，因此丁的实验结果也是不可靠的。由此可见，精密度是保证准确度的先决条件。精密度差，所得结果不可靠，但高的精密度也不一定能保证高的准确度。

3.2.2　误差产生的原因及减免方法

上例中为什么乙所得结果精密度高而准确度不高？为什么每人所做的四个平行测定数据都有或大或小的差别？这是由于在实验过程中存在着各种性质不同的误差。

误差按其性质的不同可分为两类：系统误差（或称可测误差）和偶然误差（或称未定误差）。

（1）系统误差

这是由于测定过程中某些经常性的原因所造成的误差。特点是测量结果向一个方向偏离，其数值按一定规律变化，具有重复性、单向性。它对实验结果的影响比较恒定，会在同一条件下的多次测定中重复地显示出来，使测定结果系统地偏高或偏低（能有高的精密度而不会有高的准确度）。例如，用未经校正的砝码进行称量时，在几次称量中用同一个砝码，误差就会重复出现，而且误差的大小也不变。此外，系统误差有的对实验结果的影响并不恒定，甚至在实验条件变化时误差的正负值也有改变。例如，标准溶液因温度变化而影响体积，使其浓度发生变化，这种影响即属于不恒定影响。但如果掌握了溶液体积随温度改变而变化的规律，就可以对实验结果做适当的校正，尽量消除这种误差。由于这类误差不论是恒定的还是不恒定的，都可找出产生误差的原因和估计误差的大小，所以它又称为可测误差。

我们应根据具体的实验条件、系统误差的特点，找出产生系统误差的主要原因，采取适当措施降低它的影响。系统误差按其产生的原因不同，可分为如下几种：

①方法误差　这是由于实验方法本身不够完善而引入的误差，例如，重量分析中由于沉淀溶解损失而产生的误差、在滴定分析中由于指示剂选择不当而造成的误差等都属于方法误差。

②仪器误差　由仪器本身的缺陷造成的误差，如天平两臂长度不相等、砝码、滴定管、容量瓶等未经校正而引入的误差。

③试剂误差　如果试剂不纯或者所用的去离子水不合格，引入微量的待测组分或对测定有干扰的杂质，就会造成误差。

④主观误差　由操作人员主观原因造成的误差，例如：对终点颜色的辨别不同，有的人偏深，有的人偏浅；用滴定管进行平行滴定时，有人总是想使第二份滴定结果与前一份滴定结果相吻合，在判断终点或读取滴定管读数时，就不自觉地受这种"先入为主"的影响，

从而产生主观误差。

（2）偶然误差

虽然实验者仔细操作，外界条件也尽量保持一致，但测得的一系列数据往往仍有差别，并且所得数据误差的正负不定，有些数据包含正误差，有些数据包含负误差，这类误差属于偶然误差。这类误差是由某些偶然因素造成的，例如，可能由室温、气压、湿度的偶然波动所引起，也可能由于个人一时辨别的差异而使读数不一致。又如，在读取滴定管读数时，估计小数点后第二位的数值，几次读数不一致。这类误差在操作中不能完全避免。

除了会产生上述两类误差外，往往还可能由于工作上的粗心、不遵守操作规程等而造成过失误差，例如器皿不洁净、丢损试液、加错试剂、看错砝码、记录及计算错误等，这些都属于不应有的过失，会对实验结果带来严重影响，必须注意避免。为此，必须严格遵守操作规程，一丝不苟、耐心细致地进行实验，在实验过程中养成良好的操作习惯。对已发现错误的测定结果，应予以剔除，不参加计算平均值。

偶然误差是由偶然因素所引起的，可大可小，可正可负，粗看似乎没有规律性，但事实上偶然性中包含着必然性。经过大量的实践发现，当测量次数很多时，偶然误差的分布有一定的规律：

① 大小相近的正误差和负误差出现的概率相等，即绝对值相近而符号相反的误差是以同等的概率出现的；

② 小误差出现的概率较高，而大误差出现的概率较低，很大误差出现的概率近于零。

上述规律可用正态分布曲线（图 3-2）表示。图 3-2 中，横轴代表误差的大小，以标准偏差 σ 为单位；纵轴代表误差发生的概率。

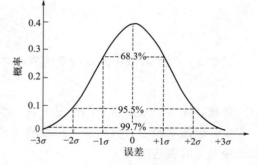

图 3-2 误差的正态分布曲线

可见在消除系统误差的情况下，平行测定的次数越多，则测得值的算术平均值越接近真实值。因此适当增加测定次数，取其平均值，可以减少偶然误差。

偶然误差的大小可由精密度表现出来。一般地说，测定结果的精密度越高，说明偶然误差越小；反之，精密度越差，说明测定中的偶然误差越大。

3.2.3 置信度和置信区间

在实验中，最后处理实验数据时，一般都需要在校正系统误差和剔除错误的测定结果后，计算出结果可能达到的准确范围。首先要把数据加以整理，剔除由于明显的错误而与其他测定结果相差甚远的那些数据。对于一些精密度似乎不甚高的可疑数据，按照本节下面所述的 Q 检验（或根据实验要求，按照其他规则）决定取舍，然后计算数据的平均值、偏差、平均偏差与标准偏差，最后按照要求的置信度求出平均值的置信区间。现分述如下。

（1）平均偏差

平均偏差又称算术平均偏差，常用来表示一组测定结果的精密度，其表达式如下：

$$\overline{d} = \frac{|x - \overline{x}|}{n}$$

式中，$\overline{d}$ 是平均偏差；x 是任何一次测定结果的数值；$\overline{x}$ 是 n 次测定结果的平均值。

相对平均偏差为：

$$\frac{\overline{d}}{\overline{x}} \times 100\%$$

用平均偏差表示精密度比较简单，但由于在一系列的测定结果中，小偏差占多数，大偏差占少数，如果按总的测定次数求算术平均偏差，所得结果会偏小，大偏差得不到应有的反映。如下面两组结果：

$$x - \overline{x}：+0.11、-0.63、+0.24、+0.51、-0.14、0.10、+0.30、-0.21$$
$$n = 8 \qquad \overline{d}_1 = 0.28$$
$$x - \overline{x}：+0.19、+0.26、-0.25、-0.36、+0.32、-0.28、+0.31、-0.27$$
$$n = 8 \qquad \overline{d}_2 = 0.28$$

两组测定结果的平均偏差虽然相同，但是实际上第一组数值中出现两个大偏差，测定结果的精密度不如第二组好。

（2）标准偏差

当测定次数趋于无穷大时，总体标准偏差 σ 表达式如下：

$$\sigma = \sqrt{\frac{\sum_{i=1}^{n}(x_i - \mu)^2}{n}}$$

式中，μ 为无限多次测定的平均值，称为总体平均值，即

$$\lim_{n \to \infty} \overline{x} = \mu$$

显然，在校正系统误差的情况下，μ 即为真实值。

在一般的实验中，只做有限次数的测定，根据概率可以推导出在有限测定次数时的样本标准偏差 s 的表达式为：

$$s = \sqrt{\frac{\sum_{i=1}^{n}(x_i - \overline{x})^2}{n-1}}$$

上述两组数据的样本标准偏差分别为：$s_1 = 0.36$，$s_2 = 0.30$。可见标准偏差比平均偏差能更灵敏地反映出大偏差的存在，因而能较好地反映测定结果的精密度。

相对标准偏差也称变异系数（CV）：

$$CV = \frac{s}{\overline{x}} \times 100\%$$

【例 3-1】 分析铁矿石中铁的百分含量，得如下数据：37.45%，37.20%，37.50%，37.30%，37.25%。计算此结果的平均值、平均偏差、标准偏差、变异系数。

解： $\overline{x} = \dfrac{37.45\% + 37.20\% + 37.50\% + 37.30\% + 37.25\%}{5} = 37.34\%$

各次测量偏差分别是：

$$d_1 = +0.11\%，d_2 = -0.14\%，d_3 = +0.16\%，d_4 = -0.04\%，d_5 = -0.09\%$$

$$\overline{d} = \frac{\sum_{i=1}^{n}|d_i|}{n} = \frac{0.11\% + 0.14\% + 0.16\% + 0.04\% + 0.09\%}{5} = 0.11\%$$

$$s=\sqrt{\frac{\sum_{i=1}^{n}d_{i}^{2}}{n-1}}=\sqrt{\frac{(0.11\%)^{2}+(-0.14\%)^{2}+(0.16\%)^{2}+(-0.04\%)^{2}+(-0.09\%)^{2}}{5-1}}=0.13\%$$

$$CV=\frac{s}{\bar{x}}\times100\%=\frac{0.13\%}{37.34\%}\times100\%=0.35\%$$

以上讨论的 $\bar{d}$、s 的表达式中都涉及平行测定中各个测定值与平均值之间的偏差，但是平均值毕竟不是真实值，在很多情况下，还需要进一步解决平均值与真实值之间的误差。

（3）置信度与平均值的置信区间

图 3-2 中横坐标 σ 为总体标准偏差。曲线上各点的纵坐标表示某个误差出现的概率，曲线与横坐标从 $-\infty$ 到 $+\infty$ 之间所包围的面积代表具有各种大小误差的测定值出现的概率总和，设为 100%。由数学计算可知，对无限次测定而言，在 $\mu-\sigma$ 到 $\mu+\sigma$ 区间内，曲线所包围的面积为 68.3%，即真实值落在 $\mu\pm\sigma$ 区间内的概率即置信度为 68.3%。亦可算出落在 $\mu\pm2\sigma$ 和 $\mu\pm3\sigma$ 区间的概率分别为 95.5% 和 99.7%。

经推导，对于有限次数测定，真实值 μ 与平均值 $\bar{x}$ 之间有如下关系：

$$\mu=\bar{x}\pm\frac{ts}{\sqrt{n}}$$

式中，s 为标准偏差；n 为测定次数；t 为在选定的某一置信度下的概率系数，可根据测定次数从表 3-1 中查得。由表 3-1 可知，t 值随测定次数的增加而减小，也随置信度的提高而增大。

表 3-1　对于不同测定次数及不同置信度的 t 值

测定次数 n	置信度				
	50%	90%	95%	99%	99.5%
2	1.000	6.314	12.706	63.657	127.320
3	0.816	2.920	4.303	9.925	14.089
4	0.765	2.353	3.182	5.841	7.453
5	0.741	2.132	2.776	4.604	5.598
6	0.727	2.015	2.571	4.032	4.773
7	0.718	1.943	2.447	3.707	4.317
8	0.711	1.895	2.365	3.500	4.029
9	0.706	1.800	3.306	3.355	3.832
10	0.703	1.833	2.262	3.250	3.690
11	0.700	1.812	2.228	3.169	3.531
⋮	⋮	⋮	⋮	⋮	⋮
21	0.687	1.725	2.086	2.845	3.153
⋮	⋮	⋮	⋮	⋮	⋮
∞	0.674	1.645	1.960	2.576	2.807

利用上式可以估算出，在选定的置信度下总体平均值在以测定平均值 $\bar{x}$ 为中心的多大范围内出现，这个范围就是平均值的置信区间。例如分析试样中某组分的含量，经过 n 次测定，在校正系统误差以后，算出含量为 $(28.05\pm0.13)\%$（置信度为 95%），即说明该组分的 n 次测定的平均值为 28.05%，而且有 95% 的把握认为该组分的总体平均值（或真实值）μ 在 $27.92\%\sim28.18\%$。

【例 3-2】　测定某样品中 SiO_2 的百分含量，得到下列数据：28.62%，28.59%，

28.51%，28.48%，28.52%，28.63%。求平均值、标准偏差、置信度分别为 90% 和 95% 时平均值的置信区间。

解： $\bar{x} = \dfrac{28.62\% + 28.59\% + 28.51\% + 28.48\% + 28.52\% + 28.63\%}{6} = 28.56\%$

$$s = \sqrt{\dfrac{(0.06\%)^2 + (-0.03\%)^2 + (-0.05\%)^2 + (-0.08\%)^2 + (-0.04\%)^2 + (0.07\%)^2}{6-1}} = 0.06\%$$

查表 3-1，置信度为 90%，$n = 6$ 时，$t = 2.015$。

$$\mu = 28.56\% \pm \dfrac{2.015 \times 0.06\%}{\sqrt{6}} = (28.56 \pm 0.05)\%$$

同理，对于置信度为 95%，可得：

$$\mu = 28.56\% \pm \dfrac{2.571 \times 0.06\%}{\sqrt{6}} = (28.56 \pm 0.06)\%$$

上述计算说明：若平均值的置信区间取值为 (28.56±0.05)%，则真实值在其中出现的概率为 90%；而若使真实值出现的概率提高为 95%，则其平均值的置信区间将扩大为 (28.56±0.06)%。

从表 3-1 还可看出，测定次数越多，t 值越小，因而求得的置信区间的范围越窄，即测定平均值与总体平均值 μ 越接近。同时也可看出，测定 20 次以上与测定次数为 ∞ 时，t 值相差不多，这表明当测定次数超过 20 次以上时，再增加测定次数对提高测定结果的准确度已经没有什么意义了。所以只有在一定测定次数范围内，分析数据的可靠性才随平行测定次数的增多而增加。

【例 3-3】 测定某钢样中铬百分含量时，先测定两次，测得的百分含量为 1.12% 和 1.15%；再测定三次，测得的数据为 1.11%、1.16% 和 1.12%。分别按两次测定和按五次测定的数据来计算平均值的置信区间（95% 置信度）。

解： 两次测定时：

$$\bar{x} = \dfrac{1.12\% + 1.15\%}{2} = 1.14\%$$

$$s = \sqrt{\dfrac{(-0.02\%)^2 + (0.01\%)^2}{2-1}} = 0.022\%$$

查表 3-1，得 $t_{95\%} = 12.7 (n=2)$。

$$\mu_{Cr} = 1.14\% \pm \dfrac{12.7 \times 0.022\%}{\sqrt{2}} = (1.14 \pm 0.20)\%$$

五次测定时：

$$\bar{x} = \dfrac{1.12\% + 1.15\% + 1.11\% + 1.16\% + 1.12\%}{5} = 1.13\%$$

$$s = \sqrt{\dfrac{\sum\limits_{i=1}^{n}(x-\bar{x})^2}{n-1}} = 0.022\%$$

查表 3-1，得 $t_{95\%} = 2.78 (n=5)$，则

$$\mu_{Cr} = 1.13\% \pm \dfrac{2.78 \times 0.022\%}{\sqrt{5}} = (1.13 \pm 0.03)\%$$

由上例可见，在一定测定次数范围内，适当增加测定次数，可使置信区间显著缩小，即可使测定的平均值与总体平均值 μ 更接近。

3.2.4　可疑数据的取舍

在实际工作中，常常会遇到一组平行测定数据中有个别的精密度不甚高的情况，该数据与平均值之差值是否属于偶然误差是可疑的。可疑值的取舍会影响结果的平均值，尤其当数据少时影响更大。因此在计算前必须对可疑值进行合理的取舍，不可为了单纯追求实验结果的"一致性"，而把这些数据随便舍弃。若可疑值不是由明显的过失造成的，就要根据偶然误差分布规律决定取舍。取舍方法很多，现介绍其中的 Q 检验法。

当测定次数 $n=3\sim10$ 时，根据所要求的置信度（如取 90%），按照下列步骤，检验可疑数据是否可以弃去：

① 将各数据按递增的顺序排列：x_1，x_2，$\cdots$，x_n；

② 求出最大与最小数据之差 x_n-x_1；

③ 求出可疑数据与其最邻近数据之间的差 x_n-x_{n-1}；

④ 求出 $Q=\dfrac{x_n-x_{n-1}}{x_n-x_1}$；

⑤ 根据测定次数 n 和要求的置信度（如 90%），查表 3-2，得出 $Q_{0.90}$；

表 3-2　不同置信度下舍弃可疑数据的 Q 值表

测定次数 n	$Q_{0.90}$	$Q_{0.95}$	$Q_{0.99}$
3	0.94	0.98	0.99
4	0.76	0.85	0.93
5	0.64	0.73	0.82
6	0.56	0.64	0.74
7	0.51	0.59	0.68
8	0.47	0.54	0.63
9	0.44	0.51	0.60
10	0.41	0.48	0.57

⑥ 将 Q 与 $Q_{0.90}$ 相比，若 $Q>Q_{0.90}$，则弃去可疑值，否则应予保留。

【例 3-4】　在一组平行测定中，测得试样中钙的百分含量分别为 22.38%、22.39%、22.36%、22.40% 和 22.44%。试用 Q 检验判断 22.44% 能否弃去。（要求置信度为 90%）

解：（1）按递增顺序排列：22.36%，22.38%，22.39%，22.40%，22.44%。

（2）$x_n-x_1=22.44\%-22.36\%=0.08\%$

（3）$x_n-x_{n-1}=22.44\%-22.40\%=0.04\%$

（4）$Q=\dfrac{x_n-x_{n-1}}{x_n-x_1}=\dfrac{0.04\%}{0.08\%}=0.5$

（5）查表 3-2，$n=5$ 时，$Q_{0.90}=0.64$。

$Q<Q_{0.90}$，所以 22.44% 应予保留。

如果测定次数比较少，如 $n=3$，而且 Q 值与查表所得 Q 值相近，这时为了慎重起见最好是再补加测定一次或两次，然后确定可疑数据的取舍。

在 3 个以上数据中，需要对一个以上的可疑数据用 Q 检验决定取舍时，首先检验相差较大的值。

【例 3-5】 测定某一热交换器水垢中 SiO_2 的质量分数，进行七次平行测定，经校正系统误差后，其数据为 79.58%、79.45%、79.47%、79.50%、79.62%、79.38% 和 79.80%。求平均值、平均偏差、标准偏差和置信度分别为 90% 和 99% 时平均值的置信区间。

解：（1）首先对七个测定数据进行整理，其中 79.80% 与其余六个数据相差较大，但又无明显的原因可将它剔除，现根据 Q 检验决定其取舍。

$$Q = \frac{79.80\% - 79.62\%}{79.80\% - 79.38\%} = \frac{0.18\%}{0.42\%} = 0.43$$

查表 3-2，$n = 7$ 时，$Q_{0.90} = 0.51$，所以 79.80% 应予保留。

同理，置信度为 99% 时，$Q_{0.99} = 0.68$，所以 79.80% 也应保留。

（2）算术平均值

$$\bar{x} = \frac{79.38\% + 79.45\% + 79.47\% + 79.50\% + 79.58\% + 79.62\% + 79.80\%}{7} = 79.54\%$$

（3）平均偏差

$$\bar{d} = \frac{0.16\% + 0.09\% + 0.07\% + 0.04\% + 0.04\% + 0.08\% + 0.26\%}{7} = 0.11\%$$

（4）标准偏差

$$s = \sqrt{\frac{(0.16\%)^2 + (0.09\%)^2 + (0.07\%)^2 + (0.04\%)^2 + (0.04\%)^2 + (0.08\%)^2 + (0.26\%)^2}{7 - 1}}$$
$$= 0.14\%$$

（5）查表 3-1，置信度为 90%，$n = 7$ 时，$t = 1.943$。

$$\mu = 79.54\% \pm \frac{1.943 \times 0.14\%}{\sqrt{7}} = (79.54 \pm 0.10)\%$$

同理，对于置信度为 99%，可得：

$$\mu = 79.54\% \pm \frac{3.707 \times 0.14\%}{\sqrt{7}} = (79.54 \pm 0.20)\%$$

3.3　测定结果准确度的提高方法

试样测定方法一般包括一系列的测量步骤，通过几个直接测量的数据，按照一定的公式算出实验结果，因此在每一步中引入的测量误差，都会或多或少地影响实验结果的准确度，即个别测量步骤中的误差将传递到最后的结果中。系统误差与偶然误差的传递规律有所不同。

误差是可以传递的，但测定量的误差有正有负，所以在数据处理时误差可能相互部分抵消。作为基础课的实验化学课程，不要求对各类误差的传递进行定量计算。

提高测定准确度，可以从以下几个方面进行考虑。

① 选择合适的方法　如样品中被测组分 Fe 含量在常量范围内，选择重量分析法和滴定法；如果 Fe 含量在微量范围内，选用分光光度法。

② 减小测量误差　比如，用电子天平称量的绝对误差是 ± 0.0001 g，用减量法称量样

品得到一个实验数据带来的绝对误差就是 ± 0.0002 g，为了满足常量测定时单次操作的相对误差小于 0.1%，可以计算出称量试样的最小质量 m 为：

$$m=\frac{0.0002}{0.1\%}=0.2(\text{g})$$

也就是说设计实验数据的时候，称量试样的质量要大于等于 0.2 g 方可。同理可以得到滴定管的使用中液体的体积必须在 20 cm^3 以上。所以，设计实验方案时一般液体的体积在 25 cm^3。

③ 消除系统误差　系统误差可以采用一些校正的办法和制定标准规则的办法加以校正，使之尽可能减小或接近消除。有时候也需要做空白试验，即在不加试样的情况下，按照试样的实验步骤和条件进行空白试验，所得结果称为空白值，从试样的实验结果中扣除此空白值，就可消除由试剂、蒸馏水及器皿引入的杂质所造成的系统误差。也可采用对照试验，即用已知含量的标准试样（或配制的试样）按所选用的测定方法，以同样条件、同样试剂进行对比，找出改正数据或直接在试验中纠正可能引起的误差，这是检查实验过程中有无系统误差的最有效的方法。

④ 减小偶然误差　根据偶然误差的特点，可以通过增加测定次数的办法予以减小，常规的学生实验至少进行三次，如果需要测定结果更精确些，可以增加测定次数到 5 次甚至更多，但是这里要注意测定次数要是奇数次。这对于得到一个较可靠的实验结果是非常重要的。

总之，由于存在着系统误差与偶然误差两大类误差，所以在实验和计算过程中，如未消除系统误差，则实验结果虽然有很高的精密度，也并不能说明结果准确。只有在消除了系统误差以后，精密度高的实验结果才既精密又准确。

对于教学实验来说，首先要重视数据的精密度，因为教材中所选的实验，一般较为成熟，方法的误差是固定的。组分的含量都是预先用相同的试剂和类似的仪器测定过的，实验结果如不准确，其主要原因往往是操作上的过失（操作错误），这多数可从精密度不合格反映出来，因此对初学者来说，首先要做到精密度达到规定的标准。待实验技能成熟以后或者参加研究时，一定要了解方法的误差并设法加以减免。

3.4　实验数据处理方法

实验数据的表示法通常有列表法、图形法、方程式法三种，这三种方法各有优缺点。同一组数据，不一定同时用这三种方法表示，表示方法的选择主要依靠经验及理论知识去判定。随着计算机技术的发展，方程式表示法的应用更加广泛，但列表法及图形法仍是必不可少的手段。

3.4.1　实验数据列表表示法

所有测量至少包括两个变量，其中一个为自变量，另一个为因变量。列表法就是将一组实验数据中的自变量、因变量的各个数值依一定的形式和顺序一一对应列出。列表法的优点是：简单易行，形式紧凑，同一表内可以同时表示几个变量间的变化关系而不混乱，易于参考比较；数据表达直接，不引入处理误差；未知自变量、因变量之间的函数关系式也可列出。

实验数据列表一般以函数式的变量为依据列表表达。函数式表的主要特征为，自变量 x 与因变量 y 的各个对应值，均在表中按 x 增大或减小的顺序一一列出，一个完整的函数式表应包括表的序号、名称、项目说明及数据来源等数项。

表的名称应简明扼要，一看即知其内容。如遇表名过于简单不足说明其原意，则在名称下面或表的下面附以说明，并注出数据来源。表的项目应包括变量名称及单位，一般在不加说明即可了解的情况下，应尽量用符号代表。表内数值的写法应注意整齐统一。数值为零时记为"0"，数值空缺时记为"—"。同一竖列的数值，小数点应上下对齐。测量值的有效数字取决于实验测量的精度，记至第一位可疑数字。理论计算的数值，可认为有效数字无限制，而列表中有效数字位数选取要适当。数值过大或过小时，应以科学记数法表示，如 0.000005726 应写成 5.726×10^{-6}。

实验原始数据的记录表格，应能记录实验测量的全部数据，包括一个量的重复测量结果，并且应在表内或表外列出实验测量的条件及环境情况数据。例如室温、大气压、湿度、测定日期、时间以及测定者签字等。对于实验数据处理或实验报告用表，应包括必要的单位换算结果、中间计算结果及最终实验结果。当数据量较大时可以进行精选，使表中所列数据规律更明显，查阅、取值更为方便，使自变量的分度更加规则。对于各项中间计算结果及最终实验结果的意义、单位及计算方法必须在表外做详细说明，最好给出计算示例。对计算中所取的一些常数或物性数据（如摩尔质量等）也应说明。

例如，表 3-3 中列出了实验"化学反应速率和活化能测定中浓度对化学反应速率的影响"的原始数据和中间物理量，可供参考。

表 3-3　浓度对化学反应速率的影响

	实验编号	1	2	3	4	5
试剂用量/cm³	0.20 mol·dm^{-3}(NH$_4$)$_2$S$_2$O$_8$	20.0	10.0	5.0	20.0	20.0
	0.20 mol·dm^{-3}KI	20.0	20.0	20.0	10.0	5.0
	0.010 mol·dm^{-3}Na$_2$S$_2$O$_3$	8.0	8.0	8.0	8.0	8.0
	0.4%淀粉	4.0	4.0	4.0	4.0	4.0
	0.20 mol·dm^{-3}KNO$_3$	0	0	0	10.0	15.0
	0.20 mol·dm^{-3}(NH$_4$)$_2$SO$_4$	0	10.0	15.0	0	0
反应时间 Δt/s		29.48	58.38	136.00	56.68	119.00
混合液中反应物的起始浓度/mol·dm^{-3}	(NH$_4$)$_2$S$_2$O$_8$	0.0769	0.03846	0.01923	0.0769	0.0769
	KI	0.0769	0.0769	0.0769	0.03846	0.01923
	Na$_2$S$_2$O$_3$	0.001538	0.001538	0.001538	0.001538	0.001538
S$_2$O$_8^{2-}$ 的浓度变化 $\Delta[S_2O_8^{2-}]$/mol·dm^{-3}		0.000769	0.000769	0.000769	0.000769	0.000769
反应速率/mol·dm^{-3}·s^{-1}		2.61×10^{-5}	1.32×10^{-5}	5.65×10^{-6}	1.37×10^{-5}	6.46×10^{-6}

3.4.2　实验数据图形表示法

实验数据图形表示法是根据解析几何原理，用几何图形，如线的长度、图面的面积、立体图的体积等将实验数据表示出来。此方法在数据整理上极为重要。其优点在于形式简明直观，便于比较，易显出数据的规律性以及最高点、最低点、转折点、周期性及其他的特征。此外，如果图形作得足够准确，则不必知道变量间的数学关系，即可对变量求微分和积分。图形表示法为进一步求得函数关系的数学表示式提供了依据。有时还可用作图进行外推，以求得实验难以获得的重要物理量。总之，图形不仅可用来表示实验测量结果，还可用于实验数据的处理。

现对作图方法要点简述如下：

① 坐标纸选择：通常的直角毫米坐标纸适用于大多数用途。有时也用单对数或双对数坐标纸。特殊需要时用三角坐标纸或极坐标纸。

② 坐标标度的选择：

a. 习惯上用横坐标表示自变量，用纵坐标表示因变量。

b. 坐标刻度应能表示全部有效数字，使测量值的最后一位有效数字在图中也能估计出来。最好使变量的绝对误差在图上相当于坐标的 0.5～1 个最小分度。做到既不夸大也不缩小实验误差。

c. 所选定的坐标分度应便于从图上读出任一点的坐标值。通常应使最小分度所代表的变量值为简单整数（可选 1、2、5，不宜用 3、7、9）。如无特殊需要（如由直线外推求截距），就不必以坐标原点作为标度的起点。应以略低于最小测量值的整数作为标度起点。这样得到的图形紧凑，充分利用坐标纸，读数精度也得以提高。

d. 直角坐标的两个变量的全部变化范围在两个坐标轴上表示的长度要相近，不可悬殊太大。否则图形会扁平或细长，甚至不能正确地表现出图形特征。

以如上规定所作的图常常过大，实际作图时经常将坐标的标度进行缩小，但对通常的学生实验来说，图纸不得小于 10 cm×10 cm。

③ 描点所用符号：常用·、◆、▲、■、×……，各符号中心点应处于数据代表的位置。在同一张纸上如有几组物理量时，各组物理量的代表点应该用不同的符号表示，以便区别，并在图上或图外说明各符号意义。描点符号不宜过大，它应粗略地表明测量误差范围，一般在坐标纸上各方向距离 1～1.5 mm。

④ 作曲线时，应根据所描数据点，将曲线划得平滑、连续，尽量接近各数据点。为满足这两方面要求，曲线往往并不通过所有数据点，而应使所有数据点在线的两旁均匀分布，点的数目及点与线的偏差比较均匀。点与曲线的距离表示该组实验数据的绝对误差。图 3-3 为描线的方法。

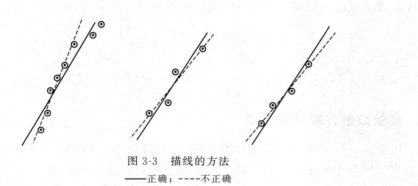

图 3-3 描线的方法
——正确；----不正确

在曲线的极大值和极小值或转折处应多取一些点，以保证曲线所表示规律的可靠性。

如果发现个别点远离曲线，又不能判断被测物理量在此区域会发生什么突变，就要分析一下是否有偶然性的过失误差，如果确属后一种情况，描线时不必考虑这一点。但如果重复实验仍有同样的情况，就应在这一区间重复进行实验，更仔细地测量，搞清在此区间内是否存在必然的规律，并严格按照上述原则描线。切不可毫无理由地丢弃离曲线较远的点。

⑤ 写明图的名称，纵、横坐标所表示的变量的名称、刻度值、单位等。实验条件应在图中或图名的下面注明。

图 3-4 为苯-正庚烷汽液平衡相图图形正误示例，（a）为正确图例，（b）为错误图例。（b）图的错误为：纵坐标的起点及分度选择不当，使图形太扁，误差较大；横坐标的意义未注清楚；实验所处的压力条件未注明。

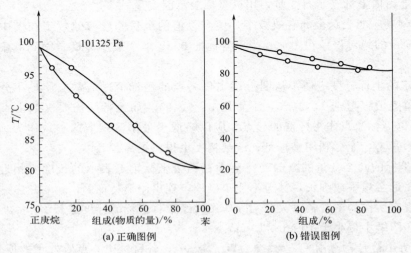

图 3-4　苯-正庚烷汽液平衡相图图形正误示例

⑥ 直线是最易画准的图线，使用最方便，变量之间的关系明确。为了使变量间函数关系能在图中表示成直线，常可将某些函数直线化，所谓直线化就是将函数关系式 $y=f(x)$ 转换成直线方程式。要达此目的，可选择新的变量 $y^*=g(x,y)$，$x^*=h(x,y)$ 代替变量 y、x，使 y^* 与 x^* 之间具有 $y^*=A+Bx^*$ 形式的函数关系。如用阿仑尼乌斯公式：

$$k=A\mathrm{e}^{-\frac{E_\mathrm{a}}{RT}}$$

k 与 T 两者之间不是直线关系，但经取对数处理后，变为：

$$\ln k=-\frac{E_\mathrm{a}}{RT}\times\frac{1}{T}+\ln A$$

$y^*=\ln k$ 与 $x^*=\dfrac{1}{T}$ 呈直线关系，这样就可以方便讨论了。

3.4.3　实验数据方程式表示法

当一组实验数据用列表法或图形法表示后，常需要进一步用一个方程式或经验公式将数据表示出来。因为方程式表示不仅在形式上较前两种方法更为紧凑，而且进行微分、积分、内插、外延等运算、取值时也方便得多。经验方程式是变量间客观规律的一种近似描述，它为变量间关系的理论探讨提供了线索和根据。

用方程式表示实验数据有三项任务：一是方程式的选择，二是方程式中常数的确定，三是方程式与实验数据拟合程度的检验。

随着计算机的普及，应用计算机的数据处理系统，可以很方便地完成上述任务。

3.4.4　设计实验的基本原理

化学实验设计指实验者在实施化学实验前，根据一定的化学实验目的和要求，运用化学知识与技能，按照一定的实验方法对实验的原理、仪器、装置、步骤和方法等进行合理安排与规划。

化学实验设计包括以下要素。

① 实验目的：是设计实验方案的指导方针。

② 实验原理：是解决问题的依据，这里要注意既包括化学原理，也包括数据处理的原理。

③ 实验步骤：是解决问题的具体方法，包括实验操作及规程、实验用品以及装置。

一般来说，普通的化学实验设计有下列的程序：

① 提出实验研究课题，明确实验目的。

② 确定实验原理。

③ 写出可行的实验方案，其中实验步骤应尽可能详细，要有实验药品、实验用品和实验仪器。

④ 详细的实验数据记录表格。

⑤ 对实验现象、结果、数据进行加工整理，准确表述实验结论。

在进行化学实验设计时，应遵循一些原则：

① 科学性原则。这是实验设计的首要原则。它指所设计实验的原理、操作顺序、操作方法等，必须与化学理论知识以及化学实验方法理论相一致。

② 可行性原则。可行性原则是指设计实验时，所运用的实验原理在实施时切实可行，而且所选用的化学药品、仪器、设备、实验方法等在现行的条件下能够满足。

③ 安全性原则。这是指实验设计时应尽量避免使用有毒药品或具有一定危险性的实验操作。能构成环境污染的、能造成人身伤害的思路及操作均是不安全的，因而在实验设计中是不可取的。

第4章

基础化学实验常用简单仪器

基础化学实验常用简单仪器见表 4-1。

表 4-1　基础化学实验常用简单仪器

仪器	规格	用途	注意事项
(a) 试管 (b) 试管架	普通试管和离心试管。普通试管以管口外径(mm)×管长(mm)分类;离心试管分有刻度和无刻度两种,按容量(cm³)分类。 试管架有木质、铝质、有机玻璃质等	①少量试剂的反应容器,便于操作和观察。 ②收集少量气体用。 ③离心试管用于沉淀分离	①反应液体积不超过试管容积的 1/2,若加热不超过 1/3。 ②加热时管口不对人,试管与桌面成 45°,同时不断振荡,火焰上端不超过管里液面。 ③加热固体时管口应略向下倾斜。 ④离心管不可直接加热。 ⑤加热后不能骤冷
试管夹	由木料或金属丝、塑料制成。形状各有不同	夹试管	不能用火烧
烧杯	以容积(cm³)表示,一般有 50、100、150、200、400、500、1000、…,此外还有 5、10 等微型烧杯	①大量反应容器,反应物易混合均匀。 ②配制溶液。 ③代替水槽	①反应液体不得超过容积的 1/3。 ②应放在石棉网上加热。 ③标出刻度不代表容积
(a) 锥形瓶　(b) 碘量瓶	分磨口和不磨口的两种;碘量瓶均磨口。按容积(cm³)分有 0、100、150、200、250、…	①反应容器。 ②振荡方便,适用于滴定操作。 ③碘量瓶用于碘量法滴定操作	①盛液不能太多。 ②应放在石棉网上加热或置于水浴中加热

续表

仪器	规格	用途	注意事项
(a) 量杯　　(b) 量筒	刻度按容量（cm³）分有 5、10、20、25、50、100、200、…	量取一定体积的液体	①不可加热，不可作实验容器，不可作配溶液的容器。②不可量取热的溶液或液体
(a) 吸量管　(b) 移液管	分多刻度管型和单刻度大肚型。按刻度最大标度（cm³）分有 1、2、5、10、25、50 等，微量的有 0.1、0.2、0.5 等	精确移取一定体积的液体	①用时先用少量所移液润洗三次。②一般移液管残留最后一滴液体不要吹出（完全流出式应吹出）
药勺	牛角，瓷质，塑料质，不锈钢质	取固体试剂，两端各有一勺，一大一小，根据取用药量多少选用	①取用一种药品后，必须洗净擦干后再用于另外一种药品；或药品专用。②不能取灼热药品
滴瓶、滴管	滴瓶分棕色、无色两种。滴管上带有橡皮胶头。规格按容积（cm³）分为 5、30、60、125、…	滴瓶用于盛放少量液体试剂或溶液，便于取用。滴管用于滴加少量液体或溶液	①滴管不能吸得太满，也不能倒置。②滴瓶不能长时间存放碱液。③滴管专用，管尖不能沾污
细口瓶（试剂瓶）	有磨口、不磨口；无色、棕色之分。按容积（cm³）分有 100、125、250、500、1000、…	储存溶液和液体药品的容器	①不能用火直接加热。②瓶塞不能互换。③放碱液时用橡皮塞。④有磨口塞子的细口瓶不用时应洗净并在磨口处垫上纸条
广口瓶	有磨口、不磨口，无色、棕色之分，磨口有塞，若口上部是磨砂的为集气瓶，按容积（cm³）分有 30、60、125、250、500、…	①储存固体药品。②集气瓶用于收集气体	①不能直接加热。②不能放碱。③瓶塞必须干净

仪器	规格	用途	注意事项
表面皿	按直径（mm）分有 45、65、75、90、…	盖在烧杯上，防止液体迸溅或其他用途	不能用火直接加热
(a) 普通漏斗 (b) 铜制热漏斗 (c) 玻璃砂芯漏斗	玻璃质或搪瓷质，分长颈和短颈两种，按斗颈（mm）分有 30、40、60、100、120、…，铜制热漏斗内放玻璃漏斗用于趁热过滤。漏斗过滤必须配合滤纸完成过滤过程。玻璃砂芯漏斗可以直接过滤	①过滤液体。②倾注液体。③长颈漏斗常装配气体发生装置，用于加液	不能直接加热
漏斗架	木质或塑料质	过滤时用于放置漏斗	
抽滤瓶和布氏漏斗	布氏漏斗为瓷质，规格以直径（mm）表示；抽滤瓶为玻璃质，规格按容积（cm³）分，大小不同	两者配套使用，用于减压过滤	不能直接加热
蒸发皿	瓷质、玻璃质、石英、铂制品等，有圆底平底两种，以口径（mm）或容积（cm³）表示	用于蒸发液体或溶液	①液体性质不同选用不同质地的蒸发皿。②不宜骤冷。③蒸发溶液时一般放在石棉网上，也可直接用火加热
石棉网	由铁丝编成，中间涂有石棉，规格以铁丝网边长（cm）表示，如 16×16、23×23、…	支撑受热器皿，使受热物体均匀受热	①不能与水接触。②不能卷折

仪器	规格	用途	注意事项
容量瓶	按刻度所示的容积（cm³）分 5、10、25、50、100、150、200、250、…	配制准确浓度溶液	①不能受热，不能代替试剂瓶存放溶液。②瓶口为磨口的，用过洗净后用纸垫上
称量瓶	分高型、矮型，规格以外径（mm）×瓶高（mm）表示	准确称取一定量固体药品时用	①不能加热。②盖与瓶磨口配套，不能互换
1—碱式滴定管；2—酸式滴定管；3—滴定管架 滴定管和滴定管架	分酸式（具玻璃活塞）和碱式（具乳胶管连接的玻璃尖管）两种；也有聚四氟乙烯材质的滴定管酸碱都能用。有无色、棕色两种，用容积（cm³）表示有 25、50、…，微量的有 1、2、3、4、5、10、…	①滴定管用于滴定溶液。②滴定管用于量取较准确体积液体。③滴定管架用于支持滴定管	①酸式滴定管和碱式滴定管不能混用。②见光易分解的滴定液宜用棕色滴定管
(a) 普通干燥器 (b) 真空干燥器	玻璃质，以外径（mm）大小表示，分普通干燥器和真空干燥器两种	内装干燥剂，用于干燥或保干试剂	①防止盖子滑动而打碎。②红热的物品待稍冷后才能放入
三脚架	铁质，有大小、高低之分，比较牢固	放置较大或较重的加热容器	①放置加热容器（水浴锅、坩埚除外）应先放石棉网。②加热时灯焰位置要适当

仪器	规格	用途	注意事项
坩埚钳	铁质，有大小、长短的不同	夹持坩埚加热或向马弗炉中放、取坩埚	①使用时必须干净。②坩埚钳用后应尖端向上平放。③使用完毕，洗净擦干，放入实验柜中，防锈蚀
(a)坩埚 (b)泥三角	瓷、石墨、石英、氧化锆、铁、镍、铂质等，以容积（cm^3）分有 10、15、25、50、…；泥三角用铁丝拧成，套有瓷管，有大小之分	强热、煅烧固体用，随固体性质不同可选用不同材质的坩埚；泥三角在灼烧坩埚时放置坩埚用	①放在泥三角上直接加强热或放入马弗炉中煅烧。②加热或反应完毕，用坩埚钳取下时，坩埚钳应预热，取下后应放置于石棉网上
研钵	分瓷、玻璃、玛瑙、铁质，以口径大小（mm）表示	①研碎固体用。②固体物质混合	①按固体性质和硬度选用不同研钵。②放入量不宜超过研钵容积的1/3。③忌用研钵研磨易爆物质（只能轻轻压碎）
水浴锅	分铁、铜、铝制品，有大、中、小之分	①间接加热如水浴、油浴。②粗略控温实验	①加热器皿没入锅中2/3。②经常加水，防止烧干。③用后洗净
1—铁架；2—铁圈；3—铁夹 铁架台	铁制品，铁夹有铝制和铜制	用于固定或放置反应容器。铁圈还可以代替漏斗架使用	①仪器固定在铁架台上时，仪器和铁夹的重心应落在铁架台底盘中部。②用铁夹夹持仪器时，应以仪器不能转动为宜，不能过紧或过松。③加热的铁圈不能撞击摔落在地

仪器	规格	用途	注意事项
点滴板	瓷质,分黑色、白色。有二凹穴、六凹穴、九凹穴、十二凹穴的	显色反应	白色沉淀用黑色板,有色沉淀用白色板
(a) 自由夹　(b) 螺旋夹	自由夹又称弹簧夹、止水夹等,螺旋夹又叫节流夹	在蒸馏水储瓶、制气或其他实验装置中沟通或关闭流体的通路。螺旋夹还可控制流体的流量	①应使胶管夹在自由夹的中间部位。②在蒸馏水储瓶的装置中,夹子夹持胶管的部位应常变动
洗瓶	分为塑料和玻璃的,以容积(cm³)表示,大多使用 250cm³ 的洗瓶	主要用于盛装蒸馏水,洗涤容器和沉淀时使用,塑料洗瓶使用方便,卫生,应用更加广泛	不能加热
磁力搅拌器	由磁盘和一个可旋转的磁子组成,并有控制磁子转速的旋钮及控制温度的加热装置	需要搅拌的两相反应	加热温度一般很难超过 100 ℃,适用于反应温度不高的一些反应
(a) 电动搅拌器　(b) 搅拌棒	由小马达连调压变压器组成,带动玻璃搅拌棒搅拌容器中的液体,固定搅拌棒用简易密封或液封	适用于油、水等溶液或固液反应中	不适用过黏的胶状溶液,使用时必须接上地线

仪器	规格	用途	注意事项
比色管	按容积（cm^3）分有10、25、50 等，有刻度，磨口，具塞，也有不具塞的	用于光度分析中的目视比色	不可直接用火加热，磨口塞必须原配，不可用去污粉刷洗
(a) 多脚夹 (b) 单脚夹	铜质或铝质	用于固定烧瓶或冷凝管。单脚夹主要用于夹玻璃仪器的磨口处	爪部需用乳胶管或布包裹，并需注意及时更换
双顶丝夹	铜质，又称 S 扣	用于将万能夹固定在铁架台上	使用时注意一个扣口朝上，另一个扣口朝向自己

第5章

化学实验的基本操作

5.1 玻璃仪器的洗涤与干燥

5.1.1 洗涤要求及方法

实验中使用不洁净的仪器，将得不到准确的结果，所以实验前必须先把仪器洗涤干净。洗涤的方法应根据实验的要求、污物的性质和沾污的程度来考虑选用。

对于试管、烧杯、烧瓶等普通玻璃仪器，可选用合适毛刷用水洗去可溶物及附着在仪器上的尘土；如果仪器很脏或有油污，可蘸取去污粉或洗涤剂洗涤，做到少量多次，洗涤时应注意毛刷不要用力过猛而将底部穿破。量筒的洗涤应尽量不用毛刷，非用不可时动作要尽量轻缓。

对于容量分析仪器，如滴定管、移液管、容量瓶等的洗涤要求较高。首先应将容器用水冲洗，然后加入一定量的混合洗液（洗衣粉、洗洁精）转动容器使其内壁全部为洗液浸润，经一段时间后，用自来水冲洗干净，最后用蒸馏水（去离子水）冲洗 $2\sim3$ 次即可。如混合洗液不能把污物去掉，则用铬酸洗液洗涤，方法同上。但要注意以下几点：

① 铬酸洗液有很强的腐蚀性，易灼伤皮肤和腐蚀衣物，使用时注意安全；

② 加洗液前把仪器中残留水尽量倒掉，避免局部过热或稀释洗液，影响洗涤效果；

③ 洗液用后应倒回原瓶，以便重复使用；

④ 洗液变绿时不再具有氧化性和去污力，故不能使用；

⑤ 铬（Ⅵ）化合物有毒，清洗残留在仪器上的洗液时，第一遍和第二遍洗涤水均不能倒入下水道，应回收处理。

对于一些不溶于水的沉淀垢迹，需根据其性质，选用适当的试剂，通过化学方法除去。表 5-1 介绍了几种常见垢迹的处理方法。

表 5-1　几种常见垢迹的处理方法

垢迹	处理方法
粘附在器壁上的 MnO_2、$Fe(OH)_3$	用盐酸处理，MnO_2 垢迹需用 $\geqslant 6\ mol\cdot dm^{-3}$ HCl 才能洗掉，必要时可以加少量草酸并微热
碱土金属的碳酸盐等	用盐酸处理
沉积在器壁上的银或铜	用稀硝酸处理

续表

垢迹	处理方法
沉积在器壁上的难溶性银盐	一般用 $Na_2S_2O_3$ 溶液洗涤。Ag_2S 垢迹则需用热、浓 HNO_3 处理
粘附在器壁上的硫黄	用煮沸的石灰水处理，反应原理如下： $$3Ca(OH)_2 + 6S =\!=\!= 2CaS_2 + CaS_2O_3 + 3H_2O$$
残留在容器内的 Na_2SO_4 或 $NaHSO_4$ 固体	加水煮沸使其溶解，趁热倒掉
不溶于水、不溶于酸或碱的有机物胶质等污迹	用有机溶剂洗，常用的有机溶剂有乙醇、丙酮、苯、四氯化碳等
煤焦油污迹	用浓碱浸泡（约 1 天），再用水冲洗
蒸发皿和坩埚内的污迹	一般可用浓 HNO_3 或王水洗涤
瓷研钵内的污迹	将少量食盐放在研钵内研洗，倒去食盐，再用水洗净

5.1.2　仪器的干燥

① 晾干　把洗净的仪器置于干净的专用橱内，使其自然晾干。

② 烤干　用煤气灯小火烤干，烧杯和蒸发皿应放在石棉网上；如试管的烤干 ［图 5-1(a)］，将管口向下，来回移动试管。注意事先擦干玻璃仪器的外壁。

③ 烘干　将洗净的仪器放到电热烘干箱内（控制温度在 105 ℃左右），仪器放进烘箱前应尽量把水倒干，并在烘箱的最下层放一搪瓷盘，接收从容器上滴下的水珠，以免直接滴在电炉丝上损坏炉丝，如图 5-1(b) 所示。

④ 吹干　用电吹风机或气流烘干机吹干，如图 5-1(c) 所示。

⑤ 有机溶剂快速干燥　先用少量丙酮等有机溶剂洗一遍，然后晾干，如图 5-1(d) 所示。

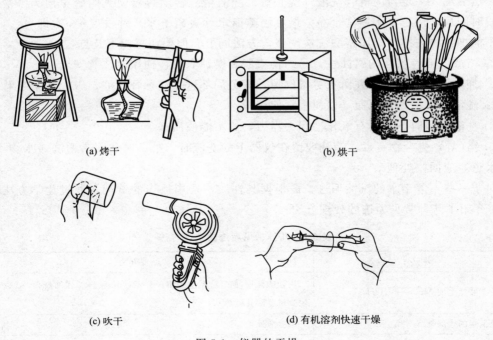

(a) 烤干　　　　　　　　　　　　　　　(b) 烘干

(c) 吹干　　　　　　　　　　(d) 有机溶剂快速干燥

图 5-1　仪器的干燥

5.2　试剂的干燥、取用和溶液的配制

5.2.1　试剂的干燥

干燥主要为使样品失去水分子或失去其他溶剂的过程。常用的干燥方法有加热干燥、低温干燥、化学结合除水、吸附去水四种方法。

（1）加热干燥

原理是利用加热的方法将物质中的水分变成蒸气蒸发出来。常用仪器有电炉、煤气灯、真空干燥箱等。它的优点是能在较短的时间达到干燥目的，无机物质干燥一般用此法。

（2）低温干燥

一般指在常温或低于常温的情况下进行干燥。常见的是常温常压下在空气中晾干、吹干。在减压（或真空）下干燥和冷冻干燥等均属低温干燥。低温干燥适用于易燃、易爆或受热变质的物质，比较缓和安全。

（3）化学结合除水

这种方法多用于有机物的除水，通常的做法是向盛有机物的试剂瓶中加入吸水的无机物，这些无机物通常和有机物是互不相溶的，使用时，取上层清液即可。

（4）吸附去水

这种方法多用于干燥气体和液体中含有的游离水。作为干燥剂的物质要易于和游离水作用或易于吸附水分而又不与被干燥的物质作用。一般常用的干燥剂有氢氧化钠、氢氧化钾、金属钠、氧化钙、五氧化二磷、浓硫酸、硅胶、分子筛等（见表 5-2）。用这种方法干燥时，被干燥的物质往往有被污染的危险，应该注意。

表 5-2　常用干燥剂的性能与应用范围

干燥剂	吸水作用	干燥性能	应用范围
氯化钙	形成 $CaCl_2 \cdot nH_2O$ $n=1,2,4,6$	中等	廉价的干燥剂,可干燥烃、烯、某些酮、醚、中性气体
硫酸镁	形成 $MgSO_4 \cdot nH_2O$ $n=1,2,4,5,6,7$	较弱	中性,应用范围广,可代替氯化钙,并可干燥酯、醛、酮、腈、酰胺
硫酸钠	形成 $Na_2SO_4 \cdot 10H_2O$	弱	中性,应用范围广,常用于初步干燥
硫酸钙	形成 $CaSO_4 \cdot nH_2O$ $n=1/2,2$	强	中性,应用范围广,常在用硫酸钠(镁)干燥后再用
碳酸钾	形成 $K_2CO_3 \cdot nH_2O$ $n=1,2,3$	较弱	弱碱性,用于干燥醇、酮、酯、胺、杂环等碱性化合物
氢氧化钠 氢氧化钾	溶于水	中等	强碱性,用于干燥醚、烃、胺及杂环等碱性化合物
钠	$Na + H_2O \longrightarrow NaOH + 1/2H_2$		干燥醚、烃、叔胺中的痕量水
氧化钙	$CaO + H_2O \longrightarrow Ca(OH)_2$	强	干燥中性和碱性气体、胺、醇、醚
五氧化二磷	$P_2O_5 + 3H_2O \longrightarrow 2H_3PO_4$	强	干燥中性和酸性气体、乙烯、二氧化碳、烃、卤代烃及腈中的痕量水
分子筛(钠铝 硅型、钙铝硅型)	物理吸附	强	可干燥各类有机物、流动气体

　　这种方法一般使用玻璃干燥器，有时也用真空干燥器，使用方法如图 5-2 所示。使用的干燥器首先将其擦干净，烘干多孔瓷板后，将干燥剂通过一纸筒装入干燥器底部，应避免干燥剂沾污内壁的上部，然后盖上瓷板。

　　干燥剂一般用变色硅胶。此外还可用无水氯化钙等。由于各种干燥剂吸收水分的能力都有一定限度，因此干燥器中的空气并不绝对干燥，而只是湿度相对降低。所以灼烧和干燥后的坩埚和沉淀，如在干燥器中放置过久，可能会吸收少量水分而使质量增加，须加以注意。

　　干燥器盛装干燥剂后，应在干燥器的磨口上涂上一层薄而均匀的凡士林油，再盖上干燥器盖。

　　开启干燥器时，左手按住下部，右手按住盖子上的圆顶，向左前方推开器盖，如图 5-2(a) 所示。盖子取下后应拿在右手中，用左手放入（或取出）坩埚（或称量瓶），及时盖上干燥器盖。盖子取下后，也可放在桌上安全的地方（注意要磨口向上，圆顶朝下）。加盖时，也应当拿住盖上圆顶，推着盖好。

　　当坩埚或称量瓶等放入干燥器时，应放在瓷板圆孔内。但称量瓶若比圆孔小则应放在瓷板上。坩埚等热的容器放入干燥器后，应连续推开干燥器 1～2 次。

　　搬动或挪动干燥器时，应该用手的拇指同时按住盖，防止滑落打破。如图 5-2(b) 所示。

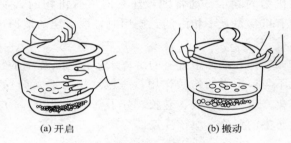

(a) 开启　　　　　　　　(b) 搬动　　　　　　　　干燥器的使用

图 5-2　干燥器的使用方法

5.2.2　试剂的取用

　　（1）固体试剂

　　① 取用试剂前要看清标签及规格，打开试剂瓶，瓶盖应倒置于洁净处。

　　② 要用洁净的药勺取用固体试剂。试剂取用后应立即盖好瓶盖并放回原处，标签向外。

　　③ 取用试剂时应从少开始，不要多取，多余的试剂不可倒回原试剂瓶。

　　④ 固体颗粒太大时，应在洁净的研钵中研碎（研钵中所盛试剂量不能超过其容量的 1/3）。

　　⑤ 向试管中（特别是湿试管中）加入固体试剂时，可将试剂放在一张对折的纸条槽中，伸入试管的 2/3 处扶正滑下；块状固体应沿管壁慢慢滑下，如图 5-3 所示。

　　（2）液体试剂

　　① 用倾注法从细口瓶中取用液体试剂。先将瓶塞取下，倒置于桌面（若倒置不稳，要用右手中指和无名指夹住瓶塞）。右手心对着标签拿起试剂瓶，倒取试剂，注意用玻璃棒引流。最后将瓶塞盖上（不要盖错!），放回原处，标签朝外，如图 5-4 所示。

　　② 从滴瓶中取出液体试剂时，要使用滴瓶中的专用滴管。先用拇指和食指将滴管提起并离开液面，赶出胶头内空气，放入液体，放松手指，吸入液体后再提起滴管，即可取出试

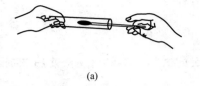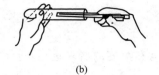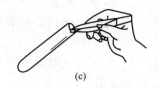

图 5-3 试管中加入固体试剂的操作

（a）用药匙向试管中送入固体试剂；（b）用纸槽向试管中送入固体试剂；（c）块状固体沿管壁慢慢滑下

剂（注意避免使滴管在试剂中鼓泡）。用滴管向容器内滴加试剂时，禁止滴管与容器壁接触，也不许将滴管伸入试管中，如图 5-5 所示。装有试剂的滴管任何时候均不得横置、倒置，以免液体流入胶头内而被污染。

③ 量取时，应学会初步估计液体的量，譬如 1 cm³ 约为多少滴，2 cm³ 液体约占所用试管的几分之几（试管内液体不允许超过其容积的 1/3），等等。

④ 若用量筒量取液体，应先选好与所取液体体积相匹配的量筒。量液体时，应将视线与量筒内液体的弯月面最低处持平（无色或浅色溶液），视线偏高或偏低都会造成较大误差，如图 5-6 所示。

图 5-4 从细口瓶中取用液体试剂

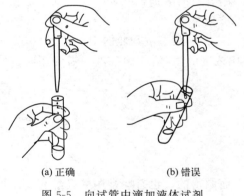

(a) 正确　　　　(b) 错误

图 5-5 向试管中滴加液体试剂

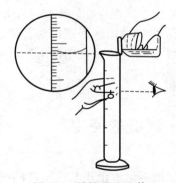

图 5-6 量筒量取液体

⑤ 若用自备滴管取用液体，必须选用洁净而干燥的滴管，以防污染或稀释原来的溶液。取用试剂的过程中应特别注意：

① 不弄脏试剂。试剂不能用手接触，固体用干净的药匙或纸条，试剂瓶盖绝不能张冠李戴。

② 节约使用。在实验中，试剂的用量按规定量取，若没有写明用量，应尽可能取用少量。如果取多了，将多余的试剂分给其他需要的同学使用，不要倒回原瓶，以免污染试剂。

5.2.3　溶液的配制

（1）溶液的配制步骤

① 计算　根据要求，计算出所需溶质和溶剂的量。

② 称量　根据要求，选适当的仪器进行称取或量取，将样品置于烧杯中。

③ 配制　先用适量溶剂溶解，再稀释至所需的体积。

（2）几点说明

① 配制溶液时应根据对纯度和浓度的要求选用不同等级的试剂，不要超规格使用试剂，以免造成浪费。

② 由于试剂溶解时常伴有热效应，配制溶液的操作一定要在烧杯中进行，并用玻璃棒搅拌，但不能太猛，更不能使搅拌棒触及烧杯。试剂溶解时若有放热现象或用加热的方法促使溶解，应待冷却后，再转入试剂瓶中或定量转入容量瓶中。

③ 配制饱和溶液时，所用溶质的量应稍多于计算量，加热促使其溶解，待冷却至室温并析出固体后即可使用。

④ 配制易水解的盐溶液，如 $SbCl_3$、Na_2S 溶液，应预先加入相应的酸（HCl）或碱（NaOH）以抑制水解，然后稀释至一定体积。

⑤ 对于易氧化、易水解的盐如 $SnCl_2$、$FeSO_4$ 溶液，不仅要加相应的酸来抑制水解，配好后还要加入相应的纯金属锡粒、铁钉等，以防其氧化变质。

⑥ 有些易被氧化或还原的试剂，常在使用前临时配制，或采取措施，防止氧化或还原。

⑦ 易侵蚀或腐蚀玻璃的溶液，不能盛放在玻璃瓶内，如氟化物应保存在聚乙烯瓶中，装苛性碱的玻璃瓶应换成橡皮塞，最好也盛于聚乙烯瓶中。

⑧ 配制指示剂溶液时，需称取的指示剂量往往很少，这时可用分析天平称量，但只要读取两位有效数字即可，要根据指示剂的性质采用合适的溶剂，必要时还要加入适当的稳定剂，并注意其保存期；配好的指示剂一般贮存于棕色瓶中。

⑨ 配好的溶液必须标明名称、浓度、日期，标签应贴在试剂瓶的中上部。

⑩ 经常并大量使用的溶液，可先配制成使用浓度的 10 倍的储备液，需要用时取储备液稀释 10 倍即可。

5.3　试纸的使用

试纸是把滤纸用某些特殊的试剂浸泡后晾干而制得的，也有些常用的已经有商品可以购置。不同的试纸有不同的用途。

（1）用试纸检验溶液的酸碱性

常用 pH 试纸检验溶液的酸碱性。将小块试纸放在干燥洁净的点滴板上，用玻璃棒蘸取待测的溶液，滴在试纸上，观察试纸的颜色变化，在 30 s 内尽快将试纸呈现的颜色与标准色板颜色对比，即可得到溶液的 pH 值。

pH 试纸分为两类：一类是广泛试纸，其变色范围为 pH 1～14，用来粗略地检验溶液的 pH 值，变化为 1 个 pH 值单位；另一类是精密 pH 试纸，用于比较精确地检验溶液的 pH 值。精密试纸的种类很多，可以根据不同的需求选用，精密试纸的变化小于 1 个 pH 值单位。

（2）用试纸检验气体

用去离子水润湿试纸并沾附在干净玻璃棒的尖端，将试纸放在试管的上方，观察试纸颜色的变化。

不同的试纸可以检验不同的气体，见表 5-3。

表 5-3　不同的试纸检验不同的气体

试纸的种类	检验的气体	现象
pH 试纸或石蕊试纸	不同酸碱性的气体	不同的酸碱性，试纸的颜色不同
KI-淀粉试纸	Cl_2	先变蓝色，后褪色
$Pb(Ac)_2$ 试纸	H_2S	变黑
$KMnO_4$ 试纸	SO_2	褪色
KIO_3-淀粉试纸	SO_2	先变蓝色，后褪色

5.4　气体的使用

5.4.1　气体的发生

实验室需要少量气体时，可在实验室中制备；如需大量和经常使用气体时，从压缩钢瓶中直接获得即可。

启普发生器是无机化学实验室中常见的气体发生装置，如图 5-7 所示。固体药品放在中间圆球内，可以在固体下面放些玻璃棉来承受固体，酸从球形漏斗加入。使用时只要打开活塞，酸即进入中间球内，与固体接触而产生气体。停止使用时，只要关闭活塞，气体就会把酸从中间球压入球形漏斗内，使固体与酸脱离而终止反应。中球侧口用来排气和更换固体药品，下球侧口用来排放废酸。

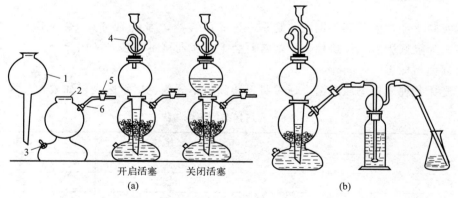

开启活塞　　关闭活塞
(a)　　　　　　　　　　　　　　　　(b)

图 5-7　启普发生器（a）及连有洗气瓶的启普发生器（b）
1—球形漏斗；2—液体入口；3—液体出口；4—安全漏斗；5—活塞；6—气体出口

启普发生器的缺点是不能加热，而且装在启普发生器内的固体必须是块状的。实验完毕，洗净启普发生器，在磨口处垫上纸条，以备下次再用。

5.4.2　气体的干燥和净化

通常制得的气体带有酸雾和水汽，使用时常需净化和干燥。酸雾可用水或玻璃棉除去，水则可根据气体的性质选用浓硫酸、无水 $CaCl_2$、NaOH 或硅胶脱除。一般情况下使用洗气瓶、干燥塔、U 形管或干燥管等仪器进行净化和干燥，如图 5-8 所示。

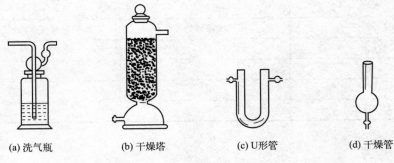

| (a) 洗气瓶 | (b) 干燥塔 | (c) U形管 | (d) 干燥管 |

图 5-8　气体干燥装置

液体（如浓 H_2SO_4、H_2O 等）装在洗气瓶中，无水 $CaCl_2$ 和硅胶装在 U 形管或干燥管中。气体中如果还有其他杂质，则应根据具体情况分别用不同的洗涤液或固体吸收。常用干燥剂如表 5-4 所示。

表 5-4　常用干燥剂

气体	常用干燥剂	气体	常用干燥剂
H_2,O_2,N_2,CO,CO_2,SO_2	H_2SO_4（浓）,$CaCl_2$（无水）,P_2O_5	HI	CaI_2
Cl_2,HCl,H_2	$CaCl_2$（无水）	NO	$Ca(NO_3)_2$
NH_3	CaO,CaO 与 KOH 混合物	HBr	$CaBr_2$

5.4.3　气体钢瓶

化学实验室经常使用高压钢瓶，它是一种高压容器，容积 $12\sim55$ dm^3 不等。由于瓶内压力很高，为降低压力并保持稳压，常常要装上减压器（带气表）使用。

（1）颜色与标志

为了避免各种气体钢瓶混淆，通常将钢瓶涂成不同颜色以示区别，如表 5-5 所示。

表 5-5　高压钢瓶的颜色与标志

气瓶名称	瓶身颜色	标志	标志颜色
氧气瓶	天蓝	氧	黑
氢气瓶	深绿	氢	红
氮气瓶	黑	氮	黄
氩气瓶	灰	氩	绿
压缩空气瓶	黑	压缩空气	白
硫化氢气瓶	白	硫化氢	红
二氧化硫气瓶	黑	二氧化硫	白
二氧化碳气瓶	黑	二氧化碳	黄
氨气瓶	黄	氨	黑
氯气瓶	草绿（保护色）	氯	白

续表

气瓶名称	瓶身颜色	标志	标志颜色
其他可燃气瓶	红	（气体名称）	白
其他非可燃气瓶	黑	（气体名称）	黄

（2）使用方法

高压钢瓶使用时要用气表指示瓶内总压并控制使用气体的分压，气表结构如图 5-9 所示（以氧气表为例）。

使用时将气表和钢瓶连接好，将调节阀门左旋到最松位置上，打开钢瓶总阀门，总压力表就指示出钢瓶内总压力。用肥皂水检查表头和钢瓶是否漏气。如不漏气，即可将调节阀门慢慢向右旋，调节阀即开启向系统进气，分压力表指示进入系统气体的压力。使用完毕，先关闭钢瓶总阀门，让气体排空，直到总压力表和分压力表指示都下降为零，再将调节阀门左旋到最松位置。必须指出，如果调节阀门没有左旋到最松位置上（即关闭阀门），就会造成再次打开钢瓶总阀门时，因高压气流的冲击导致减压阀门失灵，气表损坏。

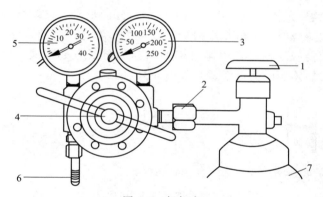

图 5-9　氧气表

1—总阀门；2—气表和钢瓶连接螺丝；3—总压力表；4—调节阀门；5—分压力表；6—供气阀门；7—高压钢瓶

（3）使用钢瓶注意事项

① 钢瓶应存放在阴凉、干燥、远离热源（阳光、暖气、炉火等）的地方，以免因温度升高，瓶内压力增大造成漏气或发生爆炸。钢瓶要固定好才能使用。氢气钢瓶应注意不能放在实验室内，而应该放在室外一个固定的位置，并加锁。

② 搬运钢瓶要轻、稳，使用时放置必须牢固（用架子或铁丝固定），切勿摔倒或剧烈振动，以免爆炸。钢瓶总阀门较脆弱，搬运时应旋上瓶帽。

③ 使用时要用气表。一般可燃性气体钢瓶气门螺纹是左旋，其他气体为右旋。各种气表一般不能混用，以防爆炸。开启气门时应站在气表的另一侧，避免危险。

④ 钢瓶上不得沾染油污及其他有机物，特别是在气门出口和气表出口处更应保持洁净，不可用麻、棉等物堵漏，因为气体急速放出时会使温度升高而引起爆炸，尤其是氧气瓶。

⑤ 使用可燃气体钢瓶要有防止回火装置，有的气表有此装置。在导管中塞细钢丝网可防止回火，管路中加封也可起到保护作用。

⑥ 不可把钢瓶内气体用完，一般要留 4.9×10^5 Pa 表压以上（乙炔则应留 $1.96 \times 10^5 \sim 2.94 \times 10^5$ Pa 表压），以防重新灌气时发生危险。

⑦ 高压钢瓶的使用期限是 30 年。

5.5 容量分析基本操作

量筒、移液管（器）、吸量管、滴定管、容量瓶、微量进样器等是容量分析实验中测量溶液体积的常用量器。玻璃仪器按型式分为量入式和量出式两种，比如，量筒是量入式，而移液管是量出式；按其准确度不同分为 A 级和 B 级，但量筒（量杯）不分级，见《常用玻璃量器检定规程》（JJG 196—2006）。这些玻璃仪器的正确使用是分析化学（尤其是容量分析法）实验的基本操作技术之一，在此简要地介绍这些量器的规格和使用方法。

5.5.1 量筒

量筒是化学实验室最常使用的度量液体体积的仪器。它有各种不同的规格，可以根据不同的需要来选用。例如，需要量取 $8.0~cm^3$ 液体时，用 $10~cm^3$ 量筒，此时测量体积的误差可以为 $\pm 0.1~cm^3$。读取量筒的刻度值，如果用 $100~cm^3$ 量筒，误差可能达到 $\pm 1~cm^3$。

量取一定体积的液体时，一般是用拇指和食指提起量筒，使量筒自然下垂，形成水平弯月面，读数时一定要使视线与量筒内半月形弯曲面的最低点处于同一水平线上，如图 5-10(a) 所示，否则会增加体积的测量误差，如图 5-10(b)、(c) 所示。

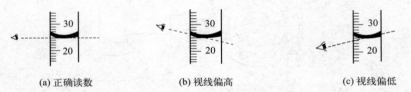

(a) 正确读数　　　　　(b) 视线偏高　　　　　(c) 视线偏低

图 5-10　量筒内液体体积的读数方法

量筒不能作反应器用，不能装热的液体。

5.5.2 移液管

移液管是准确移取一定体积溶液的量出式玻璃量器，规范名称是"单标线吸量管"，通常惯称为移液管。它的中间有一膨大部分，管颈上部刻有一标线，此标线的位置是由放出溶液的体积决定的。移液管的容量单位为 cm^3，其容量为在 20 ℃时按下述方式排空后所流出纯水的体积。移液管产品按其容量精度分为 A 级和 B 级。

洁净的移液管用洗耳球吸取液体至标线以上，除去沾附于流液口外面的液滴，在移液管垂直状态下将下降的液面调定于标线，即弯液面的最低点与标线的上边缘水平相切（视线在同一水平面），此时即调定零点。然后将管内液体排入另一口稍倾斜（约 30°）的容器中，当液面降至流液口处静止时，再等待 15 s，旋转 360°。这样所流出的体积即为该移液管的容量。

移液管和吸量管的润洗

使用移液管时应注意以下几点：

① 必要时，用铬酸洗液将其洗净，使其内壁及下端和外壁均不挂水珠。用滤纸片将流液口内外残留的水吸干。

② 移取溶液之前，先用欲移取的溶液将其润洗三次。方法分为两步：第一步，洗尖嘴部分，先将移液管插入液面 1 cm，放置约 2～3 s，让液体因为毛细作用自动吸入管中，用右手食指按住上管口，提起，用洗耳球将液体吹入废液烧杯中，重复 3 次，尖嘴部分洗涤完毕。第二步，洗涤全管，吸取溶液至膨大部分（图 5-11），立即用右手食指按住管口（尽量勿使溶液回流，以免稀释），将移液管横过来，用两手的拇指及食指分别拿住移液管的两端，转动移液管并使溶液布满全管内壁，当溶液流至距上口 2～3 cm 时，将管直立，使溶液由尖嘴（流液口）放出，弃去。

③ 用移液管移取溶液时，右手拇指及中指拿住管颈刻线以上的地方（后面无名指和小指依次靠拢中指），将移液管插入液面以下 1～2 cm 深度。不要插入太深，以免外壁沾带溶液过多；也不要插入太浅，以免液面下降时吸空。左手拿洗耳球，排除空气后紧按在移液管口上，借吸力使管内液面慢慢上升，移液管应随容量瓶中液面的下降而下降。当管口液面上升至刻线以上时，迅速用右手食指堵住管口（食指最好略润湿），将移液管的流液口靠着试剂瓶或容量瓶颈的内壁，左手拿接收的容器并使其倾斜约 30°。稍松食指，用拇指及中指轻轻捻转管身，使液面缓慢下降，直到调定零点。然后，按紧食指，使溶液不再流出，将移液管移入准备接收溶液的容器中，仍使其流液口接触倾斜的器壁，松开食指，使溶液自由地沿壁流下（图 5-11），等待 15 s 后，旋转 360°后，完成一次移液。

需特别注意的是：在调整零点和排放溶液过程中，移液管都要保持垂直，其流液口要接触倾斜的器壁（不可接触下面的溶液，也不可悬空）并保持不动；等待 15 s 后，旋转 360°，这样管尖部分每次留存的体积将会基本相同，减小平行测定时的误差。因为一些管口尖部做得不很圆滑，导致随停靠接收容器内壁的管尖部位不同方位而留存在管尖部位的体积出现差异。流液口内残留的一点溶液不可用外力使其震出或吹出；移液管用完应放在移液管架上，不要随便放在实验台上，尤其要防止管颈下端被沾污。

5.5.3　吸量管

吸量管的全称是"分度吸量管"，它是带有分刻度的量出式量器，如图 5-12 所示，用于移取非固定量的溶液。吸量管容量的精度级别分为 A 级和 B 级，其产品大致分为以下三类：

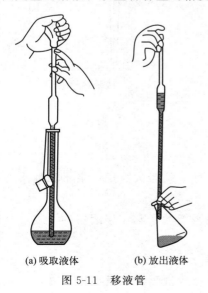

(a) 吸取液体　　(b) 放出液体

图 5-11　移液管

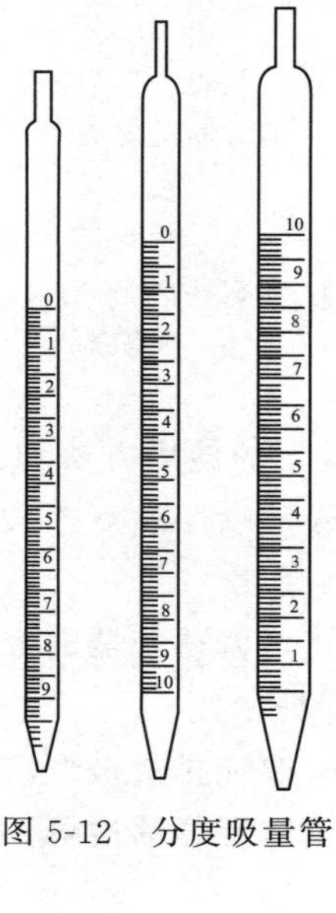

图 5-12　分度吸量管

① 规定等待时间 15 s 的吸量管（管上无任何标记）。

② 快流速不规定等待时间的吸量管（管上标记"快"字样）。

③ 吹出式吸量管（管上标记"吹"字样）。

吸量管的使用方法与移液管大致相同，这里只强调几点：

① 由于吸量管的容量精度低于移液管，所以在移取 1 cm³ 以上固定量溶液时，应尽可能使用移液管。

② 使用吸量管时，尽量在最高标线调整零点。

③ 吸量管的种类较多，要根据所做实验的具体情况，合理地选用吸量管。但由于种种原因目前市场上的产品不一定都符合标准，有些产品标志不全，有的产品质量不合格，使得用户无法分辨其类型和级别，如果实验精度要求很高，最好经容量校准后再使用。

5.5.4 定量、可调移液器

移液器为量出式仪器，分定量和可调两种，主要用于仪器分析、化学分析、生化分析中进行取样和加液。移液器利用空气排代原理进行工作，由定位部件、容量调节指示部分、活塞套和吸液嘴等组成（图 5-13 和图 5-14）。移液量由一个切合良好的活塞在移液枪的腔体内移动的距离来确定。移液器的容量单位为 μL（10^{-3} cm³）。吸液嘴由聚丙烯等材料制成。

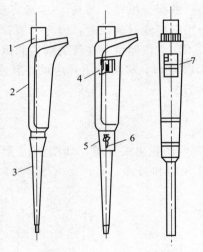

图 5-13 移液器示意图

1—按钮；2—外壳；3—吸液杆；4—定位部件；

5—活塞套；6—活塞；7—计数器

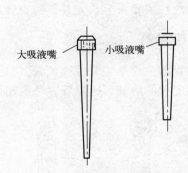

图 5-14 吸液嘴示意图

移液器的使用方法为：

① 吸液嘴用过氧乙酸或其他合适的洗液进行清洗，然后依次用自来水和纯水洗涤，干燥后即可使用。

② 将可调移液器的容量调节到所需体积，再将吸液嘴紧套在移液器的下端，并轻轻旋动，以保证密闭。

③ 吸取和排放被取溶液 2～3 次，以润洗吸液嘴。

④ 垂直握住移液器，将按钮揿到第一停点，并将吸液嘴浸入液面以下 3 mm 左右，然

后缓慢地放松按钮，等待 1～2 s 后再离开液面，擦去吸液嘴外面的溶液（但不能碰到流液口，以免带走器口内的溶液）。将流液口靠在所用容器的内壁上，缓慢地把按钮揿到第一停止点，等待 1～2 s，再将按钮完全揿下，然后使吸液嘴沿着容器内壁向上移开。

⑤ 用过的吸液嘴若想重复使用，应随即清洗干净，晾干或烘干后存放于洁净处。

5.5.5 滴定管

滴定管是量出式容器，即是可放出不固定量液体的玻璃量器，它的管身用细长而内径均匀的玻璃制成，管上面刻有均匀的分度线，下端的流液口为一尖嘴，中间通过玻璃旋塞或乳胶管连接以控制滴定速度。主要用于滴定分析。

滴定管大致有以下几种类型：普通的具塞和无塞滴定管、三通活塞自动定零位滴定管、侧边活塞自动定零位滴定管、侧边三通活塞自动定零位滴定管等。滴定管的容量最小的为 1 cm^3，最大的为 100 cm^3，如图 5-15 所示。常用的是 10 cm^3、25 cm^3、50 cm^3 容量的滴定管。国家规定的容量允差和水的流出时间列于表 5-6。

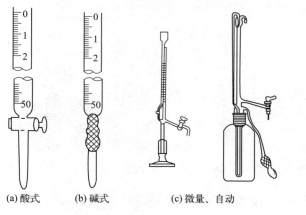

(a) 酸式   (b) 碱式   (c) 微量、自动

图 5-15 滴定管

滴定管介绍

表 5-6 常用滴定管

标称总容量/ cm^3		5	10	25	50	100
分度值/ cm^3		0.02	0.05	0.1	0.1	0.2
容量允差/ cm^3	A	±0.010	±0.025	±0.04	±0.05	±0.10
	B	±0.020	±0.050	±0.08	±0.10	±0.20
水的流出时间/s	A	30～45		45～70	60～90	70～100
	B	20～45		35～70	50～90	60～100
等待时间/s		30				

（1）酸式滴定管

酸式滴定管的结构如图 5-15（a）所示。

常量分析用的酸式滴定管是一支长玻璃管，下端收缩成滴管状，在滴管部分装有玻璃活塞，活塞中部有小孔。

酸式滴定管用来盛酸性或氧化性溶液，而不能盛放碱性溶液，否则玻璃活塞易被碱液腐蚀。

滴定管使用前要检查其活塞是否漏水、活塞转动是否灵活。若漏水，应检查活塞和滴定管是否配套，若不配套，须更换滴定管。要保证滴定管活塞的灵活和进一步防止漏水，需要涂凡士林油。

酸式滴定管涂凡士林

滴定管装液和润洗

滴定管排气泡和调零

涂油的方法是，先将旋塞部位和塞子擦干，再用右手食指取少许凡士林，用食指和拇指将凡士林摩擦至近溶，再涂于干燥活塞小孔的两旁，如油润滑过一样即可，如图 5-16 所示。涂好凡士林后，将活塞插入活塞槽，向一个方向旋转玻璃活塞，直至活塞呈良好的透明状，这表明凡士林已将活塞与塞槽间隙充满，空气已全被排出，经检查不漏水后，滴定管即可使用。注意勿将凡士林涂入活塞孔中，否则会给滴定操作造成麻烦。滴定管的洗涤分为洗涤和待装液润洗两步。

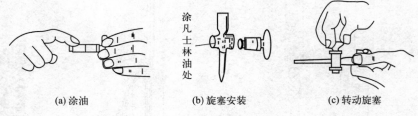

(a) 涂油　　　　　(b) 旋塞安装　　　　　(c) 转动旋塞

图 5-16　旋塞涂油

用待装溶液润洗的方法是从试剂瓶中注入待装溶液 $5\sim10\ cm^3$，两手托平滴定管，不断转动它，使溶液均匀润湿滴定管内壁，然后将滴定管直立，打开活塞，将废液放出。注意此时应将滴定管口用待装液洗涤干净！如此洗涤三次后就可以将待装溶液装入滴定管中，装满溶液至刻度线以上备用。

滴定管开始滴定前应排气泡，方法是迅速转动活塞使溶液快速流出带走气泡，让液体充满滴定管下部，此时若活塞附近有气泡，应上下振荡滴定管，再打开活塞将气泡排出；此时滴定管中液面应在 "0.00" 刻度线以上，如果不在刻度线以上，补充溶液到刻度线以上，再转动活塞使液面下降调至零或适当刻度。

滴定操作一般使用锥形瓶，滴定时用左手的拇指、食指和中指转动活塞，转动时将活塞向手心方向轻轻压紧，切忌手指将活塞抽出或手心将活塞顶出。右手边旋转边摇动锥形瓶，如图 5-17(a) 所示。

滴定时，瓶底离滴定台高约 $2\sim3\ cm$，使滴定管下端伸入瓶口内约 $1\ cm$。左手握住滴定管，按前述方法，边滴加溶液，边用右手摇动锥形瓶，边滴边摇动。其两手操作姿势如图 5-17(b) 所示。

进行滴定操作时，应注意如下几点：

① 最好每次滴定都从 $0.00\ cm^3$ 开始，或接近 "0" 的任一刻度开始，这样可以减少滴定误差。

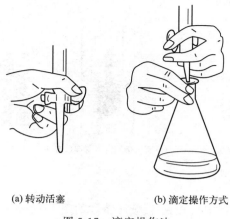

(a) 转动活塞　　　　　(b) 滴定操作方式

图 5-17　滴定操作法

滴定和半滴加入

② 滴定时，左手不能离开活塞而任溶液自流。

③ 摇瓶时，应微动腕关节，使溶液向同一方向旋转（左、右旋转均可），不能前后振动，以免溶液溅出。不要因摇动使瓶口碰在管口上，以免造成事故。摇瓶时，一定要使溶液旋转出现一旋涡，因此，要求有一定速度，不能摇得太慢，影响化学反应的进行。

④ 滴定时，要观察滴落点周围颜色的变化。不要去看滴定管上的刻度变化，而不顾滴定反应的进行。

⑤ 滴定速度的控制方面，一般开始时，滴定速度可稍快，成"水滴成串"，这时为 $10\ cm^3 \cdot min^{-1}$，即每秒 $3\sim4$ 滴。不要滴成"水线"，否则，滴定速度太快。接近终点时，应改为一滴一滴加入，即加一滴摇几下，再加，再摇。最后是每加半滴，摇几下锥形瓶，直到溶液出现明显的颜色变化为止。

⑥ 半滴的控制和吹洗：快到滴定终点时，要一边摇动，一边逐滴地滴入，甚至是半滴半滴地滴入。用酸管时，可轻轻转动活塞，使溶液悬挂在出管口尖上，形成半滴，用锥形瓶内壁将其沾落，再用洗瓶吹洗。对碱管，加半滴溶液时，应先松开拇指与食指，将悬挂的半滴溶液沾在锥形瓶内壁上，再放开无名指和小指，这样可避免出口管尖出现气泡。

滴入半滴溶液时，也可采用倾斜锥形瓶的方法，使附于壁上的溶液滑至瓶中。这样可避免吹洗次数太多，造成被滴物稀释。

滴定管是精密测量液体体积的玻璃仪器。为便于读数准确，在装满或放出溶液后，必须等 $1\sim2\ min$，使附着在内壁的溶液流下来后，再读数。如果放出液的速度较慢（如接近计量点时就是如此），那么可等 $0.5\sim1\ min$ 后就读数。记住，每次读数前，都要看一下管壁有没有挂水珠，管的出口处有无悬液滴，管尖有无气泡。

滴定管读数应遵守以下规则：

① 读数时，滴定管需垂直放置，为此，一般用右手轻捏滴定管上部，令其自然下垂。

② 读数需在活塞关闭后 $1\sim2\ min$ 时进行。注意，在同一次实验中，每次读数时应保证从关闭活塞到读数这段时间间隔基本相同。

③ 滴定管中液面呈弯月状，对无色溶液，读数时视线一定要与弯月面的最低点相切。为此，最方便的读数方法，是右手轻握滴定管上端，令其自然下垂，上下移动滴定管，使弯月面的最低点和视线在同一条水平线上，然后读数，如图 5-18(a) 所示。对有色溶液，视线

应与液面的最高上沿相切，如图 5-18(b) 所示。

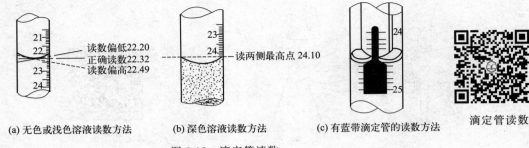

(a) 无色或浅色溶液读数方法　(b) 深色溶液读数方法　(c) 有蓝带滴定管的读数方法

读数偏低22.20
正确读数22.32
读数偏高22.49

读两侧最高点 24.10

滴定管读数

图 5-18　滴定管读数

④ 有"蓝带"的滴定管，无色溶液在其中形成两个弯月面，如图 5-18(c) 所示，两弯月面相交于蓝带的某一点，读数时，视线应与该交点在同一水平线上。

⑤ 由于滴定管的体积标刻不可避免会有误差，在使用滴定管时，最好固定使用某个读数范围的一段。习惯上常使用 $0 \sim 30 \ cm^3$ 这一段。这样做，结果的重现性会较好。

读取的值必须至小数点后第二位，单位 cm^3，即要求估计到 $0.01 \ cm^3$。正确掌握估计 $0.01 \ cm^3$ 读数的方法很重要。滴定管上两个小刻度之间为 $0.1 \ cm^3$，如此之小，要估计其十分之一的值，对一个分析工作者来说是要进行严格训练。为此，可以这样来估计：当液面在两个小刻度之间时，即为 $0.05 \ cm^3$；当液面在两小刻度的 1/3 处时，即为 $0.03 \ cm^3$；当液面在两小刻度的 1/5 处时，即为 $0.02 \ cm^3$；等等。

（2）碱式滴定管

碱式滴定管的下端接一段乳胶管，管中有一玻璃珠起活塞作用。碱式滴定管内可盛碱液，但不能盛氧化性溶液，如 $KMnO_4$、I_2 溶液，它们能与乳胶管中的有机物发生反应，这样既改变了标准溶液的浓度，又损坏了乳胶管。图 5-19 为碱式滴定管的滴头。

碱式滴定管的洗涤、读数等，都与酸式滴定管相同。

碱式滴定管的乳胶管中特别容易进入气泡，在滴定前必须将气泡排出，排出的方法如图 5-20 所示。装满溶液后将滴定管倾斜，手捏玻璃珠上半部的乳胶管，这时，玻璃珠和乳胶管之间形成一细缝，溶液可以通过细缝流出。若将乳胶管弯曲，使末端管口向上，这时气泡便被顺利地排出了。聚四氟乙烯活塞的酸式滴定管也可以用于盛装碱性溶液。

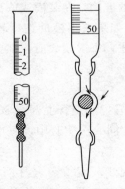

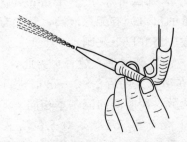

图 5-19　碱式滴定管滴头　　　　图 5-20　碱式滴定管气泡的排除

5.5.6　容量瓶

容量瓶按容积大小分为 1000 cm^3、500 cm^3、250 cm^3、100 cm^3、50 cm^3、25 cm^3 及 10 cm^3。

（1）容量瓶的准备

根据配制的溶液的体积，可以选用不同容积的容量瓶，使用容量瓶时，应先检查玻璃塞和容量瓶是否配套，检查方法是将容量瓶中盛水，塞好塞子后将容量瓶倒置，若不漏水，就可使用。使用前要洗涤干净。

（2）操作方法

容量瓶在使用之前，要先进行以下两项检查：

① 容量瓶容积与所要求的是否相符。

②"试漏"。将容量瓶盛约 1/2 以上体积的水，盖好塞子，左手按住瓶塞，右手拿住瓶底倒置容量瓶 2 min，观察瓶塞周围有无漏水现象。再转动瓶塞 180°后倒置，如仍不漏水，即可使用。

（3）容量瓶配制标准溶液时的两种情况

① 如果是由固体物质配制溶液，应先将精确称量的试样（基准物）放在小烧杯中，加入少量溶剂，搅拌使其溶解（若难溶，可盖上表面皿，稍加热使其溶解，冷却后配制），将溶液转移到洗净的容量瓶中（一般要用玻璃棒引流，但是如果容量瓶口很小，用烧杯的尖嘴直接倒入溶液也可），如图 5-21(a) 所示。多次洗涤烧杯，把洗涤液也转移入容量瓶中，以保证溶质全部转移。当溶剂加到容积的 2/3 处时，将容量瓶水平方向摇动几周，使溶液大体混匀，注意此时勿倒置容量瓶！再慢慢加至距标线 1 cm 左右，等待 1～2 min，使沾附在瓶颈内壁的溶液流下，再提起容量瓶，用滴管滴加溶剂至弯月面下部与标线相切（无色或浅色溶液），立即盖好瓶塞，如图 5-21(b) 所示。注意：眼睛平视标线，不要用手握住瓶身，以免体温使液体膨胀，影响容积的准确。随后将容量瓶迅速倒转，使气泡从液体中间上升到顶，再倒转，如图 5-21(c) 所示。如此反复 10 次以上，才能混合均匀。

② 如果是将溶液稀释，则用移液管移取一定体积的溶液于容量瓶中，再按上述方法将溶液稀释并混匀。

容量瓶不能久贮溶液，配好的溶液应随即倒入洁净、干燥的试剂瓶中，贴上标签备用。标签上需要写上试剂名称、溶液浓度、配制时间。

(a) 溶液转入容量瓶

(b) 容量瓶的拿法

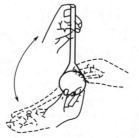
(c) 振荡容量瓶

容量瓶的使用

图 5-21　容量瓶的使用

5.5.7 碘量瓶

滴定操作多在锥形瓶中进行，带磨口塞子的锥形瓶称为碘量瓶（图 5-22）。

由于碘液较易挥发而引起误差，因此用碘量法测定时，反应一般在具有磨口玻璃塞且瓶口带边的锥形瓶中进行。在滴定时可打开塞子，用蒸馏水将挥发在瓶口及塞子上的碘液冲洗入碘量瓶中。有时也可以在瓶口加水封来防止碘的挥发。由于碘量瓶的塞子及瓶口的边缘都是磨砂的，所以碘量瓶在不用时，应该用纸条垫在瓶口和瓶塞之间。

碘量瓶在加热的时候注意敞口！！！

5.5.8 容量器皿的校准

图 5-22 碘量瓶

滴定管、移液管和容量瓶是滴定分析法所用的主要量器。容量器皿的容积与其所标出的体积并非完全符合。因此，在准确度要求较高的分析工作中，必须对容量器皿进行校准。

由于玻璃具有热胀冷缩的特性，在不同温度下容量器皿的容积也有所不同。因此，校准玻璃容量器皿时，必须规定一个共同的温度值。这一规定温度值称为标准温度。国际上规定玻璃容量器皿的标准温度为 20 ℃，即在校准时都将玻璃容量器皿的容积校准到 20 ℃时的实际容积。容量器皿常采用相对校准和绝对校准两种校准方法。

（1）相对校准

要求两种容器体积之间有一定的比例关系时，常采用相对校准的方法。例如，25 cm³ 移液管量取液体的体积应等于 250 cm³ 容量瓶量取体积的 $\frac{1}{10}$。

【例 5-1】 移液管和容量瓶的相对校准

向预先洗净并晾干的 250 cm³ 容量瓶中，用 25 cm³ 移液管准确移取蒸馏水 10 次，观察瓶颈处水的弯月面是否与标线正好相切。若否，则应另作一记号。经过相对校准的容量瓶和移液管便可以配套使用。

（2）绝对校准

绝对校准是测定容量器皿的实际容积。常用的标准方法为衡量法，又叫称量法。即用天平称得容量器皿容纳或放出纯水的质量，然后根据水的密度，计算出该容量器皿在标准温度 20 ℃时的实际容积。由质量换算成容积时，需考虑三方面的影响：

① 水的密度随温度的变化；

② 温度对玻璃器皿容积胀缩的影响；

③ 在空气中称量时空气浮力的影响。

为了方便计算，将上述三种因素综合考虑，得到一个总校准值。经总校准后的纯水密度列于表 5-7。

表 5-7 不同温度下纯水的密度值[①]

温度/℃	密度/g·cm⁻³	温度/℃	密度/g·cm⁻³
10	0.9984	13	0.9981
11	0.9983	14	0.9980
12	0.9982	15	0.9979

温度/℃	密度/g·cm^{-3}	温度/℃	密度/g·cm^{-3}
16	0.9978	24	0.9964
17	0.9976	25	0.9962
18	0.9975	26	0.9959
19	0.9973	27	0.9956
20	0.9972	28	0.9954
21	0.9970	29	0.9951
22	0.9968	30	0.9948
23	0.9966		

① 空气密度为 0.0012 g·cm^{-3}，钠钙玻璃体胀系数为 2.6×10^{-5}℃$^{-1}$，黄铜砝码。

实际应用时，只要称出被校准的容量器皿容纳和放出纯水的质量，再除以该温度时纯水的密度值，便是该容量器皿在 20 ℃时的实际容积。

如：在 18 ℃，某 50 cm^3 容量瓶容纳纯水质量为 49.87 g，计算该容量瓶在 20 ℃时的实际容积。查表 5-9 得 18 ℃时水的密度为 0.9975 g·cm^{-3}，所以 20 ℃时容量瓶的实际容积 V_{20} 为：

$$V_{20} = \frac{49.87}{0.9975} = 49.99 (cm^3)$$

【例 5-2】 滴定管的绝对校准

准备好一支洗净的 50 cm^3 酸式滴定管，注入蒸馏水并将液面调节至 "0.00" 刻度以下附近。记录水温。慢慢旋开活塞，把滴定管中的水以约 10 cm^3·min^{-1} 流速放入已称重的且外壁干燥的 50 cm^3 磨口锥形瓶中。每放入水 10 cm^3 左右，准确记录体积，盖紧瓶塞并准确称重，记录数据。重复上述操作，直到放出约 50 cm^3 为止。每次前后质量之差，即为放出的水重。最后根据在实验温度下 1 cm^3 水的质量（表 5-10），计算出它们的实际容积。并从滴定管所标示的容积和实际容积之差，求出其校准值。例如，25 ℃时校正某滴定管的实验数据举例如表 5-8 所示。

表 5-8 滴定管校准①

滴定管读数 / cm^3	读数的容积 / cm^3	瓶与水的质量/g	水的质量 /g	实际容积 / cm^3	校准值 / cm^3	总校准值 / cm^3
0.03		29.20(空瓶)				
10.13	10.10	39.28	10.08	10.12	+0.02	+0.02
20.10	9.97	49.19	9.91	9.95	−0.02	0.00
30.17	10.07	59.27	10.08	10.12	+0.05	+0.05
40.20	10.03	69.24	9.97	10.01	+0.03	+0.03
49.99	9.79	79.07	9.83	9.86	+0.07	+0.10

① 水温 25 ℃，1 cm^3 水的质量：0.9962 g。

重复校准一次（两次校准之差应小于 0.02 cm^3），并求出校准值的平均值。

（3）溶液体积对温度的校正

容量器皿是以 20 ℃为标准来校准的，使用时则不一定在 20 ℃，因此，容量器皿的容积以及溶液的体积都会发生改变。由于玻璃的膨胀系数很小，在温度相差不太大时，容量器皿的容积改变可以忽略。溶液的体积与密度有关，因此，可以通过溶液密度来校准温度对溶液体积的影响。稀溶液的密度一般可用相应水的密度来代替。

【例 5-3】 溶液体积对温度的校正

在 10 ℃时滴定用去 25.00 cm^3 0.1000 mol·dm^{-3}标准溶液，问：20 ℃时其体积应为多少？

解：0.1000 mol·dm^{-3}稀溶液的密度可用纯水密度代替，查表得，水在 10 ℃时密度为 0.9984，20 ℃溶液水的密度为 0.9972，因此 20 ℃的体积为：

$$V_{20} = 25.00 \times \frac{0.9984}{0.9972} = 25.03(\text{cm}^3)$$

5.5.9 标准溶液的配制和标定

标准溶液通常有以下两种配制方法。

（1）直接法

用分析天平准确称取一定量的基准试剂，溶于适量的溶剂中，再定量转移到容量瓶中，用溶剂稀释至刻度。根据称取试剂的质量和容量瓶的体积，计算它的准确浓度。基准物质可用于直接配制标准溶液或用于标定溶液浓度。例如 $K_2Cr_2O_7$ 标准溶液。

作为基准试剂应具备下列条件：

① 试剂的组成与其化学式完全相符；

② 试剂的纯度应足够高（一般要求纯度在 99.9％以上），而杂质的含量应少到不至于影响分析的准确度；

③ 试剂在通常条件下应稳定；

④ 试剂参加反应时，应按反应式定量进行，没有副反应。

（2）间接法

实际上只有少数试剂符合基准试剂的要求。很多试剂不宜用直接法配制标准溶液，而要用间接法，也称标定法。在这种情况下，先配成接近所需浓度的溶液，再选择合适的基准物或已知浓度的标准溶液来标定它的准确浓度。例如 NaOH 标准溶液。

在实际工作中，特别是在工厂实验室，还常采用"标准试样"来标定标准溶液的浓度。"标准试样"含量是已知的，它的组成与被测物质相近。这样标定标准溶液浓度与测定被测物质的条件相同，分析过程中的系统误差可以抵消，结果准确度较高。

贮存的标准溶液，由于溶剂蒸发，液滴凝于瓶壁，使用前应将溶液摇匀。如果溶液浓度有了改变，必须重新标定。对于不稳定的溶液应定期标定。

必须指出，在不同温度下配制的标准溶液，若从玻璃的膨胀系数考虑，即使温度相差 30 ℃，造成的误差也不大。但是，水的膨胀系数约为玻璃的 10 倍，当使用温度与标定温度相差 10 ℃以上时，则应注意这个问题。

5.5.10 常用化学试剂的配制与标定示例

化学实验离不开各种化学试剂的配制与使用，下面列出了无机与分析化学实验中经常使用到的一些化学试剂的配制与标定，供同学们参考使用。有些试验过程可能导致危险情况，使用者有责任采取适当的安全和健康措施。

5. 5. 10. 1　一般规定

本节内容参考国标 GB/T 601—2016《化学试剂　标准滴定溶液的制备》,所用溶液以"％"表示的除"乙醇(95％)"外均为质量分数 。

① 制备标准滴定溶液的浓度,除高氯酸标准滴定溶液外,均指室温时的浓度。标准滴定溶液标定、直接制备和使用时所用分析天平、滴定管、单标线容量瓶、单标线吸量管等按相关检定规程定期进行检定或校准。

② 在标定和使用标准滴定溶液时,滴定速度一般应保持在 $6\sim8\ cm^3\cdot min^{-1}$。

③ 称量工作基准试剂的质量小于或等于 0.5 g 时,按精确至 0.01 mg 称量;大于 0.5 g 时,按精确至 0.1 mg 称量。

④ 制备标准滴定溶液的浓度应在规定浓度的 ±5％ 范围内。

⑤ 除另有规定外,标定标准滴定溶液的浓度时,需两人进行实验,分别做四平行,每人四次平行标定结果的相对极差不得大于相对重复性临界极差 $[CR_{0.95}(4)_r=0.15\%]$,两人共八次平行标定结果的相对极差不得大于相对重复性临界极差 $[CR_{0.95}(8)_r=0.18\%]$,在运算过程中保留 5 位有效数字,取两人八次平行标定结果的平均值为标定结果,报出结果取 4 位有效数字。

⑥ 标准滴定溶液的浓度小于或等于 $0.02\ mol\cdot dm^{-3}$ 时(除 $0.02\ mol\cdot dm^{-3}$ 乙二胺四乙酸二钠、氯化锌标准滴定溶液外),应于临用前将浓度高的标准滴定溶液用煮沸并冷却的水稀释(不含非水溶剂的标准滴定溶液),必要时重新标定。当需用本书规定浓度以外的标准滴定溶液时,可参考本节相应标准滴定溶液的制备方法进行配制和标定。

⑦ 贮存 :贮存标准滴定溶液的容器,其材料不应与溶液起理化作用,壁厚最薄处不小于 0.5 mm,标准滴定溶液储存在 $10\sim30\ ℃$ 下。

a. 除另有规定外,密封保存时间一般不超过 6 个月;碘标准滴定溶液密封保存时间为 4 个月,低浓度碘标液要现用现标;高氯酸标准滴定溶液、硫酸铁(Ⅲ)铵标准滴定溶液密封保存时间为 2 个月。超过保存时间的标准滴定溶液进行复标定后可以继续使用。

b. 开封使用过的标准滴定溶液保存时间一般不超过 2 个月 (倾出溶液后立即盖紧);碘标准滴定溶液、氢氧化钠溶液一般不超过 1 个月;亚硝酸钠标准滴定溶液 $[c(NaNO_2)=0.1\ mol\cdot dm^{-3}]$ 一般不超过 15 d;高氯酸标准滴定溶液开封后当天使用。

c. 当标准滴定溶液出现浑浊 、沉淀 、颜色变化等现象时,应重新制备。

5. 5. 10. 2　常用标准滴定溶液的配制与标定方法

(1)氢氧化钠标准滴定溶液

① 配制

按表 5-9 的规定量用小烧杯称取一定量氢氧化钠,少量水溶解后稀释至 $1000\ cm^3$,搅拌均匀,密闭放置。

表 5-9　氢氧化钠标准滴定溶液的配制

氢氧化钠标准滴定溶液的浓度 $c(NaOH)/mol\cdot dm^{-3}$	氢氧化钠固体的质量 m/g
1	40
0.5	20
0.1	4.0

② 标定

按表 5-10 的规定量，称取于 105～110 ℃电烘箱中干燥至恒重的工作基准试剂邻苯二甲酸氢钾，加去离子水溶解，加 2 滴酚酞指示液（2 g·dm^{-3}），用配制的氢氧化钠溶液滴定至溶液呈粉红色，并保持 30 s。同时做空白试验。

表 5-10　氢氧化钠标准滴定溶液的标定

氢氧化钠标准滴定溶液的浓度 $c(NaOH)/mol·dm^{-3}$	工作基准试剂邻苯二甲酸氢钾的质量 m/g	去离子水的体积 V/cm^3
1	5.1	80
0.5	2.6	80
0.1	0.51	50

氢氧化钠标准滴定溶液的浓度[$c(NaOH)$]计算：

$$c(NaOH) = \frac{m \times 1000}{(V_1 - V_2)M}$$

式中　m——邻苯二甲酸氢钾的质量，g；

V_1——氢氧化钠溶液的体积，cm^3；

V_2——空白试验消耗氢氧化钠溶液的体积，cm^3；

M——邻苯二甲酸氢钾的摩尔质量，$M(KHC_8H_4O_4) = 204.22$ g·mol^{-1}。

（2）盐酸标准滴定溶液

① 配制

按表 5-11 的规定量，量取盐酸，注入 1000 cm^3 水中，摇匀。

表 5-11　盐酸标准滴定溶液的配制

盐酸标准滴定溶液的浓度 $c(HCl)/mol·dm^{-3}$	盐酸的体积 V/cm^3
1	90
0.5	45
0.1	9

② 标定

按表 5-12 的规定量，称取于 270～300 ℃高温炉中灼烧至恒重的基准试剂无水碳酸钠，溶于 50 cm^3 水中，滴加 0.1%甲基橙指示剂 1～2 滴，用配制的盐酸溶液滴定至溶液由黄色恰变为橙色，并保持 30 s，即为终点。同时做空白试验。

表 5-12　盐酸标准滴定溶液的标定

盐酸标准滴定溶液的浓度 $c(HCl)/mol·dm^{-3}$	基准试剂无水碳酸钠的质量 m/g
1	0.53～1.18
0.5	0.26～0.56
0.1	0.2［预计 HCl 体积 37 cm^3］

盐酸标准滴定溶液的浓度[c(HCl)]计算：

$$c(\text{HCl}) = \frac{m \times 1000}{(V_1 - V_2)M}$$

式中　m——无水碳酸钠的质量，g；

　　　V_1——盐酸溶液的体积，cm³；

　　　V_2——空白试验消耗盐酸溶液的体积，cm³；

　　　M——无水碳酸钠的摩尔质量，$M(1/2\text{Na}_2\text{CO}_3) = 52.994$ g·mol⁻¹。

（3）硫酸标准滴定溶液

① 配制

按表 5-13 的规定量，量取硫酸，缓缓注入 1000 cm³ 水中，冷却，摇匀。

表 5-13　硫酸标准滴定溶液的配制

硫酸标准滴定溶液的浓度 $c(1/2\text{H}_2\text{SO}_4)/\text{mol·dm}^{-3}$	硫酸的体积 V/cm^3
1	30
0.5	15
0.1	3

② 标定

按表 5-14 的规定量，称取于 270～300 ℃高温炉中灼烧至恒重的基准试剂无水碳酸钠，溶于 50 cm³ 水中，滴加 0.2%甲基橙指示剂 1～2 滴，用配制的硫酸溶液滴定至溶液由黄色恰变为橙色，即为终点。同时做空白试验。

表 5-14　硫酸标准滴定溶液的标定

硫酸标准滴定溶液的浓度 $c(1/2\text{H}_2\text{SO}_4)/\text{mol·dm}^{-3}$	基准试剂无水碳酸钠的质量 m/g
1	1.9
0.5	0.95
0.1	0.2

说明：表中数据是按标准溶液体积 37 cm³ 左右计算，否则质量太小，误差偏大。

硫酸标准滴定溶液的浓度[$c(1/2\text{H}_2\text{SO}_4)$]计算：

$$c(1/2\text{H}_2\text{SO}_4) = \frac{m \times 1000}{(V_1 - V_2)M}$$

式中　m——无水碳酸钠的质量，g；

　　　V_1——硫酸溶液的体积，cm³；

　　　V_2——空白试验消耗硫酸溶液的体积，cm³；

　　　M——无水碳酸钠的摩尔质量，$M(1/2\text{Na}_2\text{CO}_3) = 52.994$ g·mol⁻¹。

（4）重铬酸钾标准滴定溶液[$c(1/6\text{K}_2\text{Cr}_2\text{O}_7) = 0.1$ mol·dm⁻³]

称取 4.90 g±0.20 g 已于 120 ℃±2 ℃的电烘箱中干燥至恒重的基准试剂重铬酸钾，溶于水，移入 1000 cm³ 容量瓶中，稀释至刻度。

重铬酸钾标准滴定溶液的浓度$[c(1/6K_2Cr_2O_7)]$计算：

$$c(1/6K_2Cr_2O_7) = \frac{m \times 1000}{VM}$$

式中 m——重铬酸钾的质量，g；

V——重铬酸钾溶液的体积，cm^3；

M——重铬酸钾的摩尔质量，$M(1/6K_2Cr_2O_7) = 49.031\ g\cdot mol^{-1}$。

(5) 硫代硫酸钠标准滴定溶液$[c(Na_2S_2O_3) = 0.1\ mol\cdot dm^{-3}]$

① 配制

称取 26 g 五水合硫代硫酸钠（或 16 g 无水硫代硫酸钠），加 0.2 g 无水碳酸钠，溶于 1000 cm^3 水中，缓缓煮沸 10 min，冷却。放置 2 周后用 4 号玻璃砂芯漏斗过滤。

② 标定

电子天平称取约 0.18 g 已于 120 ℃±2 ℃干燥至恒重的工作基准试剂重铬酸钾，置于碘量瓶中，溶于 25 cm^3 水，加 2 g 碘化钾及 20 cm^3 硫酸溶液（20%），摇匀，于暗处放置 10 min。加 150 cm^3 水（15～20 ℃），用配制的硫代硫酸钠溶液滴定，溶液淡黄色近终点时加 2 cm^3 淀粉指示液（5 $g\cdot dm^{-3}$），继续滴定至溶液由蓝色变为亮绿色。同时做空白试验。

硫代硫酸钠标准滴定溶液的浓度$[c(Na_2S_2O_3)]$计算：

$$c(Na_2S_2O_3) = \frac{m \times 1000}{(V_1 - V_2)M}$$

式中 m——重铬酸钾的质量，g；

V_1——硫代硫酸钠溶液的体积，cm^3；

V_2——空白试验消耗硫代硫酸钠溶液的体积，cm^3；

M——重铬酸钾的摩尔质量，$M(1/6K_2Cr_2O_7) = 49.031\ g\cdot mol^{-1}$。

(6) 溴标准滴定溶液$[c(1/2Br_2) = 0.1\ mol\cdot dm^{-3}]$

① 配制

称取 3 g 溴酸钾和 25 g 溴化钾，溶于 1000 cm^3 水中，摇匀。

② 标定

移液管准确量取 25.00 cm^3 配制的溴溶液，置于碘量瓶中，加 2 g 碘化钾及 5 cm^3 盐酸溶液（20%）摇匀，于暗处放置 5 min。加 100 cm^3 水（15～20 ℃），用硫代硫酸钠标准滴定溶液$[c(Na_2S_2O_3) = 0.1\ mol\cdot dm^{-3}]$滴定，溶液淡黄色近终点时，加 2 cm^3 0.5%淀粉指示液（5 $g\cdot dm^{-3}$），继续滴定至溶液蓝色消失。同时做空白试验。

溴标准滴定溶液的浓度$[c(1/2Br_2)]$计算：

$$c(1/2Br_2) = \frac{(V_1 - V_2)c_1}{V}$$

式中 V_1——硫代硫酸钠标准滴定溶液的体积，cm^3；

V_2——空白试验消耗硫代硫酸钠标准滴定溶液的体积，cm^3；

c_1——硫代硫酸钠标准滴定溶液的浓度，$mol\cdot dm^{-3}$；

V——溴溶液的体积，cm^3。

(7) 溴酸钾标准滴定溶液$[c(1/6KBrO_3) = 0.1\ mol\cdot dm^{-3}]$

① 配制

称取 3 g 溴酸钾，溶于 1000 cm^3 水中，摇匀。

② 标定

用移液管准确量取 25.00 cm^3 配制的溴酸钾溶液，置于碘量瓶中，加 2 g 碘化钾及 5 cm^3 盐酸溶液（20%），摇匀，于暗处放置 5 min。加 100 cm^3 水（15～20 ℃），用硫代硫酸钠标准滴定溶液 $[c(Na_2S_2O_3)=0.1\,mol\cdot dm^{-3}]$ 滴定，溶液淡黄色近终点时加 2 cm^3 淀粉指示液（5 g·dm^{-3}），继续滴定至溶液蓝色消失。同时做空白试验。

溴酸钾标准滴定溶液的浓度 $[c(1/6KBrO_3)]$ 计算：

$$c(1/6KBrO_3)=\frac{(V_1-V_2)c_1}{V}$$

式中　V_1——硫代硫酸钠标准滴定溶液的体积，cm^3；

$\quad\quad\ V_2$——空白试验消耗硫代硫酸钠标准滴定溶液的体积，cm^3；

$\quad\quad\ c_1$——硫代硫酸钠标准滴定溶液的浓度，mol·dm^{-3}；

$\quad\quad\ V$——溴酸钾溶液的体积，cm^3。

（8）碘标准滴定溶液 $[c(1/2I_2)=0.1\,mol\cdot dm^{-3}]$

① 配制

称取 13 g 碘和 35 g 碘化钾，溶于 100 cm^3 水中，置于棕色瓶中，放置 2 天，稀释至 1000 cm^3，摇匀。

② 标定

用移液管量取 25.00 cm^3 配制的碘溶液，置于碘量瓶中，加 100 cm^3 水（15～20 ℃），加 5 cm^3 盐酸溶液 $[c(HCl)=0.1\,mol\cdot dm^{-3}]$，用硫代硫酸钠标准滴定溶液 $[c(Na_2S_2O_3)=0.1\,mol\cdot dm^{-3}]$ 滴定，溶液淡黄色近终点时加 2 cm^3 淀粉指示液（5 g·dm^{-3}），继续滴定至溶液蓝色消失。

同时做水所消耗碘的空白试验：取 125 cm^3 水（15～20 ℃），加 5 cm^3 盐酸溶液 $[c(HCl)=0.1\,mol\cdot dm^{-3}]$，加 0.05～0.20 cm^3 配制的碘溶液及 2 cm^3 淀粉指示液（5 g·dm^{-3}），用硫代硫酸钠标准滴定溶液 $[c(Na_2S_2O_3)=0.1\,mol\cdot dm^{-3}]$ 滴定至溶液蓝色消失。

碘标准滴定溶液的浓度 $[c(1/2I_2)]$ 计算：

$$c(1/2I_2)=\frac{(V_1-V_2)c_1}{V_3-V_4}$$

式中　V_1——硫代硫酸钠标准滴定溶液的体积，cm^3；

$\quad\quad\ V_2$——空白试验消耗硫代硫酸钠标准滴定溶液的体积，cm^3；

$\quad\quad\ c_1$——硫代硫酸钠标准滴定溶液的浓度，mol·dm^{-3}；

$\quad\quad\ V_3$——碘溶液的体积，cm^3；

$\quad\quad\ V_4$——空白试验中加入碘溶液的体积，cm^3。

（9）碘酸钾标准滴定溶液

按表 5-15 的规定量，称取已于 180 ℃±2 ℃的电烘箱中干燥至恒重的工作基准试剂碘酸钾，溶于水，移入 1000 cm^3 容量瓶中，稀释至刻度。

表 5-15 碘酸钾标准滴定溶液的配制

碘酸钾标准滴定溶液的浓度 $c(1/6KIO_3)/mol·dm^{-3}$	工作基准试剂碘酸钾的质量 m/g
0.3	10.70±0.50
0.1	3.57±0.15

碘酸钾标准滴定溶液的浓度 $[c(1/6KIO_3)]$ 计算：

$$c(1/6KIO_3) = \frac{m \times 1000}{VM}$$

式中　m——碘酸钾的质量，g；

　　　V——碘酸钾溶液的体积，cm^3；

　　　M——碘酸钾的摩尔质量，$M(1/6KIO_3) = 35.667$ g·mol^{-1}。

（10）草酸钠标准滴定溶液 $[c(1/2Na_2C_2O_4) = 0.1$ mol·dm$^{-3}]$

称取 6.70 g±0.30 g 已于 105 ℃±2 ℃ 的电烘箱中干燥至恒重的工作基准试剂草酸钠，溶于水，移入 1000 cm^3 容量瓶中，稀释至刻度。

草酸钠标准滴定溶液的浓度 $[c(1/2Na_2C_2O_4)]$ 计算：

$$c(1/2Na_2C_2O_4) = \frac{m \times 1000}{VM}$$

式中　m——草酸钠的质量，g；

　　　V——草酸钠溶液的体积，cm^3；

　　　M——草酸钠的摩尔质量，$M(1/2Na_2C_2O_4) = 66.999$ g·mol^{-1}。

（11）高锰酸钾标准滴定溶液 $[c(1/5KMnO_4) = 0.1$ mol·dm^{-3}，即 $c(KMnO_4) = 0.02$mol·dm^{-3}）]

① 配制

称取 3.3 g 高锰酸钾，溶于 1050 cm^3 水中，缓缓煮沸 15 min，冷却，于暗处放置 2 周，用已处理过的 4 号玻璃砂芯漏斗（在同样浓度的高锰酸钾溶液中缓缓煮沸 5 min）过滤。贮存于棕色瓶中。

② 标定

称取 0.25 g 已于 105～110 ℃ 电烘箱中干燥至恒重的工作基准试剂草酸钠，溶于 100 cm^3 硫酸溶液（8+92）中，用配制的高锰酸钾溶液滴定，近终点时加热至约 65 ℃，继续滴定至溶液呈粉红色，并保持 30 s。同时做空白试验。

高锰酸钾标准滴定溶液的浓度 $[c(1/5KMnO_4)]$ 计算：

$$c(1/5KMnO_4) = \frac{m \times 1000}{(V_1 - V_2)M}$$

式中　m——草酸钠的质量，g；

　　　V_1——高锰酸钾溶液的体积，cm^3；

　　　V_2——空白试验消耗高锰酸钾溶液的体积，cm^3；

　　　M——草酸钠的摩尔质量，$M(1/2Na_2C_2O_4) = 66.999$ g·mol^{-1}。

（12）硫酸铁（Ⅱ）铵标准滴定溶液 $\{c[(NH_4)_2Fe(SO_4)_2] = 0.1$ mol·dm$^{-3}\}$

① 配制

称取 40 g 六水合硫酸铁(Ⅱ)铵，溶于 300 cm³ 硫酸溶液（20％）中，加 700 cm³ 水，摇匀。

② 标定（临用前标定）

用移液管准确量取 25.00 cm³ 配制的硫酸铁（Ⅱ）铵溶液，加 25 cm³ 无氧水，用高锰酸钾标准滴定溶液[$c(1/5KMnO_4)=0.1$ mol·dm^{-3}] 滴定至溶液呈粉红色，并保持 30 s。同时做空白试验。

硫酸铁（Ⅱ）铵标准滴定溶液的浓度{$c[(NH_4)_2Fe(SO_4)_2]$} 计算：

$$c[(NH_4)_2Fe(SO_4)_2]=\frac{(V_1-V_2)c_1}{V}$$

式中　V_1——高锰酸钾标准滴定溶液的体积，cm³；

$\quad\quad\ \ V_2$——空白试验消耗高锰酸钾标准滴定溶液的体积，cm³；

$\quad\quad\ \ c_1$——高锰酸钾标准滴定溶液的浓度，mol·dm^{-3}；

$\quad\quad\ \ V$——硫酸铁（Ⅱ）铵溶液的体积，cm³。

（13）硫酸铈（或硫酸铈铵）标准滴定溶液{$c[Ce(SO_4)_2]=0.1$ mol·dm^{-3}}

① 配制

称取 40 g 四水合硫酸铈，加 30 cm³ 水及 28 cm³ 硫酸，再加 300 cm³ 水，加热溶解，再加 650 cm³ 水，摇匀。

② 标定

称取 0.25 g 已于 105～110 ℃电烘箱中干燥至恒重的工作基准试剂草酸钠，溶于 75 cm³ 水中，加 4 cm³ 硫酸溶液（20％）及 10 cm³ 盐酸，加热至 65～70 ℃，用配制的硫酸铈溶液滴定至溶液呈浅黄色。加入 0.10 cm³ 1,10-菲啰啉-亚铁指示液使溶液变为橘红色，继续滴定至溶液呈浅蓝色。同时做空白试验。

硫酸铈溶液的浓度 $c[Ce(SO_4)_2]=0.1$ mol·dm^{-3} 计算：

$$c=\frac{m\times 1000}{(V_1-V_2)M}$$

式中　m——草酸钠的质量，g；

$\quad\quad\ \ V_1$——硫酸铈（或硫酸铈铵）溶液的体积，cm³；

$\quad\quad\ \ V_2$——空白试验消耗硫酸铈（或硫酸铈铵）溶液的体积，cm³；

$\quad\quad\ \ M$——草酸钠的摩尔质量，$M(1/2Na_2C_2O_4)=66.999$ g·mol^{-1}。

（14）乙二胺四乙酸二钠标准滴定溶液

① 配制

按表 5-16 的规定量，称取乙二胺四乙酸二钠，加 1000 cm³ 水，加热溶解，冷却，摇匀，如有沉淀，过滤后使用。

表 5-16　乙二胺四乙酸二钠标准滴定溶液的配制

乙二胺四乙酸二钠标准滴定溶液的浓度 $c(EDTA)/mol·dm^{-3}$	乙二胺四乙酸二钠的质量 m/g
0.01	4
0.02	8

续表

乙二胺四乙酸二钠标准滴定溶液的浓度 $c(EDTA)/mol \cdot dm^{-3}$	乙二胺四乙酸二钠的质量 m/g
0.05	20

② 标定

a. 碱性条件：准确称取 $CaCO_3$ 0.23～0.28 g，置于烧杯中，用少量蒸馏水润湿，盖上表面皿，缓慢加 1:1 盐酸溶液使其溶解后，定量转移至 250 cm^3 容量瓶中，定容，摇匀。

吸取 25.00 cm^3 钙溶液于锥形瓶中，加 10 cm^3 NH_3-NH_4Cl 缓冲溶液，铬黑 T 指示剂 2～3 滴，用欲标定的 EDTA 溶液滴定至锥形瓶中液体颜色由紫红色变为纯蓝色即为终点。平行滴定四份。

b. 酸性条件：称取于 800 ℃±50 ℃ 的高温炉中灼烧至恒重的工作基准试剂氧化锌 0.3 g，用少量水湿润，加 2 cm^3 盐酸溶液（20%）溶解，加 100 cm^3 水，加入 2～3 滴二甲酚橙指示剂，滴加 20% 六亚甲基四胺溶液至溶液呈现稳定的紫红色后，再过量加入 5 cm^3。用配制的乙二胺四乙酸二钠溶液滴定至溶液由紫红色变为亮黄色。同时做空白试验。

乙二胺四乙酸二钠标准滴定溶液的浓度[$c(EDTA)$]计算：

$$c(EDTA) = \frac{m \times 1000}{(V_1 - V_2)M}$$

式中　m——氧化锌（或碳酸钙）的质量，g；

　　　V_1——乙二胺四乙酸二钠溶液的体积，cm^3；

　　　V_2——空白试验消耗乙二胺四乙酸二钠溶液的体积，cm^3；

　　　M——氧化锌（碳酸钙）的摩尔的质量，$M(ZnO) = 81.408$ g $\cdot$ mol^{-1} 或 $M(CaCO_3) = 100.09$ g $\cdot$ mol^{-1}。

（15）硝酸铅标准滴定溶液 $\{c[Pb(NO_3)_2] = 0.05$ mol $\cdot$ $dm^{-3}\}$

① 配制

称取 17 g 硝酸铅，溶于 1000 cm^3 硝酸溶液（1+100）中，摇匀。

② 标定

用移液管量取 25.00 cm^3 配制的硝酸铅溶液，加 2 cm^3 乙酸（冰醋酸）及 3 g 六亚甲基四胺，加 50 cm^3 水及 2 滴二甲酚橙指示液（2 g $\cdot$ dm^{-3}），用乙二胺四乙酸二钠标准溶液 [$c(EDTA) = 0.05$ mol $\cdot$ dm^{-3}] 滴定至溶液呈亮黄色。同时做空白试验。

硝酸铅标准滴定溶液的浓度 $\{c[Pb(NO_3)_2]\}$ 的计算：

$$c[Pb(NO_3)_2] = \frac{(V_1 - V_2)c_1}{V}$$

式中　V_1——乙二胺四乙酸二钠标准滴定溶液的体积，cm^3；

　　　V_2——空白试验消耗乙二胺四乙酸二钠标准滴定溶液的体积，cm^3；

　　　c_1——乙二胺四乙酸二钠标准滴定溶液的浓度，mol $\cdot$ dm^{-3}；

　　　V——硝酸铅溶液的体积，cm^3。

（16）氯化钠标准滴定溶液 [$c(NaCl) = 0.1$ mol $\cdot$ dm^{-3}]

称取 5.84 g±0.30 g 已于 550 ℃±50 ℃的高温炉中灼烧至恒重的工作基准试剂氯化钠，溶于水，移入 1000 cm³ 容量瓶中，稀释至刻度。

氯化钠标准滴定溶液的浓度[$c(NaCl)$]计算：

$$c(NaCl) = \frac{m \times 1000}{VM}$$

式中　m——氯化钠的质量，g；

　　　V——氯化钠溶液的体积，cm³；

　　　M——氯化钠的摩尔质量，$M(NaCl) = 58.442 \ g \cdot mol^{-1}$。

(17) 硝酸银标准滴定溶液[$c(AgNO_3) = 0.1 \ mol \cdot dm^{-3}$]

① 配制

称取 17.5 g 硝酸银，溶于 1000 cm³ 水中，摇匀。溶液贮存于密闭的棕色瓶中。

② 标定

用移液管移取 25.00cm³ NaCl 溶液（0.1mol·dm⁻³），注入 250 cm³ 锥形瓶中，加入 25 cm³ 水，用吸量管加入 1.00 cm³ 5%的 K_2CrO_4 溶液，在不断摇动下用待标定的 $AgNO_3$ 溶液滴定至呈现砖红色，即为终点。平行滴定至少 4 次。

硝酸银标准滴定溶液的浓度[$c(AgNO_3)$]计算：

$$c(AgNO_3) = \frac{c(NaCl) \times 25.00}{V}$$

式中　$c(NaCl)$——氯化钠的浓度，mol·dm⁻³；

　　　V——硝酸银溶液的体积，cm³。

(18) 硫酸铁(Ⅲ)铵标准滴定溶液{$c[NH_4Fe(SO_4)_2] = 0.1 \ mol \cdot dm^{-3}$}

① 配制

称取 48 g 十二水合硫酸铁(Ⅲ)铵，加 500 cm³ 水，缓慢加入 50 cm³ 硫酸，加热溶解，冷却，稀释至 1000 cm³。

② 标定

用移液管准确量取 25.00 cm³ 配制的硫酸铁(Ⅲ)铵溶液，加 10 cm³ 盐酸溶液（1+1），加热至近沸，滴加氯化亚锡溶液（400 g·dm⁻³）至溶液无色，过量 1~2 滴，冷却，加入 10 cm³ 氯化汞饱和溶液，摇匀，放置 2~3 min，加入 10 cm³ 硫磷混酸溶液，稀释至 100 cm³，加 1 cm³ 二苯胺磺酸钠指示液（5g·dm⁻³），用重铬酸钾标准滴定溶液[$c(1/6K_2Cr_2O_7) = 0.1 \ mol \cdot dm^{-3}$] 滴定至溶液呈紫色，并保持 30 s。同时做空白试验。

硫酸铁(Ⅲ)铵标准滴定溶液的浓度{$c[NH_4Fe(SO_4)_2]$} 计算：

$$c[NH_4Fe(SO_4)_2] = \frac{(V_1 - V_0)c_1}{V}$$

式中　V_1——重铬酸钾标准滴定溶液的体积，cm³；

　　　V_0——空白试验消耗重铬酸钾标准滴定溶液的体积，cm³；

　　　c_1——重铬酸钾标准滴定溶液的浓度，mol·dm⁻³；

　　　V——硫酸铁(Ⅲ)铵溶液的体积，cm³。

(19) 易水解物质的配制方法

主要考虑物质水解后的酸碱性进行配制。具体来说，对于水解后呈弱酸性的物质，在配制时，可以使用少量非氧化性同类强酸进行溶解后，再加蒸馏水定容配制。如配制 $FeCl_3$ 溶液：先将 $FeCl_3$ 溶于稀盐酸，再加水冲稀至所需浓度。类似的物质还有 $SnCl_2$、$SnCl_4$、$(NH_4)_2Fe(SO_4)_2$、$NH_4Fe(SO_4)_2$ 等。而对于水解后呈弱碱性的物质，则在配制时，可以使用少量对应的强碱溶解后，再加蒸馏水定容配制。如配制硫化钠的水溶液时，应先滴入几滴氢氧化钠溶液，再加水稀释至所需浓度。这种方法的应用可以帮助稳定易水解物质的化学性质，确保其在实验或应用中的稳定性和安全性（见表 5-17）。

表 5-17　易水解物质的配制

溶液名称 0.1 mol·dm^{-3}	配制方法
$FeCl_3$	27 g $FeCl_3$＋25 cm^3 6 mol·dm^{-3} HCl，加热溶解后，去离子水稀释至 1 dm^3
$(NH_4)_2Fe(SO_4)_2$	39.2 g 硫酸亚铁铵＋10 cm^3 浓硫酸＋200 cm^3 水，加热溶解后，去离子水稀释至 1 dm^3，试剂瓶内放置少量铁粉防止试剂被氧化
$SnCl_2$	22.6 g $SnCl_2$＋170 cm^3 浓 HCl，加热溶解后，去离子水稀释至 1 dm^3，试剂瓶内放置锡粒防止试剂被氧化
$SnCl_4$	35 g $SnCl_4$＋170 cm^3 浓 HCl，加热溶解后，去离子水稀释至 1 dm^3
$ZnCl_2$	13.6 g $ZnCl_2$＋10 cm^3 6 mol·dm^{-3} HCl，溶解后去离子水稀释至 1 dm^3
$Bi(NO_3)_3$	48.5 g 硝酸铋＋250 cm^3 1 mol·dm^{-3} HNO$_3$，溶解后去离子水稀释至 1 dm^3
$Pb(NO_3)_2$	33.1 g $Pb(NO_3)_2$＋70 cm^3 6 mol·dm^{-3} HNO$_3$＋600 cm^3 水，加热溶解后，去离子水稀释至 1 dm^3
Cr^{3+}、Mn^{2+}、Fe^{3+} 混合溶液	相应质量的各种氯化物试剂＋25 cm^3 6 mol·dm^{-3} HCl，溶解后去离子水稀释至 1 dm^3
Fe^{3+}、Co^{2+}、Ni^{2+} 混合溶液	相应质量的各种氯化物试剂＋25 cm^3 6 mol·dm^{-3} HCl，溶解后去离子水稀释至 1 dm^3
Ag^+、Cu^{2+}、Pb^{2+}	相应质量的各种硝酸盐试剂＋20 cm^3 浓 HNO$_3$，溶解后去离子水稀释至 1 dm^3
Na_2S	7.8 g 无水硫化钠＋1 g NaOH，加水溶解后稀释至 1 dm^3
$Na_2S_2O_3$	称取 26 g 五水合硫代硫酸钠（或 16 g 无水硫代硫酸钠），加 0.2 g 无水碳酸钠，溶于 1000 cm^3 水中，缓缓煮沸 10 min，冷却

5.5.11　分析试样的准备和分解

进入实验室的试样，应该具有代表性。这就要求在采集试样时要注意试样的类型、物态、特性而采取不同的方法。在试样采集进入实验室以后，要根据试样的特点进行分解，以期达到顺利进行分析和测定的目的。

试样分解和准备时要注意以下几点：

① 要符合试样测定或分析方法适用含量范围、物态、形式；

② 不能在试样的准备过程中引入杂质；

③ 不能使试样在准备的过程中有所损失，影响测定的准确性；

④ 所加入的试剂应该对后续的测定没有影响。

如果采集到的试样是固体试样，还要根据试样的性质，即溶解性、酸碱性、氧化还原性等利用不同的试剂来进行分解处理。如酸性氧化物用碱溶（熔）解，碱性氧化物用酸溶（熔）解，然后再根据分析方法的要求准备成必要的含量成分。

5.6　无机制备和重量分析中常用的基本操作

5.6.1　加热设备及控制反应温度的方法

5.6.1.1　加热

加热方法有多种多样，归纳有两大类：一类为直接加热，指在火焰或电加热器上直接加热；另一类为间接加热，如水浴、油浴、蒸气浴、沙浴、空气浴等。间接加热比直接加热更均匀，温度更易控制。

（1）常用热源介绍

① 酒精灯　酒精灯和煤气灯是实验室最常用的加热灯具，如图 5-23 所示。酒精灯由灯罩、灯芯和灯壶三部分组成。

图 5-23　酒精灯
1—灯罩；2—灯芯；
3—灯壶

酒精灯要用火柴等点燃，绝不能用另一个燃着的酒精灯来点燃，否则易将灯内酒精洒出，引起火灾。要熄灭灯焰时，要将灯罩盖上，而不能用嘴去吹灭。火焰熄灭片刻后，应将灯罩打开一次，再重新盖上，否则下次使用会打不开灯罩。

酒精灯的加热温度一般在 400～500 ℃，适用于温度不需太高的实验。

② 煤气灯（天然气灯）　煤气灯（天然气灯）的样式较多，但其构造原理基本相同。它主要由灯管和灯座组成，如图 5-24 所示。因煤气中含有大量的 CO，应注意不能让煤气逸散到室内，以免发生中毒和引起火灾。

a. 点燃与熄灭　使用时，应先关闭煤气灯的空气入口，并将燃着的火柴移近灯口，再慢慢打开煤气开关，即可点燃。然后调节空气和煤气的进入量，使二者的比例合适，得到分层的正常火焰，如图 5-25(a) 所示。

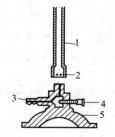

图 5-24　煤气灯的构造
1—灯管；2—空气入口；3—煤气出口；
4—螺旋针；5—煤气入口

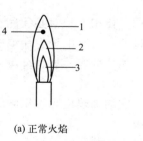
(a) 正常火焰

(b) 临空火焰

(c) 侵入火焰

图 5-25　各种火焰（1～4 表示焰层）

b. 灯焰的构造　内层 3 为最低温处，约 300 ℃，煤气和空气进行混合并未燃烧，称为焰心。中层 2 为较高温度处，约 500 ℃，煤气不完全燃烧，分解为含碳的产物，这部分火焰具有还原性，称为还原焰。外层 1 处煤气完全燃烧，约 900 ℃，并由于含有过量的空气，称为氧化焰。与中层交接处 4 为最高温处，也是加热对应选取的加热点。

空气和煤气的进入量不合适，会产生不正常的灯焰。不正常灯焰一般有三种情况：

第一种火焰呈黄色，并有火星或产生黑烟，说明煤气燃烧不完全，此种情况下应调大空气进入量至得到正常的三层蓝色灯焰为止，如图 5-25（a）所示。

第二种临空火焰，如图 5-25（b）所示。临空火焰即火焰在灯管上空燃烧。产生的原因是煤气和空气的进入量过大，使气流冲出管外才燃烧。发生这种情况时，必须立即关闭煤气开关，重新调节、点燃，以得到正常灯焰。

第三种侵入火焰，如图 5-25（c）所示。侵入火焰，即火焰在灯管内燃烧，其现象是看到一根细长的火焰并能听到特殊的嘶嘶声。产生的原因是煤气量过小，空气量过大。有时在实验过程中，由于煤气突然减少或中断也会产生侵入火焰（因为使火焰回缩，所以也称回火）。侵入火焰由于在灯管内燃烧，灯管往往被烧得灼热。遇到这种情况应立即关闭煤气开关，一定要等冷却后再重新调节、点燃。

③ 电加热设备　实验室的电加热设备如图 5-26 所示。

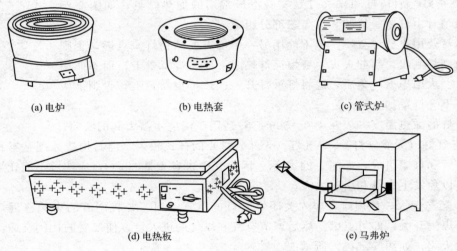

(a) 电炉　　　　(b) 电热套　　　　(c) 管式炉

(d) 电热板　　　　(e) 马弗炉

图 5-26　电加热设备

电炉：实验室里最常用的一种电源。使用电炉时必须注意电源的电压应与电炉本身规定的电压相符；电炉连续使用时间不要过长，否则电炉寿命缩短。加热时，要在容器和电炉之间垫上石棉网，以保证容器受热均匀；加热的容器如是金属，不要触及炉丝，否则会发生触电事故。

电热套：按容积分，有多种规格，它的加热电阻丝用绝缘的玻璃纤维包裹，既能保证受热均匀，又能增大加热面积，节省能源。

电热板：可将容器直接放在电热板上加热。

管式炉：管式炉有一管式炉膛，利用电阻丝或硅碳棒加热，温度可以调节，炉膛中可插入一根耐高温的瓷管或石英管，管中再放入盛有反应物的瓷舟，反应物可在空气气氛或其他气氛中受热。较高温度的恒温部位位于炉膛中部。固体灼烧可以在空气气氛或其他气氛中进行，也可以进行高温下的气、固相反应。在通入其他气氛气或反应气时炉管的两端应该用带有导管的塞子塞上，以便导入气体和引出尾气。

马弗炉：这是一种用电热丝或硅碳棒加热的密封炉子，温度可调。炉膛用耐高温材料制成，电热丝炉温度可达 950 ℃，硅碳棒炉的温度一般可达 1300 ℃。使用马弗炉时，待加热的物质不可直接放在炉膛内，必须放在耐高温的坩埚中。加热时不得超过最高允许温度。马弗炉内不允许加热液体和其他易挥发的腐蚀性物质。如果要灰化滤纸或有机成分，在加热过程中应微微打开几次炉门，通空气进去。

管式炉和马弗炉属于高温电炉，主要用于高温灼烧或进行高温反应，它们均由炉体和电炉温度控制器两部分组成。温度控制器通常使用热电偶温度计，它是由热电偶和毫伏计组成。热电偶由两根不同的金属丝焊接一端制成（如铬镍-镍铝、铂-铂铑等，不同的热电偶测温范围不同），将此焊接端插入待测温度处，未焊接端分别接到毫伏计的正负极上。不同的温度产生不同的热电势，毫伏计指示不同读数。一般将毫伏计的读数换算成温度数，这样就可以从表的指针位置上直接读出温度。一般情况下，都是把反应控制在某一温度下进行，只要把热电偶和一只接入电路的温度控制器连接起来，就组成了自动温度控制器。

（2）间接加热方式

间接加热的方式有水浴、沙浴、油浴、空气浴等。

当被加热物质要求受热均匀，而温度又不能超过 100 ℃时，可利用水浴。用煤气灯把水浴中的水加热到一定温度或沸腾，用水蒸气或热水来加热器皿，水浴锅上放置大小不同的铜圈，用于承受不同规格的器皿，如图 5-27 所示。水浴锅内盛水的量不要超过容量的 2/3。根据情况添加水量，切勿烧干。不要使加热容器碰到水浴锅底，否则会因受热不均匀而破裂。

当被加热物质要求受热均匀，而温度又要高于 100 ℃时，可使用沙浴。它是一个有一层均匀的细沙的铁盘，用煤气加热。被加热的器皿则放在沙子上，如图 5-28 所示。若要测量温度，可把温度计插入沙中。

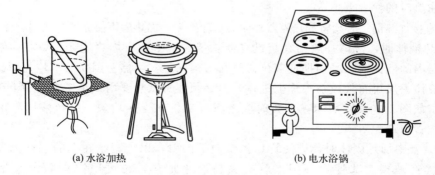

(a) 水浴加热　　　　　　　　　　　　　(b) 电水浴锅

图 5-27　水浴加热

当被加热物质需要的温度更高（一般为 100～250 ℃）或有其他原因时，还可用油浴，油浴所能达到的最高温度取决于所用油的种类（见表 5-18）。若在植物油中加入 1% 的对苯二酚，便可增加它们在受热时的稳定性。

表 5-18　油浴所用的介质和温度

浴油	温度	备注
蜡或石蜡	220 ℃	温度高，易燃烧。使用完毕，及时取出浸入其中的容器

续表

浴油	温度	备注
甘油和邻苯二甲酸二正丁酯	140～150 ℃	温度过高,易分解
硅油和真空泵油	250 ℃以上	稳定,价格贵

在有机化学实验中，为保证实验室的安全，要避免用直接火加热，尤其是用明火加热油浴时，稍有不慎，常发生油浴燃烧。为此，采用电热套加热更为安全。若与继电器和接触式温度计相连，就能自动控制热浴的温度。

沸点在 80 ℃以上的液体原则上均可采用空气浴加热。如图 5-29 所示。作为一种简易措施，有时也可将烧瓶离开石棉网 1～2 mm 代替空气浴进行加热。

图 5-28　沙浴　　　　　　　　　　图 5-29　空气浴

此外，当物质在高温加热时，也可以使用熔融的盐，如等质量的硝酸钠和硝酸钾混合物在 218 ℃熔化，在 700 ℃以下是稳定的。含有 40%亚硝酸钠、7%硝酸钠和 53%硝酸钾的混合物在 142 ℃熔化，适用范围 150～500 ℃。必须注意若熔融的盐触及皮肤，会引起严重的烧伤。所以在使用时，应加倍小心，防止溢出或飞溅。

（3）加热时的注意事项

① 在直接加热前，必须将加热容器外面的水珠擦干，加热后不能立即与潮湿物体相互接触。

② 加热液体时，液体一般不宜超过容器总量的一半。当加热烧杯、烧瓶、锥形瓶、蒸发皿等容器内的液体时，必须把玻璃仪器放在石棉网上，不然会因受热不均匀而破裂。加热试管中的液体一般可直接放在火焰上进行，但必须注意试管要用试管夹夹在中上部。试管应稍微倾斜，如图 5-30（a）所示，加热时应上下移动，使受热均匀，以免液体溅出时把人烫伤。注意试管口避免对人。

③ 在试管中加热固体时，应使管口稍微向下倾斜，以免凝结在上的水珠倒流到灼热的管底，使试管破裂。试管除可用试管夹夹持起来加热，还可用铁夹固定起来加热，如图 5-30（b）所示。

④ 间接加热时，一定要注意将水浴锅和被加热的容器放置稳当，浴液中要安放温度计，并保持浴液的干净，当使用油浴加热时绝不能让水进入油浴中。

5.6.1.2　冷却

有些反应，其中间体在室温下是不够稳定的，必须在低温下进行，如重氮化反应等。有的放热反应，会产生大量的热，使反应难以控制，并引起易挥发化合物的损失，或导致有机物的分解或增加副反应，为了除去过剩的热量，便需要冷却。

此外，为了减少固体化合物在溶剂中的溶解度，使其易于析出结晶，也常需要冷却。

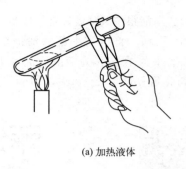

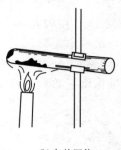

(a) 加热液体　　　　　　　　　　　　　　　(b) 加热固体

图 5-30　试管加热

将反应物冷却的最简单的方法，就是把盛有反应物的容器浸入冷水中冷却。有些反应必须在室温以下的低温进行，这时最常用的冷却剂是冰或冰和水的混合物，后者由于能和器壁接触得更好，冷却的效果比单用冰好。如果有水存在，不妨碍反应的进行，也可以把冰块投入反应物中，这样可以更有效地保持低温。

若需要把反应混合物冷却到 0 ℃以下，可用食盐和碎冰的混合物，一份食盐与三份碎冰的混合物，温度可降至－20 ℃，但在实际操作中，温度约降至－5～－18 ℃，食盐投入冰内时碎冰易结块，故最好边加边搅拌。

冰与六水合氯化钙（$CaCl_2 \cdot 6H_2O$）的混合物，理论上可得到－50 ℃左右的低温。在实际操作中，10 份六水合氯化钙与 7～8 份碎冰均匀混合，可达到－20～－40 ℃（见表 5-19）。

液氨也是常用的冷却剂，温度可达－33 ℃。由于氨分子间的氢键，氨的挥发速度并不很快。

将干冰（固体二氧化碳）与适当的有机溶剂混合时，可得到更低的温度。其与乙醇的混合物可达到－72 ℃，与乙醚、丙酮或氯仿的混合物可达到－78 ℃。液氮可冷至－188 ℃。

为了保持冷却剂的效力，通常把干冰或它的溶液及液氨盛放在保温瓶（也叫杜瓦瓶）或其他绝热较好的容器中，上口用铝箔覆盖，降低其挥发的速度。

应当注意，温度若低于－38.0 ℃，则不能使用水银温度计。因为低于－38.87 ℃时，水银就会凝固。对于较低的温度，常常使用内装有机液体（如：甲苯，可达－90 ℃；正戊烷，可达－130 ℃）的低温温度计。为了便于读数，往往向液体中加入少许颜料。但由于有机液体传热较差和黏度较大，这种温度计达到平衡的时间较长。

表 5-19　冷却时用到的部分盐-水-冰混合物的温度

盐类	冰中加入盐的质量分数/%	能达到的最低温度/℃
NH_4Cl	35	－15
$NaNO_3$	50	－18
NaCl	33	－21
$CaCl_2 \cdot 6H_2O$	100	－29

5.6.2　沉淀（晶体）的分离与洗涤

沉淀（晶体）与溶液的分离方法一般有三种：倾析法、过滤法和离心分离法。

（1）倾析法

沉淀（晶体）的密度较大或结晶的颗粒较大，静置后能很快沉降者，常用倾析法进行分离。

倾析法操作的要点是待沉淀沉降后，如图 5-31 所示，将沉淀上部的清液缓慢地倾入另一容器（如烧杯）中，使沉淀与溶液分离。如需洗涤，可在转移完清液后加入少量清洗剂充分搅拌，待沉淀沉降后再用倾析法，倾去清液，如此重复操作 2～3 次，即能将沉淀洗净。

图 5-31 倾析法

倾析法

滤纸

（2）过滤法

过滤使用过滤器和滤纸。化学实验室中常用的有定量分析滤纸和定性分析滤纸两种，按过滤速度和分离性能的不同，又分为快速、中速和慢速三种。在实验过程中，应根据沉淀的性质和数量，合理地选用滤纸。

滤纸产品按质量分为 A 等、B 等、C 等。A 等产品的主要技术指标列于表 5-20。

表 5-20 定量滤纸和定性滤纸 A 等产品的主要技术指标及规格

指标名称		快速	中速	慢速
过滤速度[①]/s		≤35	≤70	≤140
型号	定性滤纸	101	102	103
	定量滤纸	201	202	203
分离性能（沉淀物）		氢氧化铁	碳酸锌	硫酸钡（热）
湿耐破度/mmH$_2$O[②]		≥130	≥150	≥200
灰分	定性滤纸	≤0.13%		
	定量滤纸	≤0.009%		
铁含量（定性滤纸）		≤0.003%		
定量[③]/g·m^{-2}		80.0±4.0		
圆形纸直径/cm		5.5、7、9、11、12.5、15、18、23、27		
方形纸尺寸/cm		60×60、30×30		

① 过滤速度是指把滤纸折成 60° 的圆锥形，将滤纸完全浸湿，取 15 cm^3 水进行过滤，开始滤出 3 cm^3 不计时，然后用秒表计量滤出 6 cm^3 水所需要的时间。

② 1 mmH$_2$O＝9.80665 Pa。

③ 定量是指规定面积内滤纸的质量，是造纸工业术语。

定量滤纸又称为无灰滤纸。以直径 12.5 cm 定量滤纸为例，每张滤纸的质量约 1 g，在灼烧后其灰分的质量不超过 0.1 mg（小于或等于常量分析天平的感量），在重量分析法中可以忽略不计。滤纸外形有圆形和方形两种。常用的圆形滤纸有 ϕ7 cm、ϕ9 cm、ϕ11 cm 等规格，滤纸盒上贴有滤速标签。方形滤纸都是定性滤纸，有 60 cm×60 cm、30 cm×30 cm 等规格。

过滤法是最常用的固-液分离方法。过滤时，沉淀留在过滤器（漏斗）内，溶液则通过过滤器进入容器中，所得溶液称为滤液。

过滤器有普通的玻璃漏斗、陶瓷的布氏漏斗、玻璃砂芯漏斗等。铜质的热滤漏斗和玻璃漏斗配合使用可用于保温过滤。

过滤方法有常压过滤、减压过滤和热过滤三种。

① 常压过滤　过滤用的玻璃漏斗锥体角度应为 60°，颈的直径不能太大，一般应为 3～5 mm，颈长为 15～20 cm，颈口处磨成 45°，如图 5-32 所示。漏斗的大小应与滤纸的大小相适应。应使折叠后滤纸的上缘低于漏斗上沿 0.5～1 cm，绝不能超出漏斗边缘。

滤纸一般按四折法折叠。折叠时，应先将手洗净，擦干，以免弄脏滤纸。滤纸的折叠方法是先将滤纸整齐地对折，然后再对折，这时不要把两角对齐，将其打开后成为顶角稍大于 60° 的圆锥体，如图 5-33 所示。

为保证滤纸和漏斗密合，第二次对折时不要折死，先把圆锥体打开，放入洁净而干燥的漏斗中，如果上边边缘不十分密合，可以稍稍改变滤纸折叠的角度，直到与漏斗密合为止。用手轻按滤纸，将第二次的折边固定，所得圆锥体的半边为三层，另半边为一层。然后取出滤纸，将三层厚的紧贴漏斗的外层撕下一角，如图 5-33(b) 的示，保存于干燥的表面皿上备用。

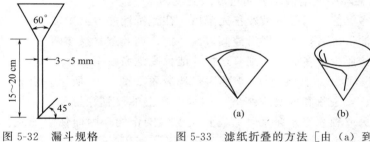

图 5-32　漏斗规格　　　　图 5-33　滤纸折叠的方法〔由（a）到（b）〕

将折叠好的滤纸放入漏斗中，且三层的一边应放在漏斗出口短的一边。用食指按紧三层的一边，用洗瓶吹入少量水将滤纸润湿，然后，轻轻按滤纸边缘，使滤纸的锥体与漏斗间没有空隙（注意三层与一层之间处应与漏斗密合）。按好后，用洗瓶加水至滤纸边缘，这时漏斗颈内应全部被水充满，当漏斗中水全部流尽后，颈内水柱仍能保留且无气泡。若不形成完整的水柱，可以用手堵住漏斗下口，稍掀起滤纸三层的一边，用洗瓶向滤纸与漏斗间的空隙里加水，直到漏斗颈和锥体的大部分被水充满，然后按紧滤纸边，再向漏斗内加水，松开堵住出口的手指，此时水柱即可形成，如图 5-34 所示。

最后再用蒸馏水冲洗一次滤纸，将准备好的漏斗放在漏斗架上，下面放一洁净烧杯承接滤液，使漏斗出口长的一边紧靠杯壁，漏斗和烧杯上均盖好表面皿，备用。

过滤一般分三个阶段进行。第一阶段采用倾析法，尽可能地过滤清液，如图 5-31 所示；第二阶段是洗涤沉淀并将沉淀转移到漏斗上；第三阶段是清洗烧杯和洗涤漏斗上的沉淀。漏斗上沉淀的洗涤将在下节中讨论。

过滤时应注意：

a. 漏斗应放在漏斗架上，漏斗颈紧靠在接收容器的内壁上，使滤液顺着容器壁流下，不致溅开来，如图 5-34(b) 所示。

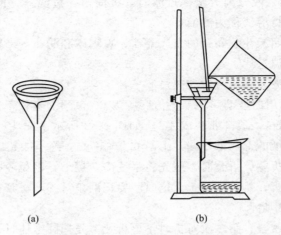

图 5-34 滤纸安放（a）和过滤（b）

b. 用倾析法过滤，先转移溶液，后转移沉淀，以免沉淀堵塞滤纸的孔隙而减慢过滤的速度。

c. 转移溶液时，应借助玻璃棒引流，把玻璃棒抵在 3 层滤纸处。

d. 每次加入漏斗中的溶液不要超过滤纸高度的 2/3。

如果需要洗涤沉淀，则等溶液转移完毕后，往盛沉淀的容器中加入少量洗涤剂，充分搅拌并静置，待沉淀下沉后，把上层清液倾入漏斗内，如此重复操作两三遍，再转移沉淀到滤纸上。洗涤时要按照少量多次的原则，这样才能提高洗涤效率。

② 减压过滤（吸滤或抽气过滤） 减压过滤装置如图 5-35 所示，由吸滤瓶、布氏漏斗、安全瓶和抽真空装置（如水压真空抽气管）组成。抽气管一般装在水龙头或者真空水泵上，起着抽走空气的作用，因而使吸滤瓶内减压，造成吸滤瓶内与布氏漏斗液面上的压力差，所以过滤速度较快。

吸滤瓶用来承接滤液。

抽滤操作

安全瓶的作用是防止当关闭抽气管或水的流量突然减小时自来水倒灌入吸滤瓶中。

安装布氏漏斗时，应把布氏漏斗下端的斜口与吸滤瓶支管相对，用耐压橡皮管把吸滤瓶与安全瓶连接上，再与真空装置相连。

吸滤用的滤纸应比布氏漏斗的内径略小，以恰好盖住瓷板上所有的孔为度。放好滤纸后，先以少量去离子水润湿，再减压使滤纸紧贴在瓷板上。转移溶液与沉淀的步骤与常压过滤相同，布氏漏斗中的液体不得超过漏斗容积的 2/3。

停止吸滤时，应先拆下吸滤瓶上的橡皮管或拔去布氏漏斗，然后关闭水龙头，以防水倒灌。过滤完毕，取下布氏漏斗，将漏斗的颈口朝上，轻轻敲打漏斗边缘，即可使沉淀物脱离漏斗。如果过滤的溶液具有强碱性或强氧化性，为避免溶液和滤纸作用应采用玻璃砂芯漏斗。

③ 热过滤 过滤器是带有夹层的铜质漏斗和玻璃漏斗共同组成。当需要除去热浓溶液中的不溶性杂质，而过滤过程中又不致析出溶质时，常采用热过滤法。为达到最大过滤速度，又常用褶纹滤纸、无颈或短颈漏斗进行过滤，而且漏斗必须预热，以利于保温，如图 5-36 所示（没有褶纹滤纸的示意图）。

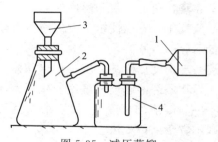

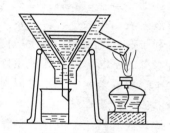

图 5-35　减压蒸馏

图 5-36　热过滤

1—抽真空装置；2—吸滤瓶；3—布氏漏斗；4—安全瓶

（3）离心分离法　离心分离法常用于少量溶液与沉淀的分离，或者固体相特别细小的情况。实验室常用的 800 型电动离心机如图 5-37 所示。

离心分离时，将盛有沉淀的离心试管放入离心机的套管内。为使离心机保持平衡，防止高速旋转时引起震动而损坏离心机，试管要对称放置，在只离心一个离心试管时需要装有一定量水的另一个离心试管，注意此时对称位置放置的离心管重量应该相等，以保证高度旋转时仪器的平稳。然后慢慢启动离心机，逐渐加速。切记不可猛力起动离心机，变速器调到 2~3 档即可。旋转 1~2 min 后，切断电源，让离心机自然停止，切勿用手或其他方法强行停止，否则极易发生危险。

离心机使用

离心后，沉淀沉入离心试管的底部，用一干净的滴管将清液吸出，注意滴管插入溶液的深度及角度，尖端不应接触沉淀（图 5-38）。

如果沉淀物需要洗涤，加入少量去离子水，搅拌，再离心分离。

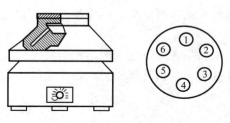

图 5-37　电动离心机

图 5-38　溶液与沉淀的分离

5.6.3　无机制备实验基本操作

（1）固体的溶解

固体颗粒较大时，在溶解前应进行粉碎，固体的量不要超过研钵容量的 1/3。固体的粉碎可在干净的研钵中进行。溶解固体时，常用搅拌、加热等方法加快溶解速度。加热时应注意被加热物质的热稳定性，选用不同的溶解方法。

（2）反应

无机制备反应一般在烧杯中进行，常常需要控制温度。如有气体生成，需要在通风橱中进行；如气体是有毒的，要吸收处理；如有固体沉淀生产，要及时搅拌，以免液体飞溅。

（3）蒸发与浓缩

蒸发、浓缩一般在水浴上进行，若溶液太稀，且该物质对热稳定性较好，也可先放在石棉网上直接加热蒸发，然后再放在水浴上加热蒸发。蒸发速度不仅和温度的高低有关，而且和被蒸发液体表面积大小有关。常用的蒸发容器是蒸发皿，它能使被蒸发的液体有较大的表面积，有利于蒸发的进行。蒸发皿内所盛液体的量不应超过其容量的 2/3。

随着水分的不断蒸发，溶液不断浓缩，蒸发到一定程度后冷却，就可析出晶体。蒸发的程度取决于溶质的溶解度、结晶时对浓度的要求。当物质的溶解度随温度变化不大，为了获得较多的晶体，需要在结晶析出后继续蒸发（如 NaCl 溶液的蒸发）；如果结晶时希望得到较大的晶体，或者析出的晶体含的结晶水较多，则不宜浓缩得太浓。

（4）结晶与重结晶

无机制备实验中往往得到的是混合物，根据混合物中各物质溶解性的差异，采用过滤、结晶等方法分离提纯物质。除去液体中不溶性的固体杂质，采用过滤的方法；如果有两种或两种以上可溶性的组分，根据可溶于水的两种物质在水中溶解度随温度变化不同，采取结晶法加以分离。当溶液蒸发到一定浓度（饱和程度）冷却后，就有晶体析出，此过程称为结晶。结晶的方法又分为蒸发溶剂法和冷却热饱和溶液法。蒸发溶剂法适用于溶解度随温度变化不大的物质，如氯化钠的提纯，溶液必须蒸发到糊状；冷却热饱和溶液法适用于溶解度受温度影响较大的物质，如硫酸亚铁铵的制备实验中将溶液蒸发至出现晶膜后静置冷却即有硫酸亚铁铵晶体析出。另外如果所制备的物质含有结晶水，一般不应过度蒸发，以保证水合物的析出。

向饱和溶液中加入一小粒晶体或搅拌饱和溶液可加速晶体析出。析出晶体颗粒的大小与溶质的溶解度、溶液的浓度、冷却速度、诱导因素（指是否加入晶种、摩擦器壁、搅动溶液）等有关，如果溶液浓度较高，溶质的溶解度较小，快速冷却并加以搅拌，则析出细小晶体；若溶液浓度不太高，缓慢冷却或投入一小粒晶种后待溶液慢慢冷却或静置，则得到较大的晶体。从纯度来看，快速生成的细晶体纯度较低，缓慢生长的大晶体纯度较高，因为在小晶体的间隙易包裹母液或杂质而影响纯度。当晶体太小且大小不匀时，能形成稠厚的糊状物，夹带母液较多，不易洗净，也影响纯度。因此在无机制备中，晶体颗粒大小要适中且应均匀，才有利于得到纯度较高晶体。

当第一次得到的晶体纯度不合要求时，可以重新加入尽可能少的溶剂溶解晶体，蒸发后再进行结晶、分离，这样第二次得到的晶体纯度就较高。这种操作过程称为重结晶。根据对物质纯度的要求，可进行多次结晶。

5.6.4　重量分析法基本操作

重量分析法是化学分析重要的经典分析方法。沉淀重量分析法是利用沉淀反应，使待测物质转变成一定的称量形式，再测定其物质含量的方法。

沉淀类型主要分成两类：一类是晶形沉淀，另一类是无定形沉淀。对晶形沉淀（如 $BaSO_4$）使用的重量分析法一般过程是：

（1）试样溶解

溶样方法主要是用水、酸溶解。这一步要注意的是如何选择溶剂、温度以及操作条件。

（2）沉淀

晶形沉淀的沉淀条件是"稀、热、慢、搅、陈"五字原则，即：

① 沉淀的溶液要适当稀；

② 沉淀时应将溶液加热；

③ 生成沉淀速度要慢，因此操作时应注意边滴加沉淀剂边搅拌反应体系；

④ 沉淀完全后要放置陈化。

（3）陈化

沉淀完全后，盖上表面皿，放置过夜或在水浴中保温 1h 左右。陈化的目的是使晶体长大，不完整的晶体转变成完整的晶体。

（4）过滤和洗涤

① 过滤　重量分析法使用的定量滤纸称为无灰滤纸，每张滤纸的灰分质量约为 0.08 mg，可以忽略。过滤 $BaSO_4$ 用的滤纸，可用慢速或中速滤纸。

重量分析法过滤

采用的是常压过滤方法，具体的操作见常压过滤。但要注意为了避免沉淀堵塞滤纸上的孔隙，影响过滤速度，溶液转移时一定采用倾析法。

暂停倾注溶液时，烧杯应沿玻璃棒使其嘴向上提起，致使烧杯向上，以免烧杯嘴上的液滴流失。

过滤过程中，带有沉淀和溶液的烧杯应如图 5-39 所示放置，即在烧杯下放一块垫起物，使烧杯倾斜，以利于沉淀和清液分开，便于转移清液。同时玻璃棒不要靠在烧杯嘴上，避免烧杯嘴上的沉淀沾在玻璃棒上部而损失。倾析法如一次不能将清液倾注完，应待烧杯中沉淀下沉后再次倾注。

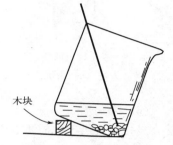

木块

图 5-39　含沉淀溶液
烧杯的放置方法

倾析法将清液完全转移后，应对沉淀做初步洗涤。洗涤时，每次约用 $10\ cm^3$ 洗涤液吹洗烧杯四周内壁，如此洗涤 3～4 次杯内沉淀。然后再加少量洗涤液于烧杯中，搅动沉淀使之混匀，立即将沉淀和洗涤液一起，通过玻璃棒转移至漏斗上。再加放少量洗涤液于杯中，搅拌混匀后再转移至漏斗中。如此重复几次，使大部分沉淀转移至漏斗中。如果仍有少量沉淀牢牢地粘在烧杯壁上而吹洗不下来，可将烧杯放在桌上，用沉淀帚［图 5-40（b），它是一头带橡皮的玻璃棒］在烧杯内壁自上而下、自左而右擦拭，使沉淀集中在底部。再按图 5-40（a）操作将沉淀吹洗入漏斗中。对牢固地粘在杯壁上的沉淀，也可用前面折叠滤纸时撕下的滤纸角擦拭玻棒和烧杯内壁，再将此滤纸角放在漏斗的沉淀上。

经吹洗、擦拭后的烧杯内壁，应在明亮处仔细检查是否吹洗、擦拭干净，包括玻璃棒、表面皿、沉淀帚和烧杯内壁在内都要认真检查。

必须指出，过滤开始后，应随时检查滤液是否透明，如不透明，说明有穿滤，这时必须换另一洁净烧杯承接滤液，在原漏斗上将穿滤的滤液进行第二次过滤。如发现滤纸穿孔，则应更换滤纸重新过滤。而第一次用过的滤纸应保留。

② 洗涤　沉淀全部转移到滤纸上后，应对它进行洗涤。其目的在于将沉淀表面所吸附的杂质和残留的母液除去。其方法如图 5-41 所示，即洗瓶的水流从滤纸的多重边缘开始，螺旋形地往下移动，最后到多层部分停止，称为"从缝到缝"，这样可使沉淀洗得干净且可将沉淀集中到滤纸的底部。为了提高洗涤效率，应掌握洗涤方法的要领。洗涤沉淀时要少量多次，即每次螺旋形往下洗涤时，用洗涤剂量要少，便于尽快沥干，沥干后，再洗涤。如此反复多次，直至沉淀洗净为止。这通常称为"少量多次"原则。

（5）烘干

烘干炭化灰化

滤纸和沉淀的烘干通常在煤气灯上或电炉上进行。操作步骤是用玻璃棒将滤纸边挑起，向中间折叠，将沉淀盖住，如图 5-42 所示。再用玻璃棒轻轻转动滤纸包，以便擦净漏斗内壁可能沾有的沉淀。然后，将滤纸包转移至已恒重的坩埚中，使它倾斜放置，使多层滤纸部分朝上，以利于烘烤。坩埚的外壁和盖先用蓝黑墨水或 $K_4[Fe(CN)_6]$ 溶液编号。烘干时，盖上坩埚盖，但不要盖严，如图 5-43（a）所示。

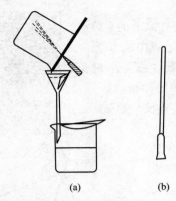

(a)　　　(b)

图 5-40　吹洗沉淀的方法（a）和沉淀帚（b）

图 5-41　沉淀的洗涤

图 5-42　沉淀的包裹

（6）炭化

炭化是将烘干后的滤纸烤成炭黑状。这一步在煤气灯上进行。

（7）灰化

灰化是使呈炭黑状的滤纸灼烧成灰。炭化和灰化的灼烧方法如图 5-43(b) 所示。

正确　　　　　错误

(a) 坩埚的放置　　　　　(b) 烘干、炭化、灰化火焰

图 5-43　坩埚在泥三角上放置及沉淀和滤纸在坩埚内烘干、炭化和灰化的火焰位置

烘干、炭化、灰化，应由小火到强火，一步一步完成，不能性急，不要使火焰加得太大。炭化时如遇滤纸着火，可立即用坩埚盖盖住，使坩埚内的火焰熄灭（切不可用嘴吹灭）。着火时，不能置之不理而让其燃烬，这样易使沉淀随大气流飞散损失。待火熄灭后，将坩埚盖移至原来位置，继续加热至全部炭化（滤纸变黑）直至灰化。

（8）灼烧至恒重

沉淀和滤纸灰化后，将坩埚移入高温炉中（根据沉淀性质调节适当温度），盖上坩埚盖，但留有空隙。与灼烧空坩埚时相同温度下，灼烧 40～50 min，与空坩埚灼烧操作相同，取出，冷至室温，称重。然后进行第二次、第三次灼烧，直至坩埚和沉淀恒重为止。一般第二次以后再灼烧 20 min 即可。所谓恒重，是指相邻两次灼烧后的称量差值在 0.2～0.4 mg。

从高温炉中取出坩埚时，将坩埚移至炉口，至红热稍退后，再将坩埚从炉中取出放在洁净瓷板上，在夹取坩埚时，坩埚钳应预热。待坩埚冷至红热退去后，再将坩埚转至干燥器中。放入干燥器后，盖好盖子，随后，为了释放出由于热而产生的空气膨胀，须启动干燥器盖 1～2 次以释放气体。

在干燥器冷却时，原则是冷至室温，一般需 30 min 左右。但要注意，每次灼烧、称重和放置的时间，都要保持一致。

第6章

基本仪器简介

6.1 电子天平的使用方法

6.1.1 电子天平的工作原理

电子天平是最新一代的天平，是基于电磁学原理制造的，有顶部承载式（吊挂单盘）和底部承载式（上皿式）两种结构，一般配有单片微机，具有数字显示、自动调零、自动校准、扣除皮重、输出打印等功能。电子天平操作简便，称量速度很快。

电子天平的测量原理如图 6-1 所示，将天平传感器的平衡结构简化为一杠杆。杠杆的支点为 O，左边是秤盘，右边连接线圈即零位指示器。零位指示器置于一固定位置，天平空载时，杠杆始终趋于某一位置，即天平的零点。当天平加载物体时，杠杆偏离零点，零点指示器产生偏差信号，通过放大和 PID（比例、积分、微分调节）来控制流入线圈的电流 I，使之增大，位于磁场中的通电线圈将产生电磁力 F，由于通电线圈位于恒定磁场中，所以电磁力 F 也相应增大，直到电磁力 F 的大小与加载物体的重量相等，偏差消除，杠杆重新回到天平的零点。即恒定磁场中通过线圈的电流强度 I 与被测物的质量成正比，只要测定流入线圈的电流强度 I，就可知被测物体的质量。

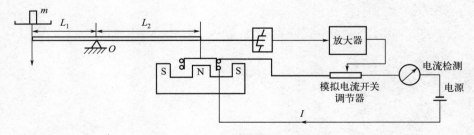

图 6-1　电子天平测量原理示意图

近年来，我国已生产了多种型号的电子天平，如上海天平仪器厂生产的 FA/JA 系列上皿式电子天平就是采用 MCS-51 系列单片微机的多功能电子天平。

电子天平的一般操作程序是：

① 开启、预热　调整好天平的水平，轻按一下 ON 键，显示器全亮，然后显示天平型号，再显示读数形式（0.0000）。开启显示器，表示接通电源，即开始预热，预热通常需预热 1 h。

② 校准　轻按 CAL 键，进入校准状态，用标准砝码（如 100 g）进行校正。

③ 称量　取下标准砝码，零点显示稳定后即可进行称量。如用小烧杯称取样品，可先将洁净干燥的小烧杯放在秤盘中央，显示数字稳定后按 TARE 清零去皮键，显示即恢复为零，再缓缓加样品至显示出所需样品的质量时，停止加样，直接记录样品的质量。如用称量纸，方法相同，但是需将称量纸折叠边缘立起，防止药品洒落到秤盘上。

此外，这种电子天平还具有其他功能，如称量范围转换（RNG 键）、量制转换（UNT 键）、灵敏度调整（ASD 键）、输出模式设定（PRT 键）及点数功能（COU 键）。

当天平使用完毕（短时间内又不再使用），应关闭天平，拔去电源线。

图 6-2 为 METTLER TOLEDO 的 AB104-N 型电子天平。天平的最大称量值为 101 g，可读性 $d = 0.1$ mg。正确安装是确保获得精确称量结果的关键，天平应安装在干燥的室内，操作台面稳定无震动，避免阳光直射、强烈的温度变化、空气对流。

电子天平的使用

图 6-2　AB104-N 型电子天平

1—操作键盘；2—显示屏；3—水平调节脚；4—秤盘；5—水平泡

6.1.2　电子天平的使用规则

① 称量前检查天平是否处于水平位置，框罩内外是否清洁，是否已经预热等；

② 天平的上门不得随意打开；

③ 开关天平两侧玻璃滑门动作要轻、缓；

④ 称量物体的温度必须与天平温度相同，腐蚀性物质或吸湿性物体必须放在密闭容器内称量；

⑤ 不得称量超出天平称量范围的物品；

⑥ 读数时必须关好侧门；

⑦ 称量完毕后，应切断电源天平及清洁框罩内外，盖上防尘罩，并在天平使用登记本上登记。

6.1.3　试样的称量方法

用分析天平称量试样，一般采取两次称量法，即试样的质量是由两次称量之差得出。如果分析天平能称准至 0.0001 g，两次称量最大可能误差为 0.0002 g，若称量物的质量大于 0.2 g，则称量的相对误差小于 0.1%。因为两次称量中都可能包含着相同的天平误差（如零点误差），当两次称量值相减时，误差可以大部分抵消，使称量结果准确可靠。常用的两次称量法有固定质量称量法和差减称量法。

（1）固定质量称量法

此法适用于称量在空气中没有吸湿性的试样，如金属、矿石、合金等。先称出器皿（或硫酸纸上）的质量，然后加入固定质量的砝码，用牛角勺将试样慢慢加入器皿中或硫酸纸上。当所加试样与指定的质量相差不到 10 mg 时，极其小心地将盛有试样的牛角勺伸向器皿中心上方约 2～3 cm 处，勺的另一端顶在掌心上，用拇指、中指及掌心拿稳牛角勺，并以食指轻弹（或轻磨）勺柄，将试样慢慢地抖入器皿中，见图 6-3，待数字显示正好到所需要的质量时停止。此步操作必须十分仔细，若不慎多加了试样，只能用牛角勺取出部分试样再重复上述操作直到合乎要求为止。注意多出的试样不能返回试剂瓶或称量瓶！

（2）差减称量法（差值法）

减量法称重

此法不必固定某一质量，只需确定称量范围，常用于称量易吸水、易氧化或易与二氧化碳起反应的物质。称取试样时，先将盛有样品的称量瓶置于天平盘上准确称量，记录数据，然后，用左手以纸条（防止手上的油污粘到称量瓶壁上）套住称量瓶，如图 6-4(a) 所示，将它从天平盘上取下，举在要放试样的容器（烧杯或锥形瓶）上方，右手用小纸片夹住瓶盖柄，打开瓶盖，将称量瓶一边慢慢地向下倾斜，一边用瓶盖轻轻敲击瓶口，使试样落入容器内，注意不要洒在容器外。如图 6-4(b) 所示，当倾出的试样接近所要称的质量时，将称量瓶慢慢竖起，再用称量瓶盖轻轻敲一下瓶口侧面，使粘在瓶口上的试样落入瓶内，再盖好瓶盖。然后将称量瓶放回天平盘上称量，两次称得质量之差即为试样的质量。按上述方法可连续称取几份试样。

使用电子天平的除皮功能，使差减法称量更加快捷。将称量瓶放在电子天平秤盘上，显示稳定后，按一下"TARE"键使显示为零，然后取出称量瓶向容器中倒出一定量样品，再将称量瓶放在天平上称量，如果所示质量达到要求，即可记录称量结果。如果需要连续称量第二份试样，则再按一下"TARE"键使示数为零，重复上述操作即可。

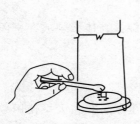

图 6-3　试样敲击的方法

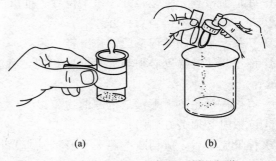

(a)　　　　　　　(b)

图 6-4　称量瓶拿法（a）和倾出试样的操作（b）

（3）直接称量法

天平零点调定后，将被称物直接放在秤盘上，所得读数即被称物的质量。这种称量方法适用于称量洁净干燥的器皿、棒状或块状的金属及其他整块的不易潮解或升华的固体样品。注意不得用手直接取放被称物，而可采用戴棉布手套、垫纸条、用镊子或钳子等适宜的办法。

（4）液体样品的称量

液体样品的准确称量比较麻烦。根据样品性质不同，有多种称量方法，主要有以下三种：

① 性质较稳定、不易挥发的样品可装在干燥的小滴瓶中用差减称量法称取，应预先粗测每滴样品的大致质量。

② 较易挥发的样品可用增量法称量，例如称取浓 HCl 试样时，可先在 $100\ cm^3$ 具塞锥形瓶中加 $20\ cm^3$ 水，准确称量后，加入适量的试样，立即盖上瓶塞，再进行准确称量，然后即可进行测定（例如用 NaOH 标准溶液滴定 HCl）。

③ 易挥发或与水作用强烈的样品采取特殊的方法进行称量，例如冰醋酸样品可用小称量瓶准确称量，然后连瓶一起放入已盛有适量水的具塞锥形瓶，摇开称量瓶盖，样品与水混匀后进行测定。发烟硫酸及浓硝酸样品一般采用直径约 $10\ mm$、带毛细管的安瓿瓶称量。已准确称量的安瓿瓶经火焰微热后，毛细管尖插入样品，球泡冷却后可吸入 $1\sim2\ cm^3$ 样品，然后用火焰封住管尖再准确称量。将安瓿瓶放入盛有适量水的具塞锥形瓶中，摇碎安瓿瓶，样品与水混合并冷却后即可进行测定。

6.2　酸度计的使用和溶液 pH 值的测定

酸度计（又称 pH 计）是一种通过测量电势差的方法来测定溶液 pH 值的仪器。除可以测量溶液的 pH 值外，还可以测量氧化还原电池的电动势、电对的电极电势值（mV），以及配合电磁搅拌进行电位滴定等。pH 计的测量精度及外观和附件改进很快，各种型号的仪器结构虽有不同，但基本原理和组成相同，大致为：

电极+被测溶液 → 信号处理系统 → 数据显示

6.2.1　测量原理

不同类型的酸度计都是由测量电极、参比电极和精密电位计三部分组成的。两个电极插入待测溶液中组成原电池，参比电极作为标准电极提供标准电极电势，测量电极（指示电极）的电极电势随 H^+ 的浓度而改变。因此，当溶液中的 H^+ 浓度变化时，电动势就会发生相应变化。

（1）参比电极

最常用的参比电极是甘汞电极，其组成可用下式表示：

$$Hg(l)\,|\,Hg_2Cl_2(s)\,|\,Cl^-(c)$$

其电极反应是：

$$Hg_2Cl_2(s)+2e^-\Longrightarrow 2Hg(l)+2Cl^-(c)$$

甘汞电极的结构见图 6-5。

在电极玻璃管内装有一定浓度的 KCl 溶液（如饱和 KCl 溶液），溶液中还装有一作为内部电极的玻璃管，此管内封接一根铂丝插入汞中，汞下面是汞与甘汞混合的糊状物，底端有多孔物质与外部 KCl 溶液相通。甘汞电极下端也是用多孔玻璃砂芯与被测溶液隔开，但能使离子传递。

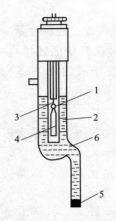

图 6-5 甘汞电极
1—导线；2—绝缘体；
3—内部电极；4—乳胶帽；
5—多孔物质；
6—饱和 KCl 溶液

甘汞电极的电极电势与电极中的 KCl 浓度和温度有关：

$$\varphi(\text{Hg}_2\text{Cl}_2/\text{Hg}) = \varphi^{\ominus}(\text{Hg}_2\text{Cl}_2/\text{Hg}) - \frac{RT}{F}\ln[\text{Cl}^-]$$

在 25 ℃，电极内为饱和 KCl 溶液时（称为饱和甘汞电极），甘汞电极的电极电势值为 0.2415 V。当温度为 t（℃）时，可用下式计算该电极的电极电势：

$$\varphi(\text{Hg}_2\text{Cl}_2/\text{Hg}) = 0.2415 - 7.6 \times 10^{-4}(t-25)(\text{V})$$

此值不受待测溶液的酸度影响，不管被测溶液的 pH 值如何，它均保持恒定。

（2）玻璃电极

酸度计中的测量电极（或传感电极）一般使用玻璃电极，其结构如图 6-6 所示。玻璃电极的外壳用高阻玻璃制成，其下端由特殊玻璃薄膜制成的玻璃球泡（膜厚约为 0.1 mm）称为电极膜，它对氢离子敏感，是决定电极性能的最重要部分。玻璃球内装有 0.1 mol·dm^{-3} HCl 内参比溶液，溶液中插有一支 Ag-AgCl 内参比电极。将玻璃电极插入待测溶液中，便组成下述电极：

$$\text{Ag} \mid \text{AgCl(s)} \mid \text{HCl}(0.1 \text{ mol·dm}^{-3}) \mid 玻璃 \mid 待测溶液$$

玻璃膜把两个不同 H^+ 浓度的溶液隔开，在玻璃-溶液接触界面之间产生一定电势差。由于玻璃电极中内参比电极的电势是恒定的，所以，在玻璃-溶液接触面之间形成的电势差，就只与待测溶液的 pH 值有关。有：

$$\varphi(玻璃) = \varphi^{\ominus}(玻璃) - 0.0592 \text{ V pH}$$

玻璃电极只有浸泡在水溶液中才能显示测量电极的作用，所以在使用前必须先将玻璃电极在去离子水中浸泡 24 h 进行活化，测量完毕后仍需浸泡在去离子水中。长期不用时，应将玻璃电极放入盒内。

玻璃电极使用方便，可以测定有色的、浑浊的或胶体溶液的 pH 值。测定时不受溶液中氧化剂或还原剂的影响，所用试剂量少。而且，测定操作并不对试液造成破坏，测定后溶液仍可照常使用。但是，电极头部球泡非常薄，容易破损，使用时要特别小心。如果测强碱性溶液的 pH 值，测定时要快速操作，用完后立即用水洗涤玻璃球泡，以免玻璃薄膜被强碱腐蚀。玻璃头的玻璃膜长时间存放容易老化出现裂纹，因此需要定时维护。由于玻璃电极的易破损性，所以近年来常采用复合电极，它是传感电极和参比电极的复合体，如图 6-7 所示。

这种电极是由玻璃电极和 Ag-AgCl 参比电极合并制成的，电极的球泡是由具有氢离子选择性的锂玻璃熔融吹制而成的，呈球形，膜厚 0.1 mm 左右。电极支持管由电绝缘性优良的铅玻璃制成，其膨胀系数与电极球泡玻璃一致。内参比电极为 Ag-AgCl 电极。内参比溶液是零电位为 7pH 的含有 Cl^- 的电解质溶液，这种溶液是中性磷酸盐和氯化钾的混合溶液。外参比电极为 Ag-AgCl 电极。外参比溶液为 3.3 mol·dm^{-3} 的 KCl 溶液，经氯化银饱和，加

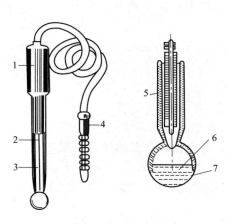

图 6-6 玻璃电极

1—电极帽；2—内参比电极；3—缓冲溶液；

4—电极插头；5—高阻玻璃；

6—内参比溶液；7—玻璃膜

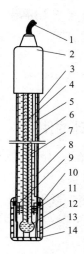

图 6-7 复合电极

1—电极导线；2—电极帽；3—电极外壳；4—内参比电极；

5—外参比电极；6—电极支持杆；7—内参比溶液；

8—外参比溶液；9—液接界；10—密封圈；11—硅胶圈；

12—电极球泡；13—球泡护；14—护套

适量琼脂，使溶液呈凝胶状而固定之。液接界是沟通外参比溶液和被测溶液的连接部件。其电极导线为聚乙烯金属屏蔽线，内芯与内参比电极连接，屏蔽层与外参比电极连接。复合电极的使用年限为 2 年。

6.2.2 pH 值测定的基本原理

pH 值是氢离子浓度的负对数，用来表示某种溶液的酸碱度。

$$pH = -lg[H^+]$$

测定溶液的 pH 值是将测量电极（玻璃电极）与参比电极（饱和甘汞电极）同时浸入待测溶液中组成电池，测出电位 E，

$$E = \varphi(正) - \varphi(负) = \varphi(甘汞) - \varphi(玻璃) = \varphi(甘汞) - \left\{ \varphi^{\ominus}(玻璃) + \frac{2.303RT}{nF} lg[H^+] \right\}$$

$$= E^{\ominus} - \frac{2.303RT}{nF} lg[H^+] = E^{\ominus} + \frac{2.303RT}{nF} pH$$

式中　R——摩尔气体常数；

F——法拉第（Faraday）常数；

T——热力学温度，K；

n——离子电荷，对于 H^+，$n=1$。

$$E^{\ominus} = \varphi(甘汞) - \varphi^{\ominus}(玻璃) = 0.2415 - \varphi^{\ominus}(玻璃)$$

25 ℃时，计算得出：

$$pH = \frac{E - E^{\ominus}}{0.0592\ V}$$

即酸度计将测得的微小的电极电势的变化值换算成 pH 值。酸度计把测得的电动势直接用 pH 值刻度表示出来，因此在酸度计上可以直接读出溶液的 pH 值。

通常的做法是使用一个已知 pH 值的标准缓冲溶液，用 pH 计测定电池的电动势 E，代入上式求出常数 $E^{\ominus}$，这一步叫作定位。以后就可以根据对未知液测出的 E，换算该溶液的 pH 值。

温度是 pH 值测定时需要考虑的重要因素，所以在测定溶液的 pH 值时，必须确定实验温度。

6.2.3　酸度计的使用

下面以实验室用的 DELTA 320pH 计为例简单介绍其操作方法。

图 6-8、图 6-9 为 DELTA 320pH 计及后面板，各个器件的名称如图中所介绍。

（1）显示屏与控制键介绍

① 模式　短按，选择 pH、mV；长按进入"Prog"程序，设定手动温度补偿温度值和缓冲溶液组。

② 校正　在 pH 方式下启动校准程序。

③ 开/关　接通/关闭显示器，关闭时将 pH 计设置在备用状态。

④ 读数　在 pH 方式和 mV 方式下启动样品测定过程，再按一次该键时锁定当前值。在温度方式下，"读数"键作为输入温度值时各值间的切换键。

图 6-8　DELTA320 pH 计的显示屏平面　　　　图 6-9　后盖输出连接

1—显示屏；2—模式；3—电源开关；4—校正；　　1—pH-复合电极插口；2—电源插口

5—读数；6—复合电极；7—饱和 KCl 溶液

（2）使用方法

① 温度的测定和设定　在每次测定溶液的 pH 值之前测定样品温度，必须使用温度探头或含有 ATC 的电极。

将 ATC 温度探头或含 ATC 的电极放入样品，按"读数"键，显示屏显示样品温度；要将显示值静止在终点值上，按"读数"键。也可以手动温度补偿（MTC），设定温度值。在测定状态下按"模式"键 2 s，进入 prog 设定程序。显示器上显示上次设定的 MTC 温度值，按"$\bigwedge$""$\bigvee$"调节键，可修改温度；长按可快速修改。按"读数"键确认并退回到正常测量状态。

② pH 值测定

a. 设置校正溶液组。

要获得最精确的 pH 值，必须周期性地校正电极。有 4 组校正缓冲液供选择（每组有 3～5 种不同 pH 值的校正液）：组 1（$b=1$）：pH 4.00，7.00，10.00；组 2（$b=2$）：pH

4.01，7.00，9.21；组 3（$b=3$）：pH 4.01，6.86，9.18；组 4（$b=4$）：pH 1.68，4.00，6.86，9.18，12.46。

　　按下列步骤选择缓冲液：在测量状态下，长按"模式"键，进入"Prog"状态；按"模式"键进入 $b=n$，按"⌃""⌄"调节键调节 b 的数值，可根据需要调 $b=1$、2、3、4，此时 LCD 会显示该缓冲溶液组内的缓冲溶液的 pH 值。一般学生实验使用 $b=3$ 缓冲溶液组；按"读数"键确认并退回到正常测量状态。

　　b. 校正 pH 电极。

　　一点校正：将电极放入一个缓冲液，按"校正"键，pH 计在校正时自动判定终点，当到达该终点时会显示相应的校正结果，按"读数"键保存一点校正结果并退回到正常的测量状态。

　　两点校正：在一点校正结束后，不要按"读数"键，继续第二点校正操作，将电极放入第二种缓冲液并按"校正"键，当到达终点时显示屏上会显示相应的电极斜率和电极性能状态图标，按"读数"键保存二点校正结果并退回到正常的测量状态。以此可进行三点校正。

pH 复合电极　　　　　pH 计调节和一点校正　　　　　溶液 pH 测定

　　在样品测定前需进行常规校正，并检查当前温度值，确定是否要输入新的温度值。

　　c. 测定某一样品的 pH 值。

　　将电极放入样品中并按"读数"键启动测定过程，小数点会闪烁。显示屏会动态显示测量结果。

　　如果显示器上出现"A"图标，说明使用自动终点判断方式（auto end），此时自动显示测定结果；如果显示器上没有"A"图标，说明使用手动终点判断方式（manual end），按"读数"键，终止测量，测量结束后，小数点停止闪烁。当仪表判断测定结果达到终点后，会有"⌐"显示在显示屏上，启动一个新的测定过程，再按"读数"键。

　　（3）注意事项

　　① 在使用电极之前，将保湿帽从电极头处拧去并将橡皮帽从填液孔上移走。

　　② 新电极必须在 pH 值为 4 或 7 的缓冲液中调节并过夜，但不要使用纯水或去离子水。

　　③ 使用与被测样品接近的缓冲液校正电极。当使用新电极或在保养之后使用电极，建议选用与 pH7 接近的缓冲液校正第一点。第一点校正结束后，可以采用所选的三种缓冲液中的任意一种，以任何顺序进行以后的校正。

　　④ 要获得最大的精确度，建议使用 ATC 探头（或含 ATC 的电极）。

　　⑤ 在将电极从一种溶液移入另一溶液之前，需用去离子水或下一个被测溶液清洗电极。用纸巾轻轻将电极外的水分吸干。切勿擦拭电极头，因为这样会产生极化和响应迟缓现象。

　　⑥ 小心使用电极，请勿将其用作搅拌器。在拿放电极时注意勿接触电极膜。电极膜的损伤会导致精度降低和响应迟缓。

　　⑦ 测定小体积样品时，请确保液体连接部能浸没。

⑧ 请勿使电极填充液干涸，这样可能导致永久的损伤。将灌有正确填充液的电极竖直放置，并周期性地更换全部填充液。

⑨ 电极在填充液内只宜短期保存。要长期存放电极，请盖上保湿帽，灌满填充液并盖住填液孔。

⑩ 请勿使用超过保质期的缓冲溶液，同时勿将用过的溶液倒回瓶中。

⑪ 响应时间同电极和溶液有关。有些溶液很快就能达到平衡，而有些溶液，尤其是解离能力很低的溶液，可能需要几分钟后才能达到平衡。

⑫ 电极的保养十分重要，确保电极始终灌有正确的填充液并竖直放置，使用后要及时清理电极表面，并将电极保存在饱和 KCl 溶液中。

6.3 电导率仪及其操作方法

常见的电导率仪是实验室用来测量液体或溶液电导率的仪器，它的基本组成是仪器和电极。

6.3.1 工作原理

在电解质的溶液中，带电的离子在电场的作用下，产生移动而传递电荷，因此具有导电作用。其导电能力的强弱称为电导（G），单位是西门子，以符号 S 表示。因为电导是电阻的倒数，因此，测量电导率大小的方法，可用两个电极插入溶液中，测出两极间的电阻 R_x 即可。据欧姆定律，温度一定时，这个电阻值与电极的间距 L（cm）成正比，与电极的横截面积 A（cm^2）成反比。即

$$R = \rho \frac{L}{A} \tag{6-1}$$

对于一个给定的电极而言，电极横截面积 A 与间距 L 都是固定不变的，故 $\dfrac{L}{A}$ 是个常数，称电极常数，以 J 表示，故式（6-1）可写成：

$$G = \frac{1}{R} = \frac{1}{rJ} \tag{6-2}$$

式中，$\dfrac{1}{r}$ 称电导率，以 κ 表示，由式（6-1）可知其单位是 $S \cdot cm^{-1}$。因此，式（6-2）变为：

$$G = \frac{\kappa}{J}, \qquad \kappa = GJ \tag{6-3}$$

在工程上因这个单位太大而采用其 10^{-6} 或 10^{-3} 作为单位，称 $\mu S \cdot cm^{-1}$ 或 $mS \cdot cm^{-1}$。显然 $1\ S \cdot cm^{-1} = 10^3\ mS \cdot cm^{-1} = 10^6\ \mu S \cdot cm^{-1}$。

测量原理如图 6-10 所示，可见：

$$E_m = \frac{ER_m}{R_m + R_x} = \frac{ER_m}{R_m + J/\kappa} \tag{6-4}$$

式中　R_x——液体电阻；

　　　　R_m——分压电阻。

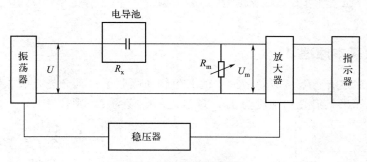

图 6-10　测量原理图

由式(6-4) 可知，当 E、R_m 及 J 均为定值时，电导率 κ 的变化必将引起 E_m 做相应的变化。所以，通过测量 E_m 的大小，就能测得液体电导率的高低。

6.3.2　使用方法

DDSJ-308A 型电导率仪的使用方法如下。

① 根据电导率的范围，需选择合适的电极：电导率范围 0.05～20 $\mu S\cdot cm^{-1}$，电极常数 0.01 cm^{-1}；电导率范围 1～200 $\mu S\cdot cm^{-1}$，电极常数 0.1 cm^{-1}；电导率范围 10～10000 $\mu S\cdot cm^{-1}$，电极常数 1 cm^{-1}；电导率范围 100～2×10^5 $\mu S\cdot cm^{-1}$，电极常数 10 cm^{-1}。

② 将电导电极和温度电极插入各自的插口后，浸入被测溶液。

③ 接通电源，稍预热。

④ 按"设置"，调 E 至 5。

⑤ 按"确认"，显示屏上小▲指到"电导常数"，显示为 1.00。

⑥ 按"确认"，显示屏上小▲指到"常数调节"，根据电导电极上标示数据，按面板上的△或▽，调节至某一固定值，再按"贮存"。

电导率仪使用

⑦ 按"确认"，显示屏上小▲指到"温度系数"至 0.020，按"贮存"，按"确认"。

⑧ 按"取消"，显示屏上小▲指到"测量"，仪器进入测量状态，稍等即显示溶液的电导率。

注意事项：

① 电极的引线不能潮湿，否则将测不准。

② 高纯水被盛入容器后应迅速测量，否则电导率会增加很快，因为空气中的 CO_2 会溶入水中。

③ 盛被测溶液的容器必须清洁，无离子沾污。

④ 被测溶液不能太少，一般用 50 cm^3 或 100 cm^3 烧杯盛装 30～40 cm^3 比较好，否则数据不准。

6.4　可见分光光度计的构造原理及溶液浓度的测定

分光光度计是利用物质对单色光的选择性吸收来测定物质含量的仪器。实验室常用的国产分光光度计有 724 型、722 型、751 型、7200 型等，下面主要介绍 7200 型分光光度计的使用。

6.4.1 光吸收基本原理

一束单色光通过有色溶液时，溶液中的有色物质吸收了一部分光，吸收程度越大，透过溶液的光越少。如果入射光的强度为 I_0，透过光的强度为 I，则：

$$A = \lg \frac{I_0}{I}$$

$$T = \frac{I}{I_0}$$

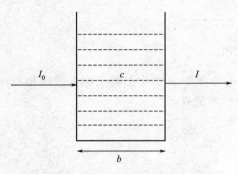

图 6-11 光通过溶液吸收原理

T 称为透光率，而 $\lg \dfrac{I_0}{I}$ 称为吸光度 A。实验证明，当一束单色光通过一定浓度范围的有色溶液时，溶液对光的吸收程度符合朗伯-比耳定律（图 6-11）：

$$A = \varepsilon b c$$

式中　c——溶液的浓度，$mol \cdot dm^{-3}$；

　　　b——溶液的厚度，cm；

　　　ε——吸光系数，$dm^3 \cdot mol^{-1} \cdot cm^{-1}$。

当入射光的波长一定时，ε 即为溶液中有色物质的一个特征常数。

由朗伯-比耳定律可知，当液层的厚度一定时，吸光度与溶液的浓度成正比，这就是分光光度法测定物质含量的理论基础。

分光光度计的光源发出白光，通过棱镜分解成不同波长的单色光，单色光经过待测溶液使透过光射在光电池或光电管上变成电信号，在检流计上或读数电表上就直接显示出吸光度。

使不同波长的单色光分别透过某一有色溶液，并测定其不同波长时的吸光度 A，以波长为横坐标，吸光度 A 为纵坐标，即可绘出一条吸收曲线。不同物质的吸收曲线各不相同，用已知纯物质的吸收曲线和样品的吸收曲线相对照，即可推测出样品为何物。

选用吸收曲线中吸收最显著的波长作为测定波长，以此测定一系列不同浓度的某一物质溶液的吸光度，并绘出吸光度-浓度的工作曲线。根据朗伯-比耳定律，再测得含有该物质所组成溶液的吸光度后，即可确定其在溶液中的含量。当溶液对光的吸收符合朗伯-比尔定律时，所得出的工作曲线应为一通过原点的直线。

6.4.2 外形构造及光学系统

7200 型分光光度计是以碘钨灯为光源，衍射光栅为色散元件，端窗式光电管为光电转换器的单光束数显式可见光区分光光度计。可用的波长范围为 320～800 nm，波长精度 ± 2 nm，光谱带宽 6 nm，吸光度 A 的显示范围为 0～1.999，吸光度的精度为 ± 0.004（在 $0.5A$ 处）。试样架可放置 4 个吸收池。附件盒配有 1 cm 吸收池 4 只及镨钕滤光片 1 块。图 6-12 为 7200 型分光光度计光学系统示意图。

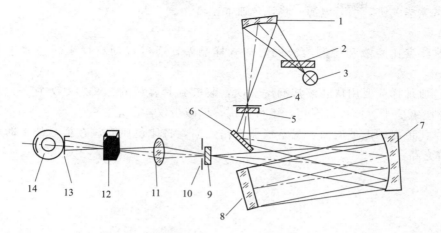

图 6-12 7200 型分光光度计光学系统示意图

1—聚光镜；2—滤色片；3—钨灯；4—入射狭缝；5—保护玻璃；6—反射镜；7—准直镜；
8—光栅；9—保护玻璃；10—出射狭缝；11—聚光透镜；12—比色皿；13—光门；14—光电管

WFJ-7200 型分光光度计外形如图 6-13 所示。

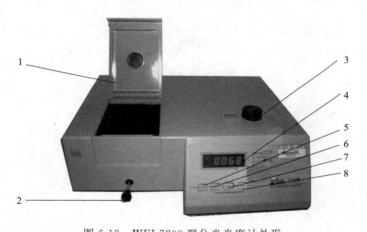

分光光度计的基本结构

图 6-13 WFJ-7200 型分光光度计外形

1—样品池盖；2—试样架拉手；3—波长手轮和波长刻度窗；4—数显器；
5—MODE 按钮；6—100％T 按钮；7—0％T 按钮；8—PRINT 按钮

6.4.3 使用方法

① 预热：打开样品室盖子，开机预热 20 min。

② 调 "0"：将黑体置入光路，盖上样品室盖，按 "MODE" 调至 "T"，按 "0％T"，仪器自动调零，显示 "000.0"。

③ 用波长选择旋钮设置测试所需的某个波长（320～800 nm）。

④ 调 $T=100\%$：将参比溶液置入光路，在 T 模式下按 "100％T"，直至显示 100.0；再按 "MODE" 调至 "A"，此时 $A=0.000$（每变换一次波长都要重新进行调100％）。

⑤ 测定：将待测溶液置入光路，盖上样品室盖，显示器上显示 A 值，即为该样品在此波长下的吸光度 A 值。

⑥ 测试完毕关机，切断电源，将比色皿取出洗净。

注意事项：

① 通常将参比溶液和待测溶液同时放入样品架，通过拉动拉杆来转换置于光路里的溶液。

② 比色皿加样前要用待装溶液润洗三次，装液到其容积的 2/3 左右为宜，比色皿外的溶液要用擦镜纸擦干。比色皿专用，不可混用，以减少仪器误差。

③ 手拿比色皿的毛玻璃面，观察仪器光路走向，将比色皿安放在样品架上时将光学玻璃的面对着光路。

第7章

基础实验

实验 1 无机化学基本操作练习——氯化钠的提纯

【实验目的】

1. 通过食盐的提纯了解化学原理和方法的应用。借此理解沉淀平衡、酸碱平衡的实际应用,学会溶解度曲线在物质提纯中的应用。

2. 掌握溶解、过滤、蒸发、浓缩、结晶、干燥等基本无机实验操作。

3. 通过相关离子的鉴定,了解定性分析的基本操作及各种因素对结果的影响。

【实验预习】

1. 《无机化学》《无机与分析化学》中沉淀溶解平衡及其影响因素。

2. 本书 5.2 试剂的干燥、取用和溶液的配制。

3. 本书 5.6.2 沉淀（晶体）的分离与洗涤。

4. 本书 5.6.3 无机制备实验基本操作。

5. 本书 5.3 试纸的使用。

6. 查阅 Ca^{2+}、Mg^{2+}、SO_4^{2-} 的检验方法。

【实验原理】

粗盐中含有不溶性杂质（泥沙等）和可溶性杂质。不溶性杂质可通过溶解过滤的方法除去。可溶性杂质主要是 Ca^{2+}、Mg^{2+}、K^+ 和 SO_4^{2-} 等离子,可以通过两种方法除去:其一是选择适当的试剂使它们生成难溶化合物的沉淀,然后过滤除去,如食盐中的 Ca^{2+}、Mg^{2+}、SO_4^{2-};其二是利用不同温度、不同量的情况下溶解度的不同而予以去除,如食盐中的 K^+。

首先,可在粗盐溶液中加入稍微过量的 $BaCl_2$ 溶液,先除去 SO_4^{2-}:

$$Ba^{2+} + SO_4^{2-} =\!=\!= BaSO_4(s)$$

将溶液过滤,除去 $BaSO_4$ 沉淀。

然后,向所得滤液中加入 $NaOH$ 和 Na_2CO_3,以除去 Mg^{2+}、Ca^{2+} 和过量的 Ba^{2+}:

$$Mg^{2+} + 2OH^- =\!=\!= Mg(OH)_2(s)$$

$$Ca^{2+} + CO_3^{2-} =\!=\!= CaCO_3(s)$$

$$Ba^{2+} + CO_3^{2-} =\!=\!= BaCO_3(s)$$

将所得沉淀过滤除去，第二次过滤的滤液中过量的 NaOH 和 Na_2CO_3 可以用盐酸中和除去。

粗盐中的 K^+ 和上述的沉淀剂都不起反应，但由于 KCl 的含量较少，而且其溶解度随温度的变化与氯化钠溶解度的性质有差异，因此在蒸发浓缩溶液的过程中，NaCl 先结晶出来，KCl 则留在母液中而得以分离。

本实验涉及溶度积规则和分步沉淀方法的应用，以及盐的溶解度变化关系和多项无机化学实验的基本操作。

【实验内容】

1. 粗食盐的提纯

① 在天平上称取 8.0 g 粗食盐，放在 100 cm^3 烧杯中，加水约 30 cm^3，用玻璃棒搅拌，使其溶解。加热溶液至沸腾，边搅拌边逐滴加入 1 $mol \cdot dm^{-3}$ $BaCl_2$ 溶液，至沉淀完全（约需 2 cm^3），继续小火加热 5 min，使 $BaSO_4$ 的颗粒长大而易于沉降和过滤。为了检验沉淀是否完全，可将烧杯从石棉网上取下，待沉淀下降后，沿烧杯内壁向上清液中滴几滴 1 $mol \cdot dm^{-3}$ $BaCl_2$ 溶液，如果出现浑浊，表示 SO_4^{2-} 尚未除尽，需要再加 $BaCl_2$ 溶液。如果不出现浑浊，表示 SO_4^{2-} 已除尽，用普通漏斗进行过滤。

② 向上述所得滤液中加入 1 cm^3 6 $mol \cdot dm^{-3}$ NaOH 溶液和 2 cm^3 饱和 Na_2CO_3 溶液，加热至沸，同上述方法检查沉淀是否完全。如果不再产生沉淀，用普通漏斗将溶液过滤。

在第二次得到的滤液中逐滴加入 HCl 溶液，并用玻璃棒蘸取液滴在 pH 试纸上检验，直至溶液呈微酸性为止（pH≈5）。

将溶液倒入蒸发皿中，用小火加热蒸发，浓缩至稀浆状的稠液为止（切不可将溶液蒸干！）。冷却后，用布氏漏斗减压过滤，尽量将晶体中水分抽干。将晶体倒入蒸发皿中，在石棉网上用小火加热烘干，直至不冒水汽为止。将所得精食盐冷至室温，称重，比较产品外观，检验产品质量。最后把精食盐放入干燥器中以备下次实验测定 Cl^- 含量使用。

2. 产品纯度的检验

取精、粗盐各 1 g，分别溶于 5 cm^3 蒸馏水中（如果粗盐过于浑浊，可将溶液过滤）。再将两种澄清溶液分别盛于三支小试管中，组成三组，对照检验它们的纯度。

① SO_4^{2-} 的检验　在第一组溶液中分别加入 2 滴 6 $mol \cdot dm^{-3}$ HCl 溶液，使溶液呈酸性，再加入 3～5 滴 1 $mol \cdot dm^{-3}$ $BaCl_2$ 溶液。如有白色沉淀，证明有 SO_4^{2-} 存在。

② Ca^{2+} 的检验　在第二组溶液中分别加入 2 滴 6 $mol \cdot dm^{-3}$ HAc 溶液，使溶液呈弱酸性，再加入 3～5 滴饱和的 $(NH_4)_2C_2O_4$ 溶液。如有白色 CaC_2O_4 沉淀生成，证明有 Ca^{2+} 存在。

③ Mg^{2+} 的检验　在第三组溶液中分别加入 3～5 滴 6 $mol \cdot dm^{-3}$ NaOH 溶液，使溶液呈碱性，再加入 1 滴镁试剂 I，若有天蓝色沉淀生成证明有 Mg^{2+} 存在。

将以上实验现象列表比较并讨论。

3. 计算产品收率

【实验指导】

[1] Ca^{2+} 与 $C_2O_4^{2-}$ 反应，生成草酸钙白色沉淀，草酸钙为一种弱酸盐，难溶于乙酸，易溶于盐酸：

$$Ca^{2+} + C_2O_4^{2-} =\!=\!= CaC_2O_4(s)$$

[2] 镁试剂 I 为对硝基苯偶氮间苯二酚，在酸性溶液中为黄色，在碱性溶液中呈红色或紫色。Mg^{2+} 与镁试剂 I 在碱性介质中反应生成蓝色螯合物沉淀。由镁试剂检验 Mg^{2+} 极为

灵敏，最低检出浓度为十万分之一。

［3］溶液中溶解 CO_2 达到饱和时，$[H_2CO_3]=0.04 \; mol \cdot dm^{-3}$，一般 CO_2 除尽的标准是 $[HCO_3^-]=2.0 \times 10^{-3} \; mol \cdot dm^{-3}$，可以通过计算得到除去 CO_3^{2-} 的合适 pH 值。

［4］检验沉淀是否完全，叫作中间控制检验，在化学实验中十分重要。

【思考题】

1. 溶解 8.0 g 食盐加水 $30 \; cm^3$ 的依据是什么？加水过多或过少对实验有什么影响？

2. 为什么要在加热时逐滴加入沉淀剂 $BaCl_2$ 溶液？$BaSO_4$ 沉淀生成后继续加热 5 min，目的是什么？

3. 在沉淀 Ca^{2+}、Mg^{2+} 时为何要加 NaOH 和 Na_2CO_3 两种溶液？单独加 Na_2CO_3 行吗？为什么？加入 NaOH 和 Na_2CO_3 后为何要加热至沸再过滤？

4. 实验中怎样除去过量的沉淀剂 $BaCl_2$ 溶液、NaOH 溶液和 Na_2CO_3 溶液？

5. 提纯后的食盐溶液浓缩时为什么不能蒸干？或者说提纯后含有大量的 NaCl 溶液的母液在蒸发、浓缩之前要注意什么事项？

6. 在检验 SO_4^{2-} 时，为什么要加入盐酸溶液？

7. 检验 Ca^{2+} 时，加（NH_4）$_2C_2O_4$ 溶液生成 CaC_2O_4 白色沉淀，为何同时要加入 HAc？加 HCl 行吗？

8. 过滤除去 $BaSO_4$ 固体和 $Mg(OH)_2+MgCO_3$ 的沉淀是分两步过滤的，合并为一步可以吗？

9. 在实验过程中调节溶液的 pH 值用的是浓度较大的 $6 \; mol \cdot dm^{-3}$ HCl 溶液，你认为操作过程中应该注意什么？

10. 溶液的 pH 值为什么要调节到 5？pH 试纸的使用有哪些注意事项？

11. 在除杂质的过程中，如果加热时间过长，液面上会有细小的晶体出现，这是什么物质？此时能否过滤将这些物质当作杂质除去？若不能，该怎么办？

12. 整个实验过程中水量添加的原则是什么？过滤除去 $BaSO_4$ 固体和 $Mg(OH)_2+Mg$-CO_3 的沉淀时是不是需要用去离子水洗涤？

13. 在本实验中，没有对钾离子的提纯结果进行鉴定，若要进行鉴定，如何进行？

14. 本实验最后蒸发的过程中一定不能蒸干，这是利用重结晶的方法从大量钠盐中分离出少量钾盐。若要从大量的钾盐中分离出少量钠盐，应该怎样利用钠盐与钾盐的溶解度关系曲线？如何操作？

15. 分析一下化学沉淀分离方法和重结晶方法这两种方法的利弊。

16. 普通过滤与减压过滤的操作中分别要注意什么？请根据实验分析普通过滤和减压过滤的优缺点。

17. 实验中有中间控制检验一步，最后还有产品纯度检验一步，实际上都是检验离子是否存在，分析第一步检验和第二步检验方法不同的理由。

拓展实验：鉴定粗盐和精盐中的钾离子

实验 2 　乙酸解离平衡常数和解离度的测定

【实验目的】

1. 了解一种测定乙酸解离平衡常数的方法和原理。

2. 进一步加深有关解离平衡基本概念的认识和理解。

3. 了解 pH 计的原理及使用方法，学习用 pH 计测定溶液的 pH 值。

【实验预习】

1. 《无机化学》中一元弱酸的解离平衡和解离平衡常数。

2. 本书 6.2 酸度计的使用和溶液 pH 值的测定。

3. 本书 5.5.5 滴定管、5.5.6 容量瓶、5.5.2 移液管、5.5.3 吸量管。

4. 本书 3.4 实验数据处理方法。

5. 本书 6.1.2 电子天平的使用规则。

【实验原理】

乙酸是弱电解质，在溶液中存在下列解离平衡：

$$HAc \rightleftharpoons H^+ + Ac^-$$

解离平衡常数的表达式为：

$$K_{HAc} = \frac{[H^+][Ac^-]}{[HAc]}$$

考虑到弱酸的解离程度较小，不考虑水的自身解离以及酸浓度不太小的情况下，可以认为 $[HAc] \approx c$，所以：

$$K_{HAc} = \frac{[H^+][Ac^-]}{[HAc]} \approx \frac{[H^+]^2}{c} \tag{1}$$

式中，$[H^+]$、$[Ac^-]$ 和 $[HAc]$ 分别为 H^+、Ac^- 和 HAc 在平衡时的浓度；K_{HAc} 为解离平衡常数；c 为 HAc 的起始浓度。

而解离度 $\alpha = \dfrac{[H^+]}{c}$，如此，只要求得 $[H^+]$，即可以求得解离度。

由以上讨论可知，通过对已知浓度的乙酸溶液的 pH 值测定，即可求出解离平衡常数和解离度。为了减少实验误差，还可采用作图法进行精确计算。将式(1) 两边取对数：

$$\lg K_{HAc} = 2\lg[H^+] - \lg c$$

又由于 $$pH = -\lg[H^+]$$

所以 $$\lg K_{HAc} = -2pH - \lg c$$

或 $$2pH = -\lg K_{HAc} - \lg c \tag{2}$$

根据式(2) 绘制 2pH-$\lg c$ 图，图上各点应位于斜率为 -1 的直线上。当 $\lg c$ 等于零时，该直线与 2pH 坐标在 $-\lg K_{HAc}$ 处相交。从图中可得到 $-\lg K_{HAc}$，进而求出解离平衡常数 K_{HAc}。

【实验内容】

1. 乙酸溶液的配制和浓度的测定

① 用 1∶1 HAc 溶液配制 $0.2\ mol \cdot dm^{-3}$ HAc 溶液（体积根据实验中可能的用量自行确定）。

② 浓度标定：用移液管平行吸取三份 $25\ cm^3$ $0.2\ mol \cdot dm^{-3}$ HAc 溶液，分别置于三个 $250\ cm^3$ 锥形瓶中，各加 1 滴酚酞指示剂。用已标定好的标准 NaOH 溶液（记录数据）滴定至溶液呈现微红色且半分钟内不褪色为止。记下所用 NaOH 溶液的体积，计算 HAc 溶液的精确浓度。

2. 配制不同浓度的系列乙酸溶液

用移液管和吸量管分别移取 $50\ cm^3$、$25\ cm^3$、$10\ cm^3$ 和 $5\ cm^3$ 已标定过的 HAc 溶液于四个已编号的 $100\ cm^3$ 容量瓶中，用蒸馏水稀释至刻度，摇匀，即配得不同浓度的系列

HAc 溶液。

3. 乙酸溶液 pH 值的测定

用 50 cm³ 烧杯，取上述四种浓度及原 0.2 mol·dm⁻³ 的 HAc 溶液各 40~50 cm³，由稀到浓分别用 pH 计测定它们的 pH 值，并记录实验时的室温。

4. 实验结果及数据处理要求

① HAc 溶液浓度的标定及计算。

② 数据记录在表 7-1 中。

表 7-1　HAc 溶液解离平衡常数和解离度的测定数据　　　室温：_____℃

编号	HAc 溶液（已标定）体积	稀释后体积	c	$\lg c$	pH	$[H^+]$	K_{HAc}	α
1	5.00 cm³	100 cm³						
2	10.00 cm³	100 cm³						
3	25.00 cm³	100 cm³						
4	50.00 cm³	100 cm³						
5	100.00 cm³	（未稀释）						

③ 作图法求算 K_{HAc}：以 $\lg c$ 为横坐标，2pH 为纵坐标，按表内数据作图，将直线延长至 $\lg c = 0$，求出 2pH 值，即为 $-\lg K_{HAc}$，进而算出 K_{HAc}。

【实验指导】

[1] NaOH 溶液标定，基准物是邻苯二甲酸氢钾（$KHC_8H_4O_4$），基准物需要在 100~125 ℃ 条件下干燥 1 h 后，放入干燥器中备用。

[2] 配制溶液时，容量瓶中的溶液混匀与否对实验的影响很大，所以必须充分混合。

[3] 实验报告中应该体现分析所有实验数据而得出的结论。

【思考题】

1. 用 pH 计测定溶液的 pH 值时，为何要定位？定位时，为何一般采用缓冲溶液？

2. 连续测定不同浓度 HAc 溶液的 pH 值时，从稀溶液到浓溶液测定的好处在哪里？

3. 如果改变所测 HAc 溶液的温度，则解离度和解离平衡常数有无变化？怎样变？

4. 用吸量管移取溶液时怎么使用才会使误差最小？

5. $K^\ominus$ 可以通过作图法和计算法得到，比较两种方法的差异并和资料中查到的数据进行比较。此实验中有哪些操作可以提高实验的准确度？和目前资料中能查到的数值比较，分析不同的原因。

6. 若所用的 HAc 浓度极稀，是否还能用 $K_a = \dfrac{[H^+]^2}{c}$ 计算 K_a？为什么？

7. 实验中 Ac⁻ 和 HAc 的浓度是怎样计算的？分析这样处理的合理性。

8. 实验过程中测定 pH 值时所用的烧杯是否必须烘干？还可以做怎样的处理？

9. 本实验得到的解离平衡常数与理论值有差异吗？差异的来源是什么？

10. 本实验所用的 NaOH 标准溶液是 0.2 mol·dm⁻³ 而不是常用的 0.1 mol·dm⁻³，在实验设计时是考虑了什么因素？

11. 从理论上来说，还有没有其他测定乙酸解离平衡常数的方法？

拓展实验：利用缓冲溶液的原理，测定未知酸的 K_a 值

实验 3　化学反应速率及活化能测定

【实验目的】

1. 通过对过二硫酸铵氧化碘化钾的反应速率的测定，掌握一种测定反应速率，计算反应速率常数、反应级数和活化能的方法。

2. 了解浓度、温度和催化剂对化学反应速率的影响。

3. 练习在水浴中保持恒温的操作。

4. 学习作图法处理实验数据。

【实验预习】

1.《无机化学》《无机与分析化学》中化学反应速率及其影响因素，反应速率方程（质量作用定律），阿仑尼乌斯公式。

2. 本书 3.4 实验数据处理方法。

3. 本书 5.6.1 加热设备及控制反应温度的方法。

【实验原理】

根据反应速率的碰撞理论，均相体系中，体现反应速率与反应物浓度、反应速率常数之间关系式的反应速率方程为：

$$v = k[A]^m[B]^n$$

式中，$v = \dfrac{dc}{dt}$，为瞬时速率；k 为浓度随时间的变化率，是温度的函数；$[A]$、$[B]$ 为反应物浓度；$m+n$ 为反应的总级数。

反应速率常数的计算方法就是根据反应的特点，设计合理的实验，用比较容易得到的那个反应物的浓度的变量（即 dc 或 Δc），再根据测定时间（即 dt 或 Δt）来求得反应速率。

① 本实验体系是研究在水溶液中过二硫酸铵与碘化钾发生以下反应：

$$S_2O_8^{2-} + 3I^- == 2SO_4^{2-} + I_3^- \tag{1}$$

这个反应的反应速率方程可用下式表示：

$$v = \frac{d[S_2O_8^{2-}]}{dt} = k[S_2O_8^{2-}]^m[I^-]^n$$

式中，v 为此条件下的瞬时速率；$d[S_2O_8^{2-}]$ 为 dt 时间内 $S_2O_8^{2-}$ 减少的浓度；$[S_2O_8^{2-}]$ 和 $[I^-]$ 分别为 $S_2O_8^{2-}$ 与 I^- 的起始浓度；反应总级数为 $m+n$。

实验能测定的速率是一段时间 Δt 内反应的平均速率，如果在 Δt 时间内 $S_2O_8^{2-}$ 浓度的改变为 $\Delta[S_2O_8^{2-}]$，则平均速率：

$$\bar{v} = \frac{\Delta[S_2O_8^{2-}]}{\Delta t}$$

我们近似地用平均速率代替瞬时速率：

$$v = k[S_2O_8^{2-}]^m[I^-]^n \approx \frac{\Delta[S_2O_8^{2-}]}{\Delta t}$$

为了测出在一定时间 Δt 内 $S_2O_8^{2-}$ 浓度的变化，在混合 $(NH_4)_2S_2O_8$ 溶液和 KI 溶液的同时加入一定体积的已知浓度的 $Na_2S_2O_3$ 溶液和作为指示剂的淀粉溶液。这样，在反应 (1) 进行的同时，还进行以下反应：

$$2S_2O_3^{2-} + I_3^- \Longrightarrow S_4O_6^{2-} + 3I^- \tag{2}$$

反应 (2) 进行得非常快，几乎瞬间即可完成，而反应 (1) 比反应 (2) 慢得多，所以由反应 (1) 生成的碘立即与 $S_2O_3^{2-}$ 作用，生成了无色的 $S_4O_6^{2-}$ 和 I^-。因此，在反应的开始阶段，看不到碘与淀粉作用而显示出来的特有的蓝色，但是，一旦 $Na_2S_2O_3$ 耗尽，反应 (1) 生成的微量碘就立即与淀粉作用，使溶液显出蓝色。

从反应 (1) 和反应 (2) 的计量关系可以看出，$S_2O_8^{2-}$ 减少的量为 $S_2O_3^{2-}$ 减少量的一半，即：

$$\Delta[S_2O_8^{2-}] = \frac{\Delta[S_2O_3^{2-}]}{2}$$

由于在 Δt 时间内 $S_2O_3^{2-}$ 全部耗尽，浓度变为零，所以 $\Delta[S_2O_3^{2-}]$ 实际上就是反应开始时 $Na_2S_2O_3$ 的浓度。在本实验中，每份混合溶液中 $Na_2S_2O_3$ 的起始浓度都是相同的，因而 $\Delta[S_2O_8^{2-}]$ 也是不变的，这样，只要记下从反应开始到溶液出现蓝色所需要的时间 (Δt)，就可以由对应关系求得 $\Delta[S_2O_8^{2-}]$ 的量而求算反应速率 $\dfrac{\Delta[S_2O_8^{2-}]}{\Delta t}$。

另外，由反应速率方程可知：

$$v = k[S_2O_8^{2-}]^m[I^-]^n \tag{3}$$

当固定 $[I^-]$ 的浓度时，不同的 $\Delta[S_2O_8^{2-}]$ 得到不同的反应速率 v_1、v_2，则：

$$\frac{v_1}{v_2} = \frac{k[S_2O_8^{2-}]_1^m[I^-]_1^n}{k[S_2O_8^{2-}]_2^m[I^-]_2^n}$$

由于 $[I^-]_1 = [I^-]_2$，故：

$$\frac{v_1}{v_2} = \frac{k[S_2O_8^{2-}]_1^m}{k[S_2O_8^{2-}]_2^m}$$

由上面得到的 v_1、v_2 及 $[S_2O_8^{2-}]_1$ 和 $[S_2O_8^{2-}]_2$ 可求出反应级数 m。

同理，固定 $\Delta[S_2O_8^{2-}]$ 的浓度，可求出反应级数 n 来。

求出 m 和 n 以后，就可由反应速率方程 (3) 求出反应速率常数 k 值。

$$k = \frac{\Delta[S_2O_8^{2-}]}{\Delta t[S_2O_8^{2-}]^m[I^-]^n}$$

② 根据阿仑尼乌斯方程式，反应速率常数 k 与反应温度 T 有如下关系：

$$\lg k = \frac{-E_a}{2.303RT} + C$$

式中，E_a 为反应的活化能；R 为摩尔气体常数，$8.314\ \text{J} \cdot \text{K}^{-1} \cdot \text{mol}^{-1}$。测出不同温度时的 k 值，以 $\lg k$ 对 $\dfrac{1}{T}$ 作图，可得一直线，直线的斜率为：

$$斜率 = \frac{-E_a}{2.303R}$$

由此式可求得活化能 E_a。

【实验步骤】

1. 浓度对反应速率的影响

在室温下，用量筒参照表 7-2 的数据，准确量取 20 cm^3 0.20 mol·dm^{-3} KI、8 cm^3 0.01 mol·dm^{-3} Na$_2$S$_2$O$_3$ 和 4 cm^3 0.2%的淀粉溶液，在 250 cm^3 锥形瓶中混合，摇匀。然后用量筒准确量取 20 cm^3 0.20 mol·dm^{-3}(NH$_4$)$_2$S$_2$O$_8$ 溶液，迅速加到锥形瓶中，同时按动秒表，并不断振荡溶液，当溶液刚出现蓝色时，迅速停止计时，将反应时间记入表 7-2 中，并记录室温。

用同样的方法按照表 7-2 中用量进行另外四次实验，记下反应时间，算出反应速率。

计算 m 和 n，并算出反应速率常数 k。

表 7-2　(NH$_4$)$_2$S$_2$O$_8$ 与 KI 的浓度对反应速率的影响（室温：＿＿＿℃ ）

	实验编号	1	2	3	4	5
试剂用量 /cm^3	0.20 mol·dm^{-3}(NH$_4$)$_2$S$_2$O$_8$	20	10	5	20	20
	0.20 mol·dm^{-3}KI	20	20	20	10	5
	0.01 mol·dm^{-3}Na$_2$S$_2$O$_3$	8	8	8	8	8
	0.2%淀粉	4	4	4	4	4
	0.2 mol·dm^{-3}KNO$_3$	0	0	0	10	15
	0.2 mol·dm^{-3}(NH$_4$)$_2$SO$_4$	0	10	15	0	0
	Δt/s					

2. 温度对反应速率的影响

按表 7-2 中编号 4 的实验用量，把 KI、Na$_2$S$_2$O$_3$、KNO$_3$ 和淀粉溶液加到 250 cm^3 锥形瓶中，摇匀；把 (NH$_4$)$_2$S$_2$O$_8$ 溶液加在大试管中，并把它们同时放在冰水浴中冷却。待两种试液均冷到 0 ℃时，把 (NH$_4$)$_2$S$_2$O$_8$ 溶液迅速倒入锥形瓶中，并立即记录时间，不断振荡溶液。当溶液刚出现蓝色时，再记下时间。

在比室温高 10 ℃、15 ℃、20 ℃或 30 ℃的条件下，重复以上实验，这样就可以得到五种温度 [0 ℃，室温 t(℃)，t＋10 ℃，t＋15 ℃，t＋20 ℃或 t＋30 ℃] 下的反应时间，将它们记录下来，并算出它们的反应速率，用作图法和计算法两种方法求出反应的活化能，分析实验结果。

3. 催化剂对反应速率的影响

Cu^{2+} 可以加速 (NH$_4$)$_2$S$_2$O$_8$ 氧化 KI 的反应速率，而且 Cu^{2+} 的用量不同，加快的速率也不同。

在 250 cm^3 锥形瓶中按表 7-2 实验编号 4 中的用量将试剂加入锥形瓶中，再加入 1 滴 0.02 mol·dm^{-3} Cu(NO$_3$)$_2$ 溶液，摇匀。然后迅速加入 20 cm^3 0.20 mol·dm^{-3} (NH$_4$)$_2$S$_2$O$_8$ 溶液，振荡，计时。

将 1 滴 0.02 mol·dm^{-3} Cu(NO$_3$)$_2$ 改成 2 滴和 3 滴，分别重复上述实验。

将以上各实验的反应时间记录下来，并进行结果比较。

【结果处理】

① 根据实验结果计算反应级数 m 及 n（取整数值）。

② 求出反应速率常数 k 值（注意每组实验都要求出 k 值）。

③ 活化能的计算：

利用实验结果，以 $\lg k$ 为纵坐标，$\dfrac{1}{T}$ 为横坐标作图，得一直线，此直线的斜率为 $\dfrac{-E_a}{2.303R}$，由此求出反应的活化能 E_a。

④ 就各种影响因素，对实验结果进行讨论。

【实验指导】

[1] 为了使每次实验中溶液的离子强度和总体积保持不变，所减少的 KI 或 $(NH_4)_2S_2O_8$ 溶液的用量可分别用 $0.2\ mol \cdot dm^{-3}$ KNO_3 和 $0.2\ mol \cdot dm^{-3}$ $(NH_4)_2SO_4$ 溶液来补充。这样就保证了溶液离子强度相同。

[2] 本实验对试剂有一定的要求。KI 溶液为无色透明，不宜使用有 I_2 析出的浅黄色溶液。过二硫酸铵溶液要新配制的，因为过二硫酸铵易分解。如所配制的过二硫酸铵溶液的 pH 值小于 3，则过二硫酸铵已有分解，不适合本实验使用。

[3] 所用试剂中如混有少量的 Cu^{2+}、Fe^{3+} 等杂质，对反应会有催化作用，必要时滴加几滴 $0.1\ mol \cdot dm^{-3}$ EDTA 溶液。

[4] 做温度对反应速率影响的实验时，如室温高于 20 ℃，可将温度条件改为 0 ℃、10 ℃、室温、高于室温 10 ℃、高于室温 20 ℃。

[5] 根据拟合曲线的基本原则，注意一条曲线至少要有五个点。

[6] 此反应的活化能的理论值为 $51.3\ kJ \cdot mol^{-1}$。

【思考题】

1. 在向 KI 淀粉和 $Na_2S_2O_3$ 混合液中加 $(NH_4)_2S_2O_8$ 时，为什么必须快？

2. 在加入 $(NH_4)_2S_2O_8$ 时，先计时后振荡或先振荡后计时，对实验结果各有什么影响？

3. 为什么溶液出现蓝色的时间与加入的 $Na_2S_2O_3$ 溶液的量有直接关系？如果加入的 $Na_2S_2O_3$ 溶液的量过少或过多，对实验结果有何影响？本实验中，催化剂对反应速率的影响是怎样的？

4. 下列操作对实验结果会有什么影响：

(1) 取用试剂的量筒没有分开专用；

(2) 先加过二硫酸铵溶液，最后加 KI 溶液。

5. 计算一下每个实验的物料比（按照化学计量关系），考虑一下哪项反应物要比较精准地量取？

6. 温度变化的实验如何做简单易行？升温顺序做还是降温顺序做？

7. 为什么要使每次实验中溶液的离子强度和总体积保持不变？

8. 反应速率方程中的速率是瞬时速率，而实验中得到的是一定时间范围内的平均速率。根据这个情况，分析所得实验数据的误差与什么因素关系密切。通过计算法和作图法得到的活化能 E_a 的数据相同吗？你认为哪一个更合理一些？

9. 通过实验总结影响化学反应速率的因素。

10. 数据处理在此实验中十分重要，请问在此实验中用了几种方法？各有哪些优缺点？

11. 本实验中，催化剂对反应速率的影响有什么关系？

12. 根据平均速率与瞬时速率的关系，考虑如何从平均速率获得瞬时速率，并进行数据处理。

拓展实验：验证离子强度对实验结果的影响

实验 4 酸碱平衡和缓冲溶液

【实验目的】
1. 加深对弱电解质的解离平衡、同离子效应等概念的理解。
2. 了解缓冲溶液的缓冲原理、缓冲容量及缓冲溶液的配制方法。
3. 通过实验验证缓冲容量与溶液的总浓度的关系。
4. 掌握 pH 计（酸度计）的使用方法。
5. 加深对平衡移动的理解，强化"量"在平衡移动中的作用。

【实验预习】
1.《无机化学》《无机与分析化学》中的酸碱平衡、沉淀平衡。
2. 本书 5.2 试剂的干燥、取用和溶液的配制，5.3 试纸的使用。

【实验原理】
溶液中的离子平衡包括弱电解质的解离平衡和难溶电解质的沉淀溶解平衡及配合物的配位平衡等。

$$A_m B_n \rightleftharpoons A^{n+} + B^{m-}$$

在弱电解质的解离平衡或难溶电解质（实际上应该称为微溶的强电解质）的沉淀溶解平衡体系中，加入具有 A^{n+} 或 B^{m-} 的易溶强电解质，则平衡向左移动，产生使弱电解质的解离度或难溶电解质的溶解度降低的效应，即同离子效应。同离子效应可以发生在不同的平衡体系之中。

酸碱平衡体系：由等物质的量的弱酸（或弱碱）及其盐等共轭酸碱对所组成的溶液（如 $HAc\text{-}NaAc$、$NH_3\text{-}NH_4Cl$、$H_2PO_4^-\text{-}HPO_4^{2-}$ 等），其 pH 值不会因加入少量酸、碱或少量水稀释而发生显著变化，具有这种性质的溶液称为缓冲溶液。在实验过程中，为了保持实验体系的 pH 值维持在一特定的较小的区域，经常使用不同组成的缓冲溶液。任何缓冲溶液的缓冲作用都有一个有效的缓冲 pH 值范围，叫作缓冲范围。实验证明，若缓冲溶液的共轭酸碱对浓度比保持在 1∶10 到 10∶1 之间时，缓冲容量能够满足一般的实验要求。缓冲容量是一个重要的物理量，指改变一个单位 pH 所消耗的强酸（H^+）或强碱（OH^-）的量（$mol \cdot dm^{-3}$）。

缓冲溶液 pH 值计算公式如下：

$$pH = pK_a + lg\frac{c_{共轭碱}}{c_{弱酸}} \quad \text{或} \quad pH = pK_a - lg\frac{c_{弱酸}}{c_{共轭碱}}$$

配制缓冲溶液时，首先应根据所需控制的 pH 值范围，选择合适的缓冲体系。各种不同的共轭酸碱对其 K_a 和 K_b 值不同，组成的缓冲溶液的缓冲范围也不同，一般选用 K_a 或 K_b 等于或接近于所需 pH 值的共轭酸碱对。然后根据需要调节酸碱比值，即能得到所需的 pH 值。在配制缓冲溶液时，为了保证缓冲溶液具有足够高的缓冲容量，应适当提高共轭酸碱对的浓度，同时保持共轭酸碱对的浓度比接近于 1。

【实验内容】
1. 指示剂变色测定

用小烧杯取 HCl（$0.1\ mol \cdot dm^{-3}$）$20\ cm^3$，加百里酚蓝指示剂，观察溶液颜色，用 pH 试纸测定溶液 pH，向其中滴加 $NaOH$（$0.1\ mol \cdot dm^{-3}$）到溶液变色，再用 pH 试纸测定溶

液 pH，依次测出溶液颜色分别为红、黄、绿、蓝所对应的 pH。记录实验现象和数据。

2. 同离子效应的设计性实验

从下列试剂：HAc($0.1\ mol\cdot dm^{-3}$)、$NH_3\cdot H_2O$($0.1\ mol\cdot dm^{-3}$)、NH_4Ac（固体）、酚酞、甲基橙、甲基红中选择适当试剂，设计两组实验，验证同离子效应能够使弱电解质（弱酸、弱碱）解离平衡发生移动，解离度降低。设计的方案要求写出选择的试剂（包括浓度、用量）及操作步骤，然后按照设计进行实验。下面给出一组实验案例，另一组由学生自己设计。

（1）HAc 的同离子效应：在试管中加入 $2\ cm^3$ $0.1\ mol\cdot dm^{-3}$ HAc 溶液，再加入甲基橙指示剂 1～2 滴，摇匀，观察溶液的颜色，然后分盛两支试管，向其中一支加入少量 NH_4Ac 固体，摇动试管，观察溶液颜色的变化。

（2）氨水的同离子效应：学生自行设计实验验证。实验后，对以上两组实验现象进行解释。

3. 缓冲溶液及其性质

（1）缓冲溶液缓冲性能的检测

向两个 $100\ cm^3$ 烧杯中分别加入 $50\ cm^3$ 的去离子水，测定 pH，向其中一个杯子中滴加 $1\ mol\cdot dm^{-3}$ HCl 1 滴，另一个杯子中滴加 $1\ mol\cdot dm^{-3}$ NaOH 1 滴，分别测定 pH。

在两个 $100\ cm^3$ 烧杯中分别加入 $0.1\ mol\cdot dm^{-3}$ HAc 和 $0.1\ mol\cdot dm^{-3}$ NaAc 各 $25\ cm^3$，搅拌均匀，测定溶液 pH，向其中一个杯子中滴加 $1\ mol\cdot dm^{-3}$ HCl 1 滴，另一个杯子中滴加 $1\ mol\cdot dm^{-3}$ NaOH 1 滴，分别测定 pH。

上述数据列表，比较数据，你能得出什么结论？

（2）小烧杯中分别加入 $0.1\ mol\cdot dm^{-3}$ HAc 和 $0.1\ mol\cdot dm^{-3}$ NaAc 各 $5\ cm^3$，配制成 HAc-NaAc 缓冲溶液。加入百里酚蓝指示剂数滴，混合后观察溶液的颜色。然后，把溶液平均分装在四支试管中，向其中三支分别加入 $0.1\ mol\cdot dm^{-3}$ HCl、$0.1\ mol\cdot dm^{-3}$ NaOH 和 H_2O 各 3 滴，与原配制的缓冲溶液的颜色比较，观察溶液的颜色。再在已加入 HCl、NaOH 的试管中，分别继续加入过量的 $0.1\ mol\cdot dm^{-3}$ HCl、$0.1\ mol\cdot dm^{-3}$ NaOH，观察溶液的颜色变化。根据实验现象对缓冲溶液的缓冲能力做出结论。

4. 缓冲容量的测定

利用实验室提供的 Na_2HPO_4 和 NaH_2PO_4 固体，选 Na_2HPO_4-NaH_2PO_4 缓冲体系，配制理论计算值 pH≈7.2 的缓冲溶液，测定溶液的 pH，用 HCl 和 NaOH 试验其 pH 的变化。

（1）配制 $100\ cm^3$ 总浓度分别为 $0.1\ mol\cdot dm^{-3}$、$0.5\ mol\cdot dm^{-3}$ 的缓冲溶液，备用。

（2）在两个小烧杯中分别取 $40\ cm^3$ 溶液，用 pH 计测定溶液的 pH；分别滴加 $0.5\ mol\cdot dm^{-3}$ HCl 和 $0.5\ mol\cdot dm^{-3}$ NaOH，当 pH 改变 1 时，记录使用的 HCl 和 NaOH 溶液的体积。

（3）计算缓冲容量，得出什么结论？分别用总浓度 $0.1\ mol\cdot dm^{-3}$、$0.5\ mol\cdot dm^{-3}$ 的缓冲溶液完成这个实验。

5. 配制模拟血液的缓冲溶液

人体血液的 pH 在 7.35～7.45 之间，请查阅相关资料，确定选择哪几个缓冲对，各组分配比怎样，完成配制方案，最后配制出缓冲溶液。

【实验指导】

[1] 百里酚蓝指示剂的变色范围

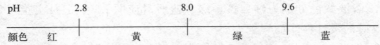

选用其他指示剂可查阅书后附录 3 "常用酸碱指示剂"。

[2] 缓冲溶液的缓冲能力即缓冲容量是有限的，所以在实验过程中一定要注意加入的酸碱的量或酸碱的浓度。

【思考题】

1. NaH_2PO_4 的水溶液是酸性的，而 $NaHCO_3$ 溶液是碱性的，不同浓度时 pH 都是一样的吗？实验测定一下，用理论计算说明原因？

2. 同离子效应的设计实验中，测定溶液酸度的变化，使用的是酸碱指示剂，对于 HAc 和 $NH_3 \cdot H_2O$ 的同离子效应的实验，查阅理论教材，还有哪些指示剂可以用来实验？

3. 如何配制 $Bi(NO_3)_3$、$SbCl_3$、Na_2S 溶液？

4. 如何通过计算选择实验内容 1 中的指示剂？

5. 将 HAc 同离子效应实验中的指示剂甲基橙与缓冲溶液实验中 HAc-NaAc 缓冲溶液的指示剂百里酚蓝对换行吗？为什么？

6. 观察平衡移动的实验现象时要注意什么？如果看不到实验现象，如何解释？

7. 假设缓冲溶液中共轭酸碱对溶液浓度的比值偏离 0.1～10，其维持 pH 的效果将会如何改变？

8. 计算在纯水体系中滴加几滴强酸或强碱对 pH 值的影响，即 pH 值偏离 7 的幅值；再计算在缓冲体系中加入同样的几滴强酸或强碱对 pH 值的影响，产生的 pH 偏离幅值与纯水体系进行比较。

9. 在缓冲容量的实验中，依据理论计算得到的数据而配制的缓冲溶液，试剂测定的 pH 不等于理论值，分析原因？

10. 一般实验中使用缓冲溶液时，要求配制的缓冲溶液 pH 是很准确的，你觉得如何配制才能更加合理？

11. 设计实验验证 $NaHCO_3$ 溶液是否具有缓冲作用。

拓展实验： 用固体 $BiCl_3$ 如何制得澄清的 $0.1 \ mol \cdot dm^{-3} \ BiCl_3$ 溶液

实验 5　沉淀平衡和配位平衡

【实验目的】

1. 难溶电解质的多相离子平衡及沉淀的生成和溶解的条件。

2. 熟悉并掌握电动离心机的使用。

3. 加深对配合物组成和特征的了解。

4. 比较不同配合物的相对稳定性。

5. 了解配位平衡和沉淀反应、氧化还原反应、溶液酸度的关系及互相影响导致的配位平衡的移动。

【实验预习】

1. 《无机化学》《无机与分析化学》中的沉淀平衡；配位化合物的组成、稳定性、生成配位化合物时性质的改变。

2. 《无机化学》《无机与分析化学》中 Ag、Fe、Cu、Cr 等元素的性质。

【实验原理】

沉淀平衡体系：根据溶度积规则可以判断沉淀的生成或溶解。当体系中离子浓度的幂的乘积大于溶度积常数，即 $Q > K_{sp}$ 时，有沉淀生成；当 $Q < K_{sp}$ 时，无沉淀生成或沉淀溶解；$Q = K_{sp}$ 时，则为饱和溶液。

在一个实验所涉及的体系中，可能同时存在着几种平衡关系，它们各自满足自身的平衡体系的平衡移动原理。因此，设法降低难溶电解质溶液中某一相关离子的浓度，可使沉淀溶解平衡发生移动，可以将沉淀溶解。促进沉淀平衡移动而导致沉淀溶解的常见方法有：加入酸或碱；发生氧化还原反应；形成配位化合物等。还可使沉淀转化溶解和多种效应共同施加，促使溶解。

均相沉淀法是利用某一化学反应使溶液中的构晶离子由溶液中缓慢均匀地释放出来，通过控制溶液中沉淀剂浓度，保证溶液中的沉淀处于一种平衡状态，从而均匀地析出。通常加入的沉淀剂，不立刻与被沉淀组分发生反应，而是通过化学反应使沉淀剂在整个溶液中缓慢生成，克服了由外部向溶液中直接加入沉淀剂而造成沉淀剂的局部不均匀性。

对于氧化物纳米粉体的制备，常用的沉淀剂尿素，其水溶液在 70 ℃左右可发生分解反应而生成 $NH_3 \cdot H_2O$，起到沉淀剂的作用，得到金属氢氧化物或碱式盐沉淀，尿素的分解反应如下：

$$(NH_2)_2CO + 3H_2O \Longrightarrow 2NH_3 \cdot H_2O + CO_2$$

通过强迫水解方法也可以进行均相沉淀。该法得到的产品颗粒均匀、致密，便于过滤洗涤，是目前工业化看好的一种方法。

均匀沉淀法中的沉淀剂，如 $C_2O_4^{2-}$、PO_4^{3-}、S^{2-} 等，可用相应的有机酯类化合物或其他化合物水解而获得。

也可以利用配合物分解反应和氧化还原反应进行均匀沉淀。如利用分解的配合物方法沉淀 SO_4^{2-}，可先将 $EDTA\text{-}Ba^{2+}$ 配合物加到含 SO_4^{2-} 的试液中，然后加氧化剂破坏 EDTA，使配合物逐渐分解，Ba^{2+} 在溶液中均匀地释出，使 $BaSO_4$ 均匀沉淀。

配合物一般包括内界和外界两部分。中心离子和配位体组成配合物的内界，配合物中内界以外的部分为外界。

配离子在溶液中同时存在着配位过程和解离过程，即存在着配位平衡，如：

$$Ag^+ + 2NH_3 \Longrightarrow [Ag(NH_3)_2]^+$$

$$K_{稳} = \frac{[Ag(NH_3)_2^+]}{[Ag^+][NH_3]^2}$$

式中，$K_{稳}$ 称为稳定常数，不同的配离子具有不同的稳定常数。对于同类型的配离子，$K_{稳}$ 值愈大，表示配离子愈稳定。

根据平衡移动原理，改变中心离子或配体的浓度会使配位平衡发生移动，配位平衡的移动同溶液的 pH 值、是否生成沉淀、是否发生氧化还原反应以及溶剂的量等都有密切的关系。

由配离子组成的盐类，称为配盐，配盐与复盐不同，配盐解离出来的配离子一般较稳定，在水溶液中仅有极小部分解离成为简单离子；而复盐则全部解离为简单离子。例如：

配盐　$K_4[Fe(CN)_6] \Longrightarrow 4K^+ + [Fe(CN)_6]^{4-}$

$$[Fe(CN)_6]^{4-} \rightleftharpoons Fe^{2+} + 6CN^-$$

复盐　$(NH_4)_2Fe(SO_4)_2 \cdot 12H_2O \rightleftharpoons 2NH_4^+ + Fe^{2+} + 2SO_4^{2-} + 12H_2O$

当简单离子（或化合物）形成配离子（或配合物）后，其某些性质会发生改变，如颜色、溶解度、氧化还原性质等。例如 Fe^{3+} 能使 I^- 氧化为 I_2，但当形成配离子（如 $[FeF_6]^{4-}$）后，却能把 I_2 还原为 I^-，而本身变为 $[FeF_6]^{3-}$。

配合物如果有颜色，用分光光度法可以测定分裂能。即选取一定浓度的配合物溶液，用分光光度计测出不同波长下的吸光度 A，以 A 为纵坐标、λ 为横坐标作图，可得吸收曲线。利用最大的吸收峰所对应波长来计算 $\Delta(cm^{-1})$ 值。即：

$$\Delta = \frac{1}{\lambda_{max}} \times 10^7$$

一种特殊的配合物称螯合物，它是由中心离子和多基配位体配位而成的，具有环状结构。螯合物的稳定性高，是目前应用最广泛的一类配合物。螯合物的环上有几个原子就称为几元环，一般五元环或六元环的螯合物是比较稳定的。如 $[Cr(C_2O_4)_3]^{3-}$ 就是一个螯合物，实验 7 "邻二氮菲分光光度法测定铁含量" 中的有色物质也是一种螯合物。

很多化合物的沉淀和配合物的特殊性质可以支持混合金属阳离子的分离和对金属阳离子进行鉴定。

如针对金属阳离子，有两种分组分离方法，H_2S 分组法和两酸两碱分离法，都是利用难溶化合物的性质进行分离的。

【实验内容】

1. 沉淀的生成、溶解和转化

实验室提供的试剂：K_2CrO_4（0.1 mol·dm^{-3}）、$AgNO_3$（0.1 mol·dm^{-3}）、$NaCl$（0.1 mol·dm^{-3}）、Na_2S（0.1 mol·dm^{-3}）

（1）设计实验验证沉淀的生成，Ag_2CrO_4（砖红色）、$AgCl$（白色）、Ag_2S（黑色）。

（2）用上面的试剂，设计一组实验验证沉淀转化的规律。

（3）设计一组实验，制备 $Mg(OH)_2$ 并证明它能溶于非氧化性稀酸和铵盐中，并进行解释。

（4）利用本实验提供的试剂设计一个实验，验证分步沉淀的规律。

2. 直接沉淀和均相沉淀

（1）取两个试管，分别加入 0.1 mol·dm^{-3} $ZnAc_2$ 溶液 2 cm^3，一个加入 0.1 mol·dm^{-3} $NaOH$ 溶液；另一个加入固体尿素，水浴加热，观察两个试管中固体的生成。设法使其干燥后，显微镜观察形貌。

（2）自己设计一个实验，原料用金属配合物和沉淀剂，制备一种难溶盐固体。

3. 配离子的生成和组成

取一支试管，加入 0.1 mol·dm^{-3} $CuSO_4$ 溶液 1 cm^3，逐滴加入 6 mol·dm^{-3} $NH_3 \cdot H_2O$，边加边振荡，观察生成物的颜色，继续加入氨水，试管中的沉淀又溶解而生成深蓝色的 $[Cu(NH_3)_4]^{2+}$ 溶液。写出反应方程式。

上述反应的试管中再稍加一些氨水，将此溶液分成三份，一份加入 0.1 mol·dm^{-3} $BaCl_2$，一份加入 0.1 mol·dm^{-3} $NaOH$ 溶液，观察沉淀情况，另一份加入少许无水乙醇，可看到蓝色硫酸四氨合铜的晶体生成。

取三支试管，加入少量 $0.1 \ \mathrm{mol \cdot dm^{-3}}$ $CuSO_4$ 溶液，一份加入 $0.1 \ \mathrm{mol \cdot dm^{-3}}$ $BaCl_2$，一份加入 $0.1 \ \mathrm{mol \cdot dm^{-3}}$ NaOH 溶液，观察沉淀情况，另一份加少许无水乙醇，观察现象，写出反应式。

根据上面的实验结果，说明此配合物 $[Cu(NH_3)_4]SO_4$ 的内界和外界的组成。

4. 配位平衡的移动

(1) 在试管中加入少量 $0.1 \ \mathrm{mol \cdot dm^{-3}}$ $CuSO_4$ 溶液，滴加 $2 \ \mathrm{mol \cdot dm^{-3}}$ 氨水至生成的沉淀恰好溶解为止，观察溶液颜色。然后将此溶液加水稀释，观察沉淀又复生成，解释以上现象。

在试管中按上面方法制取含 $[Cu(NH_3)_4]^{2+}$ 配离子的溶液。逐滴加入 $2 \ \mathrm{mol \cdot dm^{-3}}$ H_2SO_4，观察现象，并解释原因。

(2) 在一支 $25 \ \mathrm{cm^3}$ 试管中加入 3 滴 $0.1 \ \mathrm{mol \cdot dm^{-3}}$ $FeCl_3$ 溶液，然后加入 3 滴 $0.1 \ \mathrm{mol \cdot dm^{-3}}$ KSCN 溶液，加水 $10 \ \mathrm{cm^3}$ 稀释后，将溶液分成三份：第一份加入 $0.1 \ \mathrm{mol \cdot dm^{-3}}$ $FeCl_3$ 溶液 5 滴，第二份加入 $0.1 \ \mathrm{mol \cdot dm^{-3}}$ KSCN 溶液 5 滴。第三份留作比较，观察现象，比较实验结果，并解释原因。

5. 配合物的生成及物质性质的改变

(1) 酸碱性改变

向试管中加入少量的硼酸（固体）和适量的水，水浴加热，制成饱和硼酸溶液，分两份，一份加甘油，另一份作为对照溶液，用 pH 试纸测定溶液的 pH。

(2) 颜色的改变

取几粒变色硅胶，如果是蓝色的，加水，使之变成粉红色，在石棉网上加热观察现象；如果是粉红色的，直接加热，可反复做这个实验，观察颜色的变化。

$[Fe(SCN)_n]^{3-n}$ 的生成，根据前面的实验结果，观察配合物生成时颜色的变化。

(3) 溶解度的改变

① $[Cu(NH_3)_4]^{2+}$ 生成时，观察中间沉淀生成、继续滴加氨水沉淀溶解的现象。

② 向加有约 $1 \ \mathrm{cm^3}$ $0.1 \ \mathrm{mol \cdot dm^{-3}}$ Ag^+ 溶液的试管中滴加 NaCl 溶液，观察沉淀生成，再向其中滴加 $NH_3 \cdot H_2O$，观察沉淀的溶解情况。

(4) 氧化还原性的改变

见实验 6 "氧化还原反应与电化学"。

6. 典型阳离子鉴定反应

(1) Ag^+ 鉴定：试管中加入含 Ag^+ 溶液 3 滴，滴加盐酸，生成白色氯化银沉淀，离心分离，向沉淀中加入 $6 \ \mathrm{mol \cdot dm^{-3}}$ 氨水，沉淀溶解，生成 $[Ag(NH_3)_2]^+$ 溶液，再加硝酸，又出现氯化银白色沉淀。

(2) Fe^{2+} 鉴定：试管中加入含 Fe^{2+} 溶液 3 滴，向溶液中加入赤血盐 [六氰合铁（Ⅲ）酸钾] 溶液，生成深蓝色 $KFe[Fe(CN)_6]$ 沉淀。

(3) Cu^{2+} 鉴定：试管中加入含 Cu^{2+} 溶液 3 滴，向溶液中加入黄血盐 [六氰合铁（Ⅱ）酸钾] 溶液，生成红棕色 $Cu_2[Fe(CN)_6]$ 沉淀。

(4) Zn^{2+} 鉴定：试管中加入含 Zn^{2+} 溶液 3 滴，向溶液中加入黄血盐 [六氰合铁（Ⅱ）酸钾] 溶液，生成白色 $Zn_2[Fe(CN)_6]$ 沉淀。

(5) Ni^{2+} 鉴定：试管中加入含 Ni^{2+} 溶液 3 滴，向其中加入氨水溶液，再加入丁二酮肟生成絮凝的鲜红色沉淀。

（6）Fe^{3+} 鉴定：试管中加入含 Fe^{3+} 溶液 1 滴，加少量水稀释，向其中加入 KSCN（或 NH_4SCN）溶液反应，生成血红色物质 $[Fe(SCN)_6]^{3-n}$。

（7）Co^{2+} 鉴定：试管中加入含 Co^{2+} 溶液 5 滴，向其中加入 KSCN（或 NH_4SCN）固体，生成蓝色物质 $[Co(SCN)_4]^{2-}$（该物质在戊醇中稳定）。

7. 铬（Ⅲ）配合物溶液的配制和分裂能测定

（1）$K_3[Cr(C_2O_4)_3]$ 溶液的配制

在电子天平上称取 0.02 g $K_3[Cr(C_2O_4)_3]\cdot3H_2O$ 晶体，溶于 10 cm^3 去离子水中。

（2）$K[Cr(H_2O)_6](SO_4)_2$ 溶液的配制

称取 0.08 g 硫酸铬钾，溶于 10 cm^3 去离子水中。

（3）$[Cr(EDTA)]^-$ 溶液的配制

称取 0.01 g EDTA 溶于 10 cm^3 去离子水中，加热使其溶解，然后加入 0.01 g 三氯化铬，稍加热，得到紫色的 $[Cr(EDTA)]^-$ 溶液。

（4）测定配合物溶液的最大吸收波长

用 720 型分光光度计测定吸收曲线，确定最大吸收波长，计算分裂能。

实验条件：360～720 nm 波长范围内，以去离子水为参比液，测定上述配合物溶液的吸光度（A）。

（5）数据记录与结果处理

① 测定各配合物不同波长下的吸光度，数据填入下表。

波长范围/nm	$[Cr(C_2O_4)_3]^{3-}$	$[Cr(H_2O)_6]^{3+}$	$[Cr(EDTA)]^-$
360			
370			
⋮			
700			
720			

② 从吸收曲线上确定最大吸收峰所对应的最大波长 λ_{max}，计算各配合物的晶体场分裂能（Δ_o），并与理论值比较。

配合物	配合物最大波长 λ_{max}/nm	Δ_o/cm^{-1}
$[Cr(C_2O_4)_3]^{3-}$		
$[Cr(H_2O)_6]^{3+}$		
$[Cr(EDTA)]^-$		

【实验指导】

[1] $CuSO_4$ 溶液中加氨水生成的是 $Cu_2(OH)_2SO_4$ 蓝色沉淀，氨水过量是为了保证配位数为 4。

[2] 加入 CCl_4 是为了检验 I_2 的生成。

[3] 硼酸的溶解度小，需要水浴加热。

[4] 测定配合物的最大吸收波长需要预习配合物的组成、分光光度计的使用（参考实验 7）。

【思考题】

1. 在有过量氨存在的 $[Cu(NH_3)_4]^{2+}$ 溶液中，加入 Na_2S、$NaOH$、HCl，将分别对配合物有何影响？为什么？

2. 设计实验证明 $[Ag(NH_3)_2]^+$ 配离子的溶液中含有 Ag^+。

3. $[Cr(C_2O_4)_3]^{3-}$、$[Cr(H_2O)_6]^{3+}$、$[Cr(EDTA)]^-$ 配合物的结构是怎样的？画图表示出来。

4. Fe^{3+} 与 $C_2O_4^{2-}$ 生成黄色的配合物，在此配合物中加入 1 滴 $0.1\ mol\cdot dm^{-3}\ NH_4SCN$ 溶液，溶液的颜色无明显变化，但向溶液中逐滴加入 $6\ mol\cdot dm^{-3}\ HCl$ 溶液后，颜色变红，解释原因。

5. 如何设计实验检验牛奶中含有 Ca^{2+}？

6. 金属离子的鉴定实验中，生成的特征物质无论是沉淀还是配合物，对溶液的酸碱度都是有要求的，分析原因。

7. 从实验设计的角度考虑，平衡移动的实验设计要注意什么才能使实验现象明显？举例说明（用本实验中的内容说明）。

8. 配合物的制备过程中，影响因素有哪些？

9. 如何计算配合物的分裂能，进一步推出三种配体的光谱化学序列的排序？

实验 6　氧化还原反应与电化学

【实验目的】

1. 掌握电极电势、原电池和氧化还原反应的关系。

2. 了解原电池的构造，掌握浓度、酸度对电极电势的影响。

3. 了解浓度、酸度、沉淀及配合物的形成对氧化还原反应的影响。

4. 了解金属的电化学腐蚀防护和电解反应。

5. 了解电解水的反应的影响因素。

【实验预习】

1.《无机化学》《无机与分析化学》中氧化还原平衡、电极电势、电极电势的影响因素及其电极电势的应用，原电池及其组成，金属的腐蚀。

2.《无机化学》《无机与分析化学》卤素、元素 N、Mn、Fe 等性质。

【实验原理】

化学热力学认为，对于一个氧化还原反应，其所包含的两个氧化还原电对的电极电势的相对大小可决定氧化还原反应的方向。当氧化剂电对的电极电势大于还原剂电对的电极电势时，反应即能正向进行，而且两者的差值越大，反应的自发趋势越大。

如电极反应：

$$MnO_4^- + 8H^+ + 5e^- \rightleftharpoons Mn^{2+} + 4H_2O$$

$298.15\ K$ 时，其电极电势的 Nernst 方程如下：

$$\varphi(MnO_4^-/Mn^{2+}) = \varphi^{\ominus}(MnO_4^-/Mn^{2+}) + \frac{0.0592\ V}{5}\lg\frac{[MnO_4^-][H^+]^8}{[Mn^{2+}]}$$

由 Nernst 方程可知浓度（或分压）对电对的电极电势有直接影响。溶液的酸度对含氧化合物（包括氧化物、含氧酸及其盐）电对的电极电势也有很大的影响。

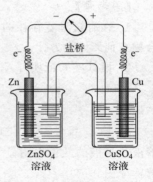

图 7-1 原电池示意图

氧化还原反应就是由于电极电势不同造成的，可以从实验现象分析得到验证。氧化还原反应是化学电源的基础，在化学上也可以利用氧化还原反应进行离子鉴定。

原电池是利用氧化还原反应产生电流的装置。原电池的电动势 E 为正、负极电极电势之差。在原电池的负极发生氧化反应，给出电子；正极发生还原反应，得到电子。如图 7-1 所示。

电池的电动势是正极电势和负极电势的差值，无论是改变正极物质的浓度还是改变负极物质的浓度，都会影响电极电势，进而改变电池的电动势。改变离子的浓度的方法可以是让离子生成沉淀，也可以生成配合物。

金属与电解质溶液接触时，由于电化学作用而引起的腐蚀称为电化学腐蚀。由溶解于电解质溶液中的氧分子得到电子而引起的腐蚀称为吸氧腐蚀。在金属表面水膜中各部位溶解氧分布不均匀而引起的金属腐蚀称为差异充气腐蚀（即氧浓差腐蚀）。

电流通过电解质溶液时，在电极上引起的化学变化称为电解。电解时电极电势的高低、离子浓度的大小、电极材料等因素都可以影响两极上的电解产物。

电解水可以得到 H_2 和 O_2，一般情况下电解水时，溶液中加入惰性电解质溶液（如 Na_2SO_4），有利于水的电解反应；另一种情况外加一个可调电压的电源，当电源的电压大于 1.5 V 时，也可以生成 H_2 和 O_2，电压越大，电解速率越快。

利用氧化还原反应可以鉴定金属离子。

（1）鉴定 Mn^{2+}：$2Mn^{2+} + 5NaBiO_3 + 14H^+ \longrightarrow 2MnO_4^- + 5Bi^{3+} + 5Na^+ + 7H_2O$；

（2）鉴定 Cr^{3+}：在碱性条件下，Cr(Ⅲ) 可以被 H_2O_2 氧化成 CrO_4^{2-}，再鉴定 CrO_4^{2-}，反应为：

$$2CrO_4^{2-} + 2H^+ \rule[0.5ex]{1.5em}{0.4pt} Cr_2O_7^{2-} + H_2O$$

$$Cr_2O_7^{2-} + 2H^+ + 4H_2O_2 \rule[0.5ex]{1.5em}{0.4pt} 2CrO_5（蓝色，乙醚中稳定） + 5H_2O$$

【实验内容】

1. 氧化还原反应

（1）碘的歧化

在试管中加入 2~3 滴碘水，观察溶液颜色。滴加 2 mol·dm^{-3} NaOH 溶液，振荡，观察现象。再滴加 2 mol·dm^{-3} H_2SO_4，又有何现象？写出反应方程式。

（2）卤素含氧酸盐的氧化性

① 取 2 滴 0.1 mol·dm^{-3} KI 溶液于试管中，再加入 3~4 滴饱和 KClO$_3$ 溶液，观察现象。再滴加 2 mol·dm^{-3} 硫酸，不断振荡试管，观察溶液颜色变化，加热，检查有无氯气生成，写出有关反应式。

② 设计实验步骤用 Na_2SO_3 作还原剂，验证 KIO$_3$ 在酸性条件下的氧化性，写出有关反应式。

（3）亚硝酸及其盐的氧化还原性

① 取 1 cm^3 饱和 NaNO$_2$ 溶液于试管中，将试管放入冰水中冷却，然后加入同样冷却的

$1\ cm^3\ 2\ mol\cdot dm^{-3}\ H_2SO_4$，摇匀，观察溶液的颜色，自冰水中取出试管，放置片刻，观察 HNO_2 的分解，写出反应式。

② 用实验证明亚硝酸盐的氧化性、还原性。写出实验步骤，记录现象，写出有关反应式。

（4）$(NH_4)_2S_2O_8$ 的氧化性

向盛有少量稀 H_2SO_4 的试管中，加 1 滴 $0.01\ mol\cdot dm^{-3}\ MnSO_4$ 溶液，再加入少量 $(NH_4)_2S_2O_8$ 固体，水浴加热观察现象。再加入 1 滴 $0.1\ mol\cdot dm^{-3}\ AgNO_3$ 溶液，观察现象，解释 $AgNO_3$ 的作用。写出有关反应式。

2. 溶液酸碱度对氧化还原反应的影响

在三支试管中各加入 2 滴 $0.01\ mol\cdot dm^{-3}\ KMnO_4$ 溶液，然后分别加 4 滴 $3\ mol\cdot dm^{-3}$ H_2SO_4 溶液、4 滴蒸馏水和 4 滴 40% $NaOH$ 溶液，再各加数滴 $0.1\ mol\cdot dm^{-3}\ Na_2SO_3$ 溶液，振荡，观察各试管中的现象，写出反应方程式。

3. 通过实验验证标准电极电势的高低顺序

利用下列试剂：$FeCl_3$（$0.1\ mol\cdot dm^{-3}$）、KBr（$0.1\ mol\cdot dm^{-3}$）、KI（$0.1\ mol\cdot dm^{-3}$）、CCl_4、$(NH_4)_2Fe(SO_4)_2$（$0.2\ mol\cdot dm^{-3}$）、碘水、溴水，设计实验，证明 $\varphi^{\ominus}(Fe^{3+}/Fe^{2+})$、$\varphi^{\ominus}(Br_2/Br^-)$、$\varphi^{\ominus}(I_2/I^-)$ 的高低顺序。

4. 沉淀和配合物的生成对氧化还原反应的影响

试管中加入 3 滴 $0.2\ mol\cdot dm^{-3}\ (NH_4)_2Fe(SO_4)_2$ 溶液和 2 滴 I_2 水，振荡，有何现象？再滴加 $0.1\ mol\cdot dm^{-3}\ AgNO_3$ 溶液（注意边加边振荡），直至溶液黄棕色刚好消失为止。离心沉降，检验上层清液中是否存在 I_2 及 Fe^{3+}。

试管中加入 3 滴 Fe^{3+} 溶液，再滴加 I^- 溶液和 5 滴 CCl_4，振荡，观察实验现象；另一个试管中加入 3 滴 $K_3[Fe(CN)_6]$ 溶液，再滴加 I^- 溶液和 5 滴 CCl_4，振荡，观察实验现象。

以上实验得出什么结论？

5. Mn^{2+}、Cr^{3+} 的鉴定

（1）Mn^{2+} 鉴定：1 滴 $0.01\ mol\cdot dm^{-3}\ MnSO_4$ 溶液于试管中，加入少量稀硫酸酸化，再加入少量 $NaBiO_3$ 固体，水浴加热，观察到溶液变成紫红色。

（2）Cr^{3+} 鉴定：3 滴 $0.1\ mol\cdot dm^{-3}\ Cr^{3+}$ 溶液于试管中，滴加 $2\ mol\cdot dm^{-3}\ NaOH$ 溶液，试管中生成 $Cr(Ⅲ)$ 灰绿色沉淀和亮绿色溶液，再加入 H_2O_2 溶液，水浴加热，溶液变成黄色 CrO_4^{2-} 后，再向溶液中加 $2\ mol\cdot dm^{-3}\ HNO_3$ 溶液，溶液变橙色，冷却到室温，再滴加乙醚、H_2O_2，此时溶液变成蓝色。

6. 原电池的组成和浓度电极电势影响

（1）在两只 $50\ cm^3$ 烧杯中，分别加入 $20\ cm^3\ 0.1\ mol\cdot dm^{-3}\ ZnSO_4$ 和 $0.1\ mol\cdot dm^{-3}$ $CuSO_4$ 溶液。在 $ZnSO_4$、$CuSO_4$ 溶液中分别插入锌片和铜片作电极，用盐桥将它们连接起来，通过导线将铜极接入伏特计的正极，把锌极接入伏特计的负极，记录原电池电动势，并用电池符号表示该原电池。

（2）在上述原电池 $ZnSO_4$ 溶液的烧杯中逐滴加入 $6\ mol\cdot dm^{-3}\ NH_3\cdot H_2O$，直至生成的白色沉淀完全溶解，测量电动势，有何变化？写出原电池符号并解释。［装置保留，用作后续实验的电解实验电源］

据此总结浓度对电极电势的影响。

7. 电解

（1）将实验内容 6(2) 中的原电池两端铜线用砂纸抛光，插入盛有少量 $0.5\ mol\cdot dm^{-3}$ Na_2SO_4 溶液的小烧杯中（见图 7-2），再加入 1 滴酚酞，摇匀。静置数分钟，观察现象并加以解释。

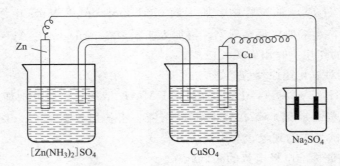

图 7-2 利用原电池进行电解

（2）纯水电解实验

将两片惰性电极平行插入承装 $40\sim50\ cm^3$ 蒸馏水溶液的烧杯中，确保电极不要短路；加入 1 滴酚酞，摇匀，分别连接两片电极至可调直流电源的正负极。打开电源开关，调节电压至 $2.0\sim3.0\ V$。静置，观察现象并加以解释。

（3）自来水电解实验

将（2）中的纯水换成自来水进行实验。

（4）模拟染料废水实验

将（2）中的水换成染料废水（注意不加酚酞），进行实验。分别调节电压为 $1.00\ V$、$1.75\ V$、$2.50\ V$、$4.00\ V$、$6.50\ V$，每隔 2 min 记录溶液的颜色以及其他现象，并加以解释。每隔 2 min 取 $3\ cm^3$ 电解水溶液，在给定波长下测定其吸光度值，并绘制吸光度随时间的变化曲线。

总结上述实验，得出什么结论？

8. 腐蚀与防护

（1）氧浓差腐蚀

腐蚀液自配：$NaCl$＋酚酞＋$K_3[Fe(CN)_6]$ 溶液

打磨一块铁片，滴加 $1\sim2$ 滴腐蚀液，放置，注意观察铁片变化情况。

（2）析氢腐蚀及缓蚀剂法防护

三颗铁钉，打磨光滑除去铁锈，待用。

① 三个小试管中分别加入 $2\ mol\cdot cm^{-3}$ 盐酸溶液 $2\sim3\ cm^3$，再加 $K_3[Fe(CN)_6]$ 溶液 2 滴，再分别向其中的两个小试管中加入 $K_2Cr_2O_7$ 溶液和六亚甲基四胺固体（摇匀，使其溶解），各投入一颗铁钉，比较三支试管中的实验现象。

② 如果先加打磨好的铁钉再加 $K_2Cr_2O_7$ 溶液和六亚甲基四胺固体，摇匀，实验现象会怎样呢？

注意，此实验四个同学合作，设计不同的实验，考察缓蚀剂的作用，数据共享。

【实验指导】

[1] 盐桥是由琼脂和饱和 KCl 溶液灌制而成的，不用时要保存在饱和 KCl 溶液中。

做法如下：称取 1 g 琼脂，放在 100 cm³ 饱和的 KCl 溶液中浸泡一会，加热煮成糊状，趁热倒入 U 形玻璃管中（注意里面不能留有气泡），冷却后即成。使用盐桥时注意用棉花保护盐桥，即使用前用脱脂棉塞上盐桥的两端，再用饱和 KCl 溶液润湿，实验结束后，再去除。

〔2〕吸氧腐蚀试验用的腐蚀液是由 NaCl、$K_3[Fe(CN)_6]$、酚酞按一定比例配制而成的，其中 NaCl 起电解质的导电作用，$K_3[Fe(CN)_6]$ 用来检验 Fe^{2+} 的生成，酚酞用来检验 OH^- 的生成。

〔3〕金属腐蚀是材料破坏的重要一部分，缓蚀剂的使用是金属材料保护的重要措施，原理各有不同。

〔4〕染料废水母液：称取 0.100 g 罗丹明 B 染料（纯度 99%），溶解在 10 cm³ 的乙醇中。待全部溶解后，加入 50 cm³ 蒸馏水，转移至 1 dm³ 容量瓶中定容，得染料废水母液。

染料废水：取 100 cm³ 上述印染废水母液，定容至 1 dm³。

〔5〕可调直流电源：10 W 直流电源，最大电压 10 V，最小电压 0.5 V，分辨率 0.05 V 连续可调。

【思考题】

1. 设计一个原电池的装置验证酸度对电极电势的影响，写出电池符号，最好自己用实验验证一下。

2. 通过计算说明，反应 $I_2 + 2Ag^+ + 2Fe^{2+} \longrightarrow 2AgI + 2Fe^{3+}$ 能朝正向进行。设计实验来验证这个反应能正向进行。

3. 根据实验比较下列电对的电极电势的大小

I_2/I^-，IO_3^-/I^-，MnO_4^-/Mn^{2+}，Br_2/Br^-，Fe^{3+}/Fe^{2+}，Fe^{2+}/Fe，O_2/OH^-

4. 根据实验，比较下列电对的 $\varphi^\ominus$ 的大小，并据此总结生成沉淀和配合物对电极电势或物质的氧化还原性有什么影响？（1）I_2/AgI 和 I_2/I^-；（2）$[Zn(NH_3)_4]^{2+}/Zn$ 和 Zn^{2+}/Zn。

5. 查阅资料，说明缓蚀剂的缓蚀原理。无机物的缓蚀原理和有机缓蚀剂的原理有何不同？

6. 查阅资料，说明电解法处理污水的原理。你知道电解还有哪些用途吗？

7. 电化学的应用很广泛，用人工智能软件（如 Kimi），设置不同的描述语言或关键词，查阅资料，你能了解到哪些关于电化学方面的应用？

实验 7　邻二氮菲分光光度法测定铁含量

【实验目的】

1. 通过实验理解设计化学实验的基本步骤，了解科学研究的基本思路。

2. 了解 7200 型分光光度计的构造原理和使用方法。

3. 通过本实验，掌握分光光度法测定铁含量的条件及方案的选择和拟定。

4. 熟悉标准曲线法（工作曲线法）的原理及应用。

5. 初步熟悉微量分析方法的特点。

【实验预习】

1. 《无机与分析化学》《仪器分析》中分光光度法及其应用的相关内容。

2. 本书 5.5.6 容量瓶、5.5.3 吸量管。

3. 本书第 3 章化学实验中的误差分析和数据处理。

4. 本书 6.4 可见分光光度计的构造原理及溶液浓度的测定。

【实验原理】

基于物质对光的选择性吸收而建立的分析方法称为分光光度法，包括比色法、可见分光光度法及紫外分光光度法等。

许多过渡金属离子与配体也会形成各种各样的有色配合物。这些配合物溶液颜色的深浅与这些物质的浓度有关。分光光度法就是建立在这一现象基础上的。该法具有灵敏（所测试液的浓度下限达 $10^{-5} \sim 10^{-6}$ mol·dm^{-3}）、准确、快速及选择性好等特点，因而具有较高的灵敏度，适用于微量组分的测定。

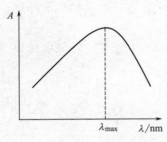

图 7-3 吸收曲线示意图

在可见光区，不同波长的光呈现不同的颜色，溶液的颜色由透射光的波长所决定。透射光和吸收光组成白光，称这两种光互为补色光，两种颜色互为补色。如硫酸铜溶液因吸收白光中的黄色光而呈现蓝色，黄色与蓝色即互为补色。

将不同波长的光透过某一固定浓度和厚度的有色溶液，测量每一波长下有色溶液对光的吸收程度（称吸光度）。然后以波长为横坐标，以吸光度为纵坐标作图，即可得一曲线。这种曲线描述了物质对不同波长光的吸收能力，称为（吸收光谱），如图 7-3 所示。不同物质其吸收曲线的形状和最大吸收波长各不相同，根据这个特性可用作物质的初步定性分析。不同浓度的同一物质，在吸收峰附近吸光度随浓度增加而增大。若在最大吸收波长处测定吸光度，则灵敏度最高。因此，吸收曲线是分（吸）光光度法中选择测定波长的重要依据。

分光光度法的定量依据是朗伯-比耳定律，这个定律是由实验观察得到的。当一束平行单色光透过液层厚度为 b 的有色溶液时，溶质吸收了光能，光的强度就要减弱。溶液的浓度愈大，通过的液层厚度愈大，入射光愈强，则光被吸收得愈多，光强度的减弱也愈显著。描述它们之间定量关系的定律称为朗伯-比耳定律。其表达式为：

$$A = \lg \frac{I_0}{I} = abc$$

式中　A——吸光度；

　　　I_0——入射光强度；

　　　I——透射光强度；

　　　a——吸光系数；

　　　b——液层厚度（光程长度）。

　　　c——有色溶液的浓度。

A 的量纲为 1，b 通常以 cm 为单位，如果 c 以 g·dm^{-3} 为单位，则 a 的单位为 dm^3·g^{-1}·cm^{-1}。如果 c 以 mol·dm^{-3} 为单位，则此时的吸光系数称为摩尔吸光系数，用符号 ε 表示，单位为 dm^3·mol^{-1}·cm^{-1}。即

$$A = \varepsilon bc$$

ε 是吸光物质在特定波长和溶剂的情况下的一个特征常数，数值上等于 1 mol·dm^{-3} 吸光物质在 1 cm 光程中的吸光度，是吸光物质吸光能力的量度。它可作为定性鉴定的参数，

也可用以估量定量方法的灵敏度：ε 值愈大，方法的灵敏度愈高。从公式可以看出 $A\text{-}c$ 是直线关系，但是因为朗伯-比耳定律是经验公式，A 在 $0.2\sim0.8$ 时直线关系最好，因此设计实验时应注意 A 的数值。

铁因为可以形成多种有色配合物而有多种分光光度分析法。所用的显色剂有邻二氮菲（Phen，又称邻菲啰啉、菲绕林）及其衍生物、磺基水杨酸、硫氰酸盐、5-Br-PADAP 等。其中邻二氮菲分光光度法的灵敏度高，稳定性好，干扰容易消除，因而是目前普遍采用的一种方法。

在 pH＝$2\sim9$ 的溶液中，Fe^{2+} 与邻二氮菲生成稳定的橘红色配合物 $[Fe(Phen)_3]^{2+}$：

$$Fe^{2+} + 3 \text{（邻二氮菲）} \rightleftharpoons \left[\text{（配合物）} \right]^{2+}$$

其 $\lg\beta=21.3$，摩尔吸光系数 $\varepsilon_{508}=1.1\times10^4\ dm^3\cdot mol^{-1}\cdot cm^{-1}$。当铁为三价状态时，可用盐酸羟胺还原：

$$2Fe^{3+} + 2NH_2OH\cdot HCl =\!=\!= 2Fe^{2+} + N_2(g) + 4H^+ + 2H_2O + 2Cl^-$$

Cu^{2+}、Co^{2+}、Ni^{2+}、Cd^{2+}、Hg^{2+}、Mn^{2+}、Zn^{2+} 等离子也能与 Phen 生成稳定配合物，但在少量情况下，不影响 Fe^{2+} 的测量，量大时可用 EDTA 掩蔽或预先分离。

本实验是一个小型的科学研究的案例。首先对本分析体系实验条件，如测量波长、溶液酸度、显色剂用量、显色时间、温度、溶剂以及共存离子干扰及其消除等进行摸索及优选。然后在选择的条件下进行工作曲线的制作和未知样品铁含量的测定以及用两种方法测定配合物的性质。这是一种在科学研究中常用的方法，对确定一个完整的实验方案和得到准确的实验结果具有非常重要的作用。另外，工作曲线法也是在今后的工作和研究中经常用到的一种由已知求未知的实验手段。

Fe 含量测定采用标准曲线法，也称外标法或直接比较法，是一种简便、快速的定量方法。用标准样品配制成不同浓度的标准系列溶液，测定 A，用 A 和样品浓度绘制标准曲线，此标准曲线应是通过原点的直线。若直线不通过原点，则说明存在系统误差。

【实验内容】

1. 条件试验

（1）吸收曲线的制作和测量波长的选择

用吸量管吸取 0.00、5.00 cm^3 铁标准溶液（20 $\mu g\cdot cm^{-3}$）分别注入两个 50 cm^3 容量瓶中，各加入 1 cm^3 盐酸羟胺溶液（稍加摇动）、5 cm^3 NaAc、2 cm^3 0.15% 邻二氮菲（Phen），用水稀释至刻度，摇匀。放置 10 min 后，用 1 cm 比色皿，以试剂空白（即 0.0 cm^3 铁标液）为参比溶液，在 $440\sim540$ nm 每隔 10 nm 测一次吸光度，在最大吸收峰附近每隔 5 nm 测定一次吸光度。

在坐标纸上，以波长为横坐标，吸光度 A 为纵坐标，绘制 A 与 λ 关系的吸收曲线。从吸收曲线上选择测定铁的适宜波长，一般选用最大吸收波长 λ_{max} 作为工作波长。

（2）显色剂用量的选择

取 6 个 50 cm^3 容量瓶，各加入 5.00 cm^3 铁标准溶液（20 $\mu g\cdot cm^{-3}$）、1 cm^3 盐酸羟胺、5 cm^3 NaAc 溶液，摇匀。再分别加入 0.10 cm^3、0.50 cm^3、1.00 cm^3、2.00 cm^3、

$3.00\ cm^3$、$4.00\ cm^3$ 0.15%的邻二氮菲（Phen），以水稀释至刻度，摇匀。放置 $10\ min$。用 $1\ cm$ 比色皿，以蒸馏水为参比溶液，在 λ_{max} 下测定各溶液的吸光度。以所取 Phen 溶液体积 V 为横坐标，吸光度 A 为纵坐标，绘制 A 与 V 关系的显色剂用量影响曲线。得出该测定体系显色剂的最适宜用量。

（3）显色时间的选择

在一个 $50\ cm^3$ 容量瓶中，加入 $5.00\ cm^3$ 铁标准溶液（$20\ \mu g \cdot cm^{-3}$）、$1\ cm^3$ 盐酸羟胺溶液、$5\ cm^3$ NaAc，摇匀。再加入 $2.00\ cm^3$ 0.15% Phen，以水稀释至刻度，摇匀。立刻用 $1\ cm$ 比色皿，以蒸馏水为参比，在 λ_{max} 下测量吸光度。然后依次测量放置 $2\ min$、$5\ min$、$10\ min$、$15\ min$、$20\ min$ 后的吸光度。以时间 t 为横坐标，吸光度 A 为纵坐标，绘制 A 与 t 的显色时间影响曲线。得出铁与邻二氮菲显色反应完全所需要的适宜时间。

2. 铁含量的测定

（1）标准曲线的制作

在 6 个 $50\ cm^3$ 容量瓶中，用吸量管分别加入 0.00、$1.00\ cm^3$、$3.00\ cm^3$、$5.00\ cm^3$、$7.00\ cm^3$、$9.00\ cm^3$ $20\ \mu g \cdot cm^{-3}$ 铁标准溶液，再各加入 $1\ cm^3$ 盐酸羟胺、$5\ cm^3$ NaAc 溶液、$2\ cm^3$ 0.15% Phen，摇匀。然后用水稀释至刻度，摇匀后放置 $10\ min$。用 $1\ cm$ 比色皿，以试剂为空白（即除了铁标液的其他所有相同种类和量的试剂），在所选择的波长下，测量各溶液的吸光度。以含铁量为横坐标，吸光度 A 为纵坐标，绘制标准曲线。

（2）试样中铁含量的测定

未知样溶液的准备：针对需要测试的实际样品，配制含 Fe 量约 $20\ \mu g \cdot cm^{-3}$ 的溶液备用。

准确吸取 $5\ cm^3$ 未知试液于 $50\ cm^3$ 容量瓶中，按标准曲线的制作步骤，加入各种试剂，测量吸光度。从标准曲线上查出和计算试液中铁的含量（$\mu g \cdot cm^{-3}$）。

3. 实验数据的处理和讨论

① 绘制吸收曲线，标出最大吸收波长。

② 绘制显色剂用量和 A 的曲线，找到合适的显色剂用量。

③ 绘制显色时间和 A 的曲线，找到反应达到平衡的时间。

④ 绘制标准曲线，再根据测定对未知样的 A，找到对应的浓度，计算未知样中 Fe 的含量。

⑤ 由绘制的标准曲线，重新查出相应铁浓度的吸光度，计算 Fe^{2+}-Phen 配合物的摩尔吸光系数 ε。

【实验指导】

[1] 铁标准溶液 $20\ \mu g \cdot cm^{-3}$：准确称取 $0.3454\ g$ 分析纯 $NH_4Fe(SO_4)_2 \cdot 12H_2O$ 于 $400\ cm^3$ 烧杯中，加入 $40\ cm^3$ $6\ mol \cdot dm^{-3}$ HCl 和少量水，溶解后转移至 $2\ dm^3$ 容量瓶中，稀释至刻度，摇匀。

[2] 盐酸羟胺 10% 水溶液，用时配制。

[3] pH＝2～9 时，Fe^{2+} 和邻二氮菲生成稳定的橘红色配合物，实验中用 NaAc 溶液调节溶液的 pH 值，溶液中的缓冲对为 HAc-NaAc。

【思考题】

1. 本实验量取各种试剂时应分别采用何种量器取较为合适？为什么？使用量器量取液体时应注意什么？

2. 比色皿在使用过程中应该注意什么？若用稀硝酸来清洗比色皿，长时间浸泡是否妥当？为什么？

3. 试对所做条件试验进行讨论并选择适宜的测量条件。

4. 制作标准曲线和进行其他条件试验时，加入试剂的顺序能否任意改变？为什么？

5. 吸光度测定时参比溶液的选择依据的原则是什么？

6. 分光光度计的使用要注意什么？为确保测定结果能正确代表溶液的吸光度，在测定时要注意哪些细节？

7. 样品在测试过程中如何保证所配制的样品浓度不变？

8. 思考一下，如何合理有序地安排样品的配制和测定？如何不会混乱使用移液管或吸量管而造成试剂的污染？

9. 写出实验中显色的化学反应方程式，生成物的结构是怎样的？配离子的空间结构是怎样的？

10. 设计实验中需要记录数据的表格。

11. 盐酸羟胺的作用是什么？若不加入盐酸羟胺，对测定结果有何影响？

12. 实验数据的处理主要是作图法，如何根据实验数据得到曲线？另外如何根据所得到的曲线确定最佳实验条件？以本实验测定未知样品为例加以说明。

13. 怎样用分光光度法测定水样中的全铁（总铁）和亚铁的含量？试拟出一简单步骤。

14. 总结本实验过程，简述一下实验条件选择的方法，同时讨论对于一个未知的含铁样品，如果用本实验方法来测定含量，需要如何设计实验方案？

15. 如果体系中有其他金属离子，特别是过渡金属离子，会对该体系测定有什么干扰？应该如何去除这些干扰？

16. 有时工作波长不选择最大波长，是否可以？界定的原则是什么？

17. 邻二氮菲与铁的配合物在比较宽的酸度范围内都非常稳定。假设某配体与铁的配合物的稳定性受酸度的影响较大，又由于条件关系，必须选用该配体与铁的分光光度法，那么条件实验除上述之外，还必须做什么？酸度的控制是否还可以用乙酸钠？

18. 实验中溶液是否含有 H^+？分析溶液的 pH 值约等于多少。

19. 根据最大吸收波长，计算此配合物的分裂能。说明配合物的颜色为什么是橙色的。

实验 8 邻二氮菲分光光度法测定配合物的摩尔比和稳定常数

【实验目的】

1. 学习和理解配位平衡的形成，以及配合物的稳定性和稳定常数的影响因素。

2. 学习测定配合物稳定常数的两种方法。

3. 巩固数据处理的基本方法。

【实验原理】

利用分光光度法测定配合物组成的方法一般有两种：摩尔比法和等摩尔法。本实验尝试分别用这两种方法来测定邻二氮菲与铁的配合物的配位比。

1. 摩尔比法

本实验学习用摩尔比法或称物质的量比法测定 Fe^{2+}-Phen 配合物的组成。即配制一系列的溶液，使 Fe^{2+} 的浓度 $c_{Fe^{2+}}$ 固定，而 Phen 的浓度 c_{Phen} 改变（或两者相反），然后在选定的波长下，测定系列溶液的吸光度 A（Fe^{2+} 及 Phen 在选定波长下各自均无吸收）。将实验结果以 A 对 $\dfrac{c_{Phen}}{c_{Fe^{2+}}}$ 作图。图形如图 7-4 所示。两条直线段的延长线交点所对应的 $\dfrac{c_{Phen}}{c_{Fe^{2+}}}$ 即为配合物的配位比。

2. 等摩尔连续变化法

所谓等摩尔连续变化法就是在保持溶液中金属离子的浓度与配体的浓度之和不变（即总物质的量不变）的前提下，改变 c_M 和 c_R 的相对量，配制一系列的溶液。显然，在这一系列的溶液中，有一些溶液中的金属离子是过量的或者配体是过量的，而这两种溶液中，配离子的浓度都不能达到最大值，只有当溶液中金属离子与配体的摩尔比与配离子的组成一致时，配离子的浓度才最大。

具体操作时，取用物质的量相等的金属离子溶液和配体溶液，按照不同的体积比（即物质的量比）配成一系列溶液，测定其吸光度。以吸光度（A）为纵坐标，以体积分数（φ）$\left(\dfrac{V_M}{V_M+V_R}\text{或}\dfrac{V_R}{V_M+V_R}\text{，即摩尔分数}\right)$为横坐标作图，得到的曲线如图 7-5 所示，将曲线两边的直线部分延长相交于 B 点，B 点的吸光度 A' 最大。由 B 点的横坐标值 F 可计算配离子中金属离子与配位体的物质的量比，即可求出配离子 MR_n 中配位体的数目 n。

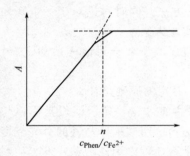

图 7-4　摩尔比法测定配合物的组成

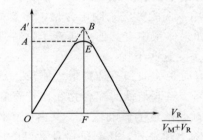

图 7-5　等摩尔连续变化法

例如，若 $\varphi=0.5$，则：

$$\frac{V_M}{V_M+V_R}=0.5\text{，即}\frac{n_M}{n_M+n_R}=0.5$$

整理可得 $\dfrac{n_R}{n_M}=1$，即金属离子与配位体的比是 $1:1$。

由图 7-5 可以看出，最大吸光度应在 B 点，其值为 A'，一般认为此时 M 和 R 全部配合。但由于配离子有一部分解离，其浓度要稍小一些，所以，实验测得的最大吸光度在 E 点，其值为 A，所以配离子的解离度

$$\alpha=\frac{A'-A}{A'}$$

配离子的表观稳定常数 K 可由以下平衡关系导出：

$$M+nR \rightleftharpoons MR_n$$
$$c\alpha \quad nc\alpha \qquad c(1-\alpha)$$

$$K=\frac{c(1-\alpha)}{c\alpha(nc\alpha)^n}=\frac{(1-\alpha)}{(nc)^n\alpha^{n+1}}$$

式中，c 为 B 点相对应的 M 离子总浓度；α 为解离度。

本实验是测定 Fe^{2+} 与邻二氮菲形成的配合物，在上一个实验选定的条件下改变 Fe^{2+} 与邻二氮菲的 n_R/n_M，得到吸光度，再绘图得出该配合物的配比。

【实验内容】

1. 用摩尔比法测定

取 8 个 $50\ cm^3$ 容量瓶，分别加入 $1.00\ cm^3$ $1.00 \times 10^{-3}\ mol \cdot dm^{-3}$ 的铁标准溶液[1] 及 $1\ cm^3$ 盐酸羟胺，各加入 $5\ cm^3$ NaAc 溶液，再依次加入 $1.00 \times 10^{-3}\ mol \cdot dm^{-3}$ 的 Phen 溶液 $1.00\ cm^3$、$1.50\ cm^3$、$2.00\ cm^3$、$2.50\ cm^3$、$3.00\ cm^3$、$3.50\ cm^3$、$4.00\ cm^3$、$4.50\ cm^3$，用水稀释至刻度，摇匀。以蒸馏水为参比溶液，按照上述的方法测定各溶液的吸光度，以吸光度 A 对 $c_{Phen}/c_{Fe^{2+}}$ 作图，根据曲线上前后两直线段延长线的交点位置，确定 Fe^{2+}-Phen 配合物的配合比。

2. 用等摩尔法测定

取 10 个 $50\ cm^3$ 容量瓶，分别加入 $1.00 \times 10^{-3}\ mol \cdot dm^{-3}$ 的铁标准溶液 $0.50\ cm^3$、$1.00\ cm^3$、$1.50\ cm^3$、$2.00\ cm^3$、$2.50\ cm^3$、$3.00\ cm^3$、$3.50\ cm^3$、$4.00\ cm^3$、$4.50\ cm^3$、$5.00\ cm^3$，各加入 $1\ cm^3$ 盐酸羟胺、$5\ cm^3$ NaAc 溶液，再依次加入 $1.00 \times 10^{-3}\ mol \cdot dm^{-3}$ 的 Phen 溶液[2] $4.50\ cm^3$、$4.00\ cm^3$、$3.50\ cm^3$、$3.00\ cm^3$、$2.50\ cm^3$、$2.00\ cm^3$、$1.50\ cm^3$、$1.00\ cm^3$、$0.50\ cm^3$、0.00，用水稀释至刻度，摇匀。以蒸馏水为参比溶液，测定各溶液的吸光度，以吸光度（A）为纵坐标，以体积分数（φ）为横坐标作图，确定 Fe^{2+}-Phen 配合物的配合比和表观的不稳定常数。

【实验指导】

[1] $1.00 \times 10^{-3}\ mol \cdot dm^{-3}$ 铁标准溶液：准确称取 $0.4822\ g$ 基准试剂 $NH_4Fe(SO_4)_2 \cdot 12H_2O$ 于烧杯中，加用入少量 H_2SO_4，再用少量水溶解，定容至 $1\ dm^3$ 容量瓶中备用。

[2] $1.00 \times 10^{-3}\ mol \cdot dm^{-3}$ 邻二氮菲溶液：准确称取 $0.1982\ g$ 邻二氮菲于烧杯中，加水加热溶解，转移到 $1\ dm^3$ 容量瓶中，稀释至刻度，摇匀。

【思考题】

1. 两种测定配合物组成的方法原理关键在哪里？

2. 本实验的参比溶液是否一定要用试剂空白？

3. 溶液的配制要注意什么？

4. 为什么显色剂邻二氮菲的浓度不同于条件实验的？为什么 Fe 溶液的浓度和显色剂的浓度是相等的？

5. 由本实验得出的平衡常数是哪一种平衡常数？与手册上查到的数据有差别吗？分析原因。

6. 查阅资料，研究一下常用的测定配合物组成的方法。评价本实验所列举的几种配合物组成的测定方法。

7. 上述等摩尔法原理阐述的图形是配比为 1∶1 的配合物的，本实验作出的图形会发生什么变化？请解释。

8. 如果不是 1∶1 的配合物，其实验曲线是什么样子？能否求出？实验数据是不是还需要多一些？

拓展实验：测定 $[Fe(SCN)_6]^{3-}$ 的稳定常数

实验 9　磺基水杨酸合铜配合物的组成及稳定常数的测定

【实验目的】

1. 了解分光光度法测定溶液中配合物的组成和稳定常数的原理和方法。
2. 了解测定条件对稳定常数的影响。
3. 进一步理解测定方法及系统误差的关系。

【实验预习】

1. 《无机与分析化学》《仪器分析》中分光光度法及其应用。
2. 《无机与分析化学》《无机化学》中配位化合物的解离平衡、稳定常数。
3. 容量瓶的使用，吸量管的使用，溶液的配制。
4. 本书第 3 章化学实验中的误差分析和数据处理。
5. 本书 6.4 可见分光光度计的构造原理及溶液浓度的测定。
6. 本书 6.2 酸度计的使用和溶液 pH 值的测定。

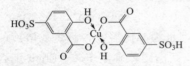

图 7-6　磺基水杨酸铜的结构式

【实验原理】

研究测定配离子的组成时，分光光度法是一种十分有效的方法。用分光光度法测定配离子组成时，常用的方法有两种，一种是等摩尔数连续变化法，另一种是摩尔比法。等摩尔比法的原理见实验 8。

本实验是测定 Cu^{2+} 和磺基水杨酸 $[HO_3SC_6H_3(OH)CO_2H$，以 H_3R 表示] 形成的 1∶1 配合物，溶液呈亮绿色；pH 8.5 以上形成 1∶2 配合物，溶液呈深绿色。结构式如图 7-6 所示。我们选用波长为 440 nm 的单色光进行测定。在此条件下，磺基水杨酸和 Cu^{2+} 对光几乎没有吸收，形成的配合物则有一定的吸收。

这里要特别注意，实验中测定的是实际条件下的稳定常数 K'（称条件稳定常数），但实验的最终结果是测定配合物的标准稳定常数 $K^\ominus$，所以数据处理时需要考虑副反应效应的影响，经理论计算才能得到。

此实验中，唯一的副反应是酸效应，因此若只考虑配体 L 的酸效应，则：

$$\lg K^\ominus = \lg K' + \lg \alpha_{L(H)}$$

式中，$\alpha_{L(H)}$ 为配体 L 的酸效应系数，随反应体系的 pH 不同而发生变化。

本实验为磺基水杨酸合铜配合物的反应，磺基水杨酸为三元酸（以 H_3R 表示），弱酸电离反应为：

$$H_3R \Longrightarrow H_2R^- + H^+ \qquad K_{a1} = 10^{0.75}$$
$$H_2R^- \Longrightarrow HR^{2-} + H^+ \qquad K_{a2} = 10^{-2.32}$$
$$HR^{2-} \Longrightarrow R^{3-} + H^+ \qquad K_{a3} = 10^{-11.40}$$

H_3R 与 Cu^{2+} 形成配合物的反应体系中，H^+ 可看作是主反应的干扰离子，酸效应系数 $\alpha_{H_3R(H)}$ 的计算公式为：

$$\alpha_{H_3R(H)} = 1 + \frac{[H^+]}{K_{a3}} + \frac{[H^+]^2}{K_{a2} \cdot K_{a3}} + \frac{[H^+]^3}{K_{a1} \cdot K_{a2} \cdot K_{a3}}$$

酸效应系数 $\alpha_{H_3R(H)}$ 与溶液的 pH 相关，磺基水杨酸与铜离子在 pH≈5.0 时形成 1∶1 的配合物，利用公式计算出磺基水杨酸配体在 pH＝5.0 时的酸效应系数 $\alpha_{H_3R(H)}$ 为 $10^{6.40}$，因此，实验测得磺基水杨酸合铜配合物的条件稳定常数 K'，转化成标准稳定常数为：

$$\lg K^\ominus = \lg K' + \lg \alpha_{H_3R(H)} = \lg K' + 6.40$$

【实验内容】

1. 溶液配制

用 0.05 mol·dm^{-3} 硝酸铜溶液和 0.05 mol·dm^{-3} 磺基水杨酸溶液，在 13 个 50 cm^3 烧杯中依下表所列体积比配制混合溶液（用吸量管量取溶液）。

溶液编号	1	2	3	4	5	6	7	8	9	10	11	12	13
磺基水杨酸溶液的体积 V_R/cm^3	0.00	2.00	4.00	6.00	8.00	10.00	12.00	14.00	16.00	18.00	20.00	22.00	24.00
硝酸铜溶液的体积 V_M/cm^3	24.00	22.00	20.00	18.00	16.00	14.00	12.00	10.00	8.00	6.00	4.00	2.00	0.00
$x_L\left(\dfrac{V_R}{V_M+V_R}\right)$													
溶液 A 值													

2. 调节溶液 pH

在搅拌下用 1 mol·dm^{-3} NaOH 溶液调节 pH 为 4 左右（用酸度计测定），然后改用 0.05 mol·dm^{-3} NaOH 溶液调节 pH＝4.0～4.5（此时溶液为黄绿色，不应有沉淀产生，如有沉淀产生，说明 pH 值过高，Cu^{2+} 已水解）。若 pH 值超过 4.5，则可用 0.01 mol·dm^{-3} HNO$_3$ 溶液调回。注意：各瓶溶液的 pH 应该是一个值；溶液的总体积不得超过 50 cm^3。

将调节好 pH 的溶液分别转移到容量瓶中，用 pH＝5 的 0.1 mol·dm^{-3} KNO$_3$ 溶液稀释至标线，摇匀。

3. 测定吸光度

① 在波长 440 nm 条件下，分别测定磺基水杨酸水溶液、Cu^{2+} 溶液、配制的 8 号样品的吸光度。记录数据。

② 在波长 440 nm 条件下，用分光光度计分别测定每个混合溶液的吸光度，记录数据。

4. 结果和讨论

① 通过实验说明选择波长 440 nm 的合理性。

② 以吸光度 A 为纵坐标，配位体摩尔分数 x_L 为横坐标，作 A-x_L 图，求 CuR$_n$ 的配位体数目 n 和配合物的稳定常数 $K_稳$。

【实验指导】

[1] 硝酸铜和磺基水杨酸溶液用 0.1 mol·dm^{-3} KNO$_3$ 溶液配制，预先进行标定。

[2] Cu^{2+} 和磺基水杨酸可以形成两种配合物，稳定常数的对数值分别为 9.52 和 15.86，在 pH＝4.0～4.5 时主要是以 1∶1 配位。

[3] 注意选择合适的参比溶液。

【思考题】

1. 使用分光光度计应注意哪些事项？

2. 实验过程中用什么溶液作为参比溶液？分析原因。

3. 本实验的数据处理中，为什么可以用 $\dfrac{n_M}{n_M+n_R}$？

4. 与用等摩尔法测定邻二氮菲与铁的配合物的稳定常数实验相比，本实验要特别注意什么？

5. 如果溶液中同时有几种不同组成的配合物存在，能否用本实验的方法测定它们的组成和稳定常数？

6. 写出 Cu^{2+} 和磺基水杨酸形成的 1∶1 和 1∶2 的配合物的结构。

7. 由本实验测定的数据计算得到的配合物的稳定常数与从手册上查到的一样吗？原因是什么？如何校正？

实验 10 滴定分析基本操作练习

【实验目的】

1. 通过滴定操作练习，初步练习并逐渐掌握酸、碱滴定操作，学会准确确定终点的方法，初步掌握酸碱指示剂的选择和终点的判断方法。

2. 练习酸碱溶液的配制。

3. 容量分析滴定操作其他技能的训练。

【实验预习】

1.《无机与分析化学》《分析化学》中一元酸碱滴定体系的特点、酸碱指示剂的终点指示原理和选择指示剂的原则。

2. 本书 5.1 玻璃仪器的洗涤与干燥。

3. 本书 5.2.3 溶液的配制。

4. 本书 5.5 容量分析基本操作。

5. 本书第 3 章化学实验中的误差分析和数据处理。

【实验原理】

滴定分析是将一种已知准确浓度的标准溶液滴加到被测试样的溶液中，直到化学反应完全为止。然后，根据标准溶液的浓度和体积以及相应的化学反应的计量关系求得被测试样中的组分含量。它是容量分析的重要内容。

熟练地掌握滴定操作的要点和技能，对于今后在化学分析中准确地进行滴定操作非常必要。

同时，滴定操作技能的熟练掌握和理解以达到准确度为目的的各种操作规范，可以培养科研中认真、仔细、规范、缜密的态度和良好的习惯，形成良好的科学素养。

滴定分析时要熟练掌握滴定操作的实验技能，准确把握滴定过程中所消耗滴定剂的体积，通过练习，能精确控制到滴入半滴，达到定量分析的误差要求。为此，安排此基本操作练习实验，内容为 NaOH 溶液与 HCl 溶液互滴。强酸 HCl 与强碱 NaOH 溶液的滴定反应，用酸碱指示剂来指示终点，选用甲基橙、酚酞两种指示剂，通过盐酸与氢氧化钠溶液体积比的测定，掌握酸碱滴定操作和判断滴定终点的方法。

【实验步骤】

1. 酸碱溶液的配制

① 用 1:1 盐酸配制 0.1 mol·dm^{-3} 盐酸溶液。

② 称取固体 NaOH 配制 0.1 mol·dm^{-3} NaOH 溶液。

2. 酸碱溶液的相互滴定

① 做好滴定前的准备工作，包括滴定管的洗涤、检漏，滴定管滴定速度的可调控训练。

② 用 0.1 mol·dm^{-3} NaOH 溶液润洗已经洗净了的碱式滴定管 2~3 次，每次用碱 5~10 cm^3。然后将滴定剂倒入碱式滴定管中，液面调节至 0.00 刻度。

③ 用 0.1 mol·dm^{-3} 盐酸溶液润洗洗净了的酸式滴定管 2~3 次，每次用酸 5~10 cm^3，然后将盐酸溶液倒入滴定管中，调节液面至 0.00 刻度。

④ 由碱式滴定管向 250 cm^3 锥形瓶中以约 10 cm^3·min^{-1} 的速度放入约 20 cm^3 NaOH 溶液，即每秒滴入 3~4 滴溶液，加 2 滴甲基橙指示剂，用酸管中的 0.1 mol·dm^{-3} HCl 溶液进行滴定直至溶液由黄色转变为橙色，记下读数。可以反复练习以熟练滴定操作技能。

⑤ 由碱管中同步骤④中速度一样放出 NaOH 溶液 20~25 cm^3 于锥形瓶中，加入 2 滴甲基橙指示剂，用 0.1 mol·dm^{-3} HCl 溶液滴定至黄色转变为橙色，记下读数。平行滴定三份。计算体积比 V_{HCl}/V_{NaOH}，要求相对偏差在 ±0.3% 以内，若达不到请反复练习。

⑥ 用移液管吸取 25.00 cm^3 0.1 mol·dm^{-3} HCl 溶液于 250 cm^3 锥形瓶中，加 1~2 滴酚酞指示剂，用 0.1 mol·dm^{-3} NaOH 溶液滴定至溶液呈微红色，此红色保持 30 s 不褪色即为终点。平行测定三份，要求三次之间所消耗 NaOH 溶液体积的最大差值不超过 ±0.04 cm^3。

【实验指导】

[1] 0.1 mol·dm^{-3} NaOH 溶液滴定同浓度盐酸 pH 突跃范围为 4~10，0.1 mol·dm^{-3} 盐酸溶液滴定同浓度 NaOH 溶液 pH 突跃范围为 10~4，在这一范围内可选用甲基橙（变色范围 pH 3.1~4.4）、甲基红（变色范围 pH 4.4~6.2）、酚酞（变色范围 pH 8.0~10.0）、百里酚蓝-甲酚红钠盐水溶液（变色点的 pH 值为 8.3）等指示剂。

[2] 在滴定终点前应尽可能少用蒸馏水吹洗杯壁，因为过度稀释将使指示剂的变色不敏锐。

[3] 配制溶液时，如果是固体，首先要配制浓溶液，再加水稀释。另外一定要搅拌均匀备用。

[4] 实验数据一定要设计表格记录。

【思考题】

1. 1:1 HCl 的浓度是多少？配制 0.1 mol·dm^{-3} HCl 时用什么量器量取盐酸和水？

2. NaOH 固体有什么性质？根据这些性质称量 NaOH 固体时应该用什么仪器？

3. 在滴定分析实验中，滴定管、移液管为何需要用滴定剂或待移取的溶液润洗几次？滴定中使用的锥形瓶是否也要用滴定剂润洗？为什么？

4. 实验中甲基橙的颜色变化、酚酞的颜色变化分别是什么？HCl 溶液与 NaOH 溶液定量反应完全后，生成 NaCl 和水，为什么用 HCl 滴定 NaOH 时使用甲基橙作为指示剂，而用 NaOH 滴定 HCl 溶液时却使用酚酞作为指示剂？

5. 滴定管、移液管、容量瓶是滴定分析中量取溶液体积的三种准确量器，记录时应注意的是什么？

6. 滴定管读数的起点为何每次最好调到 0.00 刻度处，其道理何在？

7. 滴定结束前，要用去离子水冲洗锥形瓶的内壁，为什么？滴定接近终点时，滴定剂要缓慢加入，有时还要半滴半滴地滴加，为什么？

8. 根据实验分析，滴定实验中可能带来误差的操作有哪些？

9. 实验中要求的 V_{HCl}/V_{NaOH} 在 $\pm 0.3\%$ 以内以及三次之间所消耗 NaOH 溶液体积的最大差值不超过 $\pm 0.04\ cm^3$ 意味着定量分析的相对误差在什么范围？

10. 总结实验中配制溶液的步骤和注意事项。

实验 11　混合碱的测定(双指示剂法)

【实验目的】

1. 了解双指示剂法测定混合碱溶液（$NaOH + Na_2CO_3$ 或者 $NaHCO_3 + Na_2CO_3$）中组分含量的原理。

2. 了解双指示剂法的特点和双指示剂的使用方法。

3. 初步了解多元酸（碱）滴定及混合酸（碱）滴定的方法要点。

4. 学会一种测定 NaOH、Na_2CO_3 和 $NaHCO_3$ 混合碱组成的测定方法。

5. 了解设计方案的系统误差和具体的实验操作的关系。

【实验预习】

1. 《无机与分析化学》《分析化学》中酸碱滴定的原理及多元酸（碱）、混合酸滴定。

2. 本书 6.1 电子天平的使用方法。

3. 本书 5.5 容量分析基本操作。

4. 本书 5.2.3 溶液的配制。

【实验原理】

实验所用混合碱是 Na_2CO_3 与 NaOH 或 $NaHCO_3$ 与 Na_2CO_3 的混合物。欲测定同一份试样中各组分的含量，可用 HCl 标准溶液滴定。滴定过程中的两个化学计量点，用理论计算可分别得到其 pH 值。然后，选用两种不同指示范围的指示剂分别指示第一、第二化学计量点的到达，即常称为"双指示剂法"。此法具有简便、快速的特点，在生产实际中应用广泛。

在混合碱试液中加入酚酞指示剂，变色 pH 范围是 $8.0 \sim 10.0$，溶液会呈现红色（图 7-7）。用盐酸标准溶液进行滴定，溶液由红色刚好变为无色时，试液中所含 NaOH 完全被中和，而所含 Na_2CO_3 则被中和到 $NaHCO_3$，反应式为：

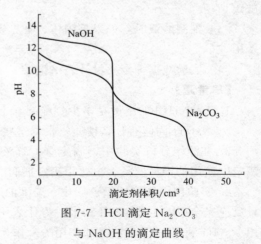

图 7-7　HCl 滴定 Na_2CO_3
与 NaOH 的滴定曲线

$$NaOH + HCl \xrightarrow{\text{酚酞}} NaCl + H_2O$$

$$Na_2CO_3 + HCl \xrightarrow{\text{酚酞}} NaCl + NaHCO_3$$

设所消耗 HCl 溶液的体积为 $V_1 (cm^3)$，再加入甲基橙指示剂两滴，甲基橙的变色 pH 范围为 $3.1 \sim 4.4$，此时溶液为黄色。继续用盐酸标准溶液滴定，使溶液由黄色转变为橙色即为终点。反应式为：

$$NaHCO_3 + HCl \xrightarrow{\text{甲基橙}} NaCl + CO_2 \uparrow + H_2O$$

设所消耗盐酸溶液的体积为 $V_2 (\text{cm}^3)$。根据 V_1、V_2 数值的大小，可以分析混合碱的成分和计算相应的含量。

假设该试样只是 Na_2CO_3 与 $NaOH$ 的混合物，则：

当 $V_1 > V_2$ 时，中和 Na_2CO_3 所需 HCl 是由两次滴定加入的，两次用量应该相等，而中和 $NaOH$ 时所消耗的 HCl 量应为 $V_1 - V_2$，由此可计算 $NaOH$ 和 Na_2CO_3 组分的含量；

当 $V_1 < V_2$ 时，则该试样为 Na_2CO_3 与 $NaHCO_3$ 的混合物，此时 V_1 为中和 Na_2CO_3 至 $NaHCO_3$ 时所消耗的 HCl 溶液体积，故 Na_2CO_3 所消耗 HCl 溶液体积为 $2V_1$，中和 $NaHCO_3$ 所用 HCl 的体积应为 $V_2 - V_1$。

双指示剂法中，由于酚酞是单色指示剂，变色不是很敏锐，人眼观察这种颜色变化的灵敏性稍差些。因此，也有选用甲酚红-百里酚蓝混合指示剂。酸色为黄色，碱色为紫色，变色点 $pH = 8.3$。$pH = 8.2$ 时为玫瑰色，$pH = 8.4$ 时为清晰的紫色，此混合指示剂变色敏锐，用盐酸滴定剂滴定溶液由紫色变为黄色，即为终点。

【实验内容】

1. $0.1\ \text{mol·dm}^{-3}$ HCl 溶液的配制和标定

用 $1:1$ HCl 配制 $300\ \text{cm}^3$ $0.1\ \text{mol·dm}^{-3}$ HCl 备用。

分别向 $250\ \text{cm}^3$ 锥形瓶中准确称取 $0.15 \sim 0.20\ \text{g}$ 无水 Na_2CO_3 三份，加入 $20 \sim 30\ \text{cm}^3$ 水使其溶解，滴加 0.2% 甲基橙指示剂 $1 \sim 2$ 滴，用待标定的 HCl 滴定溶液由黄色恰变为橙色，即为终点。

2. 混合碱的分析

平行移取试液 $25.00\ \text{cm}^3$ 三份于 $250\ \text{cm}^3$ 锥形瓶中，加酚酞指示剂 $1 \sim 2$ 滴，用盐酸标准溶液滴定至溶液由红色恰好褪至无色，记下所消耗 HCl 标液的体积 V_1，再加入甲基橙指示剂 $1 \sim 2$ 滴，继续用盐酸标准溶液滴定溶液恰好由黄色变为橙色，消耗 HCl 的体积记为 V_2。然后按原理部分所述公式计算混合碱中各组分的浓度（mol·dm^{-3}）和含量。

【实验指导】

[1] Na_2CO_3 基准物用称量瓶称样时一定带盖，以免吸湿。

[2] 加酚酞指示剂用 HCl 溶液滴定后，再加甲基橙指示剂滴定时滴定管中的 HCl 要加满并重新调零后再滴。

[3] 混合碱样品配制方法：准确称取试样 $5.0 \sim 7.5\ \text{g}$ 于 $100\ \text{cm}^3$ 烧杯中，加水使其溶解，定量转入 $250\ \text{cm}^3$ 容量瓶中，用水稀释至刻度，充分摇匀。

[4] 当 $V_1 > V_2$ 时，溶液组分为 $NaOH$ 和 Na_2CO_3，计算 $NaOH$ 和 Na_2CO_3 的浓度公式为：

$$c(\text{NaOH}) = \frac{c(\text{HCl})(V_1 - V_2)}{V}$$

$$c(\text{Na}_2\text{CO}_3) = \frac{c(\text{HCl})V_2}{V}$$

当 $V_1 < V_2$ 时，则该试样为 Na_2CO_3 与 $NaHCO_3$ 的混合物，组分浓度为：

$$c(\text{Na}_2\text{CO}_3) = \frac{c(\text{HCl})V_1}{V}$$

$$c(\text{NaHCO}_3) = \frac{c(\text{HCl})(V_2 - V_1)}{V}$$

【思考题】

1. 欲测定混合碱中总碱度，应选用何种指示剂？为什么？

2. 采用双指示剂法测定混合碱，在同一份溶液中测定，试判断下列五种情况下，混合碱中存在的成分是什么。

(1) $V_1 = 0$　(2) $V_1 = 0$　(3) $V_1 > V_2$　(4) $V_1 < V_2$　(5) $V_1 = V_2$

3. 无水 Na_2CO_3 保存不当，吸水 1%，用此基准物质标定盐酸溶液浓度时，对结果有何影响？用此浓度测定试样，其影响如何？

4. 测定混合碱时，到达第一化学计量点前，由于滴定速度太快，摇动锥形瓶不均匀，致使滴入的 HCl 局部过浓，使 $NaHCO_3$ 迅速转变为 H_2CO_3 继而分解为 CO_2 而损失，此时采用酚酞为指示剂，记录 V_1，如此操作对测定结果有何影响？

5. 减量法称量固体使用哪些仪器？称量的关键是什么？

6. 用移液管移取溶液后放入盛接容器时，为什么移液管要垂直，并停顿、旋转？

7. 实验中，用什么方法可以尽量减少因为用酚酞指示剂由红色到无色不易掌控、判断而引起的误差？

8. 评价一下双指示剂法的准确性和误差来源，整个过程中只用一种 HCl 溶液而不标定其浓度行吗？

9. 有人在实验过程中称取 Na_2CO_3 固体 0.1534 g，用待标定的浓度约 0.1 mol·dm^{-3} HCl 滴定，甲基橙为指示剂，滴加已超过 45 cm^3 也不变色，请你分析其中的原因。

10. 取两份相同的混合碱溶液，一份以酚酞作指示剂，另外一份用甲酚红-百里酚蓝作指示剂，滴定到终点，哪一份消耗的 HCl 体积多？为什么？

11. 本实验标定盐酸溶液时，称取的基准物 Na_2CO_3 为 0.15～0.20 g，计算称量误差是多少。这符合常量分析的称量误差应少于 0.1% 的要求吗？怎样理解？

12. 了解一下混合碱的氯化钡测定方法的原理和过程，其与双指示剂法相比有何不同？

13. 混合溶液中只有两种组分的情况和含有杂质的情况含量的计算公式相同吗？写出具体的表达式。

实验 12　纯水的制备与检验、水总硬度的测定

【实验目的】

1. 了解自来水中主要有哪些无机杂质离子及其定性鉴定方法。

2. 学习蒸馏装置的搭建，使用这一装置制备纯水。

3. 理解电导率仪的测定原理，学会使用电导率仪测定水的电导率。

4. 了解水总硬度的测定意义和常用的硬度表示方法。

5. 学习配位滴定法测定水总硬度的原理和方法及铬黑 T 指示剂的应用。

6. 学会评价蒸馏法制备纯水这种方法的优缺点。

【实验预习】

1. 水硬度的表示方法。我国生活饮用水总硬度以碳酸钙计，不得超过 450 mg·dm^{-3}。

2. 《无机与分析化学》《分析化学》中配位滴定法。

3. 《无机与分析化学》《无机化学》中酸碱平衡中的缓冲溶液的配制和使用。

4.《有机化学实验》中有关"蒸馏"及其注意事项。

5. 本书 5.5 容量分析基本操作。

6. 本书 6.3 电导率仪及其操作方法。

【实验原理】

1. 纯水的制备与检测

（1）水的净化

工业生产、科学研究和日常生活对所用水的水质各有一定的要求。电子工业、化工生产等对水质的纯度要求更高。所以需要对自来水采用不同的方法进行不同目的的纯化制备。

自来水中常溶有 Na^+、Ca^{2+}、Mg^{2+} 和 HCO_3^-、CO_3^{2-}、SO_4^{2-}、$S_2O_3^{2-}$、Cl^- 等离子以及某些气体和有机物等杂质，需采用一些方法进行净化。根据纯度和用量的不同要求，去除水中离子主要的净化方法有蒸馏法、离子交换法、电渗析法、反渗透法等。

（2）水的纯度

在生产和科学实验中，表示水的纯度的主要指标是水中含盐量（即水中各种盐类的阳、阴离子的数量）的多少，而水中含盐量的多少通常用水的电阻率或电导率来间接表示。

$$\rho = \frac{1}{\kappa}$$

式中 ρ——电阻率，$\Omega \cdot cm$；

   κ——电导率，$\Omega^{-1} \cdot cm^{-1}$。

根据对水纯度的要求不同，通常可将水分为软化水、脱盐水、纯水及高纯水四种，25 ℃时水的电阻率应为 $0.1 \sim 1.0 \times 10^6 \ \Omega \cdot cm$，转化成电导率为 $1.0 \times 10^{-6} \sim 10 \ \Omega^{-1} \cdot cm^{-1}$。

① 软化水：一般是指将水中的硬度（暂时硬度及永久硬度）降低或去除至一定程度的水。

② 脱盐水：一般是指将水中易去除的强电解质去除或减少至一定程度的水。脱盐水中的剩余含盐量一般应在 $1 \sim 5 \ mg \cdot dm^{-3}$。

③ 纯水：又称去离子水或深度脱盐水。一般是指既将水中易去除的强电解质去除，又将水中难以去除的硅酸及二氧化硅等弱电解质去除至一定程度的水。纯水中的剩余含盐量一般应在 $1.0 \ mg \cdot dm^{-3}$ 以下。

④ 高纯水：又称超纯水。一般是指既将水中的电解质几乎完全去除，又将水中不解离的胶状物质、气体及有机物去除至很低程度的水。高纯水中剩余含盐量应在 $0.1 \ mg \cdot dm^{-3}$ 以下。

水中所含的主要阳、阴离子可做定性鉴定，常用下列方法：

① 用镁试剂检验 Mg^{2+}。镁试剂（对硝基苯偶氮间苯二酚）是一种有机染料，在酸性溶液中呈黄色，在碱性溶液中呈紫色，被 $Mg(OH)_2$ 沉淀吸附后呈天蓝色，反应必须在碱性溶液中进行。

② 用钙指示剂检验 Ca^{2+}。游离的钙指示剂呈蓝色，在 pH>12 的碱性溶液中，它能与 Ca^{2+} 结合显红色。在此 pH 值时，Mg^{2+} 不干扰 Ca^{2+} 的检验，因为 pH>12 时，Mg^{2+} 已生成 $Mg(OH)_2$ 沉淀。

③ 用 $AgNO_3$ 溶液在酸性介质中检验 Cl^-。

④ 用 $BaCl_2$ 溶液在酸性介质中检验 SO_4^{2-}。

（3）蒸馏法制备纯水

蒸馏法的基本原理是通过加热使含盐的水蒸发，然后将蒸汽冷凝成蒸馏水或称脱盐水，原溶解在水中的盐类则残留在蒸馏器中。如果实验或生产中对水的纯度要求很高，可经过多次蒸馏得到高纯水。根据实验，在石英器皿中经过 28 次蒸馏出的水，在 18 ℃时测得电阻率为 2.3×10^{6} $\Omega\cdot cm$，在 25 ℃时测得电阻率为 1.6×10^{6} $\Omega\cdot cm$。市售蒸馏水的电阻率一般约在 1.0×10^{4} $\Omega\cdot cm$。用石英容器制得的三级蒸馏水，电阻率一般可达 2×10^{6} $\Omega\cdot cm$。

但是，这种方法比较陈旧，且存在以下缺点：①成本较贵。②在蒸发过程中，易带出挥发性的杂质（如氨），在冷却过程中，易带入 CO_2。虽经多次蒸馏亦不易完全去除残留在水中的杂质。③使用中一般需要贮存备用，因而容易从空气中吸收二氧化碳和受其他物质的污染，影响水的纯度。因此此法已逐渐被离子交换和电渗析等方法所替代。

2. 水硬度的测定

水的硬度是指水对肥皂的沉淀程度，肥皂沉淀的主要原因是水中含金属离子，会形成不溶的硬脂酸盐。清洁的地下水、河水、湖水中，钙、镁的含量远比其他金属离子多，所以通常所说的硬度就是指水中钙镁的含量。

水硬度的计算单位很多，各国采用的单位的大小也不一致，最常用的表示水硬度的单位有：

① 以度表示，1 度 $=10$ $mg\cdot dm^{-3}$ CaO，相当于 10 万份水中含 1 份 CaO。

② 以水中 $CaCO_3$ 的浓度计，即相当于水中含有多少 $CaCO_3$（$mg\cdot dm^{-3}$）。

本实验用第二种方法表示水的总硬度，即

$$水的硬度=\frac{c(EDTA)V(EDTA)M(CaCO_3)}{V(水样)}\times1000$$

本实验用配位滴定的方法来滴定 Ca^{2+}、Mg^{2+} 总量，根据 Ca^{2+}、Mg^{2+} 和 EDTA 形成配合物的性质以及滴定结果受 pH 值即酸效应的影响，滴定应在 pH$=10$ 的氨缓冲溶液中进行，用铬黑 T 作指示剂。铬黑 T 与 Ca^{2+}、Mg^{2+} 形成紫红色配合物，在 pH$=10$ 时，游离的铬黑 T 为纯蓝色，因此，终点时溶液颜色由紫红变为纯蓝。

理论的计算和实践都表明，以铬黑 T 为指示剂，用 EDTA 滴定 Mg^{2+} 较滴定 Ca^{2+} 时，终点更敏锐。为了增加终点变色的灵敏性，会在所配制的 EDTA 中加入适量 Mg^{2+}（原理参见有关理论书籍）。

在滴定过程中，Fe^{3+}、Al^{3+} 的干扰用三乙醇胺掩蔽，Cu^{2+}、Pb^{2+}、Zn^{2+} 等金属离子用 KCN、Na_2S 掩蔽。

【实验内容】

1. 制备蒸馏水

① 按图 7-8 搭好蒸馏装置，注意装置的稳定性与平衡度，以及接合部的连接是否牢固。

② 取 300 cm^3 自来水样放入 500 cm^3 蒸馏烧瓶中，并滴入 4 滴 0.1 $mol\cdot dm^{-3}$ $KMnO_4$ 溶液，投入几粒沸石（防止过热或崩沸），插入温度计，再装好冷凝管。将各连接处的塞子塞紧，通入冷水，然后进行加热，调节火焰以使水蒸气较缓慢地从支管逸出，控制每秒钟出水约 2 滴。当锥形瓶中蒸馏出的纯水约为 100 cm^3 时，停止加热。

2. 水的纯度检验

（1）离子检验

分别用试管取自来水和蒸馏水，进行下列离子检验：

① 用镁试剂检验 Mg^{2+}：在 2 cm^3 水样中，加入 2 滴 6 $mol\cdot dm^{-3}$ NaOH，再加镁试剂 2 滴，观察颜色，判断有无 Mg^{2+}。

② 用钙指示剂检验 Ca^{2+}：在 2 cm³ 水样中，加入 2 滴 2 mol·dm⁻³ NaOH，再加入少许钙指示剂，观察颜色，判断有无 Ca^{2+}。

③ 用 $AgNO_3$ 溶液检验 Cl^-：在 2 cm³ 水样中，加入 2 滴 2 mol·dm⁻³ HNO_3 酸化，再加入 2 滴 0.1 mol·dm⁻³ $AgNO_3$ 溶液，观察有无白色沉淀产生。

④ 用 $BaCl_2$ 溶液检验 SO_4^{2-}：在 2 cm³ 水样中，加入 2 滴 2 mol·dm⁻³ HCl，再加入 2 滴 1 mol·dm⁻³ $BaCl_2$ 溶液，观察有无沉淀产生。

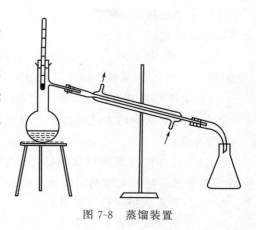

图 7-8　蒸馏装置

（2）电导率的检验

用电导率仪测定自来水、蒸馏水和去离子水的电导率，并将实验结果记录（表 7-3），根据实验结果得出结论。

表 7-3　实验记录

样品名称	检测项目				
	电导率/μS·cm⁻¹	Mg^{2+}	Ca^{2+}	Cl^-	SO_4^{2-}
自来水					
蒸馏水					
去离子水					

3. 水硬度测定

（1）EDTA 溶液的标定

准确称取 $CaCO_3$（0.23~0.28 g），置于烧杯中，用少量蒸馏水润湿，盖上表面皿，缓慢加 1:1HCl 溶液使其溶解后，定量地转移入 250 cm³ 容量瓶中，定容，摇匀。

吸取 25.00 cm³ 溶液于锥形瓶中，加 10 cm³ NH_3-NH_4Cl 缓冲溶液、2~3 滴铬黑 T 指示剂，用欲标定的 EDTA 溶液滴定到锥形瓶中，液体颜色由紫红色变为纯蓝色即为终点。平行滴定三份。

（2）水样测定

取 100.00 cm³ 自来水样（注意采样的方法）注入 250 cm³ 锥形瓶中，加入 5 cm³ 三乙醇胺溶液、5 cm³ NH_3-NH_4Cl 缓冲溶液、3~4 滴铬黑 T 指示剂，用 EDTA 标准溶液滴定至溶液由紫红色变为纯蓝色为终点。至少平行滴定 3 次。

以 $CaCO_3$ 的浓度（mg·dm⁻³）表示硬度。

【实验指导】

［1］0.01 mol·dm⁻³ EDTA 溶液的配制：称取 4 g 乙二胺四乙酸二钠盐（$Na_2H_2Y·2H_2O$），于 250 cm³ 烧杯中加水溶解，再加约 0.1 g 的 $MgCl_2·6H_2O$ 溶解后，稀释定容至 1000 cm³。

［2］$CaCO_3$（A.R.）基准物：在 105~110 ℃下干燥 2~3 h，放在干燥器中备用。

［3］NH_3-NH_4Cl 缓冲溶液：称取 20 g NH_4Cl 溶于少量水中，加 150 cm³ 浓氨水，用水稀释至 1 dm³。

［4］0.5% 铬黑 T 指示剂：称取 0.5 g 铬黑 T，加 20 cm³ 三乙醇胺，加无水乙醇 100 cm³。

[5] 如果是其他水样，可以加 1∶1 HCl 溶液 1～2 滴酸化水样。煮沸数分钟，除去 CO_2 冷却后测定。

[6] 当水样中含 Mg^{2+} 量较少时，用 EDTA 测定水硬度，终点不敏锐。为此，在配制 EDTA 溶液时，加入适量的 Mg^{2+}，在滴定过程中，Ca^{2+} 把 Mg^{2+} 从 Mg-EDTA 中置换出来，Mg^{2+} 与铬黑 T 形成紫红色配合物，终点时，颜色由紫红色变成纯蓝色，变色比较敏锐。

[7] 注意取水样的方法和体积，视水的硬度而定，一般为 50～100 cm^3。

【思考题】

1. 自来水中的主要无机杂质是什么？为何蒸馏法和离子交换法能去除水中的无机杂质？新制的蒸馏水和敞口久放的蒸馏水有何差异？

2. 蒸馏装置的搭建原则是什么？一定是"从左到右"吗？

3. 为什么加入沸石？如果没有沸石用其他东西可以代替吗？

4. 如何去掉含低沸点物质的馏分？

5. 加入高锰酸钾的目的是什么？

6. 根据蒸馏原理，试回答怎样制取无氨蒸馏水和不含有机物的蒸馏水？

7. 如果需要测定残余水样的电导率，是否需要冷却后测定？实验中测定四种水样的电导率，因为先前使用的仪器有其他同学在用，所以使用了另外一台仪器测定其他水样，这是不妥当的，为什么？

8. 用 $CaCO_3$ 标定 EDTA 溶液时，为什么要用容量瓶配成溶液？可否直接称量至锥形瓶中进行溶解滴定？为什么可以准确称取 $CaCO_3$？称取样品的质量为 0.23～0.28 g，是如何计算的？

9. 查阅书籍或资料了解蒸馏法、离子交换法、电渗析法以及较新发展的其他纯水制备方法在纯度、处理量方面各自的优劣。

10. 为什么使用铬黑 T 指示剂？它的使用条件是什么？

11. 为什么要加入三乙醇胺？加氨-氯化铵缓冲溶液的目的是什么？什么情况下要加 Na_2S？

12. 测定水的总硬度时，EDTA 的标定可采用两种方法：①用纯金属锌为基准物质，在 pH＝5 时，以二甲酚橙为指示剂进行标定；②用 $CaCO_3$ 作基准物质，以铬黑 T 为指示剂，在 pH＝10 时进行标定。请问本实验用哪种标定方法更合理？为什么？

13. 测定水硬度的实验中，取自来水样时要注意什么？说明原因。

14. Ca^{2+} 的检验在此实验中和在氯化钠提纯中的方法是不同的，为什么？根据实验，比较两个方法。

15. 实验结束后，烧瓶壁上有固体出现，分析可能是什么物质，如何清洗干净？

16. 在选择配位滴定的指示剂时要注意什么？

17. 了解或分析一下用蒸馏法制备高纯水或超纯水在实验仪器、方法上各可以采取哪些措施？

18. 查阅资料了解离子交换树脂有哪些种，各有什么特点，使用前该如何处理？

19. 如果水样中可能有很多种杂质，怎样避免干扰？

20. 写出滴定过程的化学方程式，从这个化学方程式分析一下滴定反应的条件。

拓展实验：定性或定量检验纯水中少量有机物、其他离子（Na^+、K^+、Cl^-）

实验 13　Zn^{2+}、Bi^{3+} 含量的连续测定

【实验目的】

1. 学习用控制溶液酸度来进行多种金属离子连续滴定分别测定不同金属离子含量,掌握配位滴定方法的原理和操作要点。

2. 了解金属指示剂的特点及应用二甲酚橙指示剂对终点的判定方法。

3. 了解方法本身的特点和误差来源。

【实验预习】

1.《分析化学》《无机与分析化学》中配位滴定法、混合离子的分别滴定、酸效应曲线、金属指示剂。

2.《无机化学》《元素化学》中 Pb、Bi 的性质。

3. 六亚甲基四胺的结构、性质和缓冲作用的原理。

4. 本书 5.5.5 滴定管、5.5.6 容量瓶、5.5.2 移液管。

5. 本书 3.4 实验数据处理方法。

6. 本书 6.1.2 电子天平的使用规则,6.1.3 试样的称量方法。

7. 本书 5.5.9 标准溶液的配制和标定。

【实验原理】

配位滴定中混合离子的滴定常采用控制酸度法、掩蔽法进行。可根据副反应系数原理进行计算,论证它们连续滴定的可能性。

Zn^{2+}、Bi^{3+} 均能与 EDTA 形成稳定 1:1 配合物,理论上,$\lg K_f$ 值分别为 16.50 和 27.94。由于两者的 $\Delta \lg K > 5$,故可利用酸效应控制不同的酸度进行分别滴定。根据计算,通常在 $pH \approx 1$ 时滴定 Bi^{3+},在 $pH \approx 5 \sim 6$ 时滴定 Zn^{2+}。

在 Zn^{2+}-Bi^{3+} 混合溶液中,首先调节溶液的 $pH \approx 1$,以二甲酚橙为指示剂,用 EDTA 标准溶液滴定 Bi^{3+}。此时,Bi^{3+} 与指示剂形成紫红色配合物(Zn^{2+} 在此条件下不形成紫红色配合物)。然后用 EDTA 标液滴定 Bi^{3+},至溶液由紫红色变为亮黄色,即为滴定 Bi^{3+} 的终点。

溶液滴定 Bi^{3+} 时,加入了较大量的酸,在滴定 Zn^{2+} 时要加入过量六亚甲基四胺溶液,此时形成了缓冲体系,溶液 $pH = 5 \sim 6$,Pb^{2+} 与二甲酚橙在此酸度下可形成紫红色配合物。然后用 EDTA 标准溶液继续滴定,至溶液由紫红色变为亮黄色时,即为滴定 Zn^{2+} 的终点。

【实验内容】

1. EDTA 溶液的标定

准确称取约 0.18 g 金属 Zn,置于 100 cm^3 烧杯中,加入 10 cm^3(1:1)HCl 溶液,盖上表面皿,待完全溶解后,用水吹洗表面皿和烧杯壁,将溶液转入 250 cm^3 容量瓶中,用水稀释至刻度,摇匀。

用移液管移取 25.00 cm^3 Zn^{2+} 标准溶液于 250 cm^3 锥形瓶中,加入 2~3 滴二甲酚橙指示剂,滴加 20% 六亚甲基四胺溶液至溶液呈现稳定的紫红色后,再过量加入 5 cm^3。用事先配制好的 EDTA 溶液滴定至溶液由紫红色变为亮黄色,即为终点。根据滴定时用去的 ED-TA 体积和金属锌的质量,计算 EDTA 溶液的准确浓度。

2. Zn^{2+}、Bi^{3+} 混合液的测定

移取 25.00 cm^3 Zn^{2+}、Bi^{3+} 混合溶液于 250 cm^3 锥形瓶中，然后加入 10 cm^3 0.1 mol·dm^{-3} HNO_3、1～2 滴 0.2％二甲酚橙指示剂，用 EDTA 标液滴定至溶液由紫红色变为亮黄色，即为滴定 Bi^{3+} 的终点。根据消耗的 EDTA 体积，计算混合液中 Bi^{3+} 的含量（g·dm^{-3}）。

在上述滴定 Bi^{3+} 后的溶液中，滴加 20％六亚甲基四胺溶液，至呈现稳定的紫红色后，再加入 5 cm^3，此时溶液的 pH 值约为 5～6，再用 EDTA 标准溶液滴定至溶液由紫红色变为亮黄色，即为滴定 Zn^{2+} 的终点。根据滴定结果，计算混合液中 Zn^{2+} 的含量。

【实验指导】

[1] 六亚甲基四胺溶液及其酸的缓冲对 $(CH_2)_6N_4H^+$-$(CH_2)_6N_4$，可以通过不同原料的配比，调节 pH 范围 4.15～6.15。

[2] Zn^{2+}-Bi^{3+} 混合液含 Zn^{2+}、Bi^{3+} 各约 0.01 mol·dm^{-3}。

[3] 二甲酚橙（简称 XO）为紫色晶体，易溶于水，它有六级酸式解离，其中 H_6In 至 H_2In^{4-} 都是黄色，HIn^{5-} 至 In^{6-} 是红色。在 pH=5～6 时，二甲酚橙主要以 H_2In^{4-} 形式存在。二甲酚橙指示剂变色原理为：

$$H_2In^{4-} \xrightleftharpoons{pH=6.3} H^+ + HIn^{5-}$$
$$\text{黄} \qquad\qquad\qquad \text{红}$$

由此可知：pH＞6.3 时，呈现红色；pH＜6.3 时，呈现黄色。二甲酚橙与金属离子形成的配合物都是紫红色，因此它适用于在 pH＜6 的酸性溶液中。

[4] Bi^{3+} 与 EDTA 反应的速率较慢，滴 Bi^{3+} 时速度不宜过快，且要剧烈摇动。

[5] EDTA 溶液和大多数金属离子配合，所以不应存放在玻璃瓶中。

【思考题】

1. 用纯锌标定 EDTA 时，为什么要加入六亚甲基四胺？为何还要过量？

2. 本实验中，能否先在 pH=5～6 的溶液中测定 Zn^{2+} 和 Bi^{3+} 的含量，然后再调整 pH≈1 时测定 Bi^{3+} 的含量？

3. 试分析本实验中，金属指示剂由滴定 Bi^{3+} 到调节 pH=5～6，又到滴定 Zn^{2+} 后变色的过程和原因。

4. 能否直接准确称取 EDTA 二钠盐配制 EDTA 标液？

5. 本实验为什么不用氨或碱调节 pH=5～6，而用六亚甲基四胺来调节溶液 pH 值？用 HAc 缓冲溶液代替六亚甲基四胺行吗？

6. 计算一下，滴定 Bi^{3+} 时的酸度是如何控制的？与用 Zn^{2+} 标准溶液标定 EDTA 溶液浓度的方法一样吗？滴定 Bi^{3+} 时有没有缓冲溶液可用？需要吗？

7. 查阅资料，总结标定 EDTA 溶液有几种方法，本实验中采用的方法有什么优点？

8. 本实验方案的系统误差为多少？配制 Zn^{2+} 标准溶液时称取的 0.15 g 金属 Zn 是否超出了称量误差的范围？讨论之。

9. 查阅有关金属指示剂二甲酚橙的信息，讨论用二甲酚橙作为配位滴定的金属指示剂在 pH＜4 或者 pH＞7 时可能会导致的现象以及产生误差的原因。

10. 如果是 Sn 和 Bi 的混合溶液，测定的方法是怎样呢？可以连续滴定吗？通过酸效应曲线和 Sn^{2+} 沉淀的 K_{sp} 确定 Sn 测定的合适的 pH 值。

拓展实验：锡铋合金中 Sn、Bi 的含量测定

提示：低熔点锡铋属于环保型合金。在常温下呈固态、银白色，熔点为 138 ℃，固液体积收缩率为 0.051%，具有较强的渗透性。如果试样为 Sn-Bi 合金，溶样方法如下：称 0.5~0.6 g 合金试样于小烧杯中。加入 7 cm³ 1∶2 HNO₃ 溶液，盖上表面皿，微沸溶解，然后用洗瓶吹洗表面皿与杯壁，将溶液转入 100 cm³ 容量瓶中，用 0.1 mol·dm⁻³ HNO₃ 稀释至刻度，摇匀。

实验 14　水中化学需氧量（COD）的测定

【实验目的】

1. 掌握用高锰酸钾法测定水中化学需氧量的原理和方法。
2. 进一步了解氧化还原滴定法的原理和步骤，熟悉返滴定法的操作要点。
3. 学习一种测定水质 COD 指标的方法。

【实验预习】

1. 查阅国标，了解水质指标。
2. 《分析化学》《无机与分析化学》中 $KMnO_4$ 滴定法。
3. 本书 5.5.2 移液管、5.5.3 吸量管、5.5.5 滴定管。
4. 本书 5.6.1 加热设备及控制反应温度的方法。

【实验原理】

水的需氧量大小是水质污染程度的重要指标之一，它分为化学需氧量（COD）和生物需氧量（BOD）两种。

BOD 是指水中有机物在好氧微生物作用下，进行好氧分解过程所消耗水中溶解氧的量；COD 是指在特定条件下，采用一定的强氧化剂处理水样时，消耗氧化剂所相当的氧量，以 $mg·dm^{-3}O_2$ 表示。

水很容易被有机物污染，水中还原性物质包括有机物、亚硝酸盐、亚铁盐、硫化物等。化学需氧量反映了水体受还原性物质污染的程度，因此 COD 也作为有机物相对含量的指标之一。

水样 COD 的测定，会因加入氧化剂的种类和浓度、反应溶液的温度、酸度和时间，以及催化剂的存在与否而得到不同的结果。因此，COD 是一个条件性的指标，必须严格按操作步骤进行。COD 的测定有几种方法，一般水样可以用高锰酸钾法。对于污染较严重的水样或工业废水，则用重铬酸钾法或库仑法。其中重铬酸钾法是国标法。

由于高锰酸钾法是在规定条件下进行的反应，所以，水中有机物只能部分被氧化，并不是理论上的全部需氧量，也不反映水体中总有机物含量。因此，常用高锰酸盐指数这一术语作为水质的一项指标，以有别于重铬酸钾法测得的化学需氧量。

高锰酸钾法分为酸性法和碱性法两种。本实验以酸性法来测定水样的化学需氧量高锰酸盐指数。

水样加入硫酸酸化后，加入过量的 $KMnO_4$ 溶液，并在沸水浴中加热反应一定时间。然后加入过量的 $Na_2C_2O_4$ 标准溶液，使其与剩余的 $KMnO_4$ 充分作用。再用 $KMnO_4$ 溶液回滴过量的 $Na_2C_2O_4$，通过计算求得高锰酸盐指数值。有关的反应式如下：

$$4MnO_4^- + 5C + 12H^+ \rightleftharpoons 4Mn^{2+} + 5CO_2(g) + 6H_2O \tag{1}$$

$$2MnO_4^- + 5C_2O_4^{2-} + 16H^+ \rlap{=}{=} 2Mn^{2+} + 10CO_2(g) + 8H_2O \qquad\qquad (2)$$

其中，C(碳)代表水中能和 $KMnO_4$ 反应的还原性物质。

反应（1）的条件是沸腾 30 min，主要是 $KMnO_4$ 溶液将体系中的还原性物质氧化；反应（2）是滴定反应，反应较慢，需要控制滴定温度 65～85 ℃。另外，生成物的 Mn^{2+} 是反应的催化剂，因此滴定开始时，一般褪色较慢，锥形瓶振荡剧烈些。但是温度不能太高，因为温度过高，$Na_2C_2O_4$ 会分解。

根据以上两个反应式，高锰酸盐指数（O_2，$mg \cdot dm^{-3}$）：

$$COD_{Mn} = \dfrac{\left[5c_{KMnO_4}(V_1+V_2)_{KMnO_4} - 2(cV)_{Na_2C_2O_4}\right]\dfrac{M_{O_2}}{4} \times 1000}{V_{水样}}$$

式中，V_1、V_2 分别为 $KMnO_4$ 开始加入的体积和回滴过量 $Na_2C_2O_4$ 的体积；c_{KMnO_4}、$c_{Na_2C_2O_4}$ 分别为以 $KMnO_4$ 及 $Na_2C_2O_4$ 为基本单元的物质的量浓度。

饮用水的标准中，Ⅰ类和Ⅱ类水化学需氧量（COD）$\leqslant$15 $mg \cdot dm^{-3}$，Ⅲ类水化学需氧量（COD）$\leqslant$20 $mg \cdot dm^{-3}$、Ⅳ类水化学需氧量（COD）$\leqslant$30 $mg \cdot dm^{-3}$、Ⅴ类水化学需氧量（COD）$\leqslant$40 $mg \cdot dm^{-3}$。

$KMnO_4$ 标准溶液需要用基准物 $Na_2C_2O_4$ 标定准确浓度，标定反应为反应（2）。

【实验内容】

1. $Na_2C_2O_4$ 标准溶液的配制

用减量法准确称取 0.35～0.40 g $Na_2C_2O_4$ 固体于小烧杯中，加适量的水，使其溶解（可适当加热，再冷却），转移到 250 cm^3 容量瓶稀释后备用。

2. 移取 100.00 cm^3 水样（自来水样）于锥形瓶中，加 5 cm^3 6 $mol \cdot dm^{-3}$ H_2SO_4，摇匀，再加入 10.00 cm^3 $KMnO_4$ 溶液，摇匀，立即放入沸水浴中加热 30 min（从水浴重新沸腾起计时，沸水浴液面要高于反应溶液的液面）。趁热加入 10.00 cm^3 $Na_2C_2O_4$ 标准溶液，摇匀，立即用 $KMnO_4$ 溶液滴定至溶液呈微红色。至少滴定三次。

3. 采用如上方法，做一组湖水或河水的 COD 数据，但取样要 50 cm^3。

4. $KMnO_4$ 溶液的标定：将上述步骤 2 中已滴定完毕的溶液加热至 65～85 ℃，准确加入 10.00 cm^3 $Na_2C_2O_4$ 标准溶液，再用 $KMnO_4$ 溶液滴定至溶液呈微红色，计算 $KMnO_4$ 溶液的准确浓度。

【实验指导】

[1] 自来水样的采集方法：取一干净的大烧杯，打开自来水管，流出一定量的水后一次性取足水样。

[2] COD 是条件指数，所以必须严格保证实验条件的一致性。本实验在加热氧化有机污水时，完全敞开。如果水样中易挥发性化合物含量较高，应使用回流冷凝装置加热，否则结果偏低。此外，水样中 Cl^- 在酸性高锰酸钾中能被氧化，会使结果偏高。

[3] 在常温下高锰酸钾和草酸钠之间的反应速率缓慢，因此滴定的速度不宜过快。若滴定过快，部分高锰酸钾将来不及跟草酸钠反应，从而在酸性溶液中分解。

$$4MnO_4^- + 4H^+ \rlap{=}{=} 4MnO_2 + 3O_2 + 2H_2O$$

为加快反应，可加热溶液（但温度不宜过高，温度过高易引起草酸钠的分解）。此外，Mn^{2+} 对高锰酸钾和草酸钠的反应有促进作用，所以反应速率逐渐加快。

〔4〕高锰酸钾的颜色较深，液面的凹液面不易看出，滴定管读数时应以凹液面的上沿最高线为准。

〔5〕废水中 Cl^- 含量超过 30 $mg \cdot dm^{-3}$ 时，需先将 0.4 g $HgSO_4$（$HgSO_4$ 为掩蔽剂）加入磨口锥形瓶中，然后再加入废水样和其他试剂，摇匀后进行加热回流。

〔6〕水样的采集一般用水样瓶，如图 7-9 所示，有 250 cm^3、500 cm^3、1000 cm^3 等多种规格，瓶塞带尖，瓶口具水封杯，这是为了在测定气体溶解度时，便于排出水样液面上的气泡（瓶中水样装满后，用带尖的瓶塞把多余的水连同气泡一起挤出去），瓶口的水封也能阻止空气的渗入。

图 7-9　水样瓶

〔7〕COD 与 BOD 比较，COD 的测定不受水质条件限制，测定时间短，而 BOD 时间长，对毒性大的废水因微生物活动受到限制而难以测定。但 COD 不能表示微生物所能生化氧化的有机物量，而且化学氧化剂不能氧化全部有机物，反而把某些还原性无机物也氧化了。所以采用 BOD 作为有机污染程度的指标较为合适，在水质条件限制不能做 BOD 测定时，可用 COD 代替。在水质相对稳定的条件下，COD 与 BOD 之间有一定关系：$K_2Cr_2O_7$ 法 COD＞BOD＞$KMnO_4$ 法 COD。

【思考题】

1. 根据滴定反应的特点，在滴定过程中，应该如何掌握高锰酸钾标准溶液的滴定速度？

2. 实验中"向被测水溶液中加入 5 cm^3 1：3 H_2SO_4 溶液，再加入 10.00 cm^3 $KMnO_4$ 溶液，沸水浴中加热"，使水中还原物质反应掉，请问此时加入的 10.00 cm^3 $KMnO_4$ 溶液选用什么仪器合适？为什么？

3. 有同学在加热沸腾时，忘记加入 H_2SO_4，对测定结果有什么影响？为什么？

4. 酸性介质有助于提高高锰酸钾的氧化性，计算本实验所控制的介质的酸度大致是多少？在此酸度中高锰酸钾的电极电势大致是多少？有利于反应正向进行吗？

5. 为了减少实验误差，在取不同体积的水样时，用什么仪器或方法更合适？

6. 配制 $Na_2C_2O_4$ 标准溶液称取的固体的量是如何计算得到的？标定高锰酸钾溶液浓度的计算公式是怎样的？

7. 本实验标定 $KMnO_4$ 溶液的方法与通常的方法有何不同？有什么优点？与前面哪个实验的方法类似？

8. 本实验的滴定方法属于何种滴定方式？为何要采取这种方式？为何要加热？

9. 水样中 Cl^- 含量高时为什么对测定有干扰？如有干扰应如何消除？

10. 实验中需要两次定量加入 $KMnO_4$ 溶液，第一次是加入 10.00 cm^3 $KMnO_4$ 溶液，建议也用滴定管加入，分析这样做是否可行？

11. 测定水中的 COD 有何意义？查阅资料，COD 的测定有哪些方法？各有什么特点？比较之。

12. 查阅其他实验书籍回答：高锰酸钾标准溶液的配制（含溶液配制和标定）过程是依据了高锰酸钾的什么性质以及其作为氧化剂反应的什么特点？

13. 从实验步骤及实验指导总结出实际样品分析的前处理要点。

14. 查阅资料回答：重铬酸钾法测 COD 的一般步骤是什么？如果样品为化学需氧量高的废水样，应该注意什么？对于化学需氧量小于 50 $mg \cdot dm^{-3}$ 的水样，应怎么办？

实验 15　硫酸铵中氮含量的测定

【实验目的】
1. 学习酸碱滴定法的应用，理解甲醛法测定铵盐中氮含量的原理和方法。
2. 进一步熟悉酸碱指示剂的变色原理及选择原则。
3. 熟悉容量瓶、移液管的使用方法。

【实验预习】
1.《分析化学》《无机与分析化学》中酸碱平衡、酸碱滴定及其应用。
2. 本书 5.5.2 移液管、5.5.3 吸量管、5.5.5 滴定管。
3. 本书 5.5.9 标准溶液的配制和标定。
4. 本书 3.2 误差分析。
5. 本书 6.1.2 电子天平的使用规则。

【实验原理】
氮在无机和有机化合物中的存在形式比较复杂。测定物质中氮含量时，常以总氮、铵态氮、硝酸态氮、酰胺态氮等含量表示。氮含量的测定方法主要有两种：
① 蒸馏法，又称凯氏定氮法，适于无机、有机物质中氮含量的测定，准确度较高；
② 甲醛法，适于铵盐中铵态氮的测定，方法简便，生产中实际应用较广。

硫酸铵是常用的氮肥之一。由于铵盐中作为质子酸的 NH_4^+ 的酸性太弱（$K_a = 5.6 \times 10^{-10}$），不符合弱酸准确滴定的条件，故无法用 NaOH 标准溶液直接滴定。但可将硫酸铵与甲醛作用，定量生成六亚甲基四胺盐和 H^+，反应式如下：

$$4NH_4^+ + 6HCHO \Longrightarrow (CH_2)_6N_4H^+ + 6H_2O + 3H^+$$

所生成的六亚甲基四胺盐（$K_a = 7.1 \times 10^{-6}$）和 H^+，可以酚酞作指示剂，用 NaOH 标准溶液滴定至溶液呈现微红色即为终点。

由上式可知，1 mol NH_4^+ 相当于 1 mol H^+，故氮与 NaOH 的化学计量比为 1∶1，可用以计算氮含量。

如试样中含有游离酸，加甲醛之前应事先以甲基红为指示剂用 NaOH 标准溶液中和，以免影响测定的结果。

甲醛放置久后会被氧化为甲酸，而甲酸会消耗 NaOH 而影响滴定结果，也要预先用 NaOH 中和处理。

【实验内容】
1. NaOH 溶液的配制和标定

本实验使用 0.1 mol·dm^{-3} NaOH 标准溶液，根据实验情况自己预测应配制 NaOH 溶液的体积。

2. $(NH_4)_2SO_4$ 试样中氮含量的测定

准确称取 $(NH_4)_2SO_4$ 试样 1.5～2 g 于小烧杯中，加入少量水溶解，然后把溶液定量转移至 250 cm^3 容量瓶中，再用水稀释至刻度，摇匀。

用 25 cm^3 移液管移取上液于 250 cm^3 锥形瓶中，加入 10 cm^3（1∶1）甲醛溶液，再加

1～2 滴酚酞指示剂，充分摇匀，放置约 5 min 后，如上法用 0.1 mol·dm^{-3} NaOH 标准溶液滴定至终点。计算试样中氮的含量。

【实验指导】

[1] NaOH 标准溶液的配制和标定，参见实验 2 "乙酸解离平衡常数和解离度的测定"有关内容。

[2] 如试样中含有游离酸，则应在滴定之前在试液中加入 1～2 滴甲基红指示剂，用 NaOH 标准溶液滴定溶液由红色到黄色；在同一份溶液中，再加入酚酞指示剂 2～3滴，用 NaOH 标准溶液继续滴定，致使溶液呈现微红色为终点。因有两种指示剂混合，终点不很敏锐，有点拖尾现象。如试样中含游离酸不多，则不必事先以甲基红为指示剂滴定。

[3] 尿素 $CO(NH_2)_2$ 中含氮量的测定：先加 H_2SO_4 加热硝化，全部变为 $(NH_4)_2SO_4$后，按甲醛法同样测定。

[4] 甲醛中常含有微量酸，应事先中和。其方法如下：取原瓶装甲醛上层清液于烧杯中，加水稀释一倍，加入 2～3 滴 0.2% 酚酞指示剂，用 0.1 mol·dm^{-3} NaOH 标准溶液滴定至溶液呈微红色，并持续 30s 不褪色，即为终点。

【思考题】

1. 分析本实验可能的影响因素。

2. 中和甲醛及 $(NH_4)_2SO_4$ 试样中的游离酸时，为什么要采用不同的指示剂？

3. 实验中为什么选择酚酞指示剂？

4. 要提高本实验结果的准确性，NH_4^+ 的浓度需要多少？依据是什么？

5. NH_4NO_3、NH_4Cl 或 NH_4HCO_3 中的含氮量能否用甲醛法分别测定？

6. $(NH_4)_2SO_4$ 试液中含有 PO_4^{3-}、Fe^{3+}、Al^{3+} 等，对测定结果有何影响？

7. 若试样为 NH_4NO_3，用本方法测定时（甲醛法），其结果氮含量如何表示？此氮含量中是否包括 NO_3^- 中的氮？

8. 讨论实验指导 [2] 中两种甲醛中游离酸影响的校正方法的利弊。

9. 本实验中甲醛中游离酸对实验结果的影响是可以忽略不计的，说明理由。

拓展实验：测定 HCl 和 NH_4Cl 混合溶液中各组分的浓度

实验 16　沉淀滴定法测定氯含量

实验 16-1　莫尔法测定 Cl$^-$ 含量

【实验目的】

1. 学习 $AgNO_3$ 标准溶液的配制和标定方法。

2. 掌握沉淀滴定法中莫尔法测定 Cl$^-$ 含量的原理和方法要点，了解方法的适用性。

【实验预习】

1.《分析化学》《无机与分析化学》中沉淀滴定法的莫尔法相关内容。

2. 本书 6.1 电子天平的使用方法。

3. 本书 5.5 容量分析基本操作。

【实验原理】

可溶性氯化物中氯含量的测定常采用莫尔法。此方法以 K_2CrO_4 为指示剂，用 $AgNO_3$ 标准溶液进行滴定。根据分步沉淀的原理，在体系测定条件下，AgCl 沉淀先于 Ag_2CrO_4 达到 K_{sp}，因此，溶液中首先析出 AgCl 沉淀，当 AgCl 定量沉淀完全后，过量的 Ag^+ 即与 CrO_4^{2-} 生成砖红色的 Ag_2CrO_4 沉淀，指示终点的到达，此时体系从黄色到橙色。测定过程中的主要反应如下：

$$Ag^+ + Cl^- \Longrightarrow AgCl(s)（白色）；K_{sp} = 1.8 \times 10^{-10}$$
$$2Ag^+ + CrO_4^{2-} \Longrightarrow Ag_2CrO_4(s)（砖红色）；K_{sp} = 2.0 \times 10^{-12}$$

滴定必须在中性或弱碱性溶液中进行，最适宜 pH 范围为 6.5～10.5，否则会有弱酸的酸效应或者氧化银沉淀的生成。如果有铵盐存在，溶液的 pH 值需控制在 6.5～7.2 以避免配位效应。

由于要产生 Ag_2CrO_4 沉淀来指示终点，所以，指示剂 K_2CrO_4 的用量对滴定有影响。一般 K_2CrO_4 以 5×10^{-3} mol·dm^{-3} 为宜。凡是能与 Ag^+ 生成难溶性化合物或配合物的阴离子都干扰测定，如 PO_4^{3-}、AsO_4^{3-}、SO_3^{2-}、S^{2-}、CO_3^{2-}、$C_2O_4^{2-}$ 等。其中 S^{2-} 可以 H_2S 的形式加热煮沸除去，将 SO_3^{2-} 氧化成 SO_4^{2-} 后不再干扰测定。大量 Cu^{2+}、Ni^{2+}、Co^{2+} 等有色离子将影响终点观察。凡是能与 CrO_4^{2-} 指示剂生成难溶化合物的阳离子如 Ba^{2+}、Pb^{2+} 因为能与 CrO_4^{2-} 分别生成 $BaCrO_4$ 和 $PbCrO_4$ 沉淀也干扰测定。Ba^{2+} 的干扰可加入过量的 Na_2SO_4 消除。

Al^{3+}、Fe^{3+}、Bi^{3+}、Sn^{4+} 等高价金属离子在中性或弱碱性溶液中易水解产生沉淀，会干扰测定，要分离去除。

【实验内容】

1. $AgNO_3$ 溶液的标定

准确称取 1.3～1.7 g 基准物 NaCl 于小烧杯中，用去离子水溶解后，转入 250 cm^3 容量瓶中，稀释至刻度，摇匀。

用移液管移取 25.00 cm^3 NaCl 溶液注入 250 cm^3 锥形瓶中，加入 25 cm^3 水，用吸量管加入 1 cm^3 5% K_2CrO_4 溶液，不断摇动下，用待标定的 $AgNO_3$ 溶液滴定至有砖红色出现，即为终点。平行标定三份。根据所消耗 $AgNO_3$ 的体积和 NaCl 的质量，计算 $AgNO_3$ 的浓度。

2. 试样分析

准确称取自制的 NaCl 1.5～1.8 g 置于烧杯中，加水溶解，转入 250 cm^3 容量瓶中，用水稀释至刻度，摇匀。

用移液管移取 25.00 cm^3 试液于 250 cm^3 锥形瓶中，加 25 cm^3 水，用吸量管加入 1 cm^3 5% K_2CrO_4 溶液，在不断摇动下，用 $AgNO_3$ 标液滴定至溶液出现砖红色，即为终点。平行测定三份，计算试样中氯的含量。

【实验指导】

[1] NaCl 基准试剂在 500～600 ℃高温炉中灼烧半小时后，放置干燥器中冷却。也可将 NaCl 置于带盖的瓷坩埚中，加热，并不断搅拌，待爆炸声停止后，继续加热 15 min，将坩埚放入干燥器中冷却后使用。

[2] 0.1 mol·dm^{-3} $AgNO_3$ 溶液的配制：称取 8.5 g $AgNO_3$ 溶解于 500 cm^3 不含 Cl^- 的蒸馏水中，将溶液转入棕色试剂瓶中，置暗处保存，以防光照分解。

[3] Ag 为贵金属，实验中应回收废液，处理再利用。

〔4〕Cr(Ⅵ)的化合物有毒，使用时，要小心，滴定结束后，要回收处理。

【思考题】

1. 莫尔法测氯时，为什么介质的 pH 值须控制在 6.5～10.5？

2. NaCl 标准溶液是如何配制的？用容量瓶配制 250 cm³ 溶液需要称量基准试剂 NaCl 的质量范围是多少？

3. 滴定接近终点时，加水冲洗锥形瓶壁对滴定结果有影响吗？

4. 根据沉淀反应的特点，分析本滴定中如何控制滴定速度比较好。想一想摇动锥形瓶的速度是不是也会影响滴定的准确程度？

5. 使用 $AgNO_3$ 溶液有哪些注意事项？洗涤装过 $AgNO_3$ 标准溶液的滴定管，用自来水冲洗会有什么现象？应该怎样清洗？

6. 为什么本实验的指示剂 K_2CrO_4 不是用滴管滴加而是用吸量管取用？

7. 根据滴定和指示剂与 Ag^+ 的反应原理，如何从体系的颜色变化确定滴定终点？

8. 如果是实际样品的测定，可能需要对样品进行前处理，例如，用莫尔法测定"酸性光亮镀铜液"（主要成分为 $CuSO_4$ 和 H_2SO_4）中的氯含量时，试液应做哪些预处理？

9. 用溶度积规则计算在所给浓度的 K_2CrO_4 作指示剂时系统终点误差的大小。

10. 若试样中有较多的杂质离子，加入沉淀剂可以形成沉淀，对于测定结果将会有什么影响？讨论莫尔法测氯的适用性。

11. 总结一下莫尔法适用的样品范围。若样品溶解以后是酸性或碱性的，如何处理？

12. 为何要控制滴定速率？与酸碱滴定比较，控制速率的意义有何不同？

实验 16-2　佛尔哈德返滴定法测定调味品中氯化钠的含量

【实验目的】

1. 掌握沉淀滴定分析法中佛尔哈德返滴定法的操作和基本原理。

2. 学习实际样品的处理和含量测定方法。

【实验预习】

1.《分析化学》《无机与分析化学》中沉淀滴定法、佛尔哈德法。

2. 本书 6.1.2 电子天平的使用规则。

3. 本书 5.5.5 滴定管、5.5.6 容量瓶、5.5.2 移液管、5.5.3 吸量管、5.2.3 溶液的配制。

4.（NH_4）$_2Fe$（SO_4）$_2$ 室温的溶解度。

5.《无机化学》中 Ag 的性质。

【实验原理】

沉淀滴定法是基于沉淀反应的滴定分析法。目前，沉淀滴定法较有实际意义的是生成银盐的沉淀反应，如：

$$Ag^+ + Cl^- \Longrightarrow AgCl(s)$$
$$Ag^+ + SCN^- \Longrightarrow AgSCN(s)$$

以这类反应为基础的沉淀滴定方法称为银量法。用铁铵矾作指示剂的银量法称为佛尔哈德法。佛尔哈德法又分为直接滴定法和返滴定法。

直接滴定法以 NH_4SCN 作标准溶液滴定 Ag^+，反应为：

$$Ag^+ + SCN^- \Longrightarrow AgSCN(s)$$

当 Ag^+ 定量沉淀后，过量的 NH_4SCN 溶液与 Fe^{3+} 生成红色配合物，指示终点到达。

反应为：

$$Fe^{3+} + SCN^- \rightleftharpoons [Fe(SCN)]^{2+}（红色）$$

返滴定法是以两个标准溶液（$AgNO_3$ 和 NH_4SCN）测定卤化物的含量。例如，测定氯化物时，在含氯化物的酸性溶液中加入一定量 $AgNO_3$ 标准溶液，然后以铁铵矾作指示剂，用 NH_4SCN 标准溶液返滴定过量的 Ag^+，反应如下：

$$Ag^+（过量）+ Cl^- \rightleftharpoons AgCl(s)$$
$$Ag^+（剩余）+ SCN^- \rightleftharpoons AgSCN(s)$$
$$Fe^{3+} + SCN^- \rightleftharpoons Fe(SCN)^{2+}（红色）$$

生成红色的 $[Fe(SCN)]^{2+}$，指示到达终点。但是由于 AgSCN 溶解度小于 AgCl 的溶解度，所以过量的 SCN^- 将与 AgCl 发生反应，使 AgCl 沉淀转化为溶解度更小的 AgSCN：

$$AgCl(s) + SCN^- \rightleftharpoons AgSCN(s) + Cl^-$$

这样在溶液出现红色之后，随着不断地摇动溶液，红色逐渐消失，得不到正确的终点。为了避免这种现象，可以采取两种措施：

① 加入过量的 $AgNO_3$ 标准溶液后，将溶液煮沸，使 AgCl 沉聚，过滤除去 AgCl 沉淀，然后用 NH_4SCN 标准溶液滴定滤液中过量的 Ag^+。

② 加入过量的 $AgNO_3$ 标准溶液后，加一定的有机试剂（如硝基苯），剧烈地摇动，使 AgCl 沉淀上覆盖一层有机溶剂，防止 AgCl 转化。

【实验内容】

1. 溶液配制

（1）NaCl 标准溶液（$0.05 \ mol \cdot dm^{-3}$）的配制

准确称取 0.7 g 左右 NaCl 基准试剂于小烧杯中，加水完全溶解后，定量转移到 $250.00 \ cm^3$ 容量瓶中，稀释至刻度。计算它的准确浓度。

（2）$AgNO_3$、NH_4SCN 溶液（$0.05 \ mol \cdot dm^{-3}$）的配制

① 配制 $400 \ cm^3$ NH_4SCN 溶液放入试剂瓶中。

② 配制 $400 \ cm^3$ $AgNO_3$ 溶液放入棕色试剂瓶中。

2. 溶液标定

（1）NH_4SCN 溶液和 $AgNO_3$ 溶液体积比的测定

由滴定管放出 $20.00 \ cm^3$ $AgNO_3$ 溶液于 $250 \ cm^3$ 锥形瓶中，加入 $5 \ cm^3$ $4 \ mol \cdot dm^{-3}$ HNO_3 溶液和 $1 \ cm^3$ 铁铵矾指示剂。在剧烈摇动下用 NH_4SCN 溶液滴定，直至出现淡红色而且继续振荡不再消失，即为终点。计算 $1 \ cm^3$ NH_4SCN 溶液相当于多少毫升 $AgNO_3$ 溶液。

（2）用标准 NaCl 溶液标定 NH_4SCN 和 $AgNO_3$ 溶液

移取 $25.00 \ cm^3$ NaCl 标准溶液于 $250 \ cm^3$ 锥形瓶中；加入 $5 \ cm^3$ $4 \ mol \cdot dm^{-3}$ HNO_3，用滴定管准确加入 $45.00 \ cm^3$ $AgNO_3$ 溶液，将溶液煮沸，过滤沉淀。洗涤沉淀与滤纸，洗涤液与滤液混合后加入 $1 \ cm^3$ 铁铵矾指示剂，用 NH_4SCN 溶液滴定。记录所消耗的 NH_4SCN 溶液的体积，计算 NH_4SCN 溶液和 $AgNO_3$ 溶液的浓度。

3. 样品中 NaCl 含量的测定

（1）酱油中 NaCl 含量的测定

移取酱油 $10.00 \ cm^3$ 至 $250.00 \ cm^3$ 容量瓶中，稀释至刻度。取该溶液 $5.00 \ cm^3$ 至 $250 \ cm^3$ 锥

形瓶中，加入 25.00 cm³ 0.05 mol·dm⁻³ AgNO₃ 溶液，再加入 5 cm³ 4 mol·dm⁻³ HNO₃ 和 10 cm³ H₂O。加热煮沸后逐滴加入 5% 1 cm³ KMnO₄ 溶液。此时溶液近无色。冷却后，将溶液中 AgCl 沉淀过滤，洗涤沉淀和滤纸，洗涤液与滤液混合于 250 cm³ 锥形瓶中，加入铁铵矾指示剂 1 cm³。用 NH₄SCN 标准液滴定，记录达到终点时消耗的 NH₄SCN 标准溶液的体积。

从返滴用去的 NH₄SCN 标准溶液的量求出所消耗的 AgNO₃ 标准溶液的体积，由此计算样品中的 NaCl 含量。

（2）市售味精中 NaCl 含量的测定

自己设计一简单方法计算所需称取的样品（即味精）的量，然后准确称取放入小烧杯中[3]，完全溶解后定量转移到 250.00 cm³ 容量瓶中，稀释至刻度。取该溶液 5.00 cm³ 至 250 cm³ 锥形瓶中，加入 AgNO₃ 溶液（0.05 mol·dm⁻³）25.00 cm³，再加入 5 cm³ 4 mol·dm⁻³ HNO₃ 和 4 cm³ H₂O 加热煮沸，冷却后，将溶液中 AgCl 沉淀过滤，洗涤沉淀和滤纸，洗涤液与滤液混合于 250 cm³ 锥形瓶中，加入铁铵矾指示剂 1 cm³。用 NH₄SCN 标准溶液滴定，记录达到终点时消耗的 NH₄SCN 标准溶液的体积。

从返滴用去的 NH₄SCN 标准溶液的量求出所消耗的 AgNO₃ 标准溶液的体积，由此计算样品中的 NaCl 含量。

【实验指导】

[1] 将 NaCl 基准试剂放在马弗炉中 500～600 ℃ 干燥 40～45 min。

[2] AgNO₃ 溶液需要棕色滴定管盛装。

[3] 样品的称量范围由滴定所消耗的滴定剂的体积在 20～25 cm³ 为目标推断、设定。样品的处理包括硝化、脱色等环节，目的在于使样品中的待测成分转化为适于所选择的实验测定方法。

[4] 铁铵矾指示剂的配制方法为：采用 ACS 级（符合美国化学会提出的纯度标准）、低氯化物的盐。取 175 g 溶于 100 cm³ 6 mol·dm⁻³ HNO₃，该 HNO₃ 已预先缓缓煮沸 10 min 除去氮氧化物。用 500 cm³ 水稀释。

【思考题】

1. 配制 NaCl 标准溶液所用的 NaCl 固体，为什么要经过烘炒？若用未处理的 NaCl 来标定 AgNO₃ 溶液，对 AgNO₃ 溶液浓度有什么影响？

2. 为什么一定要在加入 AgNO₃ 溶液后，再加 HNO₃ 和 KMnO₄ 溶液对样品进行处理？

3. 应用佛尔哈德滴定法，为什么一般应在酸性条件下进行？本实验步骤中是如何控制酸度的？

4. 酱油样处理环节中，加高锰酸钾的目的是什么？

5. 用佛尔哈德法测定 Br⁻ 和 I⁻ 时，需要用分离沉淀或加有机溶剂的手段吗？为什么？

6. 实验结束后，应如何洗涤盛装 AgNO₃ 溶液的滴定管？为什么？

7. 滴定的过程中都采取了过滤的办法进行分离，对实验结果会有什么影响？怎样的办法更好些？

8. 为保证实验的准确度，处理样品的原则是什么？如何保证样品消耗滴定剂体积在 20～30 cm³？为什么要这样？

9. 比较一下莫尔法的终点误差和本方法的终点误差的来源？哪种有可能发生并较大？

10. 酱油有很多种，比如老抽的颜色很深，这样的样品需要怎么处理？

实验 17　非水滴定法测定硫酸铵含量

【实验目的】

1. 通过实验进一步理解物质的酸碱性和溶剂的辩证关系。

2. 学习酸碱滴定法的应用，掌握非水介质中的酸碱滴定与水溶剂中的酸碱滴定方法的特点。

【实验预习】

1.《分析化学》《无机与分析化学》中酸碱平衡，酸碱滴定及其应用，非水滴定。

2. 本书 6.1.2 电子天平的使用规则。

3. 本书 5.5.5 滴定管、5.5.6 容量瓶、5.5.2 移液管、5.5.3 吸量管、5.2.3 溶液的配制。

【实验原理】

非水介质中酸碱滴定，主要以质子理论的酸碱概念为基础，凡能放出质子的物质是酸，能接受质子的物质是碱。

在非水溶液中，游离的质子（H^+）不能单独存在，而是与溶剂分子结合成溶剂合质子，酸碱中和反应的实质是质子的转移，而质子转移是通过溶剂合质子实现的。

溶剂对酸碱的强度影响很大，非水溶液中的酸碱滴定利用这个原理，使原来在水溶液中不能滴定的某些弱酸弱碱，经选择适当溶剂，增强其酸碱性后，便可以进行滴定。

在水溶液中氨水的解离平衡常数为 $K_b = 1.8 \times 10^{-5}$，它的共轭酸（NH_4^+）的 $K_a = 5.6 \times 10^{-10}$，一般情况下不能满足经典的酸碱滴定中 $cK_a \geq 10^{-8}$ 的要求，不能在水溶液中用标准氢氧化钠溶液准确滴定。通常采用蒸馏法和甲醛法（GB/T 535—2020）。

根据酸碱的质子理论，物质的酸碱性除和物质的本质有关外，还和溶剂的性质有关系。选择合适的溶剂代替水可使弱酸或弱碱的强度有所增强。由于醇类接受质子的能力大于水（溶剂的碱性大于水），所以 NH_4^+ 系弱酸在醇类溶剂中表现出较强的酸性。本实验选用乙二醇-异丙醇为介质，用 NaOH 的乙二醇-异丙醇溶液直接滴定硫酸铵中 NH_4^+ 的含量。

【实验内容】

1. NaOH/乙二醇-异丙醇标准溶液的配制和标定（0.1 mol·dm^{-3}）

称取 1.0 g NaOH 固体，溶于 3 cm^3 无 CO_2 的蒸馏水中，加入乙二醇-异丙醇（1:1，130 cm^3 乙二醇＋130 cm^3 异丙醇）进行稀释，转移至 250 cm^3 容量瓶中，并用乙二醇-异丙醇混合液润洗烧杯，将润洗液一起转移至容量瓶，定容，摇匀。放置 24 h，用邻苯二甲酸氢钾标定准确浓度。

2. 硫酸铵含量测定

用电子天平准确称取 1.3 g 左右硫酸铵固体，溶于约 20 cm^3 水中，转移至 250 cm^3 容量瓶中，用水定容，备用。

用 25 cm^3 移液管准确移取 25 cm^3 硫酸铵标准溶液于 250 cm^3 锥形瓶中。加入 5 cm^3 氯化钠饱和溶液、30 cm^3 乙二醇-异丙醇溶液、3 滴百里酚蓝指示剂，摇匀。用 NaOH/乙醇-异丙醇标准溶液进行滴定，滴定颜色由淡黄色变为亮蓝色即为终点。颜色变化十分明显。平行滴定三次。

【实验指导】

[1] 无 CO_2 的蒸馏水：事先煮沸约 20 min 以除去二氧化碳，冷却后使用。

[2] 乙二醇和异丙醇黏度较大，所以操作过程中等待的时间应尽量长些。

[3] 饱和 NaCl 溶液为支持电解质，可以使终点变色突出。

[4] 碱标准溶液容易吸收水和二氧化碳，要妥善保存，最好是配完后及时使用。

[5] 百里酚蓝指示剂：称取约 0.1 g 百里酚蓝，溶解于 100 cm^3 95％乙醇溶液（5 cm^3 水和 95 cm^3 乙醇）中，溶液为橙红色。

【思考题】

1. 查本实验涉及的两种非水溶剂的性质，在滴定步骤中所取的非水溶剂的量是如何设定的？有什么前提？为什么硫酸铵可以用水来配制？

2. NaOH/乙二醇-异丙醇标准溶液的配制和标定，为什么先用无二氧化碳水溶解，然后再用乙二醇和异丙醇稀释？还要放置 24 h？

3. 在非水体系中指示剂的变色范围和灵敏度会怎样变化？

4. 简述非水滴定的原理和适用对象。常见的非水滴定体系有哪些？并解释这些体系的工作原理及其优缺点。

5. 根据本实验中的现象和遇到的问题讨论选择非水滴定体系应考虑哪些因素。

6. 根据非水滴定的原理预测本实验中的滴定体系还可能用于哪些物质的测定。

实验 18　$BaCl_2 \cdot 2H_2O$ 中 Ba^{2+} 含量的测定

【实验目的】

1. 了解溶度积原理在沉淀的形成、完全沉淀中的作用，理解其对沉淀条件选择的指导作用。

2. 了解动力学因素对沉淀晶形和颗粒度的影响。

3. 练习重量分析法中沉淀的过滤、洗涤、灼烧、称量操作技术。

4. 学习 Ba^{2+}、SO_4^{2-} 的测定方法。

【实验预习】

1. 《无机与分析化学》《分析化学》中沉淀平衡和重量分析法。

2. 本书 5.6.4 重量分析法基本操作。

3. 本书 5.2.1 试剂的干燥。

4. 本书 5.6.2 沉淀（晶体）的分离与洗涤。

5. 本书 5.6.1 加热设备及控制反应温度的方法。

【实验原理】

$BaSO_4$ 重量法既可用于测定 Ba^{2+} 的含量，也可用于测定 SO_4^{2-} 的含量。

一定量的 $BaCl_2 \cdot 2H_2O$ 用水溶解后，在酸性介质中加热的条件下与稀、热的 H_2SO_4 反应，可形成 $BaSO_4$ 晶形沉淀。沉淀经陈化、过滤、洗涤、烘干、炭化、灰化和灼烧后，以 $BaSO_4$ 形式准确称量，即可求出 $BaCl_2$ 中 Ba^{2+} 的含量。

$BaSO_4$ 重量法的关键是要保证 Ba^{2+} 沉淀完全，并且在沉淀的过滤、洗涤、灰化、灼烧的步骤中不损失，直至准确地称量。为了达到这个目的，要注意以下两点。

① 除 $BaCl_2$ 外，钡盐基本上均为难溶盐，Ba^{2+} 可生成一系列微溶化合物，如 $BaCO_3$、BaC_2O_4、$BaCrO_4$、$BaHPO_4$、$BaSO_4$ 等，其中以 $BaSO_4$ 溶解度最小。$100\ cm^3$ 溶液中，$100\ ℃$ 时溶解 $0.4\ mg$，$25\ ℃$ 时仅溶解 $0.25\ mg$，当过量沉淀剂存在时，其溶解的量一般可以忽略不计。

为了防止产生 $BaCO_3$、$BaHPO_4$、$BaHAsO_4$ 沉淀以及防止生成 $Ba(OH)_2$ 共沉淀，硫酸钡重量法一般在 $0.05\ mol·dm^{-3}$ 左右的盐酸介质中进行。同时，适当提高酸度，增加 $BaSO_4$ 在沉淀过程中的溶解度，以降低其相对过饱和度，有利于沉淀获得较好的晶形，利于过滤，避免包容形成共沉淀。用 $BaSO_4$ 重量法测定 Ba^{2+} 时，一般用稀 H_2SO_4 作沉淀剂，为了使 $BaSO_4$ 沉淀完全，H_2SO_4 必须过量。由于 H_2SO_4 在高温下可挥发除去，故沉淀带下的 H_2SO_4 不致引起误差，因此沉淀剂可过量 $50\%\sim100\%$。如果用 $BaSO_4$ 重量法测定 SO_4^{2-}，沉淀剂 $BaCl_2$ 只允许过量 $20\%\sim30\%$，因为 $BaCl_2$ 灼烧时不易挥发除去。

$PbSO_4$、$SrSO_4$ 的溶解度均较小，Pb^{2+}、Sr^{2+} 对钡的测定有干扰。NO_2^-、ClO_3^-、Cl^- 等阴离子和 K^+、Na^+、Ca^{2+}、Fe^{3+} 等阳离子均可以引起共沉淀现象，故应严格掌握沉淀条件，减少共沉淀，以获得纯净的 $BaSO_4$ 晶形沉淀。

② 采取含相同离子的水洗涤沉淀，定量滤纸注意纸灰飘走等措施来减少、防止沉淀在洗涤、灰化和灼烧过程中的损失。

【实验内容】

1. 称样及沉淀的制备

准确称取 $0.4\sim0.6\ g$ 干燥的 $BaCl_2·2H_2O$ 试样，置于 $250\ cm^3$ 烧杯中，加入 $100\ cm^3$ 去离子水和 $3\ cm^3\ 2\ mol·dm^{-3}\ HCl$ 搅拌溶解，加热至近沸。

另取 $4\ cm^3\ 1\ mol·dm^{-3}\ H_2SO_4$ 放入 $100\ cm^3$ 烧杯中，加水 $30\ cm^3$。加热至近沸，趁热将 H_2SO_4 溶液用小滴管逐滴加入热的钡盐溶液中，并不断搅拌，直至 H_2SO_4 溶液加完为止。待 $BaSO_4$ 沉淀下沉后，于上层清液中滴加 $1\sim2$ 滴 $0.1\ mol·dm^{-3}\ H_2SO_4$ 溶液，仔细观察沉淀是否完全。确定沉淀完全后，盖上表面皿（切勿将玻璃棒拿出杯外），放置过夜或水浴加热（水沸腾后计时，调小火保持微沸）$40\ min$ 陈化[1]。

2. 空坩埚的恒重[2]

将坩埚置于马弗炉中 $800\ ℃$ 高温灼烧，放在干燥器中冷却至恒重。

3. 沉淀的过滤和洗涤

用慢速或中速滤纸，采用倾析法过滤上述得到的 $BaSO_4$ 沉淀。用稀 H_2SO_4（用 $1\ cm^3$ $1\ mol·dm^{-3}\ H_2SO_4$ 加 $100\ cm^3$ 水配成）洗涤沉淀[3] $3\sim4$ 次，每次约 $10\ cm^3$。然后，将沉淀定量转移到滤纸上。用折叠滤纸时撕下的小片滤纸擦拭杯壁，将此小片滤纸放入漏斗中，再用稀 H_2SO_4 洗涤 $4\sim6$ 次，直至洗涤液中不含 Cl^- 为止（检查方法：用试管收集滤液，加 1 滴 $2\ mol·dm^{-3}\ HNO_3$ 酸化，加入 2 滴 $AgNO_3$，若无白色浑浊产生，表示 Cl^- 已洗净）。

4. 沉淀的灼烧和恒重[4]

将折叠好的沉淀滤纸包置于已恒重的瓷坩埚中，经烘干、炭化、灰化[5] 后，在马弗炉中于 $800\ ℃$ 灼烧至恒重[6]。计算 $BaCl_2·2H_2O$ 中 Ba^{2+} 的含量。

【实验指导】

[1] 陈化也可以在水浴中加热 $40\ min$ 进行。

〔2〕恒重坩埚的方法是：放在马弗炉中 800 ℃恒温 30～40 min，放入干燥器中完全冷却后称量；也可以将两个洁净的瓷坩埚放在（800＋20）℃的煤气灯上灼烧至恒重。第一次灼烧 40 min，以后每次只灼烧 20 min。

〔3〕一般情况下，恒重称量需要冷却 30 min。可以用实验验证是否恒重，具体做法是：冷却 10 min 后进行第一次称量，记录数据；再过 10 min 后进行第二次称量。当两次称量的差值小于 0.0002 g 时，即符合要求。

〔4〕洗涤沉淀时，应注意：①滴入洗涤液要轻，防止沉淀溅出，尤其是烧杯尖嘴部应该特别注意小心操作；②洗涤应少量多次；③尽可能使所有的洗涤液流完后再加下次洗涤液。

〔5〕在炭化和灰化的过程中，火焰不要太大，应该不包围坩埚，因为燃烧过程中产生的炭可以把硫酸钡还原，$BaSO_4 + 4C = 4CO + BaS$，使沉淀变黄，造成分析结果偏低。

〔6〕坩埚在使用过程中，盖子很容易打碎，因此，称量的时候可以将坩埚和盖子分开称量。

【思考题】

1. 为什么要在稀 HCl 介质中沉淀 $BaSO_4$？HCl 加入太多有何影响？加 H_2SO_4 行吗？

2. 实验中沉淀的生成是在热溶液中进行，而过滤又要在冷却后进行，为什么？晶形沉淀为何要陈化？

3. 为什么要用倾析法过滤？

4. 灰化的过程中滤纸着火了，应该如何处理？着火会对实验结果产生什么影响？

5. 在炭化、灰化的过程中要注意什么？

6. 为净化 $BaSO_4$ 沉淀和使之容易过滤，我们在实验中采取了哪些措施？

7. 选择沉淀洗涤剂的原则是什么？

8. 设计一个适合恒重记录的实验数据记录表。

9. 坩埚的准备工作该进行哪些操作？

10. 为什么称量 0.4～0.6 g $BaCl_2 \cdot 2H_2O$？

11. 灼烧好的样品要放入干燥器皿中的原因是什么？干燥器中的干燥剂用什么比较好？样品称量时要注意什么？

12. 沉淀的陈化过程目的是什么？在水浴上微沸 40 min 陈化和放置过夜陈化哪种效果更好？为什么？

13. 本实验的系统误差是多少？如果规范操作，系统误差是多少？应该如何减少系统误差？

14. 沉淀经过陈化以后，晶体颗粒会增大，纯度会增加的原理是什么？

15. 若用重量法测定可溶硫酸盐中 SO_4^{2-} 的含量，其实验步骤与测钡含量有什么区别？要注意什么？请说明。

16. 物质的重量和什么有关系？最后的恒重和什么有关系？注意事项是什么？

拓展实验：重量法测定可溶性硫酸盐中的 SO_4^{2-}

第8章

综合实验

实验 19　非金属元素性质综合实验

【实验目的】

1. 掌握卤素单质及化合物的性质及氧化还原递变规律。
2. 掌握不同氧化态氯、硫、氮含氧化合物的氧化还原性及稳定性。
3. 了解常见磷酸盐的主要性质。
4. 学习常见阴离子的鉴定方法。

【实验预习】

1. 《无机化学》《元素化学》中非金属元素的性质，重点为卤素、N、P、S 的性质。
2. 参考《分析化学实验》中常见阴离子的鉴定方法。
3. 本书 5.2 试剂的干燥、取用和溶液的配制。
4. 本书 5.6.2 沉淀（晶体）的分离与洗涤。

【实验原理】

非金属元素一般容易得到电子形成阴离子与金属离子形成不同类型的盐。同时非金属元素呈现多种不同的氧化态，有丰富的含氧酸和含氧酸盐的性质以及氧化还原特性。所以，对于非金属元素而言，氧化还原性质的递变规律及应用是此类实验的关键所在。

1. 卤族元素

氟、氯、溴、碘是ⅦA族元素。卤素单质均具有氧化性。从氯到碘，氧化能力减弱。紫黑色的 $I_2(s)$ 难溶于水，但易溶于苯和 CCl_4，溶液呈紫红色。棕红色的 $Br_2(l)$ 微溶于水，也易溶于苯和 CCl_4，浓度高时溶液呈橙红色，浓度低时溶液呈黄色。据此可以鉴定 Br^-、I^-，但在鉴定 I^- 时如用 Cl_2 水作氧化剂，Cl_2 水过量时，I_2 会被进一步氧化为 IO_3^-，使溶液的紫红色褪去。

$$I_2 + 5Cl_2 + 6H_2O \Longrightarrow 2IO_3^- + 12H^+ + 10Cl^-$$

X^- 具有还原性。从 I^- 到 F^- 还原性依次减弱。KI 溶液长期放置时，溶液中的 I^- 易被空气中的氧气所氧化，生成 I_2，I_2 与 I^- 结合成 I_3^-，使溶液变为棕色（浓度低时呈浅黄色）。

$$4I^- + O_2 + 4H^+ \Longrightarrow 2I_2 + 2H_2O$$

$$I_2 + I^- \Longrightarrow I_3^-$$

卤素含氧酸及其盐均有较强的氧化性。次卤酸盐具有强氧化性和漂白能力，氯酸盐、溴酸盐、碘酸盐在酸性介质中是较强的氧化剂。例如：

$$6I^- + ClO_3^- + 6H^+ == 3I_2 + Cl^- + 3H_2O$$

若加入过量的 ClO_3^-，可进一步将 I_2 氧化成 IO_3^-，本身被还原为 Cl_2。

$$I_2 + 2ClO_3^- == 2IO_3^- + Cl_2(g)$$
$$ClO_3^- + 5Cl^- + 6H^+ == 3Cl_2(g) + 3H_2O$$

2. 氮族元素

氮有多种氧化态的化合物。

$NH_3 \cdot H_2O$ 是弱碱，是很好的配体。铵盐热稳定性差，受热易分解。NH_4^+ 的鉴定多采用气室法和奈斯勒试剂法。气室法就是向含有 NH_4^+ 的溶液中加入强碱性溶液，逸出的气体使湿润的 pH 试纸变红。

亚硝酸是中强酸，可由强酸和亚硝酸盐制备。HNO_2 热稳定性差，仅存在于冷水溶液中，其分解产物 N_2O_3（蓝色）受热歧化为 NO_2 和 NO。

$$2HNO_2 \rightleftharpoons N_2O_3 + H_2O == NO_2(g) + NO(g) + H_2O$$

亚硝酸及其盐既有氧化性又有还原性，通常以氧化性为主。

$$2NO_2^- + 2I^- + 4H^+ == 2NO + I_2 + 2H_2O$$
$$5NO_2^- + 2MnO_4^- + 6H^+ == 5NO_3^- + 2Mn^{2+} + 3H_2O$$

硝酸是具有氧化性的强酸，硝酸盐受热易分解。

NO_3^- 可用棕色环法鉴定：在盛有 NO_3^- 试液的试管中加入少量 $FeSO_4 \cdot 7H_2O$ 晶体使其溶解，然后沿试管壁慢慢加入浓 H_2SO_4，由于浓 H_2SO_4 密度大，它会流入溶液底部自成一相。在浓 H_2SO_4 与试液的界面上会发生如下反应：

$$3Fe^{2+} + NO_3^- + 4H^+ == 3Fe^{3+} + 2H_2O + NO$$
$$NO + Fe^{2+} == [Fe(NO)]^{2+}$$

由于 $[Fe(NO)]^{2+}$ 呈棕色，因此在两液界面上形成棕色环。

NO_2^- 也能与 $FeSO_4$ 作用产生棕色 $[Fe(NO)]^{2+}$ 而干扰 NO_3^- 的鉴定。因此，当试液中有 NO_2^- 存在时，必须先加入固体 NH_4Cl 并加热以除去 NO_2^-。

$$NO_2^- + NH_4^+ \xrightarrow{\triangle} N_2\uparrow + 2H_2O$$

NO_2^- 的鉴定是在溶液中加入 HAc 酸化，加入 $FeSO_4 \cdot 7H_2O$，溶液呈棕色。

$$2HAc + 2Fe^{2+} + NO_2^- == [Fe(NO)]^{2+} + Fe^{3+} + 2Ac^- + H_2O$$

$H_2PO_4^-$、HPO_4^{2-}、PO_4^{3-} 形成的不同类型的磷酸盐，其钠盐溶于水后由于水解呈现不同的酸碱性。

PO_4^{3-} 的鉴定：在过量 HNO_3 存在下，PO_4^{3-} 能与 $(NH_4)_2MoO_4$ 生成黄色的 12-钼磷酸铵沉淀。

$$PO_4^{3-} + 3NH_4^+ + 12MoO_4^{2-} + 24H^+ == (NH_4)_3[P(Mo_3O_{10})_4] \cdot 6H_2O\downarrow + 6H_2O$$

3. 硫族元素

硫在化合物中常见的化合价有 -2、$+4$ 和 $+6$。H_2S 具有还原性，是较强的还原剂。它与弱氧化剂作用生成 S，与强氧化剂作用生成 SO_4^{2-}。

S^{2-} 的鉴定常采用的方法有以下两种：

① S^{2-} 与稀酸作用生成 H_2S 气体，它可使湿润的 $Pb(Ac)_2$ 试纸变黑。

② 在弱碱性介质中，S^{2-} 与 $Na_2[Fe(CN)_5NO]$ 反应生成红紫色配合物。SO_3^{2-} 在酸性条件下，能释放出还原性气体 SO_2，它可以使 KIO_3-淀粉试纸变蓝，再变无色：

$$5SO_2 + 2IO_3^- + 4H_2O \Longrightarrow I_2 + 5SO_4^{2-} + 8H^+$$

$$SO_2 + I_2 + 2H_2O \Longrightarrow 2I^- + SO_4^{2-} + 4H^+$$

利用此性质可以鉴定 SO_3^{2-}。

SO_2 和亚硫酸具有氧化性和还原性，但主要作为还原剂使用。当遇到较强的还原剂时，亦可表现出弱氧化性。

$$2H_2S + SO_2 \Longrightarrow 3S\downarrow + 2H_2O$$

SO_3^{2-} 还可用以下反应鉴定：

$$2Zn^{2+} + [Fe(CN)_6]^{4-} \Longrightarrow Zn_2[Fe(CN)_6]（浅黄色）$$

$$Zn_2[Fe(CN)_6] + [Fe(CN)_5NO]^{2-} + SO_3^{2-} \Longrightarrow Zn_2[Fe(CN)_5NOSO_3]（红色） + [Fe(CN)_6]^{4-}$$

$Na_2S_2O_3$ 是重要的还原剂之一，它能被 I_2 定量氧化成 $Na_2S_4O_6$（连四硫酸钠）：

$$2Na_2S_2O_3 + I_2 \Longrightarrow 2NaI + Na_2S_4O_6$$

此反应可用于定量分析，是碘量法的基础。

$S_2O_3^{2-}$ 遇酸生成极不稳定的 $H_2S_2O_3$，又很快分解而析出 S，放出 SO_2。

$$S_2O_3^{2-} + 2H^+ \Longrightarrow S\downarrow + SO_2\uparrow + H_2O$$

$S_2O_3^{2-}$ 与 Ag^+ 作用生成不稳定的白色 $Ag_2S_2O_3$ 沉淀，它在水中逐渐分解，沉淀的颜色是白→黄→棕，最后变成黑色的 Ag_2S：

$$2Ag^+ + S_2O_3^{2-} \Longrightarrow Ag_2S_2O_3\downarrow$$

$$Ag_2S_2O_3 + H_2O \Longrightarrow Ag_2S\downarrow + H_2SO_4$$

此反应用于鉴定 $S_2O_3^{2-}$。

$K_2S_2O_8$ 是强氧化剂，在 Ag^+ 催化下，能将 Mn^{2+} 氧化成紫红色的 MnO_4^-：

$$2Mn^{2+} + 5S_2O_8^{2-} + 8H_2O \xrightarrow{Ag^+} 2MnO_4^- + 10SO_4^{2-} + 16H^+$$

此反应常用于鉴定 Mn^{2+}。

【实验内容】

1. 卤素的性质

见实验 6 氧化还原反应与电化学。

Cl^-、Br^-、I^- 混合离子的分离和鉴定如下：

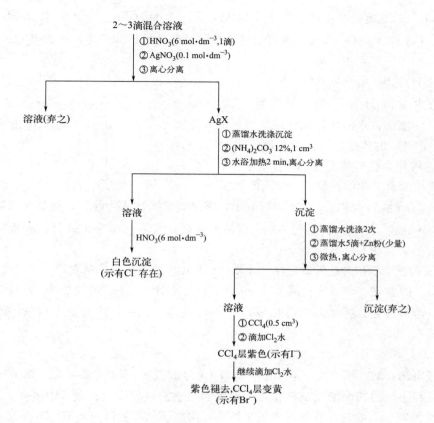

2. 硫化合物的性质

（1）S^{2-} 的性质及 S^{2-} 的鉴定

① S^{2-} 的还原性　取 $0.1\ mol\cdot dm^{-3}\ Na_2SO_3$ 溶液，用 $2\ mol\cdot dm^{-3}\ H_2SO_4$ 酸化，滴加饱和 H_2S 溶液，观察现象。写出有关反应式。

② S^{2-} 的鉴定　取 $4\sim 5$ 滴 $0.1\ mol\cdot dm^{-3}\ Na_2S$ 溶液于试管中，再加入数滴 $2\ mol\cdot dm^{-3}$ H_2SO_4 溶液，将湿润的 $Pb(Ac)_2$ 试纸横架在试管口上，水浴加热，试纸变黑，示有 S^{2-} 存在，写出有关反应式。

（2）亚硫酸及其盐的性质与 SO_3^{2-} 的鉴定

① 设计方案试验 Na_2SO_3 的氧化性和还原性，写出反应方程式。

② SO_3^{2-} 的鉴定：在点滴板空穴中滴加 1 滴 $ZnSO_4$ 饱和溶液，再加 1 滴新配制的 $0.1\ mol\cdot dm^{-3}\ K_4[Fe(CN)_6]$ 和 1 滴新配制的 1% $Na_2[Fe(CN)_5NO]$ 溶液，用 $2\ mol\cdot dm^{-3}$ $NH_3\cdot H_2O$ 将溶液调到中性或弱酸性，最后滴加 1 滴 SO_3^{2-} 溶液，搅拌，产生红色沉淀，示有 SO_3^{2-}。

（3）硫代硫酸及其盐的性质与 $S_2O_3^{2-}$ 的鉴定

① 在 $0.1\ mol\cdot dm^{-3}\ Na_2S_2O_3$ 溶液中加入 $2\ mol\cdot dm^{-3}\ H_2SO_4$，放置，观察现象，并检验生成的气体，写出反应方程式。

② 分别在盛有碘水和氯水的试管中，逐滴加入 $0.1\ mol\cdot dm^{-3}\ Na_2S_2O_3$ 溶液，观察现象，用实验证明产物中是否有 SO_4^{2-} 生成，写出反应式。

③ $S_2O_3^{2-}$ 的鉴定：在点滴板空穴中加入 1 滴 0.1 mol·dm^{-3} Na$_2$S$_2$O$_3$ 溶液，再加入 2 滴 0.1 mol·dm^{-3} AgNO$_3$ 溶液，观察沉淀的颜色是白→黄→棕→黑，示有 $S_2O_3^{2-}$ 存在，写出反应式。

（4）$(NH_4)_2S_2O_8$ 的氧化性

向盛有少量稀 H$_2$SO$_4$ 的试管中加 1 滴 0.01 mol·dm^{-3} MnSO$_4$ 溶液，再加入少量 $(NH_4)_2S_2O_8$ 固体，水浴加热观察现象。再加入 1 滴 0.1 mol·dm^{-3} AgNO$_3$ 溶液，观察现象，解释 AgNO$_3$ 的作用。写出有关反应式。

3. 氮、磷化合物的性质

（1）亚硝酸及其盐的性质与 NO_2^- 的鉴定

① 取 1 cm^3 饱和 NaNO$_2$ 溶液于试管中，将试管放入冰水中冷却，然后加入同样冷却的 1 cm^3 2 mol·dm^{-3} H$_2$SO$_4$，摇匀，观察溶液的颜色，自冰水中取出试管，放置片刻，观察 HNO$_2$ 的分解，写出反应式。

② 用实验证明亚硝酸盐的氧化性、还原性。写出实验步骤，记录现象，写出有关反应式。

③ NO_2^- 的鉴定：取 2～3 滴 0.1 mol·dm^{-3} NaNO$_2$ 溶液于试管中，加数滴 2 mol·dm^{-3} HAc 溶液酸化，再加入少量 FeSO$_4$·7H$_2$O 晶体，振荡，溶液变为棕色，示有 NO_2^-，写出反应式。

（2）NH_4^+ 的鉴定

采用气室法：取几滴 0.1 mol·dm^{-3} NH$_4$Cl 溶液置于一表面皿中心，在另一稍小的表面皿中心贴一小块湿润的酚酞试纸扣在大的表面皿上形成气室。在试液中滴加 2 mol·dm^{-3} NaOH 溶液至碱性，混匀，放置在水浴上微热，酚酞试纸变粉红，示有 NH_4^+ 存在。

（3）NO_3^- 鉴定

取 5 滴 0.1 mol·dm^{-3} NaNO$_3$ 溶液于试管中，加入少量 FeSO$_4$·7H$_2$O 晶体，振荡使其溶解，后加少量水稀释，将试管倾斜，沿管壁慢慢加入 1 cm^3 浓 H$_2$SO$_4$（切勿摇动！），在浓 H$_2$SO$_4$ 与试液交界处有棕色环出现，示有 NO_3^- 存在，写出反应式。

（4）磷酸盐的性质及 PO_4^{3-} 的鉴定

① 在点滴板的三个空穴中分别加入少量 0.1 mol·dm^{-3} Na$_3$PO$_4$ 溶液、Na$_2$HPO$_4$ 溶液、NaH$_2$PO$_4$ 溶液，用 pH 试纸分别测定其 pH 值，分别向以上三个空穴中加入少量 0.1 mol·dm^{-3} AgNO$_3$ 溶液，用搅拌棒混匀后，观察现象。再测其 pH 值，对比前后各有何变化，解释之。

② PO_4^{3-} 的鉴定：在试管中加入 1～2 滴 0.1 mol·dm^{-3} 磷酸盐溶液，加入 3～5 滴浓 HNO$_3$，最后加入 10 滴饱和 $(NH_4)_2MoO_4$ 溶液，水浴加热，出现黄色沉淀示有 PO_4^{3-}，写出反应式。

4. 设计实验

① 鉴定 NO_2^-、NO_3^- 混合溶液中的 NO_3^-。

② 鉴定 S^{2-}、PO_4^{3-} 混合溶液中的 PO_4^{3-}。

③ 对 PO_4^{3-}、Cl^- 混合溶液进行分离并鉴定。

【实验指导】

[1] 实验药品：NaOH（2 mol·dm^{-3}），H$_2$SO$_4$（2 mol·dm^{-3}），KI（1 mol·dm^{-3}），H$_2$SO$_4$（2 mol·dm^{-3}），Na$_2$SO$_3$（0.1 mol·dm^{-3}），KIO$_3$（0.1 mol·dm^{-3}），饱和

$KClO_3$，Cl^-、Br^-、I^- 混合离子，CCl_4，HNO_3（6 $mol \cdot dm^{-3}$），$AgNO_3$（0.01 $mol \cdot dm^{-3}$），12% $(NH_4)_2SO_4$，H_2S 溶液（饱和），Na_2S（0.1 $mol \cdot dm^{-3}$），Na_2SO_3（0.1 $mol \cdot dm^{-3}$），$ZnSO_4$（饱和），$K_4[Fe(CN)_6]$（0.1 $mol \cdot dm^{-3}$），1% $Na_2[Fe(CN)_5NO]$，$NH_3 \cdot H_2O$（2 $mol \cdot dm^{-3}$），$Na_2S_2O_3$（0.1 $mol \cdot dm^{-3}$），I_2 水，Cl_2 水，$NaNO_2$（饱和），$NaNO_2$（0.1 $mol \cdot dm^{-3}$），HAc（2 $mol \cdot dm^{-3}$），$FeSO_4 \cdot 7H_2O$ 晶体，NH_4Cl（0.1 $mol \cdot dm^{-3}$），$NaNO_3$（0.1 $mol \cdot dm^{-3}$），Na_3PO_4（0.1 $mol \cdot dm^{-3}$），Na_2HPO_4（0.1 $mol \cdot dm^{-3}$），NaH_2PO_4（0.1 $mol \cdot dm^{-3}$），浓 H_2SO_4，饱和 $(NH_4)_2MoO_4$ 溶液，NO_2^-、NO_3^- 混合溶液，S^{2-}、PO_4^{3-} 混合溶液，PO_4^{3-}、Cl^- 混合溶液。锌粉，pH 试纸，酚酞试纸，$Pb(Ac)_2$ 试纸，KIO_3-淀粉试纸。

[2] S^{2-} 的另外一种鉴定方法是：取 1 滴含有 S^{2-} 试液于点滴板上，再加 1 滴新配制的 1% $Na_2[Fe(CN)_5(NO)]$ 溶液，出现紫红色示有 S^{2-} 存在。

$$S^{2-} + [Fe(CN)_5(NO)]^{2-} == [Fe(CN)_5S(NO)]^{4-}（紫红色）$$

[3] 奈斯勒试剂法：在试管中加入 1~2 滴 0.1 $mol \cdot dm^{-3}$ NH_4Cl 溶液，滴加 2 滴奈斯勒试剂，有棕色沉淀产生，示有 NH_4^+。

奈斯勒试剂法是用奈斯勒试剂（$K_2[HgI_4]$ + KOH）与 NH_4^+ 作用，生成红棕色沉淀

$$NH_4^+ + 2[HgI_4]^{2-} + 4OH^- == \left[O \overset{Hg}{\underset{Hg}{\Big\langle}} NH_2 \right] I\downarrow + 7I^- + 3H_2O$$

[4] 用 Zn^{2+}、$[Fe(CN)_6]^{2-}$ 和 $[Fe(CN)_5(NO)]^{2-}$ 溶液鉴定 SO_3^{2-} 时，反应在中性溶液中进行，S^{2-} 与 $Na[Fe(CN)_5(NO)]$ 生成紫红色配合物，干扰 SO_3^{2-} 的鉴定。

[5] 在性质实验操作中一定要注意以下几个方面：

① 试剂加入的顺序，而且一定要逐滴加入，边滴加边振荡试管，使反应充分并易于观察现象。

② 试剂加入的量，不可随意加入过量的试剂，因为许多反应如氧化还原反应的产物与所加入的试剂的量密切相关。想一想，如何简便地控制试剂的量？

③ 有时反应现象不明显时，要考虑可能是反应速率较慢所导致，可以考虑温度对反应速率的影响。想一想，如何稳妥地控制反应体系的温度？

④ 要注意反应现象的观察与记录。一般颜色的变化、沉淀的生成比较容易观察到，但是，一定不能忽视气体的生成。同时，还要想办法检验生成的气体。

⑤ 废液的处理：有毒有害气体生成的反应应及时终止，如 HNO_2 实验；CCl_4 溶液回收；其他废液用酸碱中和至中性方可倒入下水道。

【思考题】

1. 复习有关元素的性质，了解元素周期表中不同区域元素的性质特点和递变规律。

2. 复习试管反应的特点，以及实验现象观察的方法。

3. 实验室的 H_2S、Na_2S、Na_2SO_3 溶液能否长期保存？说明理由。

4. 选用一种试剂区别下列五种无色溶液：NaCl，$NaNO_3$、Na_2S、$Na_2S_2O_3$、Na_2HPO_4。

5. 在选用酸溶液作为氧化还原反应的介质时，为何不常用 HNO_3 或 HCl？在什么情况下可选用 HNO_3 或 HCl？

6. 有三瓶未贴标签的溶液分别是 $NaNO_2$、Na_2SO_3 和 KI，如何进行鉴别？

7. KIO_3 和 $NaHSO_3$ 在酸性介质中的反应产物与二者的相对量有什么关系？

8. 向 KI 溶液中滴加氯水有 I_2 析出。氯水加多了，溶液又变成无色，用反应方程式表示。说明此反应的应用。

9. 利用实验中的试剂，设计实验验证 ClO_3^-、BrO_3^-、IO_3^- 氧化性的强弱。

10. 在盛有 $1\ cm^3$ $0.1\ mol\cdot dm^{-3}$ $Na_2S_2O_3$ 溶液的试管中滴加 1 滴 $0.1\ mol\cdot dm^{-3}$ $AgNO_3$，有什么现象？写出反应方程式。

实验 20 金属元素性质综合实验

【实验目的】

1. 掌握金属氢氧化物的酸碱性、氧化还原性。
2. 了解某些金属硫化物的性质。
3. 掌握一些重要金属化合物的氧化还原性。
4. 掌握某些配合物的性质及某些金属离子的鉴定方法。

【实验预习】

1. 《无机化学》《元素化学》中金属元素的性质，重点是过渡元素和 p 区非金属的性质、H_2O_2 的性质。
2. 参考《分析化学实验》中常见阳离子的鉴定方法。
3. 本书 5.2 试剂的干燥、取用和溶液的配制；5.6.2 沉淀（晶体）的分离与洗涤。

【实验原理】

元素周期表中大部分是金属元素，主族和副族的金属元素核外电子结构不同导致它们及其化合物的性质即氧化物和硫化物的酸碱性、氧化还原性质均有不同。主族元素中的碱金属和碱土金属元素的主要性质体现在酸碱性的有序递变，而第Ⅲ～第Ⅵ主族金属元素的性质表现得比较突出的是作为含氧酸及其盐的氧化还原性质。对于副族元素，过渡区域元素的特点是以形成配合物和多变的氧化态而呈现多样的性质。相应地，这些金属元素的鉴定也是利用它们的这些性质。

1. 氢氧化物

多数金属元素的氢氧化物都难溶于水，并且根据相应的金属元素所属的区域，具有各自的特性。

$Cr(OH)_3$、$Sn(OH)_2$、$Zn(OH)_2$、$Al(OH)_3$ 具有明显的两性。

$Cu(OH)_2$、$Pb(OH)_2$ 为两性偏碱性，能溶于酸和较浓的碱。

$Hg(Ⅱ)$ 和 $Ag(Ⅰ)$ 的氢氧化物极易脱水。

$Mn(OH)_2$、$Fe(OH)_2$、$Co(OH)_2$、$Ni(OH)_2$ 还原性依次减弱，$Mn(OH)_2$、$Fe(OH)_2$ 极易被空气中氧氧化为 $MnO(OH)_2$ 和 $Fe(OH)_3$，$Co(OH)_2$ 只能被缓慢氧化为 $Co(OH)_3$，但可以被 H_2O_2 氧化，生成 $Co(OH)_3$，而 $Ni(OH)_2$ 与氧和 H_2O_2 不起反应，只能被 Br_2 水等强氧化剂氧化为 $Ni(OH)_3$。

$$2Ni(OH)_2 + Br_2 + 2OH^- = 2Ni(OH)_3 + 2Br^-$$
$$4Co(OH)_2 + 2OH^- + H_2O_2 = 4Co(OH)_3$$

除 $Fe(OH)_3$ 外，$MnO(OH)_2$、$Co(OH)_3$、$Ni(OH)_3$ 均能与浓 HCl 反应放出 Cl_2。如：

$$2Ni(OH)_3 + 6HCl(浓) = 2NiCl_2 + Cl_2 \uparrow + 6H_2O$$

2. 硫化物

Na_2S 是溶于水的化合物，它的水溶液在空气中长时间放置后，常常会有单质 S 析出，经过一段时间后溶液中会有 Na_2S_2 等多硫化物生成。

多数难溶性金属硫化物为黑色，但也有几种具有鲜明的颜色。根据金属元素性质的不同溶解性也有很大差异。SnS 是棕色的碱性硫化物，SnS_2 是黄色的弱酸性硫化物，故 SnS_2 能溶于 Na_2S 溶液中，生成硫代锡酸钠。

$$SnS_2 + Na_2S = Na_2SnS_3$$

但硫代锡酸盐只存在于中性或碱性介质中；在酸性介质中不稳定，又会分解为黄色的 SnS_2。

$$Na_2SnS_3 + 2HCl = SnS_2(s) + H_2S(g) + 2NaCl$$

SnS 能溶于多硫化物，是由于 S_x^{2-} 具有氧化性，可将 SnS 氧化为 SnS_3^{2-} 而溶解。

3. 化合物的氧化还原性

Sn^{2+} 有较强的还原性，在酸性、碱性溶液中都可被空气中的氧所氧化；在碱性介质中，$[Sn(OH)_4]^{2-}$ 与 Bi^{3+} 反应生成黑色的 Bi 沉淀：

$$3[Sn(OH)_4]^{2-} + 2Bi(OH)_3 = 3[Sn(OH)_6]^{2-} + 2Bi(s)$$

该反应用于 Sn^{2+} 的鉴定。

在酸性介质中，Sn^{2+} 与 $HgCl_2$ 反应：

$$SnCl_2 + 2HgCl_2 = SnCl_4 + Hg_2Cl_2(s)(白)$$
$$SnCl_2 + Hg_2Cl_2 = SnCl_4 + 2Hg(s)(黑)$$

强碱性介质中，Bi^{3+} 可被 H_2O_2、Cl_2 等氧化为 Bi(V)，Cr^{3+} 可被氧化为 Cr(VI)。

$$Bi^{3+} + 6OH^- + Cl_2 + Na^+ = NaBiO_3(s) + 2Cl^- + 3H_2O$$
$$2Cr^{3+} + 10OH^- + 3H_2O_2 = 2CrO_4^{2-} + 8H_2O$$

强酸性介质中，Bi(V)、Pb(IV) 具有强氧化性。

$$2Mn^{2+} + 5NaBiO_3 + 14H^+ = 2MnO_4^- + 5Bi^{3+} + 5Na^+ + 7H_2O$$

Cr^{3+} 具有还原性而 Cr(VI) 具有较强的氧化性。在碱性条件下，Cr(III) 可以被 H_2O_2 氧化成 CrO_4^{2-}。CrO_4^{2-} 的鉴定反应为：

$$2CrO_4^{2-} + 2H^+ = Cr_2O_7^{2-} + H_2O$$
$$Cr_2O_7^{2-} + 2H^+ + 4H_2O_2 = 2CrO_5 (蓝色) + 5H_2O$$

其中，蓝色的 CrO_5 在乙醚或戊醇中稳定。

4. Fe(II)、Co(II)，Ni(II) 与 NH_3 水的反应

Fe^{3+} 因与氨水生成 $Fe(OH)_3$ 沉淀而不能形成氨配合物，Co^{2+} 与少量氨水生成蓝色 Co(OH)Cl 沉淀，与过量氨水生成黄色 $[Co(NH_3)_6]^{2+}$，它在空气中极不稳定，易氧化为棕色的 $[Co(NH_3)_6]^{3+}$。

$$4[Co(NH_3)_6]^{2+} + O_2 + 2H_2O = 4[Co(NH_3)_6]^{3+} + 4OH^-$$

Ni^{2+} 与 NH_3 水反应与 Co^{2+} 相似，但 $[Ni(NH_3)_6]^{2+}$ 很稳定，不能被空气氧化。

5. Cu 的化合物

Cu(II) 具有弱氧化性，Cu(I) 在水溶液中不稳定，易歧化为 Cu(II) 和 Cu，Cu(I)

若以配合物或难溶物形式存在则表现出较强的稳定性。

【实验内容】

1. 氢氧化物的生成和性质

(1) 氢氧化物的两性

根据 Cr^{3+} 和 Sn^{2+} 的特性，自制 $Cr(OH)_3$、$Sn(OH)_2$，观察其颜色和状态，并试验其酸碱性。

(2) 氢氧化物的两性偏碱性质

自制 $Cu(OH)_2$、$Pb(OH)_2$，观察其颜色和状态，选择合适的酸和不同浓度的 NaOH 试验其性质。

(3) 氢氧化物的脱水性

用 $AgNO_3$、$HgCl_2$、$CuSO_4$ 溶液分别与 $2\ mol \cdot dm^{-3}$ NaOH 作用，观察现象。将三支试管加热又有何变化？说明了什么？

(4) 氢氧化物的还原性

分别取少量 Mn^{2+}、Fe^{2+}、Co^{2+}、Ni^{2+} 溶液与 $2\ mol \cdot dm^{-3}$ NaOH 作用，仔细观察现象，对比它们在空气中的稳定性〔保留 $Co(OH)_2$、$Ni(OH)_2$ 供下面实验用〕。

(5) 氢氧化物的氧化性

向 (4) 制得的 $Co(OH)_2$、$Ni(OH)_2$ 中各加入少量 $3\%\ H_2O_2$ 溶液，观察有无变化；然后再向另一新制成的 $Ni(OH)_2$ 中加入 Br_2 水，再观察有何变化。将上述沉淀离心分离后分别加入浓 HCl，观察现象，并用 KI-淀粉试纸检验所产生的气体。

对比 Fe(Ⅱ)、Co(Ⅱ)、Ni(Ⅱ) 还原性强弱及 Fe(Ⅲ)、Co(Ⅲ)、Ni(Ⅲ) 氧化性强弱。

2. 硫化物

自制少量 SnS、SnS_2，观察其颜色和状态，试验 SnS_2 在 $1\ mol \cdot dm^{-3}$ Na_2S 溶液中的溶解性及 SnS 在 $0.1\ mol \cdot dm^{-3}$ Na_2S_2 溶液中的溶解性。

3. 化合物的氧化还原性

(1) Sn^{2+} 在不同介质中的还原性

① 碱性介质：自制少量 $[Sn(OH)_4]^{2-}$ 溶液，加入少量 $0.1\ mol \cdot dm^{-3}$ $Bi(NO_3)_3$ 溶液，观察黑色沉淀的生成。此反应用于 Bi^{3+} 和 Sn^{2+} 的鉴定。

② 酸性介质：取 $1 \sim 2$ 滴 $0.1\ mol \cdot dm^{-3}$ $HgCl_2$ 溶液，逐滴加入 $SnCl_2$ 溶液，观察现象，注意颜色白→灰→黑的变化过程。此反应可用于 Hg(Ⅱ) 和 Sn^{2+} 的鉴定。

(2) Bi^{3+} 的还原性和 Bi(Ⅴ) 的氧化性

取少量 $0.1\ mol \cdot dm^{-3}$ $Bi(NO_3)_3$ 溶液，加入 $6\ mol \cdot dm^{-3}$ NaOH 溶液，再加入 3% H_2O_2，水浴加热，观察灰黄色沉淀的生成。离心分离后，在沉淀中加入 $6\ mol \cdot dm^{-3}$ HNO_3 酸化，加入 1 滴 $0.1\ mol \cdot dm^{-3}$ $MnSO_4$ 液，水浴加热，离心后观察溶液的紫红色。此反应可用来鉴定 Mn^{2+}。

(3) Pb(Ⅳ) 的氧化性

设计实验，选择合适的酸和还原剂，证明 PbO_2 的强氧化性。

(4) Cr^{3+} 的还原性、CrO_4^{2-} 和 $Cr_2O_7^{2-}$ 的互变及 $Cr_2O_7^{2-}$ 的氧化性

① 自制少量 $[Cr(OH)_4]^-$ 溶液，加入 3% H_2O_2，水浴加热，观察溶液的颜色变化。冷却后加入 $0.5\ cm^3$ 乙醚，再加入 $6\ mol \cdot dm^{-3}$ HNO_3，振荡，观察乙醚层中的深蓝色。此

反应用来鉴定 Cr^{3+}。

② CrO_4^{2-} 溶液中加入少量 $2\ mol\cdot dm^{-3}\ H_2SO_4$ 溶液，观察溶液的颜色变化；再滴加 $2\ mol\cdot dm^{-3}\ NaOH$，观察又有何变化；加入少量 $2\ mol\cdot dm^{-3}\ H_2SO_4$ 溶液，最后向该橙色溶液中加入几滴 $0.1\ mol\cdot dm^{-3}\ (NH_4)_2Fe(SO_4)_2$，观察现象并解释之。

4. Fe^{3+}、Co^{2+}、Ni^{2+}、Hg^{2+} 与氨水的反应

取少量 $FeCl_3$、$CoCl_2$、$NiCl_2$、$HgCl_2$ 溶液，分别加入 $2\ mol\cdot dm^{-3}\ NH_3$ 水至过量，仔细观察现象，写出反应方程式。

5. $Cu(I)$ 与 $Cu(II)$ 的转化和性质

取少量 Cu 屑，加入 $0.5\ cm^3\ 1\ mol\cdot dm^{-3}\ CuCl_2$ 和 $5\ cm^3\ NaCl$ 饱和溶液，加热至沸（较长时间），待溶液颜色由棕色变土黄色时，用滴管取 1 滴溶液加入水中，若有白色沉淀生成即停止加热，将溶液倒入盛有蒸馏水的小烧杯或试管中（注意 Cu 屑不要倒入），观察现象，静置，用滴管插入烧杯底部吸取少量沉淀，分别试验其与浓 HCl、$2\ mol\cdot dm^{-3}$ 氨水的反应，观察现象并解释之。

【实验指导】

[1] 参考药品：H_2SO_4（$2\ mol\cdot dm^{-3}$），HCl（$2\ mol\cdot dm^{-3}$，浓），HNO_3（$6\ mol\cdot dm^{-3}$），H_2S（饱和），NaOH（$2\ mol\cdot dm^{-3}$，$6\ mol\cdot dm^{-3}$），氨水（$2\ mol\cdot dm^{-3}$），$FeCl_3$（$0.1\ mol\cdot dm^{-3}$），$Pb(NO_3)_2$（$0.1\ mol\cdot dm^{-3}$），$KCr(SO_4)_2$（$0.1\ mol\cdot dm^{-3}$），$SnCl_2$（$0.1\ mol\cdot dm^{-3}$），$HgCl_2$（$0.1\ mol\cdot dm^{-3}$），$AgNO_3$（$0.1\ mol\cdot dm^{-3}$），$MnSO_4$（$0.01\ mol\cdot dm^{-3}$，$0.1\ mol\cdot dm^{-3}$），$(NH_4)_2Fe(SO_4)_2$（$0.1\ mol\cdot dm^{-3}$），$CoCl_2$（$0.1\ mol\cdot dm^{-3}$），$NiCl_2$（$0.1\ mol\cdot dm^{-3}$），Na_2S（$1\ mol\cdot dm^{-3}$），$Bi(NO_3)_3$（$0.1\ mol\cdot dm^{-3}$），KI（$0.1\ mol\cdot dm^{-3}$），$Na_2S_2O_3$（$0.1\ mol\cdot dm^{-3}$），$SnCl_4$（$0.1\ mol\cdot dm^{-3}$），Na_2S_2（$0.1mol\cdot dm^{-3}$），K_2CrO_4（$0.1\ mol\cdot dm^{-3}$），$CuSO_4$（$0.1\ mol\cdot dm^{-3}$），$K_4[Fe(CN)_6]$（$0.1\ mol\cdot dm^{-3}$），NaCl（饱和），$CuCl_2$（$1\ mol\cdot dm^{-3}$），H_2O_2（3%），B 溴水，乙醚。$PbO_2(s)$，Cu 屑，KI-淀粉试纸。Na_2S_2 用 Na_2S 溶液自制。

[2] 制备氢氧化物的沉淀时，要注意选择碱的种类、浓度。使用 H_2O_2 时要注意不同的介质、不同的物质环境 H_2O_2 的氧化还原性对产物的影响。

[3] Na_2S 溶液放置后会聚合变成 Na_2S_x，只要取少量溶液向其中滴加酸溶液会有乳白色沉淀，以此方法鉴定 Na_2S_x 的生成。

[4] Pb、Hg 的化合物有毒，注意废液回收。

[5] 请参考相关的阳离子鉴定反应。不同的阳离子有其特征的鉴定反应，有的是灵敏度很高，检出限很低的反应，直接在一定的介质条件下加入特征试剂就可以检出。有的离子的检出因为干扰较多，需要先分离，使干扰离子消除或低于一定的浓度才可鉴定。

[6] 离子分离在定性分析中比较常用的方法是沉淀法分离，一般使用沉淀剂，使预分离的组分分别进入两相（固、液），然后离心分离。要注意，固相组分因为吸附作用会吸附液相成分中的离子，所以，一定要将沉淀洗净后再做进一步的工作。

金属离子的分离鉴定也可用纸上色谱。纸上色谱简称 PC，它是在纸上进行的色层分析。在滤纸的下端滴上金属离子的混合液，将滤纸放入盛有适当溶剂的容器中。滤纸纤维素所吸附的水是固定相，溶剂是流动相，又叫展开剂。由于毛细作用，展开剂沿着滤纸上升，当它经过所点的试液时，试液的每个组分向上移动。由于金属离子各组分在固定相和流动相中具

有不同的分配系数，即在两相中具有不同的溶解度，在水中溶解度较大的组分倾向于滞留在某一个位置，向上移动的速度缓慢，在展开剂中溶解度较大的组分倾向于随展开剂向上流动，向上流动的速度较快，通过足够长的时间后所有组分可以得到分离。各组分在纸层中的比移值 R_f：

$$R_f = \frac{斑点中心移动距离}{溶剂前沿移动距离}$$

R_f 值与溶质在固定相和流动相间的分配系数有关，当色谱纸、固定相、流动相和温度一定时，每种物质的 R_f 值为一定值。但由于影响 R_f 值的因素较多，要严格控制比较困难，在做定性鉴定时，可用纯组分作对照试验。

例如 Fe^{3+}、Co^{2+}、Ni^{2+}、Cu^{2+} 混合液的分离，流动相为盐酸和丙酮混合溶液，在一定的时间内所有组分分离后，分别用氨水和硫化钠溶液喷雾，其中氨水用于中和盐酸，而金属离子分别和 S^{2-} 反应生成 Fe_3S_2、CoS、NiS、CuS 来确定各离子在纸上的位置。

【思考题】

1. 参考《无机化学》《元素化学》，总结金属元素的性质及递变规律和原理。

2. 参考定性分析中离子鉴定的方法，总结先分离后再鉴定的原因和操作要素。

3. 在 Cr^{3+} 溶液中加入 Na_2S，得到的沉淀是什么？解释之。

4. $Cu(I)$ 和 $Cu(II)$ 各自稳定存在和相互转化的条件是什么？

5. 如何制得白色的 $Mn(OH)_2$ 沉淀？

6. 某同学在鉴定 Cr^{3+} 时，向 Cr^{3+} 溶液中加入过量 $NaOH$ 并用 H_2O_2 氧化，然后加入稀 H_2SO_4、乙醚，却得不到蓝色溶液而是绿色溶液，请你帮助分析原因。

7. 碱性介质中 Co^{2+} 能被 Cl_2 氧化为 Co^{3+}，而酸性介质中 Co^{3+} 又能将 Cl^- 氧化为 Cl_2，Co^{2+} 的还原性弱而 $[Co(NH_3)_6]^{2+}$ 又极易被空气氧化为 $[Co(NH_3)_6]^{3+}$，如何解释这些"矛盾"的现象？

8. 如果在酸性溶液中实现 Bi^{3+} 到 $Bi(V)$ 的转化，应选哪一种氧化剂？为什么？

9. 实验室中如何配制 $SnCl_2$ 溶液？

10. 向 $CuSO_4$ 溶液中滴加氨水，用实验验证生成的蓝色沉淀是 $Cu_2(OH)_2SO_4$，而不是 $Cu(OH)_2$。

实验 21　金属元素性质设计性实验

【实验目的】

1. 根据金属元素的性质及递变规律，学会设计简单的无机物制备和转化的实验。

2. 通过实验，培养学生研究、解决问题的独立工作能力，在全面训练的基础上提高综合能力。

【实验要求】

要求学生根据实验内容认真分析题意、查阅资料，独立设计出完整的实验方案，包括实验原理，实验仪器和药品，试剂浓度、用量，实验条件及注意事项，实验结果，最后写出详细的实验报告，对实验出现的问题应有自己独立的见解，对可能出现的异常现象尤应详加分析和讨论。

【实验内容】

① 以 $NaNO_3(s)$ 为原料制备 $NaNO_2$ 并检验其性质。

② 用实验证明 $KMnO_4$ 的氧化性与酸碱环境、试剂的用量及加入次序有关，解释原因。

③ 用 $BiCl_3(s)$ 制备 $NaBiO_3$ 并检验其性质。

④ 选择合适的试剂，设计实验方案证明 Pb_3O_4 中含有 $Pb(Ⅱ)$、$Pb(Ⅳ)$ 两种氧化态。

⑤ 设计实验实现下列 $Cr(Ⅲ)$ 到 $Cr(Ⅵ)$ 各种存在形式的转化。

$$Cr_2O_7^{2-} \longrightarrow Cr^{3+} \longrightarrow Cr(OH)_3 \longrightarrow [Cr(OH)_4]^- \longrightarrow CrO_4^{2-} \longrightarrow Ag_2CrO_4$$

⑥ 用实验比较 $CoCl_2$、$Co(OH)_2$ 或 $[Co(NH_3)_6]^{2+}$ 还原性的大小，解释原因。

⑦ 混合离子的分离和鉴定

a. Cr^{3+}、Mn^{2+}、Fe^{3+}；

b. Fe^{3+}、Co^{2+}、Ni^{2+}；

c. Ag^+、Cu^{2+}、Pb^{2+}。

⑧ 设计实验，制备白色 CuI 沉淀，写出实验步骤、现象及反应式。分别试验其与浓 HCl、$2\ mol \cdot dm^{-3}$ 氨水的反应，观察现象并解释之。

【实验指导】

[1] 可能提供的药品参考"实验 19 非金属元素性质综合实验"和"实验 20 金属元素性质综合实验"。

[2] 离子的分离

溶液中离子的分离和鉴定方法通常有沉淀分离法、挥发和蒸馏分离法、萃取分离法及离子交换分离法等。

（1）沉淀分离法

沉淀分离法就是加入某种沉淀剂，使其离子形成沉淀与溶液分离的方法。对沉淀剂的要求是沉淀反应快、被沉淀的离子沉淀完全和沉淀易与溶液分离。

（2）挥发和蒸馏分离法

挥发和蒸馏分离法是利用化合物的挥发性差异达到分离目的。一般用于分离能形成易挥发物质的离子如 NH_4^+、CO_3^{2-} 等，它们易形成 NH_3、CO_2 等，可从溶液中逸出。

（3）萃取分离法

萃取分离法是利用物质在互不相溶的两种溶剂中溶解度的差异而达到分离目的。例如，溶液中的 I^- 被氧化为非极性的 I_2。I_2 在水中溶解度很小，而在 CCl_4 等非极性溶剂中溶解度较大，利用 CCl_4 作萃取剂，就可萃取出溶解于水中的 I_2。

（4）离子交换分离法

离子交换分离法是利用离子交换剂与溶液中的离子发生交换反应而实现分离。最常用的离子交换剂是离子交换树脂，这是一种有机高分子化合物，它分为阳离子交换树脂和阴离子交换树脂两类，可以分别与溶液中的阳离子和阴离子发生交换反应。

[3] 离子的鉴定

在化学实验中通常根据离子的性质选用化学方法鉴定溶液中的离子。

（1）离子鉴定反应条件的选择

离子鉴定反应必须有明显的外观特征，例如颜色的变化、沉淀的生成或溶解、气体的产生等。鉴定反应必须在一定条件下进行，选择条件时要考虑以下几点：

① 溶液的酸碱性。许多反应只能在一定酸度下进行。例如 Fe^{3+} 与 SCN^- 的反应要求在弱酸性条件下进行，才能生成血红色的 $[Fe(NCS)_6]^{3-}$。

② 溶液的温度和催化剂。温度有时对鉴定反应能产生很大影响。例如气室法鉴定 NH_4^+ 时，加热有利于 NH_3 的逸出，现象明显。对于一些较慢的反应有时要加入催化剂，例如用 $S_2O_8^{2-}$ 作氧化剂鉴定 Mn^{2+} 的反应，常加入 Ag^+ 作催化剂。

③ 加入适当的溶剂。有些鉴定反应中的某些物质在水溶液中不能稳定存在，实验时常加入适当的溶剂来增强它们的稳定性。例如用 H_2O_2 作配位剂在酸性条件下与 $Cr_2O_7^{2-}$ 反应得到的 CrO_5 在水中很快就能分解，常加入乙醚或戊醇作萃取溶剂。

④ 试剂的浓度和用量。试剂的浓度和用量常常影响鉴定反应的效果。例如，Ag^+ 与适量 $S_2O_3^{2-}$ 生成 $Ag_2S_2O_3$ 白色沉淀，并逐渐转化为 Ag_2S 黑色沉淀，而 Ag^+ 与过量的 $S_2O_3^{2-}$ 则形成 $[Ag(S_2O_3)_2]^{3-}$ 无色配离子。

（2）离子鉴定的技巧

① 掩蔽法消除离子干扰。不需要分离干扰离子时可考虑采用掩蔽法。例如用 SCN^- 鉴定 Co^{2+} 时，如果有 Fe^{3+} 存在会干扰 Co^{2+} 的鉴定，加入 NH_4F 作为掩蔽剂时，Fe^{3+} 和 F^- 形成更稳定的无色 $[FeF_6]^{3-}$ 消除了 Fe^{3+} 的干扰。

② 空白实验和对比实验。空白实验是用蒸馏水代替试液在相同条件下重复实验，目的在于检查试剂或蒸馏水中是否含有被鉴定的离子。对比实验是用已知试液代替待测试液，用同样的方法进行鉴定，可用于检查试剂是否失效、反应条件是否已正确控制等。

[4] 鉴定未知物应该从以下几点入手：

① 物质的外观：某些盐类或氧化物会有特征的晶形或颜色，也可以嗅气味，然后取少量放入试管微热，观察其变化。

② 溶解性试验：a. 用少量蒸馏水溶解，不易溶解的加热溶解；b. 不溶于水的可依次再用稀 HCl、浓 HCl、稀 HNO_3、浓 HNO_3、王水溶解。

③ 取少量固体加热观察未知物是否分解，有无气体放出。

④ 进行阳离子、阴离子鉴定。

⑤ 综合分析结果，得出结论。

实验 22　硫酸亚铁铵的制备和硫酸亚铁百分含量的测定

【实验目的】

1. 制备六水合硫酸亚铁铵 $[(NH_4)_2SO_4 \cdot FeSO_4 \cdot 6H_2O]$ 晶体，学习复盐的制备方法。

2. 巩固无机制备实验中的一些基本操作，了解微型实验的仪器及其用法。

3. 学习目视比色法。

4. 初步锻炼提高综合实验设计能力。

实验 22-1　硫酸亚铁铵的制备

【实验预习】

1. 《无机化学》中 Fe 的性质。

2. 本书 5.6.3 无机制备实验基本操作。

【实验原理】

亚铁盐是常用还原剂，其中复盐硫酸亚铁铵在空气中比硫酸亚铁、氯化亚铁稳定，在定量分析中常用来配制 Fe^{2+} 的溶液。

以废 Fe 屑为原料制备硫酸亚铁铵的方法是先将废 Fe 屑溶于稀 H_2SO_4，制成 $FeSO_4$ 溶液：

$$Fe + H_2SO_4 = FeSO_4 + H_2 \uparrow$$

再将化学计量的 $(NH_4)_2SO_4$ 晶体加到 $FeSO_4$ 溶液中并使之完全溶解，混合溶液加热蒸发后冷却结晶，即可得到浅绿色的六水合硫酸亚铁铵晶体（各相关物质的溶解度见表 8-1）：

$$FeSO_4 + (NH_4)_2SO_4 + 6H_2O = (NH_4)_2SO_4 \cdot FeSO_4 \cdot 6H_2O$$

表 8-1　盐的溶解度

化合物	溶解度/(g/100g H_2O)						
	0 ℃	10 ℃	20 ℃	30 ℃	40 ℃	50 ℃	60 ℃
$FeSO_4 \cdot 7H_2O$	15.65	20.5	26.5	32.9	40.2	48.6	—
$(NH_4)_2SO_4$	70.6	73.0	75.4	78.0	81.0	—	88.0
$(NH_4)_2SO_4 \cdot FeSO_4 \cdot 6H_2O$	12.5	17.2	21.6	28.1	33.0	40.0	44.6

评定 $(NH_4)_2SO_4 \cdot FeSO_4 \cdot 6H_2O$ 产品质量或纯度等级的主要标准是 Fe^{3+} 含量。本实验采用目视比色法，即比较 Fe^{3+} 与 SCN^- 形成的血红色的配离子 $[Fe(NCS)_n]^{(3-n)+}$ 颜色的深浅来确定产品的纯度等级。

如果用废铁屑为原料，由于废 Fe 屑含有杂质，其与稀 H_2SO_4 反应时除放出 H_2 外，还夹杂少量 H_2S、PH_3 等有毒气体及酸雾，为避免后者逸出污染环境，可用 $CuSO_4$ 溶液来吸收气体中的有毒成分，其中的化学反应为：

$$Cu^{2+} + H_2S(g) = CuS(s) + 2H^+$$
$$8CuSO_4 + 2PH_3(g) + 4H_2O = 4Cu_2SO_4 + 4H_2SO_4 + 2H_3PO_4$$
$$3Cu_2SO_4 + 2PH_3(g) = 3H_2SO_4 + 2Cu_3P$$
$$4Cu_2SO_4 + PH_3(g) + 4H_2O = H_3PO_4 + 4H_2SO_4 + 8Cu(s)$$

【实验内容】

1. 废 Fe 屑的清洗（如果用纯铁屑，这一步可以省略！）

来自机械加工的废 Fe 屑，表面沾有油污，可用碱煮法清洗。

称取 4.0g 废 Fe 屑，放入锥形瓶中，加 10% Na_2CO_3 溶液 20 cm^3，缓缓加热 10 min，并不断振荡锥形瓶。用倾析法除去碱液，再用蒸馏水将 Fe 屑洗净。

2. 硫酸亚铁的制备

将洗净的 Fe 屑加入 250 cm^3 锥形瓶中，将 25 cm^3 3 $mol \cdot dm^{-3}$ 的 H_2SO_4 加入其中，将锥形瓶置于 60～70 ℃ 水浴中加热，以加速 Fe 屑与稀 H_2SO_4 反应，必要时吸收处理反应放出的气体。

反应开始时较激烈，要注意防止溶液溢出。待大部分 Fe 屑反应完了（冒出的气泡明显减少），向锥形瓶中添加 2 cm^3 浓度为 3 $mol \cdot dm^{-3}$ 的 H_2SO_4 溶液和适量蒸馏水，然后趁热用玻璃漏斗过滤于小烧杯中。

3. 六水合硫酸亚铁铵 $[(NH_4)_2SO_4 \cdot FeSO_4 \cdot 6H_2O]$ 的制备

称取小于理论计算量的 $(NH_4)_2SO_4$ 晶体，加到 $FeSO_4$ 滤液中，水浴上加热，使

$(NH_4)_2SO_4$ 全部溶解（如不能，可加少量去离子水），继续蒸发浓缩至液面出现晶膜为止。静置，自然冷却至室温，即有 $(NH_4)_2SO_4 \cdot FeSO_4 \cdot 6H_2O$ 晶体析出，观察晶体的颜色和形状。减压抽滤，并在布氏漏斗上用少量乙醇淋洗晶体两次，继续抽干，将晶体中的水分吸干。称重，计算理论产量和实际收率。

4. 产品检验——产品中 Fe^{3+} 的限量分析

称取 1.0g 自制的 $(NH_4)_2SO_4 \cdot FeSO_4 \cdot 6H_2O$ 晶体置于 25 cm^3 比色管中，用少量无氧的去离子水将晶体溶解，加 2 cm^3 浓度为 2 $mol \cdot dm^{-3}$ 的 HCl 溶液和 1 cm^3 浓度为 1 $mol \cdot dm^{-3}$ 的 NH_4SCN 溶液，再用无氧水稀释至刻度，充分摇匀。将溶液所呈现的红色与标准色阶进行比较，以确定产品的纯度等级。

【实验指导】

［1］无氧水的制备：在锥形瓶中加入蒸馏水小火煮沸约 10 min，除去其中所含的溶解氧，在细口瓶中放冷备用。

［2］Fe^{2+} 在酸性溶液中稳定存在，所以溶液要保持一定的酸度。

［3］铁粉和硫酸反应的锥形瓶要及时用毛刷清洗干净，否则残留的亚铁盐在空气中进一步转化为 $Fe_2O_3 \cdot nH_2O$，在玻璃器皿的表面有较强的附着作用，用刷洗和酸洗都很难洗去。如果出现了上述现象，可用稀盐酸浸泡，适当加热，加入 $Na_2C_2O_4$ 会起到更好的效果。

［4］产品晶体形状的好坏与产品结晶前母液的纯度和晶体的析出速率有关，要注意将铁屑清洗干净，减少杂质的带入，同时，在操作过程中也要尽量减少杂质引进体系的可能性。

［5］产品质量的差异与 Fe^{3+} 的多少有关，所以，应该注意控制反应条件（酸和铁屑的量），尽量避免 Fe^{3+} 的形成。

［6］目测法鉴定产品等级时一定要使标准色阶和自制样品的比色条件严格一致。

［7］标准色阶的配制：

Fe^{3+} 标准溶液的配制：称取 0.8634g $(NH_4)_2SO_4 \cdot Fe_2(SO_4)_3 \cdot 24H_2O$ 固体溶于水（内含 2.5 cm^3 浓 H_2SO_4），移入 1000 cm^3 容量瓶中，稀释至刻度。此溶液的浓度为 0.1000 $mg \cdot cm^{-3}$。

依次用吸量管量取上述标准溶液 0.50 cm^3、1.00 cm^3、2.00 cm^3，分别加到三支 25 cm^3 的比色管中，各加入 1.00 cm^3 3 $mol \cdot dm^{-3}$ H_2SO_4 和 1.00 cm^3 1.00 $mol \cdot dm^{-3}$ NH_4SCN 溶液。用无氧去离子水稀释到刻度，摇匀，即得三个级别的标准色阶。

Ⅰ级：0.05 mg；Ⅱ级：0.1 mg；Ⅲ级：0.2 mg。

图 8-1　吸收 H_2S、PH_3 和酸雾的装置

［8］尾气的吸收处理可以采用特殊的装置（图 8-1），反应式如下：

$$H_2S(g) + MnO_2 + H_2SO_4 = S(s) + MnSO_4 + 2H_2O$$
$$PH_3(g) + 4MnO_2 + 4H_2SO_4 = H_3PO_4 + 4MnSO_4 + 4H_2O$$

分散剂为活性炭，可以用稻壳不完全燃烧制成。

【思考题】

1. 制备 $FeSO_4$ 溶液时为何一定要剩下少量 Fe 屑？

2. 为何在大部分 Fe 屑反应快完时（冒出的气泡明显减少），向锥形瓶中添加 2 cm^3 浓度为 3 $mol \cdot dm^{-3}$ 的 H_2SO_4 溶液和适量蒸馏水？

3. 制备 $FeSO_4$ 溶液要趁热过滤，为什么？过滤过程中经常发现漏斗柱上有绿色的晶体析出，分析原因，该怎样处理？

4. 实验过程中必须保持一定的酸度，为什么？

5. 为何要用少量乙醇淋洗 $(NH_4)_2SO_2 \cdot FeSO_4 \cdot 6H_2O$ 晶体？用蒸馏水行吗？

6. 为何在进行 Fe^{3+} 的限量分析时必须使用不含 O_2 的蒸馏水？写出限量分析的反应方程式。

7. 减压过滤用到了哪些仪器？在操作过程中，有哪些注意事项？

8. 本实验计算理论产量时，应以何种原料为基准？试解释原因。

9. 分析实验过程中影响产品质量的环节和因素。

10. 得到 $(NH_4)_2Fe(SO_4)_2 \cdot 6H_2O$ 晶体是水浴加热到出现晶膜后冷却即可，而 $NaCl$ 提纯是直接加热到黏稠状，为什么？

11. 实验中制备出的硫酸亚铁铵和标准试剂有何区别？对亚铁离子含量测定有何影响？

12. 可以利用什么方法来提高反应速率？

13. 用标准试剂配制的色阶和用自制产品配制的色阶的颜色往往有较大的差异（自制样品在同样的显色条件下发黄），试探究原因。

14. 用试剂级的还原铁粉往往没有用废铁屑制备的目标产物的质量好（包括产量高），试分析原因，比较两种制备方法的利弊。如果用废铁屑制备，要注意防护什么？

实验 22-2　硫酸亚铁铵中 Fe 含量的测定（设计实验）

【实验要求】

1. 实验前拟出实验方案（包括原理、仪器、步骤、数据表格、计算公式等），并提前交教师审阅。

2. 按设计的实验方案进行操作，求出 $FeSO_4$ 的百分含量。

3. 讨论实验结果，计算实验误差，分析产生误差的原因。

【实验预习】

1. 高锰酸钾溶液的配制。

2. 氧化还原滴定中介质条件的确定及实施。

3. 高锰酸钾滴定中的终点指示、滴定速率的掌握以及控制措施。

【实验内容】

1. 标定 $KMnO_4$ 溶液。

2. $KMnO_4$ 法测定自制产品中 $FeSO_4$ 的百分含量。

【思考题】

1. Fe 含量测定有哪些方法？如果不用 $KMnO_4$ 法，写出其他方法的方案。

2. 实验中是如何消除 Fe^{3+} 对滴定终点的干扰的？

3. 如何处理被测样品才能提高分析结果的可靠程度？

4. 考虑不同测试方法的量的适用范围和结果的误差，并进行对比讨论。

拓展实验： 硫酸亚铁铵制备的微型实验

要求：用 0.5 g 废 Fe 屑制备六水合硫酸亚铁铵，设计详细的实验方案。

注意：当原料很少时，注意应该使用微型仪器，微型实验抽滤时用洗耳球代替水泵。

实验 23 三草酸根合铁(Ⅲ)酸钾晶体制备和在可见光范围内光吸收情况探索

【实验目的】

1. 通过三草酸根合铁（Ⅲ）酸钾的制备和组成测定，加深对三价铁和二价铁化合物及配合物性质的了解。

2. 掌握水溶液中制备无机物的一般方法，进行无机配合物制备的综合训练。

3. 了解三草酸合铁（Ⅲ）酸钾制备方法的原理和特点。

4. 理解制备过程中化学平衡原理的应用。

5. 进一步练习溶解、沉淀、沉淀洗涤、过滤（常压、减压）、浓缩、蒸发结晶的基本操作。

6. 通过实验进一步锻炼提高同学的综合实验设计能力，使学生从中了解化学实验研究的基本程序。

实验 23-1 三草酸根合铁(Ⅲ)酸钾的制备

【实验预习】

1. 《无机化学》《无机与分析化学》中配位化合物的组成和解离平衡、沉淀平衡。

2. 有关溶解度的知识和晶体制备的方法。

3. 本书 5.6 无机制备和重量分析中常用的基本操作。

【实验原理】

三草酸根合铁（Ⅲ）酸钾（含有三个结晶水）为翠绿色的单斜晶体，易溶于水（溶解度为 0 ℃：4.7 g/100g；100 ℃：117.7 g/100g），难溶于乙醇。110 ℃下可失去部分结晶水，230 ℃时分解。此配合物对光敏感，受光照射分解变为黄色：

$$2K_3[Fe(C_2O_4)_3] = 3K_2C_2O_4 + 2FeC_2O_4 + 2CO_2$$

因其具有光敏性，所以常用来作为化学光量计。另外，它是制备某些活性铁催化剂的主要原料，也是一些有机反应良好的催化剂，在工业上具有一定的应用价值。

三草酸根合铁（Ⅲ）酸钾合成的工艺路线有多种，本实验采用的方法是首先由硫酸亚铁铵与草酸反应制备草酸亚铁：

$$(NH_4)_2Fe(SO_4)_2 \cdot 6H_2O + H_2C_2O_4 = FeC_2O_4 \cdot 2H_2O(s) + (NH_4)_2SO_4 + H_2SO_4 + 4H_2O$$

然后在过量草酸根存在下，用过氧化氢氧化草酸亚铁得到三草酸合铁（Ⅲ）酸钾，同时伴随有氢氧化铁生成：

$$6FeC_2O_4 \cdot 2H_2O + 3H_2O_2 + 6K_2C_2O_4 = 4K_3[Fe(C_2O_4)_3] + 2Fe(OH)_3 + 12H_2O$$

加入适量草酸可使 $Fe(OH)_3$ 转化为三草酸合铁（Ⅲ）酸钾配合物：

$$2Fe(OH)_3 + 3H_2C_2O_4 + 3K_2C_2O_4 = 2K_3[Fe(C_2O_4)_3] + 6H_2O$$

再加入乙醇，放置即可很快析出产物的结晶。其后几步总反应式为：

$$2FeC_2O_4 \cdot 2H_2O + H_2O_2 + 3K_2C_2O_4 + H_2C_2O_4 = 2K_3[Fe(C_2O_4)_3] \cdot 3H_2O$$

【实验内容】

称取 7.0～10 g 自制的 $(NH_4)_2FeSO_4 \cdot 6H_2O$ 固体于 250 cm³ 烧杯中，加入 15 cm³ 去离子水和 5 滴 3 mol·dm⁻³ H_2SO_4，加热使其溶解。然后加入 20 cm³ 饱和 $H_2C_2O_4$ 溶液，加热至沸，并不断搅拌，静置，得黄色 $FeC_2O_4 \cdot 2H_2O$ 晶体。沉降后用倾析法弃去上层清

液，然后用 20 cm^3 去离子水洗涤沉淀，过滤，弃去清液（尽可能倾析干净）。

加入 10 cm^3 饱和 $K_2C_2O_4$ 溶液于上述沉淀中，水浴加热至约 40 ℃，用滴管逐滴加入 20 cm^3 3‰ H_2O_2 溶液，搅拌并保持温度在 40 ℃ 左右，此时会有氢氧化铁沉淀。将溶液加热至沸，再加入 8 cm^3 饱和 $H_2C_2O_4$（开头的 5 cm^3 一次加入，最后的 3 cm^3 慢慢加入），并保持接近沸腾的温度，需要不断搅拌防止飞溅。趁热将溶液过滤到一个 100 cm^3 烧杯中，用一小段棉线悬挂到溶液中，用表面皿盖住烧杯，放置到第二天，即有晶体在棉绳上析出。用倾析法将晶体分离出来，在滤纸上吸干。称重，计算产率。

【实验指导】

［1］注意合成过程中各种反应物的化学计量及设计的原理。

［2］Fe^{2+} 溶于水后可水解，所以要加入几滴硫酸抑制水解。

［3］可不加 95％的乙醇，自然冷却放置过夜析出晶体后再观察。

［4］实验中得到的产物为 $K_3[Fe(C_2O_4)_3]$，对光敏感，所以要避光保存。三草酸合铁（Ⅲ）酸钾见光变黄应为草酸亚铁和碱式草酸铁的混合物。

［5］草酸合铁（Ⅲ）配离子是较稳定的，$K_{稳}=1.58\times10^{20}$。

［6］$K_3[Fe(C_2O_4)_3]$ 溶液中存在下列平衡：

$$K_3[Fe(C_2O_4)_3] \rightleftharpoons Fe^{3+} +3C_2O_4^{2-}+3K^+$$

$$+\qquad\qquad +$$

$$OH^-\qquad\qquad H^+$$

$$\updownarrow\qquad\qquad \updownarrow$$

$$[Fe(OH)_2]^+\qquad HC_2O_4^-$$

溶液的 pH 对上述平衡及产品质量有影响。

【思考题】

1. 在由黄色沉淀制备绿色化合物中，加入了 H_2O_2 溶液，有棕色沉淀生成，用方程式表示这一制备过程。

2. 实验过程中使用的氧化剂为 H_2O_2，仔细观察实验现象，据此写出 H_2O_2 参与或发生的反应方程式。

3. 在这个实验中，最后一步能否用蒸干溶液的办法来提高产率？为什么？

4. 在最后的溶液中，加入乙醇的作用是什么？悬挂棉线的作用是什么？你选择加还是不加乙醇？为什么？

5. 加入 H_2O_2 后为何要先加热沸腾，至气泡减少至基本没有后再加入饱和 $H_2C_2O_4$？然后为什么要趁热过滤？

6. 如何确定 $K_3[Fe(C_2O_4)_3]\cdot3H_2O$ 的组成？简单说明。

7. 合成过程中，为何第一步生成草酸亚铁时加入饱和草酸而在第二步合成三草酸合铁酸钾时却加入饱和草酸钾？试用化学平衡的原理说明原因。

实验 23-2　三草酸合铁（Ⅲ）酸钾中 Fe^{3+}、$C_2O_4^{2-}$ 配比的测定（设计实验）

【实验要求】

1. 实验前拟出实验方案（包括原理、仪器、步骤、数据表格、计算公式等），并提前交教师审阅。

2. 设计测定 Fe^{3+} 和 $C_2O_4^{2-}$ 比值的实验方案，方案中要将实验中所有的数据计算清楚！

3. 讨论实验结果，计算实验误差，分析产生误差的原因。

4. 请在实验的预习报告中写明参考文献。

【实验预习】

1. Fe^{3+} 的测定方法。

2. $C_2O_4^{2-}$ 的测定方法。

【实验提示】

1. 设计实验时，注意被测样品质量是如何确定的和配制溶液选择哪种仪器合适。

2. 实验室提供的主要试剂是约 0.02 $mol\cdot dm^{-3}$ 的 $KMnO_4$ 溶液。

拓展实验：三草酸合铁（Ⅲ）酸钾的相关实验。

① 实验中生成的黄色沉淀是什么价态的铁的化合物？用实验验证。

② 制感光纸：按三草酸合铁（Ⅲ）酸钾 0.3 g、铁氰化钾 0.4 g 加水 5 cm^3 的比例配成溶液，涂在纸上制成感光纸（黄色）。附上图案，在日光直照下（数秒钟）或红外灯光下，曝光部分呈深蓝色，被遮盖没有曝光的部分即显示出图案来。

③ 配感光液：取 $0.3 \sim 0.5$ g 三草酸合铁（Ⅲ）酸钾加水 5 cm^3 配成溶液，用滤纸条作成感光纸。同上操作，曝光后可以去掉图案，用约 3.5% 六氰合铁（Ⅲ）酸钾溶液润湿或漂洗即显影映出图案。

实验 24　胃舒平药片中铝、镁的测定

【实验目的】

1. 学习药剂分析的前处理方法。

2. 掌握沉淀分离的操作技术。

3. 学习实际样品的处理、检测的一般程序和如何提供检测报告。

【实验预习】

1. 《分析化学》《无机与分析化学》中试样的采取和制备、配位滴定法。

2. 本书 6.1.2 电子天平的使用规则。

3. 本书 5.5.5 滴定管、5.5.6 容量瓶、5.5.2 移液管、5.5.3 吸量管、5.2.3 溶液的配制。

【实验原理】

胃病患者常服用的胃舒平药片成分为氢氧化铝、三硅酸镁及少量中药颠茄流浸膏，在制成片剂时还要加大量的糊精等赋形。药品中 Al^{3+} 和 Mg^{2+} 的含量可用 EDTA 配位滴定法测定。为此先溶解样品过滤分离除去水不溶物，然后取一定体积的试液，向其中加入过量的 EDTA 溶液，调节 pH=4 左右，煮沸，使 EDTA 与 Al(Ⅲ) 配位完全，再以 PAN（或二甲酚橙）为指示剂，用 Zn^{2+}（或 Cu^{2+}）标准溶液返滴过量的 EDTA，测出 Al 的含量。

另取试液，加入 NH_4Cl-六亚甲基四胺缓冲溶液使溶液中的 Al^{3+} 生成 $Al(OH)_3$ 沉淀，过滤，将沉淀分离后，在 pH=10 的条件下以铬黑 T(EBT) 作指示剂，用 EDTA 标准溶液

来滴定滤液中的 Mg^{2+}。

【实验内容】

1. EDTA 的配制和标定

（1）EDTA 的配制　用 EDTA 二钠盐配制成 $0.02\ mol \cdot dm^{-3}$ 的溶液，待标定。

（2）Zn 标准溶液的配制　准确称取金属 Zn 粉 $0.3 \sim 0.4\ g$，置于 $250\ cm^3$ 烧杯中，盖好表面皿，逐滴加入 $10\ cm^3$ HCl 溶液（1∶1），必要时可微热使之溶解完全。冷却后，定量转移至 $250\ cm^3$ 容量瓶中，加水稀释至刻度，摇匀。计算 Zn^{2+} 的准确浓度。

（3）EDTA 的标定　移取 $25.00\ cm^3$ Zn^{2+} 标准溶液，置于 $250\ cm^3$ 锥形瓶中，加水约 $30\ cm^3$、二甲酚橙指示剂 $1 \sim 2$ 滴，滴加六亚甲基四胺至紫色，然后再加 $5\ cm^3$ 六亚甲基四胺溶液，用 EDTA 溶液滴定至溶液由紫红色恰好变为亮黄色，即为终点。根据滴定消耗的 EDTA 溶液的体积和 Zn^{2+} 标准溶液的物质的量，计算 EDTA 溶液的准确浓度。平行至少 3 次。

2. 样品测定

（1）样品处理　取胃舒平药片若干片（注意要有代表性），在研钵中研细后，从中称取 $2.0\ g$ 左右，加入 $20\ cm^3$ 1∶1 的 HCl 溶液，加去离子水 $100\ cm^3$，煮沸，冷却后过滤，并以水洗涤沉淀，滤液及洗涤液一并收入 $250\ cm^3$ 容量瓶中，定容，备用。

（2）铝的测定　准确吸取上述试液 $5\ cm^3$，加水 $20\ cm^3$ 左右。滴加 1∶1 氨水，至刚出现浑浊，再加入 1∶1 HCl 溶液至沉淀恰好溶解。准确加入 EDTA 标准溶液 $25.00\ cm^3$，再加入 20％六亚甲基四胺溶液 $10\ cm^3$，煮沸 $10\ min$ 冷却至室温后，加入二甲酚橙指示剂 $2 \sim 3$ 滴，以 Zn^{2+} 标准溶液滴定至溶液由黄色转变为红色，即为终点。根据 EDTA 加入量与 Zn^{2+} 标准溶液的体积，计算每片药片中 $Al(OH)_3$ 的质量分数。

（3）镁的测定　吸取试液 $25.00\ cm^3$，滴加 1∶1 氨水至刚好出现沉淀，再加入 1∶1 HCl 溶液至沉淀恰好溶解。加入固体 NH_4Cl $2\ g$，滴加 20％六亚甲基四胺溶液至沉淀出现并过量 $15\ cm^3$。加热至 $80\ ℃$，维持 $10 \sim 15\ min$。冷却后过滤，以少量蒸馏水洗涤沉淀数次，收集滤液与洗涤液于 $250\ cm^3$ 锥形瓶中，加入 1∶2 三乙醇胺溶液 $10\ cm^3$、NH_3-NH_4Cl 缓冲溶液 $10\ cm^3$ 及甲基红指示剂 1 滴，铬黑 T 指示剂少许，用 EDTA 标准溶液滴定至试液由暗红色转变为蓝绿色，即为终点。计算每片药品中 Mg 的含量〔以 $Mg(OH)_2$ 表示〕。

【实验指导】

〔1〕胃舒平药片中各组分含量可能不均匀，为使测定结果具有代表性，本实验取较多样品，研细混合后再部分进行分析。

〔2〕用六亚甲基四胺溶液调节 pH 值以分离 $Al(OH)_3$，其结果比用氨水好，因为这样可以减少 $Al(OH)_3$ 沉淀对 Mg^{2+} 的吸附。

〔3〕测定镁时，加入甲基红 1 滴，会使终点更为灵敏。

〔4〕EDTA 溶液的标定可以用 $CaCO_3$ 基准物，也可以用 Zn^{2+} 标准溶液进行标定。用 Zn^{2+} 标定 EDTA 溶液时，控制溶液 pH≤6.3，否则变色不灵敏，甚至不变色。

〔5〕pH 为 10 的 NH_3-NH_4Cl 缓冲溶液的配制：取氯化铵固体 $5.4\ g$，加水 $20\ cm^3$ 溶解后加氨水 $35\ cm^3$，再加水稀释至 $100\ cm^3$ 即可。

〔6〕Mg 的测定也可以考虑分光光度法。

【思考题】

1. 为什么要称取大量样品溶解后再分取部分试样进行实验？

2. 在分离 Al^{3+} 后的滤液中测定 Mg^{2+}，为什么还要加入三乙醇胺溶液？

3. 测定 Mg^{2+} 时可否不用分离 Al^{3+}，而是采取掩蔽的方法直接测定 Mg^{2+}？根据 Al^{3+} 的性质选择什么物质掩蔽比较好，设计实验方案。

4. 能否通过改进实验条件用氨羧类其他配体标准溶液直接滴定 Al^{3+}？

5. 在滴定 Al^{3+} 和 Mg^{2+} 之前，为什么要加入氨水产生沉淀，并用盐酸将沉淀溶解？解释这一步骤的目的和机理。

6. 在滴定 Al^{3+} 和 Mg^{2+} 时，选用不同的 pH 值，解释选择的依据。

7. 该实验中对 Al^{3+} 和 Mg^{2+} 的测定是否会受到其他离子如 Ca^{2+}、Zn^{2+}、Mn^{2+}、Fe^{3+} 的干扰？

拓展实验： Al_2O_3 催化剂载体中 Al 含量的测定

实验 25　Ca^{2+}-EDTA 混合溶液的组分测定

【实验目的】

1. 复习配合物及配位滴定的有关知识。

2. 掌握配位滴定的一般方法、步骤和操作。

3. 加深对配位平衡以及滴定分析的理解。

4. 学会设计、测定 Ca^{2+}-EDTA 混合液中各组分含量的方法。

【实验预习】

《无机与分析化学》《分析化学》中配位滴定法的应用。

【实验原理】

配位滴定是滴定分析中的一大类分析方法，一般用于金属元素的测定。如今，超过 50 种金属元素都已经有较成熟的络合滴定方法。因此，配位滴定广泛地应用于合金、矿产、岩石、炉渣、无机材料、电镀液、燃料、食品及药物等物质中各种金属含量的分析。

Ca^{2+} 与 EDTA 能形成具有一定稳定性的配合物，$\lg K(CaY)=10.7$，可在 pH>12 的碱性介质中，以钙指示剂指示终点，或者在 pH≈10 的氨性缓冲介质中，在少量 MgY 存在下，以铬黑 T 为指示剂，用 EDTA 滴定 Ca^{2+}。

在 pH 为 4～6 的微酸性介质中，由于酸效应，Ca^{2+} 与 EDTA 的配位能力大大降低，$\lg K'(CaY)=2.1～5.9$。此时，共存于 EDTA 中的 Ca^{2+} 不干扰 EDTA 对一些能形成较稳定 EDTA 配合物的金属离子 [$\lg K(MY)\geqslant16～18$] 如 Pb^{2+}、Zn^{2+} 等的测定。因此，可以在酸性条件下用锌离子滴定溶液中总 EDTA 的量：

$$Zn^{2+} + EDTA \xlongequal{\quad\quad} Zn\text{-}EDTA$$

EDTA 与 Ca^{2+} 的配合物为无色的。游离的铬黑 T 为蓝色，而铬黑 T 与 Ca^{2+} 的配合物是紫红色的。以此可以来对下面的溶液定性鉴定。

首先需要比较 Ca^{2+} 和 EDTA 的物质的量的多少，来确定混合液中各组分间物质的量的关系，然后才能制定实验方案。

在 pH=10 的 NH_3-NH_4Cl 缓冲溶液条件下，向 Ca^{2+}-EDTA 混合液加入 2 滴铬黑 T：

① 如果溶液呈紫红色，则 $n(Ca^{2+}) > n(EDTA)$。

② 如果溶液呈蓝色，则可能 $n(Ca^{2+}) < n(EDTA)$，再加入一滴 Zn^{2+}：若溶液呈纯蓝色，则 $n(Ca^{2+}) < n(EDTA)$；若溶液呈紫红色，则 $n(Ca^{2+}) = n(EDTA)$。

当 $n(Ca^{2+}) > n(EDTA)$ 时：$c(Ca^{2+}) = c(CaY) + c(Ca_{过}^{2+})$；

当 $n(Ca^{2+}) \leqslant n(EDTA)$ 时：$c(Ca^{2+}) = c(CaY+Y) - c(Y_{过})$。

根据含量不同在碱性环境中可以用钙离子去滴定未络合的 EDTA 或反之：

$$Ca^{2+} + EDTA === Ca\text{-}EDTA$$

如果用 EDTA 滴定过量的钙，由于 EDTA 不符合基准物条件，因此需要标定。EDTA 的标定可以在酸性或碱性条件下分别用锌离子或碳酸钙进行。由于其是在碱性环境中滴定钙离子，为了减小误差，要求标定和测定的条件尽可能接近。因此用钙离子在碱性环境下以 EBT 为指示剂进行标定，基准物为碳酸钙：

$$CaCO_3 + 2HCl === CaCl_2 + H_2O + CO_2 \uparrow$$

$$Ca^{2+} + EDTA === Ca\text{-}EDTA$$

【实验内容】

1. 待测溶液 A（0.02 mol·dm^{-3} 乙二胺四乙酸二钠 + 0.01 mol·dm^{-3} 氯化钙）的配制

2. 待测溶液 B（0.01 mol·dm^{-3} 乙二胺四乙酸二钠 + 0.02 mol·dm^{-3} 氯化钙）的配制

3. 0.01 mol·dm^{-3} 乙二胺四乙酸二钠溶液的配制

4. 0.01 mol·dm^{-3} 锌标准溶液的配制

5. 0.01 mol·dm^{-3} CaCO$_3$ 标准溶液的配制

6. 20% 六亚甲基四胺溶液的配制

7. 氨缓冲溶液的配制

8. 二甲酚橙指示剂的配制

9. EBT 指示剂的配制

10. 待测溶液 A 中乙二胺四乙酸二钠的浓度测定

11. 待测溶液 A 中钙离子的浓度测定

12. 待测溶液 B 中乙二胺四乙酸二钠的浓度测定

13. 0.01 mol·dm^{-3} 乙二胺四乙酸二钠溶液的标定

14. 待测溶液 B 中钙离子的浓度测定

15. 0.01 mol·dm^{-3} 乙二胺四乙酸二钠溶液的标定

【实验指导】

[1] 在滴定过程中使用的二甲酚橙指示剂最好现用现配，不能使用存放时间过长的。二甲酚橙容易被空气、水、光等破坏，在水溶液中只能保存 2～3 周。如果使用变质的二甲酚橙指示剂，在标定时会产生终点现象不明显、没有颜色突变的现象。接近终点的颜色变化为紫色到橙色到暗黄色最终变为亮黄色，而在由暗黄色到亮黄色这个阶段判断何时恰好到达亮黄色并不容易，不同的人对"亮黄色"的判断标准不同也会导致一定的偏差产生。所以，在本实验中一定要使用新鲜的二甲酚橙指示剂，最好现用现配。

[2] A 和 B 两种溶液中 EDTA 和 Ca^{2+} 的浓度预测一下为多少？如何设计滴定方案？

【思考题】

1. 两种 EDTA 标定方法的结果会有什么差异？

2. 可否在碱性条件下用 Zn^{2+} 标定 EDTA？为什么？

实验 26　铜合金中铜含量的测定（碘量法）

【实验目的】

1. 掌握碘量法测定铜的原理和方法。
2. 掌握 $Na_2S_2O_3$ 溶液的配制方法和保存条件。
3. 了解氧化还原滴定法的特点和影响因素。
4. 掌握试样处理的方法。
5. 直接配制标准溶液的练习（含指定重量法）。

【实验预习】

1. 《无机化学》中铜的性质。
2. 《分析化学》中间接碘量法。
3. 本书 5.5 容量分析基本操作。
4. 本书 3.2 误差分析。
5. 本书 6.1.3 试样的称量方法和武汉大学编《分析化学实验》中"重铬酸钾法测定铁矿石中铁的含量"指定质量称量法称量 $K_2Cr_2O_7$。

【实验原理】

铜合金种类较多，主要有黄铜和青铜等。铜合金中铜的测定一般采用碘量法。

在弱酸溶液中，Cu^{2+} 与过量的 KI 作用，生成 CuI 沉淀，同时析出 I_2：

$$2Cu^{2+} + 4I^- \rightleftharpoons 2CuI(s) + I_2$$

析出的 I_2 以淀粉为指示剂，用 $Na_2S_2O_3$ 标准溶液滴定：

$$I_2 + 2S_2O_3^{2-} \rightleftharpoons 2I^- + S_4O_6^{2-}$$

Cu^{2+} 与 I^- 之间的反应是可逆的，任何引起 Cu^{2+} 浓度减小（如形成配合物等）或引起 CuI 溶解度增加的因素均使反应不完全。加入过量 KI，可使 Cu^{2+} 的还原趋于完全。但是，CuI 沉淀强烈地吸附 I_2，会使结果偏低。通常的办法是加入硫氰酸盐，将 CuI（$K_{sp} = 1.1 \times 10^{-12}$）转化为溶解度更小的 CuSCN 沉淀（$K_{sp} = 4.8 \times 10^{-15}$），把吸附的碘释放出来，使反应更趋于完全。但 SCN^- 只能在临近终点时加入，否则有可能直接将 Cu^{2+} 还原为 Cu^+，致使计量关系发生变化：

$$2CuI(s) + 2SCN^- \rightleftharpoons 2CuSCN(s) + I_2$$

$$6Cu^{2+} + 7SCN^- + 4H_2O \rightleftharpoons 6CuSCN(s) + SO_4^{2-} + CN^- + 8H^+$$

溶液的 pH 值一般应控制在 $3.0 \sim 4.0$。酸度过低，Cu^{2+} 易水解，使反应不完全，结果偏低，而且反应速率慢，终点拖长；酸度过高，则 I^- 被空气中的氧氧化为 I_2（Cu^{2+} 催化此反应），使结果偏高。

Fe^{3+} 能氧化 I^-，对测定有干扰，可加入 NH_4HF_2 掩蔽。NH_4HF_2（即 $NH_4F \cdot HF$）是一种很好的缓冲溶液，因 HF 的 $K_a = 6.6 \times 10^{-4}$（$pK_3 = 3.18$），故能使溶液的 pH 值控制在 $3.0 \sim 4.0$。

【实验内容】

1. $K_2Cr_2O_7$ 标准溶液（$0.10000 \text{ mol} \cdot \text{dm}^{-3}$）的配制

将 $K_2Cr_2O_7$ 在 $150 \sim 180$ ℃干燥 2 h，放入干燥器中冷却至室温。采用固定称量法准确

称取 x g $K_2Cr_2O_7$（$M=249.19$ g·mol^{-1}）于小烧杯中，加水溶解，250 cm^3 容量瓶定容，充分摇匀。（x 自行计算）

2. $Na_2S_2O_3$ 溶液的标定

准确移取 25.00 cm^3 $K_2Cr_2O_7$ 标准溶液于 250 cm^3 锥形瓶中，加入 5 cm^3 6 mol·dm^{-3} HCl 溶液、5 cm^3 20% KI 溶液，摇匀放在暗处 5 min，待反应完全后，加入 100 cm^3 去离子水，用待标定的 $Na_2S_2O_3$ 溶液滴定至淡黄色（或浅黄色），然后加入 2 cm^3 0.5% 淀粉指示剂，继续滴定至溶液呈现亮绿色为终点。记下 $V_{Na_2S_2O_3}$，计算 $c_{Na_2S_2O_3}$。

3. 铜合金试样的准备

准确称取黄铜试样（含 80%～90% 的铜）1.0～1.5 g，置于 100 cm^3 烧杯中，加入 50 cm^3 HCl（1∶1），滴加约 10 cm^3 30% H_2O_2，加热使试样完全溶解。再加热将 H_2O_2 分解赶尽，继续煮沸 1～2 min，但不要使溶液蒸干。冷却后，先加约 60 cm^3 水，再滴加氨水（1∶1）直到溶液中刚刚有稳定的沉淀发生，然后加入 8 cm^3 HAc（1∶1），定容至 250 cm^3 容量瓶中备用。

4. 铜合金中铜含量的测定

用 25 cm^3 移液管移取上述试样溶液 25 cm^3 至 250 cm^3 的碘量瓶中，加入 10 cm^3 20% NH_4HF_2 缓冲溶液、10 cm^3 20% KI 溶液。将碘量瓶盖好，加上水封，放在暗处 10 min 使反应完全，然后用 $Na_2S_2O_3$ 溶液滴定至浅黄色。加入 3 cm^3 0.5% 淀粉指示剂，继续滴定溶液至浅灰色（或浅蓝色），加入 10 cm^3 10% NH_4SCN 溶液，继续滴定至溶液的蓝色消失，此时因有白色沉淀物存在，终点颜色呈现灰白色（或浅肉色）。平行滴定三份。

【实验指导】

[1] $Na_2S_2O_3$ 溶液（0.1 mol·dm^{-3}）的配制：称取 25 g $Na_2S_2O_3$·$5H_2O$ 于烧杯中，加入 300～500 cm^3 新煮沸经冷却的去离子水，溶解后，加入约 0.1 g Na_2CO_3 固体，用新煮沸且冷却的去离子水稀释至 1 dm^3，贮存于棕色试剂瓶中，在暗处放置 3～5 天后标定。

[2] 黄铜样品要知道其大致的成分和杂质类型。

【思考题】

1. 处理黄铜试样时为什么要用过氧化氢处理，再用氨水（1∶1）来调试至刚刚出现沉淀，并且再加 HAc？

2. 碘量法测定铜时，为什么常要加入 NH_4HF_2？为什么临近终点时加入 NH_4SCN（或 KSCN）？如何估算两者的量或浓度？

3. 铜合金试样能否用 HNO_3 分解？本实验采用 HCl 和 H_2O_2 分解试样，试写出反应式。

4. 碘量法测定铜为什么要在弱酸性介质中进行？而用 $K_2Cr_2O_7$ 标定 $S_2O_3^{2-}$ 溶液时，先加入 5 cm^3 6 mol·dm^{-3} HCl，而用 $Na_2S_2O_3$ 溶液滴定时却要加入 100 cm^3 蒸馏水稀释，为什么？

5. 用纯铜标定 $Na_2S_2O_3$ 溶液时，如用 HCl＋H_2O_2 分解铜，最后 H_2O_2 未分解尽，对标定 $Na_2S_2O_3$ 的浓度会有什么影响？

6. 滴定过程中加入 NH_4HF_2 缓冲溶液和 10 cm^3 10% NH_4SCN 溶液的目的是什么？

7. 如何配制硫代硫酸钠标准溶液？硫代硫酸钠标准溶液浓度的标定可以采用 $K_2Cr_2O_7$ 标准溶液滴定法、纯铜滴定法、KIO_3 基准物质滴定法，在此实验中你认为哪一个更好？

8. $K_2Cr_2O_7$ 是基准物，配制 0.1000 mol·dm^{-3} 标准溶液时，采用固定质量称量法，请叙述之。

9. 根据实验体会，谈谈使用碘量瓶滴定要注意什么。

10. 查一下黄铜样品中含有的其他金属离子的相对含量，如何在样品处理时去除影响分析结果的因素？

11. 为什么在加入碘化钾以后要将碘量瓶放到暗处 10 min？

12. 碘量法是氧化还原滴定的一种常用的有效的方法，分析一下什么样的样品适合用碘量法来测定其含量，并查阅文献或书籍确定。

13. 淀粉溶液是一种特殊的指示剂，利用的是什么原理？淀粉指示剂的使用要注意什么？

拓展实验： 测定 $CuSO_4 \cdot 5H_2O$ 中铜含量

实验 27　硼酸含量的测定

【实验目的】

1. 了解弱酸的测定原理和方法。

2. 掌握用强化法测定硼酸的含量。

3. 学习肥料中硼的测定。

【实验原理】

硼酸，为白色粉末状结晶或三斜轴面鳞片状光泽结晶，有滑腻手感，无臭味。溶于水、乙醇、甘油、醚类中，水溶液呈弱酸性。硼酸是生产其他硼化物的基本原料之一，由它生产的硼化合物广泛应用于国防及其他工业部门和科研单位。

硼酸可以配制缓冲溶液。用作 pH 值调节剂，医药上用作消毒剂、止血剂、抑菌防腐剂等；在金属焊接、皮革、照相等行业以及染料、耐热防火织物、人造宝石、电容器、化妆品的制造方面都用到它。也可以作催化剂。

农业上硼是植物生长所必需的微量元素之一，对植物的生长具有促进作用，对许多作物有肥效，能增进作物品质和提高产量，还可作杀虫剂。

但硼酸是很弱的酸，其 $K_a = 5.7 \times 10^{-10}$，不能用 NaOH 标准溶液直接滴定。国家标准中是硼酸与甘露醇作用生成配合物，其 $K_a = 6.0 \times 10^{-6}$，可以用 NaOH 标准溶液直接滴定。

$$2H_3BO_3 + C_6H_{14}O_6 =\!=\!= C_6H_4(OH)_2(BO_3H)_2 + 4H_2O$$

用甲基红-溴甲酚绿-酚酞混合指示剂或酚酞指示剂进行滴定，滴定终点为微红色。

另外，用自动电位滴定法通过电极电位变化由仪器自动判断终点并进行结果处理，终点判断准确，测量精度高，消耗试剂少，自动化程度高；在浑浊、有颜色或找不到合适指示剂的溶液中也可以进行滴定。

电位滴定法是在滴定过程中通过测量电位变化以确定滴定终点的方法，电位滴定法靠电极电位的突跃来指示滴定终点。在滴定到达终点前后，滴液中待测离子浓度往往连续变化 n 个数量级，引起电位的突跃，被测成分的含量仍然通过消耗滴定剂的量来计算。电位滴定法不需要准确测量电极电位值，因此，温度、液体接界电位的影响并不重要，特别是待测溶液有颜色或浑浊时，终点的指示就比较困难，对根本找不到合适指示剂的体系，电位滴定更有绝对的优势。

【实验内容】

1. 普通滴定法

准确称取一定量的固体硼酸试样溶于少量水中，微热使其溶解，冷却后转移至 250 cm^3 容量瓶中，定容，摇匀备用。

移取 25.00 cm^3 试样于锥形瓶中，加入 20 cm^3 中性甘油（或甘露醇）混合液，冷却后滴加 2 滴酚酞指示剂，用 NaOH 标准溶液滴定至微红色。再加入 3 cm^3 甘油混合液，若微红色不消失即为终点，否则继续滴定，再加中性甘油（或甘露醇）混合液，重复操作至微红色不消失为终点。

2. 自动电位滴定法

准确移取一定体积的硼酸溶液至 250 cm^3 烧杯中，加水至 150 cm^3，加入 0.5g 乙二胺四乙酸二钠搅拌至溶解。用盐酸（0.05 mol·dm^{-3}）和氢氧化钠（0.05 mol·dm^{-3}）将溶液 pH 值调节为 5.1。将一定量的甘露醇加至溶液中。搅拌均匀后在自动电位滴定仪（使用 pH 复合电极）上用氢氧化钠标准溶液滴定。当电位发生突跃后停止滴定，确定该突跃点为滴定终点。记录终点时消耗的氢氧化钠标准溶液的体积。

【实验指导】

[1] 硼的测定国家标准 GB/T 14540—2003 中采用甲亚胺-H 酸分光光度法，也可以用酸碱滴定法。

[2] 硼酸水溶液的溶解度如下：

温度/℃	0	10	20	30	40	50	60	70	80	90	100
溶解度/(g/100 g H$_2$O)	3	3	5	7	9	11	15	18	23	29	37

[3] 实验中需要使用无氧水（参见实验 22 中"硫酸亚铁铵的制备"）。

【思考题】

1. H$_3$BO$_3$ 是三元酸吗？用化学原理说明。

2. 0.1 mol·dm^{-3} H$_3$BO$_3$ 溶液的 pH 为多少？

3. 根据 H$_3$BO$_3$ 在水溶液的溶解度，计算实验时饱和溶液的浓度。（温度按实验室当时的环境温度）

4. 用混合指示剂比单一指示剂有什么优点？

5. 电位滴定法比普通的滴定法有哪些优点？电位滴定法除了用于酸碱滴定还可以用于什么滴定？举例说明。

6. H$_3$BO$_3$ 的加强剂有很多种多元醇，实验探讨一下哪一种比较好。

7. 查阅资料设计方案用分光光度法测定 H$_3$BO$_3$ 的含量。

8. 实验中需要使用无氧水，分析原因。

9. 如果是实际样品，如何处理？

【参考文献】

[1] 麦浪，梁雄宇，黄义活，等. 食盐中碘含量的自动电位滴定法测定研究. 中国地方病防治杂志，2012，27（5）：357-358.

［2］陈英，李玉卫. 甘露醇酸碱中和滴定法快速测定肥料中的硼. 化肥工业，2012，39（5）：19-20，36.

［3］金央，余德芳，赵小燕，等. 自动电位滴定法测定硼矿酸解液中的硼酸含量. 无机盐工业，2015，47（2）：60-61，66.

实验 28　用废铝制备铝的化合物和产物组成测定以及净水实验研究

【实验目的】

1. 认识铝及铝的化合物的性质。
2. 了解资源综合利用的意义。
3. 巩固无机制备中常用的基本操作。

【实验预习】

1. 铝的性质和含铝化合物组成的测定。
2. 本书 5.6 无机制备和重量分析中常用的基本操作。
3. 污水处理的基本常识。

【实验原理】

铝是一种两性元素，既与酸反应，又与碱反应。将其溶于浓氢氧化钠溶液，生成可溶性的四羟基合铝（Ⅲ）酸钠（$Na[Al(OH)_4]$），再用稀 H_2SO_4 调节溶液的 pH 值，可将其转化为氢氧化铝；氢氧化铝可溶于硫酸，生成硫酸铝。硫酸铝能同碱金属硫酸盐如硫酸钾在水溶液中结合成一类在水中溶解度较小的同晶的复盐，称为明矾 $[KAl(SO_4)_2 \cdot 12H_2O]$。当冷却溶液时，明矾则结晶出来。将其溶于 H_2SO_4 溶液直接制得硫酸铝溶液。以硫酸铝和氯化铝为原料可以制备明矾、聚合硫酸铝、聚合氯化铝。一些含铝化合物的溶解度见表 8-2。

我国每年有大量的铝质饮料罐、铝箔、铝质器皿。本实验可以采用易拉罐为原料制备氢氧化铝、明矾和聚合硫酸铝或聚合氯化铝。并测定明矾的组成，检验聚合硫酸铝或聚合氯化铝处理污水的能力。

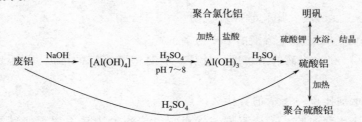

表 8-2　一些含铝化合物的溶解度　　　　单位：g/100g H_2O

温度/℃	10	20	30	40	60	80	90	100
K_2SO_4	9.3	11.1	13.0	14.8	18.2	21.4	22.9	24.1
$Al_2(SO_4)_3$	33.5	36.4	40.4	45.8	59.2	73.0	80.8	89
$AlCl_3$	44.9	45.8	46.6	47.3	48.1	48.6		49.0
$KAl(SO_4)_2$	3.99	5.90	8.39	11.7	24.8	71.0	109	

（1）制备明矾的原理

① 碱法　铝为一种两性元素，与酸、碱均可反应，溶于浓 KOH 溶液，生成可溶性的 $K[Al(OH)_4]$，再加入 H_2SO_4，可得 $Al(OH)_3$，继续加入酸，沉淀溶解形成 $Al_2(SO_4)_3$，$Al_2(SO_4)_3$ 溶液加 K_2SO_4 生成同晶复盐明矾，各步反应式如下：

$$2Al+2KOH+6H_2O === 2K[Al(OH)_4]+3H_2\uparrow$$
$$2K[Al(OH)_4]+H_2SO_4 === 2Al(OH)_3\downarrow+K_2SO_4+2H_2O$$
$$2Al(OH)_3+3H_2SO_4 === Al_2(SO_4)_3+6H_2O$$
$$Al_2(SO_4)_3+K_2SO_4+24H_2O === 2KAl(SO_4)_2\cdot12H_2O$$

② 酸法　直接用金属铝与硫酸反应生成硫酸铝，然后与硫酸钾反应生成复盐。

$$2Al+3H_2SO_4 === Al_2(SO_4)_3+6H_2\uparrow$$
$$Al_2(SO_4)_3+K_2SO_4+24H_2O === 2KAl(SO_4)_2\cdot12H_2O$$

（2）分光光度法测定铝含量

处理试样后，在 pH＝5.22 的乙酸-乙酸钠缓冲介质中，铝与铬天青 S 生成红色的二元络合物。铝与铬天青 S 反应时，加入表面活性剂十六烷基三甲基溴化铵（CTMAB），形成蓝绿色的三元络合物。以抗坏血酸作为掩蔽剂，除去铁离子对铝的干扰。在最大波长处测量吸光度，计算铝的含量。

（3）返滴定法测定铝含量

Al^{3+} 与 EDTA 配位反应。加入过量的 EDTA，并加热煮沸反应完全；Al^{3+} 对二甲酚橙指示剂有封闭作用，酸度不够时容易水解，在 pH 值为 3～4 时 Al^{3+} 与过量的 EDTA 在煮沸时配位完全。

$$H_2Y^{2-}+Al^{3+}\longrightarrow AlY^-+2H^+$$
$$H_2Y^{2-}（过量）+Zn^{2+}\longrightarrow ZnY^{2-}+2H^+$$

再调节 pH 值为 5～6，以二甲酚橙指示剂，用锌盐标准溶液返滴定剩余 EDTA。

（4）重量法测定硫酸根含量

硫酸盐在盐酸溶液中，与加入的氯化钡形成硫酸钡沉淀。在接近沸腾的温度下进行沉淀，并至少煮沸 20 min，使沉淀陈化后过滤，洗沉淀至无氯离子为止，烘干或者灼烧沉淀，冷却后，称硫酸钡的质量。

实验 28-1　废旧易拉罐制备明矾及污水处理实验

【实验内容】

1. 四羟基合铝（Ⅲ）酸钠（$Na[Al(OH)_4]$）的制备

实验的主要影响因素：原料的选择，NaOH 的浓度和使用的量，反应温度，过滤条件。

2. 氢氧化铝的制备

实验的主要影响因素：酸以及酸浓度的选择，溶液 pH 值的控制，过滤方法。

3. 明矾的制备

实验的主要影响因素：调节溶液 pH 值采用的硫酸浓度，溶液 pH 值的调节，K_2SO_4 的加入量，结晶过程的控制。

4. 聚合氯化铝（聚合硫酸铝）的制备和污水处理

① 用 $HCl(H_2SO_4)$ 溶解 $Al(OH)_3$ 制备聚合氯化铝（聚合硫酸铝）。

② 设计实验检验明矾处理污水的效果。

配制污水的原料可以是泥沙、土壤、墨水、罗丹明 B、$K_2Cr_2O_7$ 溶液等。

【实验指导】

[1] 废铝片可选用铝质的易拉罐、铝容器、铝箔等，铝片前处理应去掉涂层并将其剪碎。

[2] 铝和 NaOH 反应一般应该是 NaOH 过量，反应很剧烈，所以应该盖上表面皿，铝屑应多次加入；为了提高溶解度，可适当水浴加热，并应趁热过滤。

[3] $Al(OH)_3$ 在水溶液中存在的合适 pH 值为 5～7，pH＝7.8 时开始溶解。$Al(OH)_3$ 沉淀为胶状，所以必须抽滤。

[4] 以 $Al(OH)_3$ 为原料制备明矾，加硫酸使固体溶解后，再加入 K_2SO_4，加热使溶液透明（如果不溶可适当加入少量的水），蒸发浓缩至出现晶膜，冷却后即有明矾晶体析出。

[5] 无机聚合物的产生需要一定的反应时间和合适的反应温度。可以在煤气灯上小火加热或置于烘箱中低于 50～60 ℃保温放置几小时，成黏稠状液体，再于 100 ℃左右烘干得到固体。注意产品易吸潮，应置于干燥器中保存。

[6] 注意实验过程中合理选用仪器。产品各组分含量测定的实验中，必须注意如何取样和怎样提高测定的精密度。

【思考题】

1. 用 H_2SO_4 和 NaOH 溶解铝片各有什么优缺点？

2. 计算：用 0.5 g 纯的金属铝能生成多少克硫酸铝？这些硫酸铝需与多少克硫酸钾反应？能生成多少克明矾？

3. 若铝中含有少量铁杂质，在本实验中如何去除？

4. $Al(OH)_3$ 固体有很强的吸附作用，所以实验过程中必须洗涤沉淀，请简单说明如何进行洗涤。

拓展实验：用聚合铝处理污水

实验 28-2　废旧易拉罐制备明矾组分含量测定

【实验内容】

1. 明矾的制备

2. 明矾的重结晶

3. 铝含量测定

（1）分光光度法

（2）返滴定法

4. SO_4^{2-} 含量测定

（1）重量法测定

（2）浊度法测定

【思考题】

1. 明矾重结晶的条件是如何确定的？

2. 制备样品时，用 H_2SO_4 溶解和用 KOH 溶解会有哪些优缺点？

3. Al 的分光光度法的显色剂有哪些？铬天青 S 和铬黑 T 哪一种比较好？

实验 29　顺、反式-二甘氨酸合铜(Ⅱ)配合物的制备及其铜含量的测定

【实验目的】

1. 了解配位化合物顺反异构体的性质及相互转化。
2. 进一步熟练无机合成的基本操作。
3. 学习碘量法的原理和方法。

【实验预习】

1.《分析化学》《无机与分析化学》中有关配位化合物的形成和性质。
2. 有关无机合成的一些基本操作。
3.《分析化学》《无机与分析化学》中铜元素的性质。
4.《分析化学》《无机与分析化学》中碘量法测定 Cu^{2+} 的内容。

【实验原理】

甘氨酸 H_2NCH_2COOH(gly) 为双齿配体，它与 Cu^{2+} 发生如下反应：

$$Cu(OH)_2 + H_2NCH_2COOH \Longrightarrow \cdots \cdot H_2O + 2H^+$$

生成顺式-二甘氨酸合铜(Ⅱ)，即 $Cu(gly)_2$，$\lg K_f = 15.03$。

但在酸性介质中，$Cu(gly)_2$ 发生质子化反应，配合物被破坏，释放出 Cu^{2+}，从而可以测定 Cu^{2+} 的含量。

$Cu(gly)_2$ 存在顺反两种异构体，这两种异构体的颜色不同，不同的温度下可以互相转化。

【实验步骤】

1. 氧化铜的制备

$250\ cm^3$ 的烧杯中加入 $6.3\ g\ CuSO_4 \cdot 5H_2O$ 和 $20\ cm^3\ H_2O$，溶解后，边搅拌边加入 $1:1$ 的氨水，直至沉淀完全溶解。加入 $25\ cm^3\ 3\ mol \cdot dm^{-3}\ NaOH$ 溶液，使 $Cu(OH)_2$ 完全沉淀，抽滤，以温水 $200\ cm^3$，分 15 次加入，洗至无 SO_4^{2-}（用 $BaCl_2$ 检验），抽干。

2. 顺式-二甘氨酸合铜(Ⅱ) 配合物的制备

称取 x(g)（自行计算）甘氨酸溶于 $150\ cm^3$ 水中，加入新制的 $Cu(OH)_2$，在 70 ℃水浴中加热并不断搅拌，直至使 $Cu(OH)_2$ 全部溶解，再加热片刻，立即抽滤（吸滤瓶置于 60 ℃水浴中），滤液移入烧杯中。加入 $7\ cm^3\ 95\%$ 乙醇，冷却结晶（约 5 min，冷至室温）再移入冰水中冷却 $20\sim30\ min$ 后，抽滤，用 $10\ cm^3\ 1:3$ 乙醇溶液洗涤晶体，再用 $10\ cm^3$ 丙酮洗涤晶体，抽干，于 50 ℃烘干 30 min。用滤纸压干晶体，称重。

3. 反式-二甘氨酸合铜(Ⅱ) 配合物的制备

将一部分的顺式配合物置于 $100\ cm^3$ 小烧杯中，加入尽可能少的水，用小火直接加热成膏状，在不断搅拌下会迅速变成鳞片状化合物，继续加热几分钟后停止加热，并在搅拌下加入 $100\ cm^3$ 水，立即抽滤。此时溶解度较大的顺式配合物基本全部溶解，在滤纸上将得到蓝

紫色鳞片状反式配合物，先用水洗，再用乙醇洗，自然干燥。

4. 顺式-二甘氨酸合铜（Ⅱ）中 Cu 含量的测定

设计实验方案，测定铜的含量。要求：

① 拟出实验方案（包括实验原理、实验步骤等）；

② 按设计的实验方案进行操作；

③ 讨论实验条件及对实验结果影响。

【实验指导】

［1］顺式和反式配合物的形成的主要因素在于温度不同，所以，在制备过程中应该注意控制温度。

［2］设计测定铜的含量实验方案，可考虑用氧化还原滴定法、配位滴定法、分光光度法。

【思考题】

1. 为什么顺式比反式的甘氨酸合铜的溶解度大？如何区分顺式和反式配合物？

2. 制备氢氧化铜时要先加入氨水至生成沉淀再溶解，然后再加入 NaOH，重新生成沉淀，此沉淀才是氢氧化铜，能否直接用氢氧化钠制备氢氧化铜？为什么？

3. 根据自己的实验数据，计算一下甘氨酸合铜（Ⅱ）晶体中带有几个结晶水，与资料中的进行比较。

4. 为什么在制备顺式-甘氨酸合铜（Ⅱ）时用 1∶3 的乙醇水溶液洗涤？是否可以直接用乙醇、丙酮洗涤？

5. 查阅测定铜的含量的方法（至少两种），并比较之。

6. 用碘量法测定铜含量时，接近终点时一般要加硫氰化铵，为什么？如不加，对结果会有什么影响？

实验 30 硫代硫酸钠的制备、性质检验和含量测定

【实验目的】

1. 掌握一种制备 $Na_2S_2O_3 \cdot 5H_2O$ 晶体的方法。

2. 熟悉 $Na_2S_2O_3$ 的主要化学性质。

3. 熟悉气体制备、过滤、蒸发、结晶、干燥等基本操作。

4. 学习用碘量法测定 $Na_2S_2O_3 \cdot 5H_2O$ 的纯度。

【实验预习】

1. 有关无机合成的一些基本操作。

2. 有关硫元素的性质，碘量法标定 $Na_2S_2O_3$ 溶液。

【实验原理】

$Na_2S_2O_3 \cdot 5H_2O$（俗称海波）为无色透明的单斜晶体。难溶于乙醇，易溶于水，其溶解度随着温度的下降而降低，如图 8-2 所示。它是重要

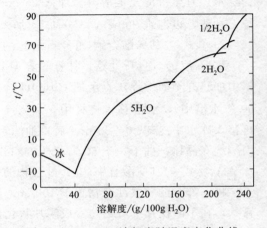

图 8-2　$Na_2S_2O_3$ 溶解度随温度变化曲线

的还原剂，在照相术上作定影剂，遇酸则发生分解。

制备方法一般有两种：

$$Na_2SO_3 + S == Na_2S_2O_3$$

$$2Na_2S + Na_2CO_3 + 4SO_2 == 3Na_2S_2O_3 + CO_2\uparrow$$

（1）第一种制备方法的基本原理

S 粉可与亚硫酸钠溶液在加热条件下反应，生成硫代硫酸钠：

$$Na_2SO_3 + S == Na_2S_2O_3$$

上面反应在水溶液中进行，所以为两相反应，需要回流。反应中硫应该略有过量。反应完毕后，趁热滤去过量的 S 粉。

（2）第二种制备方法的基本原理

从硫化钠出发制备硫代硫酸钠的方法是：向含有碳酸钠的硫化钠溶液中通入二氧化硫气体，使之在不断搅拌下反应，其间大致经由以下三步：

$$Na_2CO_3 + SO_2 == Na_2SO_3 + CO_2\uparrow$$

$$2Na_2S + 3SO_2 == 2Na_2SO_3 + 3S\downarrow$$

$$Na_2SO_3 + S == Na_2S_2O_3$$

总反应式为：

$$2Na_2S + Na_2CO_3 + 4SO_2 == 3Na_2S_2O_3 + CO_2\uparrow$$

由此可以看出，Na_2S 和 Na_2CO_3 的用量以 2∶1（物质的量的比）为宜。如果 Na_2CO_3 用量过少，则中间产物 Na_2SO_3 的量不足，析出的 S 不能全部生成 $Na_2S_2O_3$，有一部分 S 仍处于游离状态，致使溶液不能完全褪色、变清。

$Na_2S_2O_3$ 溶液经蒸发浓缩、冷却，析出组成为 $Na_2S_2O_3 \cdot 5H_2O$ 的无色晶体，干燥后即为产品。

$Na_2S_2O_3$ 的性质主要有不稳定性、还原性，$S_2O_3^{2-}$ 是很好的配体。

利用碘量法可以测定产物中 $Na_2S_2O_3$ 的含量。

【实验内容】

1. 硫代硫酸钠的制备

（1）第一种方法

① 称取 4.0 g 硫粉放入圆底烧瓶中，加 4～5 cm³ 乙醇润湿，再加入 12.0 g Na_2SO_3 粉末和 60 cm³ 蒸馏水，加热煮沸，回流约 1 h。

② 趁热将反应液抽滤，滤液转入蒸发皿中，在水浴上浓缩到液面有少许结晶析出或溶液浑浊为止。充分冷却，即有大量 $Na_2S_2O_3 \cdot 5H_2O$ 晶体析出，再抽滤。

③ 将 $Na_2S_2O_3 \cdot 5H_2O$ 晶体放进烘箱，在 40 ℃下干燥约 50 min。称重，计算 $Na_2S_2O_3 \cdot 5H_2O$ 的产率。

（2）第二种方法

仪器装置如图 8-3 所示。

在台秤上快速称取新开封的 $Na_2S \cdot 9H_2O$ 晶体（极易潮解）15.0 g，再称取无水 Na_2CO_3 4.0 g，一并投入，加入 100 cm³ 蒸馏水，立即开动搅拌器，使固体完全溶解。

向蒸馏瓶中投入比理论量稍多的 Na_2SO_3（宜用新近生产的试剂，否则 Na_2SO_3 的实际含量会因空气氧化而降低很多），在滴液漏斗中注入稍多于化学计量的浓 HCl。

最后向气体吸收瓶中加入适量的 2 mol·dm⁻³ NaOH 溶液。

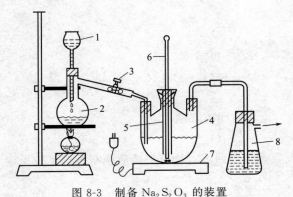

图 8-3　制备 $Na_2S_2O_3$ 的装置

1—滴液漏斗；2—蒸馏瓶；3—防倒吸阀门；4—三口瓶；
5—套管；6—温度计；7—磁力搅拌器；8—吸收瓶

按照图 8-3 将各仪器紧密连接（要确保不漏气），待三口瓶中的物料完全溶解后，旋转滴液漏斗活塞使浓 HCl 徐徐滴下（滴加过程一定要缓慢，防止倒吸），使产生的 SO_2 气体均匀地通入含有 Na_2CO_3 和 Na_2S 的溶液中。随着 SO_2 的通入，有大量淡黄色的 S 逐渐析出，此后又逐渐消失，整个反应约 50 min。在反应后期要用滴管不时取反应液，检查溶液的 pH 值。当 pH≈7 时，吸取少许置于点滴板上，滴加 0.1 mol·dm^{-3} $AgNO_3$ 溶液以检验 $S_2O_3^{2-}$，如有大量白色沉淀生成并逐渐变黑，即可停止通入

SO_2。将溶液全部过滤到蒸发皿中，滤液放在水浴上蒸发浓缩，直至溶液中有少许晶体析出。自然冷却，使 $Na_2S_2O_3·5H_2O$ 晶体充分析出。抽滤，将晶体放入烘箱，在 40 ℃下干燥约 50 min，称重。

2．硫代硫酸盐的性质和 $S_2O_3^{2-}$ 的鉴定

用上面制得的白色固体配制 0.1 mol·dm^{-3} $Na_2S_2O_3$ 溶液进行如下实验。

（1）硫代硫酸盐的性质

① 还原性

a. 往试管中加入数滴 I_2 水，再滴加 0.1 mol·dm^{-3} $Na_2S_2O_3$ 溶液，观察现象，写出反应式。

b. 往试管中加入 0.5 cm^3 浓度为 0.1 mol·dm^{-3} 的 $Na_2S_2O_3$ 溶液，滴加 0.1 mol·dm^{-3} $BaCl_2$ 溶液，观察现象。再向溶液中加入数滴 Cl_2 水，又有何现象？解释之，写出反应式。

c. 取 0.1 mol·dm^{-3} 的 $Na_2S_2O_3$ 溶液，加入数滴酸化过的 0.01 mol·dm^{-3} $KMnO_4$ 溶液。观察现象，写出反应式。

② 配位性　在试管中加入 2 滴 0.1 mol·dm^{-3} $AgNO_3$ 溶液，再逐滴滴加 0.1 mol·dm^{-3} 的 $Na_2S_2O_3$ 溶液。观察现象，写出反应式。

③ 不稳定性　$H_2S_2O_3$ 的生成与分解：取 1 cm^3 浓度为 0.1 mol·dm^{-3} 的 $Na_2S_2O_3$ 溶液，逐滴加入 2 mol·dm^{-3} HCl 溶液，观察现象，写出反应式。

（2）$S_2O_3^{2-}$ 的鉴定

在点滴板上放置 2 滴 $Na_2S_2O_3$ 溶液，逐滴加入 0.1 mol·dm^{-3} $AgNO_3$ 溶液，直至产生白色沉淀。观察沉淀颜色的变化（白→黄→棕→黑），据此可以鉴定 $S_2O_3^{2-}$ 的存在。反应式为：

$$Na_2S_2O_3 + 2AgNO_3 \Longrightarrow 2NaNO_3 + Ag_2S_2O_3 \downarrow （白）$$
$$Ag_2S_2O_3 + H_2O \Longrightarrow H_2SO_4 + Ag_2S \downarrow （黑）$$

3．产物 $Na_2S_2O_3$ 含量的测定

查阅资料，采用碘量法测定产物 $Na_2S_2O_3$ 的含量。

① 参考铜合金中铜含量的测定。

② 用碘量法测定 $Na_2S_2O_3$ 的含量，若溶液在被滴定到绿色之后迅速变蓝，说明

$K_2Cr_2O_7$ 和 KI 来不及完全反应，实验必须重做。

【实验指导】

[1] 第一种方法是固液反应，所以反应速率较慢，回流时间可以根据 S 粉的反应剩余量确定。另外可以把 S 粉溶解在少量的 CCl_4 中，反应将变成两种液相之间进行的反应，效果很好，实验结束后，用分液漏斗将有机相分出即可。如果用微波加热，回流时间应相应缩短。

[2] 第二种方法中 SO_2 对人体有强烈的刺激作用，吸入后易引起气管炎和支气管炎，长期慢性中毒会引起肺气肿；一次大量吸入会使喉咙水肿，并可能导致窒息死亡。空气中 SO_2 含量超标会导致酸雨。本实验为避免 SO_2 气体扩散到空气中，反应前要仔细检查装置的气密性；反应完毕后，要先将吸收尾气用的碱液倒入蒸馏瓶中，中和掉残存的 SO_2，再将废液统一处理。

[3] $Na_2S_2O_3 \cdot 5H_2O$ 晶体不太容易析出，可将滤液蒸发到少于 $40\ cm^3$，放置使其自然结晶，留待下次实验前再抽滤、干燥、称重，计算 $Na_2S_2O_3 \cdot 5H_2O$ 的收率。

[4] $Na_2S_2O_3 \cdot 5H_2O$ 在 45 ℃ 时熔化。

【思考题】

1. 第二种方法中计算实验所需要的各种原料的理论用量，填入表 8-3 中。

表 8-3 实验中原料用量

原料	$Na_2S \cdot 9H_2O/g$	Na_2CO_3/g	Na_2SO_3/g	浓盐酸/cm^3
理论用量	15.0	—	—	—
实验用量	15.0	4.0	17.0	28.0

制备硫代硫酸钠时，为何最终要控制反应液的 pH≈7？过高或过低为何不可？

2. 如果所取反应液与 $AgNO_3$ 溶液反应时，立即产生黑色沉淀，是否可以停止通入 SO_2？为什么？

3. $Na_2S_2O_3$ 溶液与 $AgNO_3$ 溶液反应时，什么条件下生成的是 $[Ag(S_2O_3)_2]^{3-}$ 配离子？什么条件下生成的是 $Ag_2S_2O_3$ 白色沉淀？

4. 用 Na_2SO_3 溶液代替 $Na_2S_2O_3$ 溶液，重复以上性质试验，情况有何不同？写出反应式。

5. 硫代硫酸钠溶液很不稳定，请分析其中可能的原因。

6. 硫代硫酸钠溶液为什么要预先配制？为什么配制时要用刚煮沸过并已冷却的蒸馏水？为什么要加少量的碳酸钠？

7. 重铬酸钾与 KI 反应为什么放在暗处放置 5 min 后，再稀释到 $100\ cm^3$ 以后进行滴定？

8. 硫代硫酸钠溶液使用何种滴定管？为什么？

9. 硫代硫酸钠溶液滴定铜，锥形瓶中的溶液达到终点后放了几分钟后慢慢变蓝，分析原因。

10. 推导出计算 $Na_2S_2O_3$ 含量的公式。

实验 31　杂多酸的合成、表征和酯化反应中的催化性能研究

【实验目的】

1. 通过合成一种 1∶12 型杂多酸，了解 Keggin 类型杂多酸水合物如 $H_x[XW_{12}O_{40}]\cdot nH_2O$（X＝P、Si 等杂原子）的常规制备方法。

2. 用红外光谱、紫外光谱、热重-差热分析对产物进行表征，了解化合物的分析测试手段。

3. 通过催化乙酸乙酯的合成学习以杂多酸为催化剂的有机化学实验中的脱水合成方法。

【实验原理】

杂多酸是由两种或两种以上的不同含氧酸分子相互结合，同时脱水缩合而成的配合酸。配阴离子的配位体是多酸根，其成酸原子（也称多原子）是通过氧桥与中心原子（杂原子）配位。杂多酸催化剂（含杂多酸盐）之所以受到关注，是因为：①杂多酸及其盐具有配合物和金属氧化物的特征，又有强酸性和氧化还原性，它是具有氧化还原和酸催化功能的双功能催化剂；②杂多酸的阴离子结构稳定，性质却随组成元素不同而异，可以以分子设计的手段，通过改变分子组成和结构来调节其催化性能；③活性高，选择性强，既可用于均相反应，也可用于多相反应；④对设备腐蚀性小，不污染环境。所以杂多酸及其盐在催化领域得到越来越多的重视。据文献报道，杂多酸催化剂有三种形式：纯杂多酸、杂多酸盐（酸式盐）、负载型杂多酸（盐）。其中负载型最好，最常用的载体是活性炭。目前研究最多的是钨、钼的杂多酸，其杂原子主要是磷、硅等。作为酸催化剂，催化效果较好的为 1∶12 型（图 8-4）。

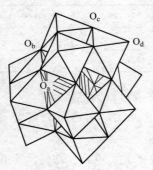

图 8-4　1∶12 型杂多酸阴离子结构示意

乙酸乙酯、乙酸丁酯、异丁酸乙酯等化合物都是重要的基本有机化工原料。通常是在酸催化下由羧酸和醇酯化得到，反应通式为：

$$R\text{—}COOH + R'\text{—}OH \underset{H^+}{\overset{H^+}{\rightleftharpoons}} R\text{—}COO\text{—}R'$$

长期以来这类的合成一般是以硫酸为催化剂，虽然价格低，活性高，但是工艺复杂，副反应多，对设备腐蚀严重，并产生大量含酸废水。因此寻找新的催化剂成为酯和醚类合成的热门课题，杂多酸催化剂用于酯化反应的研究已有很多文献报道。

【实验内容】

1. $H_3[PW_{12}O_{40}]\cdot nH_2O$ 的合成

在 250 cm³ 烧杯中，将 25 g $Na_2WO_4\cdot 2H_2O$ 和计量比的 $Na_2HPO_4\cdot 12H_2O$ 溶于 150 cm³ 热水中，置溶液于磁力搅拌器上加热至 90 ℃，在激烈的搅拌下用滴液漏斗缓慢地逐滴加入 20 cm³ 浓盐酸（边滴加边搅拌，20～30 min 加完）。将混合物冷却到室温后转移入分液漏斗中，并加入一定量的乙醚，充分振荡萃取后静置（此时应该分成三相，如果没有三相，再加几 cm³ 浓盐酸，充分振荡，静置），澄清分层后，将下层油状醚合物分出到蒸馏瓶中，加入少量蒸馏水，在 60 ℃ 恒温水浴锅中蒸发浓缩，至溶液表面有晶体（是目标产物？）析出为止。

2. 拟从不同角度探讨杂多酸催化剂在酯化反应中的催化性能

每组同学选作以下一个方向，并对产品进行检测（折射率、红外光谱、气相色谱等）。提倡几个组的同学选做不同的方向，互相借鉴，从催化剂种类、用量、酸醇比、反应时间等多方面讨论杂多酸催化剂的性能。

① 使用合成的 $H_3[PW_{12}O_{40}]\cdot nH_2O$ 为催化剂，合成不同的目标产物：乙酸乙酯、乙酸丁酯、异丁酸乙酯、丙二酸二乙酯。

② 通过正交实验对酸醇比、催化剂的用量、反应时间等条件进行优化组合，对负载（活性炭、SiO_2、Al_2O_3 等作为载体）的杂多酸的重复使用能力进行探讨。

③ 探讨不同的杂多酸在不同的载体上负载的催化效果和重复使用能力。

【实验指导】

［1］主要仪器与试剂

仪器：有机反应常用玻璃仪器、红外光谱仪、酸度计等。

试剂：冰醋酸（A.R.），丙二酸（A.R.），异丁酸（A.R.），乙醇（A.R.），丁醇（A.R.），苯（A.R.），无水硫酸镁（A.R.），磷酸二氢钠，钨酸钠，钼酸钠，硅酸钠，活性炭，Al_2O_3，SiO_2（部分试剂供选）。

［2］醇酸酯化反应有水生成，及时移去生成的水有利于反应的正向进行。实验前要认真分析反应体系，确定是否要用分水剂、选用什么分水剂。实验中如果使用苯作为分水剂，量取和使用时要小心。因为苯是一种致癌物质，易挥发。

［3］实验过程中，使用有机试剂，要注意不能有明火。

［4］实验中的废液应回收，不能倒入下水道。

［5］查资料的关键词：杂多酸、磷钼钨、硅钼钨、磷钨酸、硅钨酸、磷钼酸、硅钼酸、催化酯化反应。

【思考题】

1. 哪些因素影响酯化反应的酯化率？

2. 杂多酸催化剂性能的好坏与哪些因素有关？它还有哪些用途？

【参考文献】

［1］陈静，王刚. 杂多酸催化合成丙二酸二乙酯. 化学与黏合，2001，2：68-69.

［2］何节玉，廖德仲，等. 乙酸丁酯的合成研究. 精细石油化工进展，2003，4（1）：34-38.

［3］胡小铭，严平. 杂多酸催化合成异丁酸乙酯. 九江师专学报（自然科学版），1996，15（6）：3-5.

［4］王国良，刘金龙，等. 杂多酸及其负载型催化剂的研究进展. 炼油设计，2002，32（9）：56-51.

［5］王德胜，闫亮，王晓来. 杂多酸催化剂研究进展. 分子催化，2012（4）：366-375.

［6］王静，侯婷. 固体酸催化剂在酯化反应中的应用. 化学推进剂与高分子材料，2013（2）：29-32.

［7］Makoto M，Noritaka M. Catalysis by heteropoly compounds. 3. The structure and properties of 12-heteroplyacids of 12-heteroplyacids of molybdenum an tungsten ｛$H_3 PMO_{12}$-$XW_x O_{40}$｝and theirsalts. Journal of Catalysis，2002，26（03）：132-137

实验 32　纳米 ZnO 的制备和质量分析

【实验目的】

1. 了解纳米微粒的一种制备方法。

2. 熟悉无机合成的基本过程。

3. 培养学生的综合实验能力，了解科研的基本思想方法。

【实验原理】

1. 纳米微粒

纳米微粒是颗粒尺寸为纳米量级（1～100 nm）的超细微粒，其本身具有量子尺寸效应、表面效应和宏观量子隧道效应等，因而展现出许多特有的性质和功能。纳米材料的种类很多，人们关注的有纳米尺度颗粒、原子团簇、纳米丝、纳米棒、纳米管、纳米电缆、纳米组装体系等。随着对纳米尺度颗粒粉体性能研究的深入，纳米粉体的制备方法应运而生，概括起来可分为物理法和化学法，化学法主要有溶胶-凝胶法、微乳法、化学沉淀法、醇解法等。这类方法的特点均是首先在液相制得前驱物，而后前驱物经干燥、焙烧等步骤获得相应的纳米氧化物。现在又有人研究用室温固相反应合成纳米材料，应用这种方法已制取了纳米 CuO、ZnS、CuS、PbS、CdS 等。这种方法充分显示了固相合成反应不需溶剂、产率高、反应条件易掌握等优点。制备纳米微粒的方法应按气相法、液相法和高能球磨法来分类。其中气相法包括化学气相沉积（CVD）、激光气相沉积（LCVD）、真空蒸发和电子束或射频束溅射等。其缺点是对设备要求高、投资较大。液相法包括沉淀法、喷雾法、水热法（高温水解法）、溶剂挥发分解法、溶胶-凝胶法（Sol-Gel）、辐射化学分析法等。其中沉淀法包括共沉淀法、均相沉淀法、金属醇盐水解法等。

沉淀法的原料一般为价格便宜的无机盐。包含一种或多种离子的可溶性盐溶液，当加入沉淀剂（如 OH^-、$C_2O_4^{2-}$、CO_3^{2-} 等）后，在一定温度下溶液中发生水解反应，形成不溶性的氢氧化物、水合氧化物或盐类，从溶液中析出，将溶剂和溶液中原有的阴离子洗去，经过热分解或脱水得到所需的氧化物粉料。

2. 纳米 ZnO

它是一种面向 21 世纪的新型高功能附加值的精细化工产品，具有很多特殊的性质，如体积效应、表面效应、久保效应等，在催化、滤光、光化、医药、磁介质及新材料等方面有广阔的应用前景。

纳米 ZnO 的制备方法很多，多以碱式锌盐、氢氧化锌为前驱体制备纳米 ZnO 的液相沉淀法来制备。这种方法简单，成本较低，但所得前驱体含有一定量的酸根或共存的碱式盐杂质，虽反复洗涤但效果仍不理想，这些杂质会影响 ZnO 纳米粉体的质量和性能。

本实验以下列两种方法制备 ZnO 纳米粉体，并检验产品的质量。

方法一：

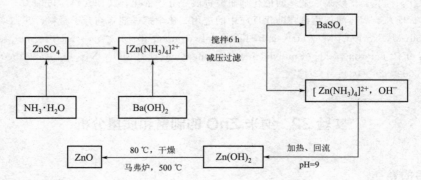

方法二：

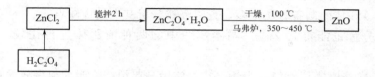

纳米 ZnO 粉体结构可以通过 XRD 和 TEM 进行表征，纯度分析可通过化学定量分析。

【实验内容】

1. 样品制备

（1）第一种方法

① $[Zn(NH_3)_4]^{2+}$ 的制备：取 0.25 mol·dm^{-3} ZnSO$_4$ 200 cm^3 于 500 cm^3 烧杯中，搅拌下缓慢加入 8 mol·dm^{-3} NH$_3$·H$_2$O 50 cm^3，强烈搅拌下分次加入 Ba(OH)$_2$ 8.5g（是否过量很多?），继续搅拌 6 h，离心沉淀，用玻璃砂芯漏斗减压过滤。

② 纳米 ZnO 前驱体 Zn(OH)$_2$ 的制备：将以上滤液转入 250 cm^3 锥形瓶中，接上回流冷凝管，置于磁力搅拌器上加热除氨，当 pH 值降至 8～9 时，Zn(OH)$_2$ 沉淀析出，用 pH＝9 的氨水溶液洗涤沉淀至用 Ba^{2+} 检测不出 SO$_4^{2-}$ 为止，将沉淀抽滤，80 ℃干燥。

③ 纳米 ZnO 的制备：将干燥处理后的 Zn(OH)$_2$ 沉淀送入 450 ℃马弗炉中煅烧 3 h，得到白色纳米 ZnO 粉体。

（2）第二种方法

① Zn$_2$C$_2$O$_4$·2H$_2$O 的制备：用台秤称取 5 g ZnCl$_2$，配制出约 1.5 mol·dm^{-3} 的 ZnCl$_2$ 溶液；配制 2.5 mol·dm^{-3} 的 H$_2$C$_2$O$_4$ 溶液 20 cm^3。将上述两种溶液加入 250 cm^3 的烧杯中，常温下在磁力搅拌器上搅拌 2h，制得白色 ZnC$_2$O$_4$·2H$_2$O 沉淀。减压过滤，用去离子水淋洗固体。

② ZnO 的制备：将 Zn$_2$C$_2$O$_4$·2H$_2$O 固体放入坩埚，在马弗炉中于 100 ℃干燥 30 min；350～450 ℃焙烧 1～2 h，得到白色 ZnO 粉末。

2. 产品质量分析

（1）样品粒径大小、晶型的测定

样品的晶型和粒径大小用 X 射线衍射仪进行表征。测试条件为 CuKα 源，管电压/管电流为 20 kV/30 mA，扫描范围（2θ）为 20°～80°，扫描速度为 5°/min。

应用透射电镜仪对样品的形貌和粒径大小进行表征。样品测试前用超声波在无水乙醇中分散，放大倍数为 15 万倍。

（2）样品纯度的分析

自己设计实验测定样品的纯度。

3. 查阅资料设计实验考查纳米 ZnO 材料的一种性能

要求工艺简单易行，使用的原材料容易得到。

【实验指导】

[1] 粒度可以采用 TEM 或激光粒度分布仪进行测定。

[2] 用滴定法测定产物的 ZnO 含量时，注意如何取样和溶解试样。

[3] 查阅文献的关键词：纳米 ZnO，粉体 ZnO，纳米 ZnO 性能。

【思考题】

1. 用什么仪器测定 ZnO 的粒径大小和形貌?

2. 纳米材料的制备方法有很多，你了解吗？试比较它们的优缺点。

3. 纳米 ZnO 粉体的制备方法很多，查阅资料分析其中的优缺点。

4. $ZnCO_3$ 分解也能得到 ZnO，与本实验中的两种前驱体进行比较，你认为哪一种更好？

5. ZnC_2O_4 焙烧时需要氧气，为什么？在使用马弗炉焙烧时如何做效果更好？

【参考文献】

[1] 张立德，牟季美，等. 纳米材料和纳米结构. 北京：科学出版社，2001.

[2] 易求实，等. 纳米粉 ZnO 的制备及低温热容研究. 无机材料学报，2001，16（4）：620-624.

[3] 胡立江，尤宏. 工科大学化学实验. 哈尔滨：哈尔滨工业大学出版社，1998.

[4] 殷学峰. 新编大学化学实验. 北京：高等教育出版社，2002.

实验 33 茶叶中咖啡因的提取和元素的分离、鉴定

【实验目的】

1. 进一步理解和认识天然产物的分离和提取。

2. 进一步熟练有机化学和微型实验的基本操作。

3. 学习从茶叶中分离和鉴定某些元素的方法。

4. 进一步培养综合实验能力。

【实验预习】

1. 升华、萃取，索氏提取器的使用，蒸馏的基本操作。

2. Ca^{2+}、Mg^{2+}、Al^{3+}、Fe^{3+} 等金属离子的分离和鉴定，P 元素的鉴定。

【实验原理】

茶叶等植物是有机体，主要由 C、H、O、N 等元素组成，还含有 P、I 和某些金属元素，如 Ca、Mg、Al、Fe、Cu、Zn 等。

茶叶中含有许多种生物碱，其中以咖啡因为主，约占 1%～5%。另外还含有 11%～12% 的丹宁酸（又名鞣酸），0.6% 的色素、纤维素、蛋白质等。咖啡因是弱碱性化合物，易溶于氯仿（12.5%）、水（2%）及乙醇（2%）等。在苯中的溶解度为 1%（热苯为 5%）。丹宁酸易溶于水和乙醇，但不溶于苯。

咖啡因是杂环化合物嘌呤的衍生物，它的化学名称是 1,3,7-三甲基-2,6-二氧嘌呤，其结构式如下：

黄嘌呤   1,3,7-三甲基-2,6-三氧嘌呤

含结晶水的咖啡因系无色针状结晶，味苦，能溶于水、乙醇、氯仿等。在 100 ℃时即失去结晶水，并开始升华，120 ℃时升华相当显著，至 178 ℃时升华很快。无水咖啡因的熔点为 234.5 ℃。

为了提取茶叶中的咖啡因，往往利用适当的溶剂（氯仿、乙醇、苯等）在索氏提取器中

连续抽提，然后蒸去溶剂，即得粗咖啡因。粗咖啡因还含有其他一些生物碱和杂质，利用升华可进一步提纯。

工业上，咖啡因主要通过人工合成制得。它具有刺激心脏、兴奋大脑神经和利尿等作用，因此可作为中枢神经兴奋药。它也是复方阿司匹林（APC）等药物的组分之一。咖啡因可以通过测定熔点及光谱法加以鉴别。此外，还可以通过制备咖啡因水杨酸盐衍生物进一步得到确证。咖啡因作为碱，可与水杨酸作用生成水杨酸盐，此盐的熔点为 137 ℃。

把茶叶加热灰化，除了几种主要元素形成易挥发物质逸出外，其他元素留在灰烬中，用酸浸取则进入溶液，可从浸取液中分离鉴定 Ca、Mg、Al、Fe 和 P 等元素。P 可用钼酸铵试剂单独鉴别，四种金属离子需先分离后鉴定。运用表 8-4 数据设计分离流程。

表 8-4　四种金属离子氢氧化物沉淀完全的 pH

化合物	$Cu(OH)_2$	$Mg(OH)_2$	$Al(OH)_3$	$Fe(OH)_3$
pH	>13	>11	5.2~7.5	4.1

【实验内容】

1. 咖啡因的提取

按图 8-5 装好提取装置[1]，称取 10g 茶叶末，放入索氏提取器的滤纸套筒中[2]，轻轻压实，在圆底烧瓶中加入 75 cm³ 95% 乙醇，用水浴加热至乙醇沸腾，连续提取 2~3 h[3]。待冷凝液刚刚虹吸下去时，立即停止加热。稍冷后，改成蒸馏装置，回收提取液中的大部分乙醇[4]。趁热将瓶中的残液倾入蒸发皿中，拌入 3~4 g[5] 生石灰粉，搅成糊状，在蒸气浴上蒸干，其间应不断搅拌，并压碎块状物。最后将蒸发皿放在石棉网上，用小火焙炒片刻，务使水分全部除去。冷却后，擦去沾在边上的粉末，以免在升华时污染产物。取一只口径合适的玻璃漏斗，罩在蒸发皿上，漏斗与蒸发皿之间隔上一层刺有小孔的滤纸，用沙浴小心加热升华[6]。控制沙浴温度在 220 ℃左右。当滤纸上出现许多白色毛状结晶时，暂停加热，让其自然冷却至 100 ℃左右。小心取下漏斗，揭开滤纸，

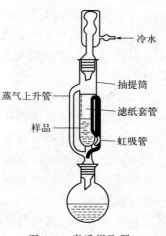

图中标注：冷水、抽提筒、蒸气上升管、滤纸套管、样品、虹吸管

图 8-5　索氏提取器

用刮刀将纸上和器皿周围的咖啡因刮下。残渣经搅拌后用较大的火再加热片刻，使升华完全。合并两次收集的咖啡因，称重并测定熔点及进行红外光谱的鉴定（与标准谱图进行对照）。纯咖啡因的熔点为 234.5 ℃。

2. 茶叶中 Ca、Mg、Al、Fe 四种金属元素及 P 元素的分离和鉴定

（1）预处理

取提取咖啡因后的茶叶残渣，放入蒸发皿中，在通风橱内用煤气灯加热充分灰化；然后移入研钵中研细，取出少量茶叶灰以作磷的鉴定，其余置于 50 cm³ 烧杯中，加入 15 cm³ 2 mol·dm⁻³ 盐酸，加热搅拌，溶解，过滤，保留滤液。

（2）分离和鉴定各金属离子

用 1∶1 NH₃·H₂O 将（1）所得的滤液调至 pH＝7 左右，离心分离，上层清液转至另一离心管（留后实验用），在沉淀中加过量 2 mol·dm⁻³ NaOH 溶液，然后离心分离。把沉

淀和清液分开，在清液中加 2 滴铝试剂，再加 2 滴 1：1 $NH_3 \cdot H_2O$，在水浴上加热，有红色絮状沉淀产生，示有 Al^{3+}。在所得的沉淀中加 2 $mol \cdot dm^{-3}$ HCl 使其溶解，然后滴加 2 滴 0.25 $mol \cdot dm^{-3}$ $K_4[Fe(CN)_6]$ 溶液，生成深蓝色沉淀，也可以用 NH_4SCN 溶液，溶液变为血红色，示有 Fe^{3+}。

在上面所得清液的离心管中加入 0.5 $mol \cdot dm^{-3}$ $(NH_4)_2C_2O_4$ 至无白色沉淀产生，离心分离，清液转至另一离心管，往沉淀中加 2 $mol \cdot dm^{-3}$ HCl，白色沉淀溶解，示有 Ca^{2+}；在清液中加几滴 40%NaOH，再加 2 滴镁试剂[9]，有天蓝色沉淀产生，示有 Mg^{2+}。

（3）P 元素的分离和鉴定

取茶叶灰于 25 cm^3 烧杯中，加 5 cm^3 1：1 HNO_3（在通风橱中进行）；搅拌溶解，过滤得透明溶液，然后在滤液中加 1 cm^3 钼酸铵试剂[10]，在水浴中加热有黄色沉淀产生，示有 P 元素。

3. 咖啡因结构测定

红外光谱或紫外光谱测定咖啡因的结构。

【实验指导】

[1] 索氏提取器的虹吸管极易折断，装配仪器和拿取时须特别小心。

[2] 滤纸套大小既要紧贴器壁，又要方便取放，其高度不得超过虹吸管；用滤纸包茶叶末时要严谨，防止漏出堵塞虹吸管；纸套上面折成凹形，以保证回流液均匀浸润被萃取物。

[3] 当提取液颜色很淡时，即可停止提取。

[4] 瓶中乙醇不可蒸得太干，否则残液很黏，转移时损失较大。

[5] 生石灰起吸水和中和作用，以除去部分酸性杂质。

[6] 在萃取回流充分的情况下，升华操作是实验成败的关键。升华过程中，始终都需用小火间接加热。如温度太高，会使产物发黄。注意温度计应放在合适的位置，以正确反映出升华的温度。

如无沙浴，也可用简易空气浴加热升华，即将蒸发皿底部稍离开石棉网进行加热，并在附近悬挂温度计指示升华温度。

[7] 乳化层通过干燥剂无水硫酸镁时可被破坏。

[8] 如残渣中加入 6 cm^3 丙酮温热后仍不溶解，说明其中带入了无水硫酸镁，应补加丙酮至 20 cm^3，用普通漏斗过滤除去无机盐，然后将丙酮溶液蒸发至 5 cm^3，再滴加石油醚。

[9] 镁试剂：取 0.01 g 镁试剂（对硝基偶氮间苯二酚）溶于 1 dm^3 1 $mol \cdot dm^{-3}$ NaOH 溶液中。

[10] 钼酸铵试剂：取 124g $(NH_4)_2MoO_4$ 溶于 1dm^3 水中，再把所得溶液倒入 1dm^3 6 $mol \cdot dm^{-3}$ 硝酸中，放置一天，取其清液。

【思考题】

1. 写出实验中检出五种元素的有关化学方程式。

2. 茶叶中还有哪些元素？如何鉴定？

3. 提取咖啡因时，生石灰有什么作用？

4. 从茶叶中提取出的粗咖啡因有绿色光泽，为什么？

实验 34 废干电池的综合利用

【实验目的】

1. 进一步熟练无机物的实验室提取、制备、提纯和分析等方法与技能。
2. 了解废弃物中有效成分的回收利用方法。

【实验预习】

1. 各种电池的种类和型号。
2. Mn 的性质、Zn 的性质。

【实验原理】

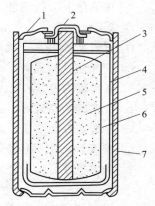

图 8-6 锌-锰干电池构造图
1—火漆；2—黄铜帽；
3—石墨棒；4—锌筒；
5—去极剂；6—电解液＋
淀粉；7—厚纸壳

日常生活中用的干电池为锌锰干电池。其负极是作为电池壳体的锌电极，正极是被 MnO_2（为增强导电能力，填充有炭粉）包围着的石墨电极，电解质是氯化锌及氯化铵的糊状物，其结构如图 8-6 所示。其电池反应为：

$$Zn+2NH_4Cl+2MnO_2 \Longrightarrow Zn(NH_3)_2Cl_2+2MnO(OH)_2$$

在使用过程中，锌皮消耗最多，二氧化锰只起氧化作用，氯化铵作为电解质没有消耗，炭粉是填料。因而回收处理废干电池可以获得多种物质，如铜、锌、二氧化锰、氯化铵和炭棒等，实为变废为宝的一种可利用资源。

回收时，剥去电池外层包装纸，用螺丝刀撬去顶盖，用小刀挖去盖下面的沥青层，即可用钳子慢慢拔出炭棒（连同铜帽），炭棒可留作电解食盐水等的电极用。

用剪刀（或钢锯片）把废电池外壳剥开，即可取出里面黑色的物质，这些物质为二氧化锰、炭粉、氯化铵、氯化锌等的混合物。把这些黑色混合物倒入烧杯中，加入蒸馏水（按每节 1 号电池加 $50~cm^3$ 水计算），搅拌，溶解，过滤，滤液用以提取氯化铵，滤渣用以制备 MnO_2 及锰的化合物。电池的锌壳可用以制锌及锌盐。

① 已知滤液的主要成分为 NH_4Cl 和 $ZnCl_2$，两者在不同温度下的溶解度如表 8-5 所示。

表 8-5 NH_4Cl 和 $ZnCl_2$ 的溶解度　　　　　　　单位：g/100g 水

温度/K	273	283	293	303	313	333	353	363	373
NH_4Cl	29.4	33.2	37.2	31.4	45.8	55.3	65.6	71.2	77.3
$ZnCl_2$	342	363	395	437	452	488	541	—	614

氯化铵在 100 ℃时开始显著地挥发，338 ℃时解离，350 ℃时升华。

氯化铵与甲醛作用生成六亚甲基四胺和盐酸，后者用氢氧化钠标准溶液滴定，便可求出产品中氯化铵的含量。

② 黑色混合物的滤渣中含有二氧化锰、炭粉和其他少量有机物。将其用水冲洗滤干，灼烧以除去炭粉和其他有机物。

粗二氧化锰中尚含有一些低价锰和少量其他金属氧化物，也应设法除去，以获得精制二氧化锰。纯二氧化锰密度为 $5.03~g \cdot cm^{-3}$，535 ℃时分解为 O_2 和 Mn_2O_3，不溶于水、硝酸

和稀 H_2SO_4。

③ 将洁净的碎锌片以适量的酸溶解。溶液中有 Fe^{3+}、Cu^{2+} 杂质时，设法除去。七水硫酸锌极易溶于水（在 15 ℃时，无水盐为 33.4%），不溶于乙醇。在 39 ℃时含结晶水，100 ℃开始失水。在水中水解呈酸性。

剖开电池后（请同学利用课外活动时间预先分解废干电池），按老师指定从下列三项中选做一项。

【实验内容】

1. 从黑色混合物的滤液中提取氯化铵

要求：

① 设计实验方案，提取并提纯氯化铵。

② 产品定性检验：

a. 证实其为铵盐；

b. 证实其为氯化物；

c. 判断是否有杂质存在。

③ 测定产品中 NH_4Cl 的百分含量。

2. 从黑色混合物的滤渣中提取 MnO_2

要求：

① 设计实验方案，精制二氧化锰。

② 设计实验方案，验证二氧化锰的催化作用。

③ 试验 MnO_2 与盐酸、MnO_2 与 $KMnO_4$ 的作用。

试验精制二氧化锰的以下性质：

① 催化作用：二氧化锰对氯酸钾热分解反应有催化作用。

② 与浓 HCl 的作用：二氧化锰与浓 HCl 发生如下反应：

$$MnO_2 + 4HCl \Longrightarrow MnCl_2 + Cl_2(g) + 2H_2O$$

注意：所设计的实验方法（或采用的装置）要尽可能避免产生废气造成实验室空气污染。

③ MnO_4^{2-} 的生成及其歧化反应：在大试管中加入 5 cm^3 0.002 $mol \cdot dm^{-3}$ $KMnO_4$ 及 5 cm^3 2 $mol \cdot dm^{-3}$ $NaOH$ 溶液，再加入少量所制备的 MnO_2 固体。验证所生成的 MnO_2 的歧化反应。

3. 由锌壳制备 $ZnSO_4 \cdot 7H_2O$

要求：

① 设计实验方案，以锌单质制备 $ZnSO_4 \cdot 7H_2O$。

② 产品定性检验：

a. 证实为硫酸盐；

b. 证实为锌盐；

c. 不含 Fe^{3+}、Cu^{2+}。

【思考题】

1. 目前人们对电池的使用非常多，电池的种类也很多，查阅资料，制作电脑锂电池和手机锂电池的回收方案。

2. 干电池和现在的南孚碱性电池的成分有啥不同？怎样回收比较切合实际？目前工业上回收的技术你了解多少？

3. 废旧电池的回收现在已经成为一个资源再利用的产业，查阅资料了解这一行业。

实验 35　活性炭的制备与水处理性能研究

【实验目的】

1. 通过制备水溶性酚醛树脂，了解该类反应的一般原理和合成树脂的基本操作。
2. 掌握以酚醛树脂为碳源，采用海藻酸钠溶胶-凝胶法制备活性炭小球的方法。

【实验预习】

1. 了解高分子聚合反应与配位交联的基本原理与应用。
2. 了解多孔材料与吸附应用。

【实验原理】

酚醛树脂塑料是第一个商品化的人工合成聚合物，具有强度高、尺寸稳定性好、抗冲击、抗蠕变、抗溶剂和耐湿气性能良好等优点。大多数酚醛树脂需要加填料增强，通用级酚醛树脂常用黏土、矿物质粉和短纤维来增强，工程级酚醛树脂则要用玻璃纤维、石墨及聚四氟乙烯来增强，使用温度可达 $150 \sim 170 \ ℃$。酚醛聚合物可作为黏合剂，应用于胶合板、纤维板和砂轮，还可作为涂料，例如酚醛清漆。含有酚醛树脂的复合材料可用于航空飞行器，它还可以做成开关、插座及机壳等。

酚醛树脂是由苯酚和甲醛聚合得到的。强碱催化的聚合产物为甲级酚醛树脂，甲醛与苯酚摩尔比为（$1.2 \sim 3.0$）∶1。甲醛用 $36 \% \sim 50 \%$ 的水溶液，催化剂为 $1 \% \sim 5 \%$ 的 NaOH 或 $Ca(OH)_2$，在 $80 \sim 95 \ ℃$ 加热反应 3 h 就可得到预聚物体形高分子树脂。在这个实验中，若所用苯酚过量，并用酸作催化剂，产物是线形高分子树脂。当酚醛的摩尔比小于 1 时，在碱性催化剂（NaOH）的作用下，首先生成邻羟甲基苯酚、2,4-二羟甲基苯酚及 2,4,6-三羟甲基苯酚，然后进一步缩聚可得可溶性和可熔性的线形酚醛树脂。

球形活性炭具有比表面积大、机械强度高、耐磨损、耐腐蚀、装填密度均匀以及在固定床使用时阻力小等一系列优点，被广泛应用于催化、环保、医药、军事、电子等领域。酚醛树脂作为一种含碳化合物具有较高的碳含量，以酚醛树脂作为原料生产球形活性炭具有杂质含量低、机械强度高、表面积大、孔径尺寸大且分布易控制、吸附容量大等优良性能。

本实验借助海藻酸钠与 Ca^{2+} 的成胶特性，将海藻酸钠-酚醛树脂混合液滴入钙离子溶液时，表面会快速生成海藻酸钙刚性壳体，并包裹内部酚醛树脂形成小球，进一步通过热处理炭化、活化即可形成活性炭小球。水溶性的海藻酸钠在和多价阳离子（镁除外）反应后在大分子间形成交联键。当多价阳离子的含量增加时，海藻酸钠溶液变得越来越黏稠，最后形成凝胶并产生沉淀物。海藻酸胶体可以通过挤压海藻酸钠液体进入多价阳离子，如 Ca^{2+}、Sr^{2+} 或 Ba^{2+} 等溶液中而制备。

由于水溶性的海藻酸钠在和钙离子接触后可以形成胶体，它是一种应用极为广泛的食品添加剂。当海藻酸钠高分子在钙离子的作用下交联而失去流变性后，水分子的流动受到了抑制，产生了含水量极高的凝胶。与其他食品胶不同，海藻酸钠的胶体不是热可逆的，具有很好的稳定性。

高温炭化是去除活性炭上有机物的科学方法，一般情况下高温炭化阶段是使活性炭上吸附的一部分有机物沸腾、汽化脱附，一部分有机物就会发生分解反应，生成小分子烃脱附出来，残余成分留在活性炭孔隙内成为"固定炭"。在这一阶段，温度将达到 $800 \sim 900 \, ℃$，为避免活性炭的氧化，一般在抽真空或惰性气氛下进行。制备成的活性炭在处理工业废水、有害气体吸附等方面起着重要的作用。

【实验内容】

1. 可溶性酚醛树脂的制备

将 $5 \, g$ 苯酚和 $1 \, g$ 氢氧化钠固体加入 $100 \, cm^3$ 圆底烧瓶中，加入磁力搅拌子放置于电动搅拌器上，或用电动搅拌器配合水浴锅。在磁力搅拌下，均匀混合，用磁力搅拌加热器加热至 $65 \, ℃$ 至其形成液体混合物（在通风橱中进行）。用 $10 \, cm^3$ 量筒向其中加入 $9 \, g$ 质量分数为 37% 的甲醛溶液，搅拌，水浴加热至 $95 \, ℃$，维持反应时间为 $2 \, h$，制得可溶性酚醛树脂。

2. 多孔活性炭球的制备

多孔活性炭小球采用海藻酸钠溶胶-凝胶法制备，过程如下：在 $250 \, cm^3$ 烧杯中配制 $80 \, cm^3$（$0.015 \, g \cdot cm^{-3}$）海藻酸钠溶液，将已制备的可溶性酚醛树脂转移到海藻酸钠溶液中（酚醛树脂比较黏稠，需用海藻酸钠溶液多次洗涤转移）。常温下搅拌 $3 \, h$ 直到二者充分混合。

在 $500 \, cm^3$ 烧杯中配制 $100 \, cm^3$ $0.2 \, mol \cdot dm^{-3}$ 硝酸钙溶液，然后用 $60 \, cm^3$ 注射器将树脂-海藻酸钠混合液逐滴滴加其中，形成钙凝胶球，充分浸泡 $24 \, h$ 抽滤，依次用蒸馏水与乙醇先后洗净凝胶珠，然后室温下干燥 $48 \, h$，将干燥后的胶球于 $650 \, ℃$ 下 $30 \, cm^3 \cdot min^{-1}$ 氮气气氛中焙烧 $3 \, h$。然后将焙烧得到的炭球用稀硝酸溶液浸泡，洗涤以去除 Ca^{2+}。最后将此炭球于 $50 \, ℃$ 下干燥 $24 \, h$。称重，计算产率。

3. 多孔活性炭球水处理性能测试

选取罗丹明 B（RhB）为典型的有机污染物（特征吸收峰在波长 553 nm 处），用于评价所制备的多孔活性炭球处理水中有机污染物的性能。将称量好的 $50 \, mg$ 多孔活性炭球加到配好的 $40 \, cm^3$ 浓度为 $5 \times 10^{-5} \, mol \cdot dm^{-3}$ 的 RhB 溶液中，直接用磁子慢速搅拌盛有多孔活性炭球与罗丹明 B 溶液的烧杯进行吸附实验。先取初始的罗丹明 B 溶液作为起始浓度 c_0，然后每隔 10 min 用滴管取出 $5 \, cm^3$ 反应溶液，离心去除固体颗粒后，上清液保存在 $10 \, cm^3$ 离心管中，该吸附实验进行 40 min，即取四次。

利用 UV-vis 4100 分光光度计，设置扫描范围为 $400 \sim 650$ nm，扫描空白水溶液作为基线后，再将 5 个样品按照罗丹明 B 浓度（553 nm）从低到高进行紫外响应测试，将样品上清液加入比色皿中进行扫描，取最高点吸光度来反映溶液剩余罗丹明 B 的浓度，计算罗丹明 B 吸附去除的百分比。

【思考题】

1. 甲醛和苯酚为什么能够生成体型交联聚合物？
2. 在苯酚与甲醛进行缩聚反应时，用酸作催化剂和用碱作催化剂有什么不同？
3. 活性炭对染料的吸附是物理作用还是化学作用？如何提高其吸附性能？

【参考文献】

[1] 王希涛，石春杰，王康. 一种酚醛树脂基多孔活性炭小球的制备 [J]. 天津大学学报（自然科学

与工程技术版），2018，51（4）：389-394.

［2］李毓哲，马守锋，杨菁，等．磺甲基酚醛树脂磺酸基测定方法标准化研究［J］．标准科学，2023，（S2）：220-224.

［3］蒋小雪，李翠清，张伟，等．改性酚醛树脂基活性炭对二氯甲烷的吸附［J］．化工环保，2023，43（6）：829-837.

［4］李冬娜，王召霞，黄煜琪，等．酚醛树脂基活性炭球的合成及研究进展［J］．天津造纸，2023，45（2）：14-20.

［5］郭旭青，冯翀，刘甜甜，等．毫米级球形活性炭的制备及应用研究进展［J］．能源化工，2023，44（3）：12-18.

实验 36　锡基半导体气敏材料的制备与性能研究

【实验目的】

1. 了解气体传感器及其材料的基本原理与应用。

2. 掌握纳米材料的水热合成方法。

3. 掌握纳米材料的共沉淀与高温热处理方法。

4. 掌握纳米材料的表征方法与应用。

5. 培养学生运用原理设计实验的能力，提高发现、分析和解决问题的能力，强化创新意识。

【实验原理】

气体传感器作为一种检测特定目标气体的器件，能够将提取到的待测气体的组成与浓度等信息转换成更易于识别的电信号，由此来判断被测气体的种类及浓度变化等特性。目前，气体传感器在有毒有害、爆炸性气体和挥发性有机化合物的监测方面发挥了巨大作用，普遍用于流程工业、空气质量检测、安防报警、军事安全等领域。如瓦斯（甲烷）作为煤矿安全的最大威胁，为保证煤矿安全生产，所有矿井必须装备满足煤矿安全规程的矿井瓦斯监控系统进行实时监测，及时发出报警信号。在健康领域气体传感器也大有可为。闻诊是传统中医四诊之一，健康的人不会出现异常的气味，如出现异常气味，则代表其可能患有肝脏、血液、呼吸道等的疾病。如 NO 的水平可用于哮喘的诊断和治疗效果的监测。未来，气体传感器可以与微机电系统（micro-electro-mechanical system，MEMS）、柔性可穿戴等平台兼容，满足物联网行业、智慧城市等以及电子皮肤等新的要求。因此，探索气体传感器件的开发在人类可持续发展战略实施中占举足轻重的地位，已成为世界各国学者共同关注的具有创新性、挑战性和实用性的焦点课题之一。

半导体气体传感器是在一定条件（温度）下，在被测气体到达半导体表面并与吸附在半导体表面的氧发生化学反应的过程中伴随电荷转移，进一步引起半导体电阻的变化，通过分析半导体电阻变化情况获取待检气体浓度、成分等信息的装置。半导体气体传感器根据气敏材料的类型，其气敏机理主要分为两类：表面氧离子吸附模型和表面电荷转移模型。金属氧化物气敏材料传感器机理一般为表面氧离子吸附模型机理。如图 8-7 所示。以 n 型半导体 SnO_2 为例，其载流子为电子，当其置于空气中时，氧气分子首先结合 SnO_2 半导体材料表面的电子形成氧负离子，电子密度下降，因此导电性降低，电阻增大。当气敏材料与还原性气体如 CO 反应时，气敏材料表面氧负离子与 CO 反应，释放多余电子。电子密度增大，导电性提高，电阻减小。对于 p 型半导体，电阻的变化与上述相反。

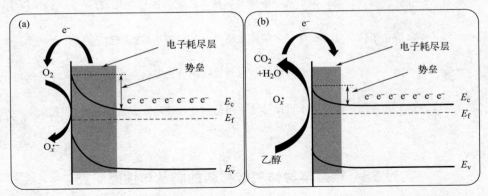

图 8-7　基于表面吸附氧离子模型的 n 型半导体在空气（a）和乙醇（b）气氛下的电阻态

　　本次实验采用的方法是水热法合成金属氧化物半导体 SnO_2 和二维层状材料 SnS_2 半导体材料，并通过共沉淀法合成 Fe、Cu、Zn 等金属掺杂的 SnO_2 和 SnS_2。通过 X 射线粉末衍射和扫描电子显微镜对合成材料的物相与形貌进行表征。探究掺杂前后气敏材料的构效关系，以及通过结构调控改善材料的气敏性能。深化学生对合成化学、电化学知识的理解和应用，培养学生的动手能力和科研思维，为未来的科研工作打下坚实的基础。

【实验内容】

1. 纳米材料的合成

　　二硫化锡：配制 $0.025\ mol \cdot dm^{-3}$ $SnCl_4$ 溶液 $80\ cm^3$，加入硫脲（硫脲与锡离子摩尔比为 4：1），剧烈搅拌至两者完全溶解并混合均匀，倒入水热釜中，$180\ ℃$ 下保温 6 h，冷却后取出，将反应液及固体产物离心得到产物，去离子水洗涤两次，干燥得到产物。

　　二氧化锡：配制 $0.1\ mol \cdot dm^{-3}$ $SnCl_4$ 溶液 $100\ cm^3$，滴加氨水调节 pH 到 10 左右，可看到溶液中出现大量乳白色胶状物质，离心除去上清液，将得到的沉淀置于坩埚/瓷舟中，马弗炉中加热至 $500\ ℃$ 并保温 3 h，升温速度为 $20\ ℃ \cdot min^{-1}$。保温结束后，待其自然冷却至室温，取出并研磨至粉末状。

　　共沉淀合成金属掺杂的氧化锡：配制 $0.1\ mol \cdot dm^{-3}$ $SnCl_4$ 溶液 $100\ cm^3$，向其中加入指定金属盐（Cu、Fe、Zn 等，掺杂量为摩尔比 5%），滴加氨水调节 pH 到 10 左右，可看到溶液变浑浊；离心后获得大量类果冻凝胶状沉淀，$95\ ℃$ 鼓风烘箱干燥；将干燥后的沉淀置于坩埚/瓷舟中，马弗炉中加热至 $500\ ℃$ 并保温 2 h，升温速度为 $20\ ℃ \cdot min^{-1}$。保温结束后，待其自然冷却至室温，取出并研磨至粉末状。

2. 纳米材料的表征

　　X 射线衍射（XRD）：日本 Rigaku D/Max-2200PC 衍射仪，测试条件：Cu Kα 辐射源（$\lambda = 0.15418\ nm$），管电压 40 kV，管电流 20 mA，扫描范围 20°～80°，扫描速率 $6° \cdot min^{-1}$。将所得谱图经过仪器附带软件 XRD-6000 V4.1 处理后的样品的衍射峰位置（2θ）、晶面间距（d）、半峰宽（FWHM）和衍射强度（I）等数据。微晶尺寸由谢乐公式（Scherer's equation）计算得出。

　　场发射扫描电子显微镜（FESEM）：将所得到的纳米粒子分散在水或乙醇中，滴在铝箔上。在室温下自然晾干后，用导电胶粘贴在样品台上；完成制样后将样品交由实验员进行测试表征，观察不同反应条件下得到产物的形貌特征及其自组装结构。

透射电子显微镜（TEM）：将所得到的纳米粒子分散在水或乙醇中，滴在喷有碳膜的铜网上，在室温下自然晾干；完成制样后将样品交由实验员进行测试表征，观察不同反应条件下得到产物的形貌特征及其自组装结构。

3. 陶瓷管型半导体气敏传感器的制作及传感测定

（1）取适量的被测半导体材料粉末放入小试管中，加入适量的无水乙醇调至糊状（如粉末颗粒过大，可对其进行研磨处理），超声波分散 15 min。随后把浆料均匀地涂到带有金电极和铂引线的氧化铝陶瓷管（如图 8-8 所示）上。陶瓷管的内径为 0.8 mm，外径为 1.2 mm，长度为 4.0 mm。涂覆好的陶瓷管自然风干后（如附着性不好可在 550 ℃烧结 3 h）得到成品气敏元件。将加热丝焊接到元件基座上，得到气体传感器。加热丝电阻约为 33 Ω，通过调整加热丝上的电压即可调整气敏元件的工作温度。

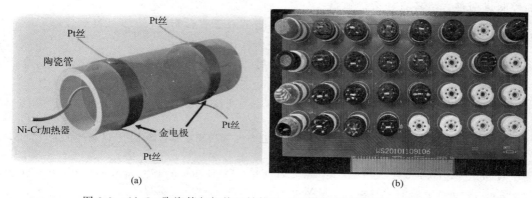

图 8-8　Al_2O_3 陶瓷管与加热丝结构图（a）及气敏传感器与测试板（b）

（2）将焊接好的气体传感器插入测试板上，将测试板插入老化台卡槽中，调节加热电压调至 4.5 V，通电老化 24 h 后（也可直接在测试系统上老化），即可测试气体传感器的电阻和气敏性能。

（3）气敏性能测试：将载有气体传感器的测试板插入测试系统卡槽，选择适当的负载电阻 R 插入负载卡槽中，盖上气罩，开启风扇。分别调节加热电压、测试电压和负载电阻来调节测试温度和基线电压值，待基线平稳后开始测试，并计算器件在洁净空气中的电阻值 R_a。间隔一定时间后，按要求用注射器注入一定量的待测气体（液体在蒸发器上，按蒸发键，待测液体立刻变为蒸汽均匀分布于腔体中），传感器通道会立即产生响应信号，系统会测量并计算传感器在被测气氛中的电阻值 R_g。计算 R_a/R_g 值即可得到电阻灵敏度值。间隔一定时间测试曲线稳定后，去掉气罩（用电吹风吹走气罩壁残留气体待用），待测试信号恢复为洁净空气中的电阻值 R_a 后。盖上气罩后，重复以上操作，改变气体注入量，即可获得器件对不同浓度和不同种类气体的响应。

不同物质对应的标准曲线：使用微量进样器向气室中注入一定量的乙醇（氨水、丙酮），调节气室内的物质浓度（$\mu g \cdot cm^{-3}$）分别为 10、20、30、40、50，每次进样间隔 1~2 min，测试系统可同时测定多个传感器对气体的响应，并记录电阻值。

【数据处理】

1. 用 Origin 做出不同材料的 XRD 图，分析其物相、纯度和结晶度。

2. 依据不同材料的 SEM 图，分析其形貌和尺寸。

3. 记录不同气敏材料器件对 $10 \mu g \cdot cm^{-3}$、$20 \mu g \cdot cm^{-3}$、$30 \mu g \cdot cm^{-3}$、$40 \mu g \cdot cm^{-3}$、$50 \mu g \cdot cm^{-3}$ 乙醇（氨水、丙酮）的响应信号，绘制其标准曲线。

【注意事项】

1. 气敏传感实验在组装和焊接时需要按照实验规程进行，否则在传感实验的图像中可能会出现杂峰。

2. XRD 样品制备，应进行研磨，制备样品台，粉末应压平压实。SEM 样品制备可选择配制稀溶液滴涂在铝箔上，再小心贴在样品台的导电胶上。

【思考题】

1. 什么是半导体，n 型和 p 型半导体的能带结构特征是什么？

2. 在测试气体的响应特性时，可以通过累加的方式和排空-注射实现气室内不同浓度气体的控制，两种方法各有什么优缺点？

3. 材料的粒径会对半导体气敏传感器的性能带来哪些影响？

4. 半导体气敏材料用金属掺杂对气敏性能会有什么影响？

5. 如何解决半导体型气敏传感器的选择性较差的难题，有哪些好的思路？

【参考文献】

[1] 张艺，陈毅，李栋辉，等. 面向人体健康监测的氮化镓氨气气敏传感器性能分析 [J]. 生物医学工程与临床，2024，28（2）：155-161.

[2] 马啸，卫琛浩，景欣瑞，等. 矿井瓦斯传感器研究现状及发展趋势 [J]. 煤炭与化工，2023，46（3）：99-102＋105.

[3] Zamiri G，Haseeb A. S. M. A. Recent Trends and Developments in Graphene/Conducting Polymer Nanocomposites Chemiresistive Sensors [J]. Materials，2020，13（15）：3311.

[4] Balamurugan C，Song S J，Kim H S. Enhancing Gas Response Characteristics of Mixed Metal Oxide Gas Sensors [J]. Journal of the Korean Ceramic Society，2018，55（1）：1-20.

[5] Mirzaei A，Janghorban K，Hashemi B，et al. Metal-core@Metal Oxide-shell Nanomaterials for Gas-sensing Applications：a Review [J]. Journal of Nanoparticle Research，2015，17（9）：371.

[6] Donarelli M，Ottaviano L. 2D Materials for Gas Sensing Applications：A Review on Graphene Oxide，MoS_2，WS_2 and Phosphorene [J]. Sensors，2018，18（11）：3638.

[7] Choi S J，Kim I D. Recent developments in 2D nanomaterials for chemiresistive-type gas sensors [J]. Electronic Materials Letters，2018，14：221-260.

[8] Lee E，Yoon Y S，Kim D J. Two-Dimensional Transition Metal Dichalcogenides and Metal Oxide Hybrids for Gas Sensing [J]. ACS Sensors，2018，3（10）：2045-2060.

[9] Li W，Yan C，Zhu Y，et al. Morphology genetic 3D hierarchical SnO_2 microstructures constructed by Sub 5 nm nanocrystals for highly sensitive ethanol-sensor [J]. Nanotechnology，2021，32（48）：485-503.

[10] Gu D，Wang X，Liu W，et al. Visible-light activated room temperature NO_2 sensing of SnS_2 nanosheets based chemiresistive sensors [J]. Sensors and Actuators B：Chemical，2020，305：127455.

实验 37　多硫-铁液流电池电极材料的制备与性能研究

【实验目的】

1. 运用电化学知识，解析液流电池的组成和工作原理。

2. 掌握根据文献与基本原理设计实验的能力。

3. 了解电极材料物相与形貌等结构信息表征方法。

4. 掌握利用 CV、阻抗等测试技术研究材料电化学特性的方法。

5. 掌握准确配制电解质溶液、隔膜预处理和多硫-铁液流电池组装方法。

6. 学习分析探讨电极材料、电解液组成等因素对电池性能的影响。

7. 通过实验设计、验证电池材料和性能之间的关系，激发学生的科研兴趣。

【实验预习】

1. 预习沉淀平衡。

2. 氧化还原反应与电化学基础知识。

【实验原理】

能源是人类生存和发展的重要物质基础，是事关国计民生的战略性资源。随着我国社会、经济的快速发展，对能源需求日益增加。化石能源的大量消耗造成了严重的环境污染，雾霾天气频发，严重影响人们的身体健康和生存环境。推动能源消费革命、能源供给革命、能源技术革命及能源体制革命是解决上述问题的关键。大力推进能源结构战略调整，提高化石能源利用效率，普及应用可再生能源，是实现我国社会和经济可持续发展的必然选择。也是解决我国能源资源和能源安全及环境污染，落实节能减排、提高全社会绿色低碳发展的战略需求。

风能、太阳能等可再生能源发电具有不连续、不稳定、不可控的非稳态特性，大规模并入电网会给电网的安全、稳定运行带来严重冲击，因此产生大量弃风、弃光。大规模储能技术可以有效解决可再生能源发电的随机性、间歇性和波动性等问题，实现平滑功率输出、跟踪计划发电，从而提高电网对可再生能源发电的消纳能力，解决弃风、弃光问题。液流电池是基于溶解于电解液中的活性物质价态变化，通过电化学反应场所（电极）与储能活性物质在空间上分离，实现电能与化学能间转换与存储的新型电化学储能器件。水系液流电池是基于水溶液活性物质价态变化储能的系统，具有本征安全性高、功率与容量设计相对独立和自放电低的优点，是长时储能的理想选择之一

液流电池的概念是由 Thaller 于 1974 年提出的。它包括电池、电解液储罐、泵以及电解液管路，其结构如图 8-9 所示。工作过程中，电解液通过泵在电池和储罐之间循环，流过电池时在电极上发生电化学反应。电池用离子交换膜将阴、阳极电解液隔开，电池外接负载或者电源。该电池通过正、负极电解质溶液活性物质的可逆氧化还原反应实现电能和化学能

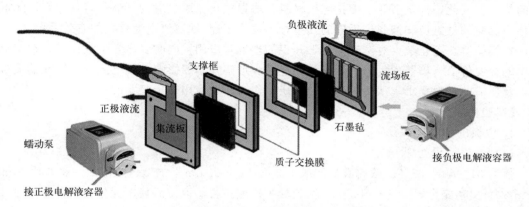

图 8-9　液流电池装置结构示意图

的相互转化。此后，澳大利亚、日本、加拿大、英国、美国等国对液流电池进行了大量研究，提出了多种液流电池体系。其中包括：铁/铬液流电池、多硫化钠/溴液流电池、锌/溴液流电池、锌/镍液流电池等，这些液流电池体系的电对均为无机材料。澳大利亚新南威尔士大学 Skyllas-Kazacos 教授团队 1985 年提出全钒液流电池的概念，经过三十多年的研究发展，已经成为适用于产业化应用需求的液流电池技术。

尽管全钒液流电池代表了目前最新的技术和产业化水平，但钒电解液价格高，初装成本较高，严重影响了其经济性。随着储能时长的增加，电解液用量提升，电解液成本占比逐步提高，并成为主要因素。因此，开发基于硫、铁等丰量元素的液流电池体系将大幅度提高长时储能的经济性，助力可再生能源消纳与新型电力系统的建立，对我国能源与双碳战略具有重要意义。

由于多硫化物价格低廉，水系电解液比容量高，且具有较好的离子电导率和安全性，已发展出 S-卤素、S-Fe、S-Mn 和 S-空气等多种水系硫基液流电池体系，在大规模储能领域展现出巨大的优势和应用潜力。其中，基于 $[Fe(CN)_6]^{3-}/[Fe(CN)_6]^{4-}$ 电对的硫铁液流电池研究最广。

在多硫/铁液流电池中，正极上发生 $[Fe(CN)_6]^{3-}$ 和 $[Fe(CN)_6]^{4-}$ 的氧化还原反应，负极发生 S^{2-} 和 S_x^{2-} 的氧化还原反应：

负极：$S_4^{2-} + 2e^- \Longleftrightarrow 2S_2^{2-}$

正极：$[Fe(CN)_6]^{4-} \Longleftrightarrow [Fe(CN)_6]^{3-} + e^-$

最终的电池反应：$2[Fe(CN)_6]^{4-} + S_4^{2-} \Longleftrightarrow 2[Fe(CN)_6]^{3-} + 2S_2^{2-}$

放电时电化学反应为：

阳极：$[Fe(CN)_6]^{3-} + e^- \Longleftrightarrow [Fe(CN)_6]^{4-}$

阴极：$2S_2^{2-} \Longleftrightarrow S_4^{2-} + 2e^-$

最终的电池反应：$2[Fe(CN)_6]^{3-} + 2S_2^{2-} \Longleftrightarrow 2[Fe(CN)_6]^{4-} + S_4^{2-}$

作为液流电池重要的组成部分，电极的主要作用就是催化电解质中活性物质的氧化还原反应。目前液流电池主要采用的电极为不同碳材料的处理和负载，包括碳纸、石墨毡、石墨毡负载金属硫化物等。在电化学过程中，氧化还原反应在电极表面的极化导致的充放电电位差增大、电流密度减小和氧气、氢气析出副反应等是影响电池能量密度、功率密度和储能效率的关键。因此，构筑高效电催化电极材料，增强氧化还原电对的电催化转化效率，降低氧化还原反应的过电位和抑制副反应的发生，是提高多硫/铁液流电池性能的有效手段之一。

本实验旨在深化学生对基础电化学知识的理解和应用，同时引导学生认识材料在实际应用中的重要价值，培养学生的科研思维，进一步理解并掌握影响液流电池器件性能的关键因素以及所需的材料要求，从而为未来的科研工作和实践应用奠定坚实的基础。

【实验内容】

1. 电极的预处理

（1）石墨毡预处理

量取 $31.9\ cm^3$ 98% 的浓硫酸配制成 $100\ cm^3$ $6\ mol \cdot dm^{-3}$ 的浓硫酸溶液。将 6 片 $4\ cm \times 4\ cm$ 的石墨毡完全置于 $6\ mol \cdot dm^{-3}$ 浓硫酸中浸泡过夜。取出后使用大量去离子水反复冲洗石墨毡，直至洗出液 pH 为中性。将洗好的石墨毡置于马弗炉中 300 ℃ 加热 2 h，升温速率 $5\ ℃ \cdot min^{-1}$。

（2）硫化泡沫镍预处理

请阅读参考文献［1］，设计硫化泡沫镍电极的制备方案。

2．电解液的配制

（1）多硫电解液

0.1 mol $Na_2S \cdot 9H_2O$、0.3 mol S 与 0.1 mol NaCl 溶于去离子水中，超声处理约 1 h。待硫粉完全反应后，转移至 100 cm^3 容量瓶中定容。

（2）铁电解液的配制

称取 0.04 mol（19.362 g）$Na_4[Fe(CN)_6] \cdot 10H_2O$、0.04 mol（16.896 g）$K_4[Fe(CN)_6] \cdot 3H_2O$ 与 0.05 mol（2.805 g）KOH 溶于去离子水中，室温下搅拌至完全溶解，转移至 100 cm^3 容量瓶中定容。

配制 $Na_4[Fe(CN)_6] \cdot 10H_2O$ 饱和溶液（0.56 $mol \cdot dm^{-3}$）、$K_4[Fe(CN)_6] \cdot 3H_2O$ 饱和溶液（0.76 $mol \cdot dm^{-3}$）、0.5 $mol \cdot dm^{-3}$ KOH 和 0.5 $mol \cdot dm^{-3}$ NaOH 溶液各 10 cm^3 备用。

3．Nafion 膜的预处理（Na^+ 交换）

Nafion 膜置于 1 $mol \cdot dm^{-3}$ NaOH 中，80 ℃ 水浴加热处理 2 h 后储存于常温 1 $mol \cdot dm^{-3}$ NaOH 溶液中。

4．电化学测试与表征

（1）循环伏安（CV）测试

仪器设备：辰华 CHI 630E 型电化学工作站。

测试方法：使用三电极体系，对电极为铂片；对于锌/溴液流电池电解液，工作电极为酸热处理后的石墨毡，参比电极为 Ag/AgCl 电极；对于多硫电解液与铁电解液，工作电极为酸热处理后的石墨毡与硫化泡沫镍。

测试参数：室温进行，扫描速率为 50 $mV \cdot s^{-1}$。

（2）交流阻抗测试

仪器设备：东华 DH7000C 型电化学工作站。

测试方法：采用三电极体系，对电极为铂片，参照上述 CV 测试方法选择合适的电解液、工作电极和参比电极。

测试参数：扫描频率范围为 $1 \times 10^{-3} \sim 1 \times 10^5$ Hz（从高到低扫描），扫描振幅为 5 mV。

5．液流电池的组装和性能测试

（1）电池组装

选取合适的电极片与隔膜，按次序（见图 8-9）装入液流电池模组中，将螺丝拧紧。管路连接液流电池模组、蠕动泵与储液罐。

（2）电池充放电测试

电池的充放电过程由电池测试系统（LAND，CT2001A）控制，采用恒电流充放电的形式。充电设置至 50% 的理论容量，放电截止电压为 0.1 V。

【思考题】

1．请补充硫/铁液流电池中涉及的氧化还原电对的电极电势，并推算电池的理论电压。

2．液流电池的库仑效率和电压效率往往小于 100%，为什么？

3．多硫离子还原反应的电位均小于 0 V，为什么没有显著的水分解反应？

4．什么是同离子效应？在本实验中是怎么影响电解质溶解度的？请设计实验验证同离子效应。

5. 在充放电过程中离子交换膜内跨膜迁移的离子是什么？请根据你的理解提出硫/铁液流电池对隔膜性能指标的要求。

【参考文献】

[1] Zou H, Xu Z, Xiong L, et al. An alkaline S/Fe redox flow battery endowed with high volumetric-capacity and long cycle-life [J]. Journal of Power Sources, 2024, 591: 233856.

[2] Xu P, Li T, Zheng Q, et al. A low-cost bromine-fixed additive enables a high capacity retention zinc-bromine batteries [J]. Journal of Energy Chemistry, 2022, 65: 89.

[3] Ma D, Hu B, Wu W, et al. Highly active nanostructured CoS_2/CoS heterojunction electrocatalysts for aqueous polysulfide/iodide redox flow batteries [J]. Nature Communcation, 2019, 10: 3367.

[4] Winsberg J, Hagemann T, Janoschka T, et al. Redox-Flow Batteries: From Metals to Organic Redox Active Materials [J]. Angewandte Chemie International Edition, 2017, 56: 686-711.

[5] Kwabi D, Ji Y, Aziz M. Electrolyte Lifetime in Aqueous Organic Redox Flow Batteries: A Critical Review [J]. Chemical Society Reviews, 2020, 120 (14): 6467-6489.

[6] Zhang H, Sun C. Cost-effective iron-based aqueous redox flow batteries for large-scale energy storage application: A review [J]. Journal of Power Sources, 2021, 493: 229445.

[7] Tan R, Wang A, Malpass-Evans R, et al. Hydrophilic microporous membranes for selective ion separation and flow-battery energy storage [J]. Nature Matertials, 2020, 19: 195-202.

实验 38 激光直写石墨烯制备与电化学性质研究

【实验目的】

1. 学习利用激光直写技术快速制备石墨烯电极及其改性的方法。

2. 学习制备电化学储能电极并学习对应的电化学储能测试技术。

3. 对科学研究的基本程序有所了解，同时培养其团队合作和统筹协调能力。

4. 重点培养学生运用原理设计实验的能力，提高发现、分析和解决问题的能力，强化创新意识。

【实验原理】

激光直写技术是利用激光的高能量特性，诱导基材在短暂的时间内发生光热转变和光化学反应的方法。相较于传统的加热方法，激光直写技术的加工精度更高。2014 年，Tour 等人首次报道了在高分子聚合物如聚酰亚胺表面利用激光直写技术成功实现了从聚合物到多孔石墨烯材料的转化。利用该方法得到的激光诱导石墨烯（laser-induced graphene，LIG）材料表现出高的比表面积、高的热稳定性以及优异的导电性。整个过程可以在空气环境中进行，无需任何溶剂，这使得该工艺对工业应用极具吸引力。与此同时，激光诱导石墨烯的制备是基于 CO_2 红外激光的极高的温度对聚酰亚胺等残碳量高的高分子膜的碳化作用而形成的动力学石墨烯结构。在高分辨电镜下可以看到不同于传统的具有完美六边形结构的石墨烯片，激光诱导石墨烯（LIG）多为五元环与七元环结构，由于其不完美性带来的电荷的重新排布给 LIG 提供了大量的自带的活性中心，是应用于催化、传感等领域的优良基底。

自此以后，研究者们开发出了多种基于激光直写技术的石墨烯材料并将其应用到多个领域，如用于声音、光子、应变和化学物质检测的传感器，超级电容器等[6-8] 以及用于柔性电子产品和可生物降解设备的开发等。

相较于微型电池，微型超级电容器（MSC）具有高功率密度、快速充电/放电速率和长期循环性能等优点。激光直写技术作为一种无溶剂工艺，可以基于柔性基板或其他可再生表面一步制造 LIG 叉指状石墨烯结构电极。根据能源储存机制，基于 LIG 的微型超级电容器可以分为以下两种：一种是基于碳基材料的电化学双电层电容（EDLC），另一种是基于赝电容材料的氧化还原反应。

基于 LIG 的 MSC 是可以通过电化学双电层电容来储存能量，即使在 10000 $mV·s^{-1}$ 的扫描速率下，伪矩形形状也保持不变，比面电容（C_A）可以保持超过 1 $mF·cm^{-2}$，这表明在高功率电子产品中的应用潜力。尽管基于 LIG 的微型超级电容器表现出较大的发展潜力，但受限于电化学双电层以及石墨烯的结构，该器件的电化学性能会达到其阈值。为了更进一步提高器件性能，将 LIG 于高比表面积、高导电性的材料进行复合是一种切实可行的方案。Li 等人开发了 LIG-MnO_2 和 LIG-FeOOH 两种材料，构造不对称超级电容器，结果显示，该不对称超级电容器在高功率密度下表现出高能量密度，比商用的 SC 还要高一个数量级，可以与锂薄膜电池相媲美。受此启发，基于复合新的活性中心的 LIG 电极，在 MSC 中具有极大的发展潜力。

基于此，本实验首先利用激光直写技术在聚酰亚胺基底上实现多孔石墨烯材料与图形的制作，然后通过简单的滴涂与激光直写处理将金属基纳米材料原位复合于制备的激光诱导石墨烯电极上，并对比考察其电化学特性，探索其在电容储能与电化学传感等领域的应用。实验致力于深化学生对基础电化学知识的理解和应用，同时引导学生认识材料在实际应用中的重要价值。培养学生的科研思维，进一步理解并掌握传感电极的制备与测试操作，从而为未来的科研工作和实践应用奠定坚实的基础。

【实验内容】

1. LIG 电极的制备

绘制要激光直写的图片（可在 PPT 页面直接绘图，另存为图片），将聚酰亚胺贴于铁板或塑料板上，放入激光直写仪内，打开软件对应界面，将要进行激光直写的图片移动到软件中，调节选中的区域，使激光选取区域正对聚酰亚胺膜，使用 50% 的全功率（5.5 W）和 20% 的全速对指定区域进行石墨化。改变功率和扫描速度，可获得不同质量的石墨烯电极材料。

2. LIG 电化学曲线的测定

（1）电极材料的双电层电容（电化学活性面积）的测定

石墨烯电极材料为工作电极，Hg/HgO 为参比电极，铂电极为对电极；电解液为 6 $mol·dm^{-3}$ KOH 的水溶液。在开路电位近 ±50 mV 扫描 6 圈，扫速为 10～50 $mV·s^{-1}$，选取开路电位附近电流上下差值，并从充电电流与扫描速率的斜率中获得双电层电容。

（2）循环伏安法与恒电流充放电测定不同材料超级电容器电容

样品的超电容性能测试均由三电极体系在室温下所测试。活性物质为工作电极，Hg/HgO 为参比电极；铂电极为对电极；电解液为 6 $mol·dm^{-3}$ KOH 的水溶液。循环伏安法测试是在 0～0.55 V 的电位区间下分别用不同的扫描速率进行测试的；恒电流充放电测试是在 0～0.45 V 的电位区间下分别用不同的电流密度进行测试的。

（3）超级电容器的功率密度与循环寿命测定

进一步通过在不同电流密度下对电极进行（0.02～0.5 $mA·cm^{-2}$，每次增加 0.02 $mA·cm^{-2}$）恒电流充放电测试，截止电压为 0.45 V，通过以电流密度为 x 轴，功率密度为 y 轴，测定不同激光直写石墨烯对超级电容器的功率密度特性的影响。

通过在恒电流下对超级电容器进行多次的循环充放电测试，比较不同激光直写石墨烯对超级电容器的寿命的影响。

3. LIG 电极表征

X 射线衍射（XRD）：日本 Rigaku D/Max-2200PC 衍射仪，测试条件：CuKα 辐射源（$\lambda = 0.15418$ nm），管电压 40 kV，管电流 20 mA，扫描范围 $20° \sim 80°$，扫描速率 $6° \cdot min^{-1}$。将所得谱图经过仪器附带软件 XRD-6000 V4.1 处理后可得样品的衍射峰位置（2θ）、晶面间距（d）、半峰宽（FWHM）和衍射强度（I）等数据。微晶尺寸由谢乐公式（Scherer's equation）计算得出。

场发射扫描电子显微镜（FESEM）：将所得到的纳米粒子分散在水或乙醇中，滴在铝箔上。在室温下自然晾干后，用导电胶粘贴在样品台上；完成制样后将样品交由实验员进行测试表征，观察不同反应条件下得到产物的形貌特征及其自组装结构。

透射电子显微镜（TEM）：将所得到的纳米粒子分散在水或乙醇中，滴在喷有碳膜的铜网上，在室温下自然晾干；完成制样后将样品交由实验员进行测试表征，观察不同反应条件下得到产物的形貌特征及其自组装结构。

【数据处理】

1. 绘制不同电极的 XRD 曲线，分析其物相与组成。

2. 依据不同电极的 SEM 图，分析其形貌和尺寸。

3. 以充放电时间为 x 轴，电压为 y 轴，绘制曲线，得到不同电容储能元件的容量与能量密度。

4. 以电流密度为 x 轴，功率密度为 y 轴，比较不同电容储能元件的功率密度随电流密度的变化。

5. 以循环次数为 x 轴，容量为 y 轴，做曲线比较不同电极的容量随充放电次数的变化，比较不同电容储能元件的寿命特性。

【注意事项】

1. 激光直写过程中伴随着强光，应避免直视，以免眼睛受伤。

2. 在电极制备过程中，金属盐溶液的加入量应保持一致。

3. 充放电测试中，应保持电极的相对位置不变。

4. 电化学性能测试过程中，应确保接线正确。

5. 在测试过程中，应保证每次进入的电极面积相同。

【思考题】

1. 电极制备过程中，金属盐溶液的加入量会对电极性能有什么影响？

2. 查阅文献，除了高温转化的原位合成，还有什么方法可以在 LIG 表面复合金属活性中心？

3. 思考应当从哪些维度评价一个电容储能元件的优劣？传感电极呢？为什么？

4. 活性中心是如何影响电容储能元件性能的？

【参考文献】

[1] Lin J, Peng Z, Liu Y, et al. Laser-induced porous graphene films from commercial polymers [J]. Nature Communications, 2014, 5 (1): 5714.

[2] Li W, Zhao J, Yan C, et al. Asymmetric Activation of the Nitro Group over a Ag/Graphene Heterointerface to Boost Highly Selective Electrocatalytic Reduction of Nitrobenzene. Acs Applied Materials &

Interfaces，2022，14：25478-25489.

[3] Ye R，James D K，Tour J M. Laser-Induced graphene：from discovery to translation [J]. Advanced Materials，2019，31 (1)：1803621.

[4] Xuan X，Kim J Y，Hui X，et al. A highly stretchable and conductive 3d porous graphene metal nanocomposite based electrochemical-physiological hybrid biosensor [J]. Biosensors and Bioelectronics，2018，120：160-167.

[5] Vanegas D，Patiño L，Mendez C，et al. Laser scribed graphene biosensor for detection of biogenic amines in food samples using locally sourced materials [J]. Biosensors，2018，8 (2)：42.

[6] Chmiola J，Largeot C，Taberna P-L，et al. Monolithic carbide-derived carbon films for micro-supercapacitors [J]. Science，2010，328 (5977)：480-483.

[7] Peng Z，Lin J，Ye R，et al. Flexible and stackable laser-induced graphene supercapacitors [J]. ACS Appl Mater Interfaces，2015，7 (5)：3414-3419.

[8] Li L，Zhang J，Peng Z，et al. High-Performance Pseudocapacitive Microsupercapacitors from Laser-Induced Graphene [J]. Adv Mater，2016，28 (5)：838-845.

[9] Griesche C，Hoecherl K，Baeumner A J. Substrate-Independent Laser-Induced Graphene Electrodes for Microfluidic Electroanalytical Systems [J]. ACS Applied Nano Materials，2021，4 (3)：3114-3121.

[10] You T，Niwa O，Chen Z，et al. An amperometric detector formed of highly dispersed Ni nanoparticles embedded in a graphite-like carbon film electrode for sugar determination [J]. Analytical Chemistry，2003，75 (19)：5191-5196.

[11] Xia C，Ning W. A novel non-enzymatic electrochemical glucose sensor modified with FeOOH nanowire [J]. Electrochemistry Communications，2010，12 (11)：1581-1584.

[12] Lang X，Fu H，Hou C，et al. Nanoporous gold supported cobalt oxide microelectrodes as high-performance electrochemical biosensors [J]. Nature Communications，2013，4：2169.

[13] Jiang L，Zhang W. A highly sensitive nonenzymatic glucose sensor based on CuO nanoparticles-modified carbon nanotube electrode [J]. Biosensors and Bioelectronics，2010，25 (6)：1402-1407.

第9章

设计实验

本科基础实验与综合实验是科学研究的一个缩影，浓缩了科学研究的一些关键过程，包括提出所需解决的科学问题，策划并探索解决这一问题的有效途径，通过一系列具体的操作过程并验证上述提出的途径，予以分析、评估、修正、改进，最终有效地解决所提出的科学问题，并进一步总结规律、建立新的理论、猜想新的科学问题。

科学研究的过程可以总结如下：

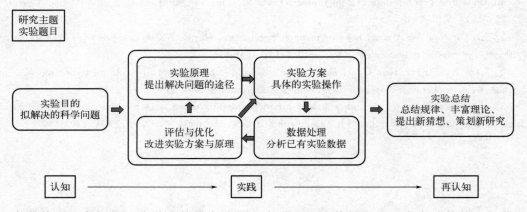

本书前面八章侧重于让学生熟悉实验的基本流程，培养学生的基本实验技能，规范学生的操作习惯与安全意识，并引导他们树立勤于思考、敢于挑战、积极探索的思想。本章将在上述基础上，通过自主设计实验，进一步强化学生的逻辑思维与创新思维。

在选题问题上，我们尽量紧紧结合理论教学的原理和引入科研热点，以有助于学生理解理论与实验相辅相成的关系，也激发学生的创新思维，以达到对学生的科研能力和科学素养培养事半功倍的效果。期待学生在全面的基本操作训练的基础上，应用所学基本理论和实验技能，独立完成这些设计实验。

本章要求学生设计实验方案、动手实验、观察实验现象、测定实验数据并加以处理和概括，最后以科技论文的写作要求完成实验论文。

实验 39　席夫碱-金属配合物的合成、晶体生长及其光物理性质测试

【实验目的】

1. 了解有机金属配合物的特性。

2. 学习席夫碱配体的合成方法。

3. 合成 1~2 种席夫碱-金属配合物。

4. 了解晶体生长的基本方法和影响因素。

5. 通过单晶结构解析，进一步理解分子构象、分子间氢键、范德华力等基本概念。

6. 掌握席夫碱-金属配合物的吸收、发射等基本光物理性质的原理与测试方法。

【实验要求】

1. 查阅文献，利用 Scifinder 等设计实验方案，拟定以下几种配体的合成路线。

（1）

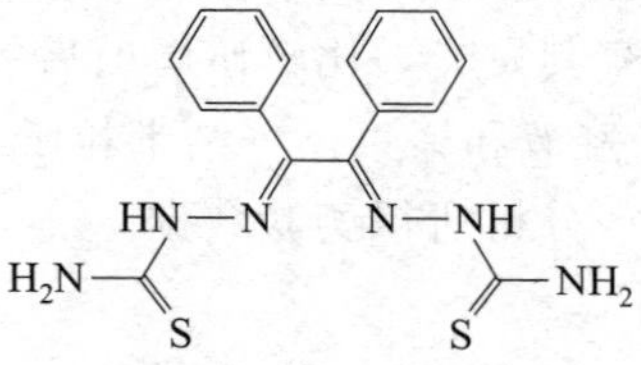

（2）

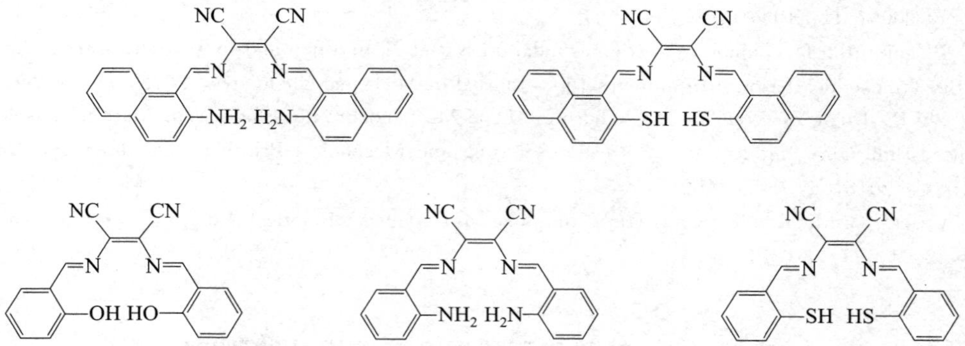

（3）

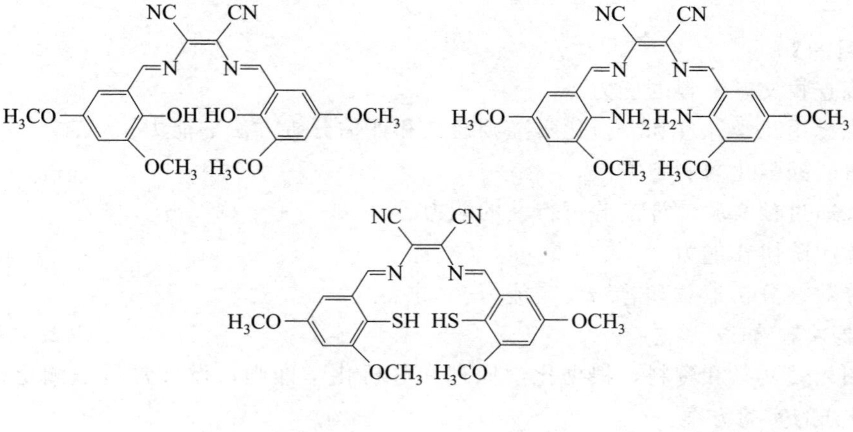

（4）

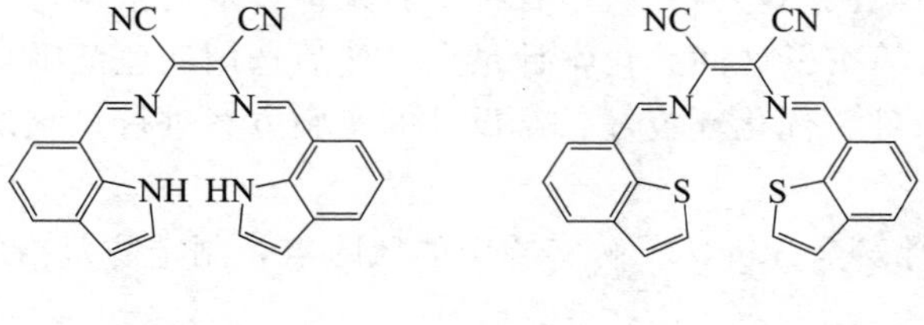

（5）

2. 用以上配体中的两种，选择一种过渡金属离子（如 Zn^{2+}、Al^{3+}、Fe^{3+} 等）合成席夫碱-金属配合物，并培养单晶。

3. 观察并比较席夫碱-金属配合物在稀溶液和晶体中的发光情况。

4. 研磨所得配合物晶体，观察其发光，比较研磨前后的变化。

5. 测试席夫碱-金属配合物稀溶液和聚集体（纳米粒子、晶体等）的吸收和发射谱。

6. 测试单晶结构，结合文献，分析所得实验数据。

【参考文献】

［1］ Zhong X，Yi J，Sun J，et al. Synthesis and Crystal Structure of Some Transition Metal Complexes with A Novel bis-Schiff Base Ligand and Their Antitumor Activities ［J］. European Journal of Medicinal Chemistry，2006，41：1090-1092.

［2］ Palanimuthu D，Shinde S V，Somasundaram K，et al. In Vitro and in Vivo Anticancer Activity of Copper Bis（thiosemicarbazone）Complexes ［J］. Journal of Medicinal Chemistry，2013，56：722-734.

［3］ Shi P，Duan Y，Wei W，et al. Turn-on Type Mechanochromic Fluorescent Material Based on Defect-Induced Emission：Implication for Pressure Sensing and Mechanical Printing ［J］. Journal of Materials Chemistry C，2018，6：2476-2482.

［4］ Cozzi P G. Metal-Salen Schiff Base Complexes in Catalysis：Practical Aspects ［J］. Chemical Society Reviews，2004，33：410-421.

实验 40　盐酸和硼酸混合溶液组分的测定

【实验目的】

1. 锻炼查找文献资料的能力。

2. 锻炼运用化学原理和分析化学准则建立和评估分析方法的能力。

3. 学习弱酸强化与测定方法。

4. 锻炼通过预实验估计实验可行性的能力。

5. 锻炼团队协作能力。

6. 培养数据分析汇总和总结发表能力。

【实验要求】

1. 查阅相关文献和资料，根据化学原理和分析化学准则，设计常量法测定盐酸和硼酸混合溶液组分的实验方案。

设计实验方案时重点阐明实验方法中各种实验条件设定的依据，写清楚理论依据。如选择指示剂时，应首先计算突跃区间、化学计量点，然后选用变色范围合适的指示剂。对于不确定的条件，应前置条件、优化环节等。对设计的实验方案进行系统误差分析。对于可能出现的问题有预案。

2. 对实验方案进行安全分析，了解实验中的风险点，制定防范措施。

3. 分小组对各人提出的方案进行讨论和汇总。

4. 按小组进行实验方案汇报与讨论。

5. 各小组根据汇报讨论结果，修改完善小组方案，进入实验室开展预实验和正式实验。

6. 对实验结果进行汇总分析，完成实验报告。

实验 41　铁含量常量滴定分析方法

【实验目的】

1. 锻炼运用化学原理和分析化学准则建立和评估分析方法的能力。

2. 掌握易水解溶液和指示剂的配制方法。

3. 学习未知样品的测定方法。

4. 锻炼分析问题、解决问题、团结协作和合理质疑的能力，培养批判性思维。

【实验原理】

铁元素在结构材料、新能源材料和各种工农业产品中具有广泛的应用。我国积极响应双碳战略，风光发电占比逐年提高。为了应对其时空分布特性，亟须发展低成本、安全性好的长时储能系统，如水系液流电池。铁/铬液流电池使用铁盐水溶液作为正极电解质，总铁浓度直接决定了其能量密度，而 Fe^{3+}/Fe^{2+} 的比例代表了电池的充放电深度，因此对电解液的铁含量进行分析具有极强的应用背景和实际意义。

运用《分析化学》理论知识，查阅相关文献，根据要求提交实验设计方案。药品、方法与器材可参考实验 7、实验 13、实验 23 等内容。根据设计方案提出自己对药品和器材方面的要求（可在选定方法时及时与教师沟通，确认实验室是否可以满足条件）。

【实验要求】

1. 建立氧化还原滴定分别测定二价铁、三价铁和总铁含量的方法，对比考察不同三价铁还原方法对实验结果的影响。

2. 探索利用配位滴定法测定总铁含量的方法，系统考察不同指示剂、滴定方式、温度等对化学计量点附近指示剂灵敏度的影响。

3. 采用分光光度法测铁，对比研究常量滴定分析和微量分析对实验结果的影响。

实验 42　$[Co(NH_3)_6]Cl_3$ 的制备及组成、性质测定

【实验目的】

1. 通过对产品的合成和组分的测定，确定配合物的实验式和结构。

2. 通过文献查阅、实验方案设计、实验用品的准备（包括溶液的配制和标定、仪器的使用）、废液的回收、实验结果的处理等全过程，提高学生独立分析问题、解决问题的综合能力。

3. 在全面的基本操作训练基础上，应用所学基本理论和实验技能，独立完成设计实验方案、完成实验、观察实验现象、测定实验数据和总结讨论实验结果、撰写实验论文这一完整的过程。

【实验预习】

1. Co（Ⅱ）、Co（Ⅲ）的性质。
2. Cl^-、Co^{3+}、NH_3 的测定方法。
3. 溶液电导率的测定及电导率仪的使用。

【实验内容】

1. 以 $CoCl_2 \cdot 6H_2O$ 为基本原料，制备 10 g 左右的 $[Co(NH_3)_6]Cl_3$。
2. 对产品中氯、氨、钴含量进行测定，确定配合物的实验式。
3. 通过产品电导的测定，确定配合物的电荷。
4. 实验完成后，将产品及含钴废液中的钴回收生成 $CoCl_2 \cdot 6H_2O$。

【实验要求】

1. 根据实验内容，查阅有关文献和资料，写出实验的原理和背景综述。
2. 拟定详细的实验方案，要求列出详细的试剂、仪器和用品。
（1）$[Co(NH_3)_6]Cl_3$ 的制备方案，列出详细的实验条件和所需试剂、仪器和其他用品。
（2）拟定产品的组成和性质测定方法，包括配合物的外界、中心离子、配位体数目、配离子的电荷，以确定产品的性质和结构。
3. 指导教师组织学生进行实验方案的讨论，然后学生针对自己的方案进行修改和完善。
4. 指导教师审查学生的实验方案，并分步实施进行实验。
5. 实验应完全由学生独立完成。
6. 实验完成后，将所有含钴试剂和溶液回收。
7. 写出课程论文，要求方案详细、实验数据真实、结论准确。
8. 本实验可以作为考查实验，对学生的实验能力进行综合评定。

【实验指导】

1. 参考制备方法

称取 6 g NH_4Cl 溶于 12 cm^3 水中，加热至沸，然后加入 9 g $CoCl_2 \cdot 6H_2O$，溶解后趁热倒入盛有 0.5 g 活性炭的锥形瓶中，用水冷却后加 20 cm^3 浓氨水，进一步用冰水冷却到 10 ℃以下。慢慢加入 30% H_2O_2 8 cm^3，在水浴上加热到 60 ℃，恒温 20 min，并不断摇荡，然后用水冷却。加入含有 6 cm^3 6 mol·dm^{-3} HCl 的 75 cm^3 水，加热至沸，沉淀溶解后趁热过滤，溶液中慢慢加入 20 cm^3 6 mol·dm^{-3} HCl，即有大量橘黄色晶体析出。用冰水冷却晶体，然后过滤，并用少量冷的稀 HCl 洗涤晶体．抽干后转移到表面皿上，放置。称重待用。

2. 三氯化六氨合钴（Ⅲ）的制备条件是：以活性炭为催化剂，用 H_2O_2 氧化有 NH_3 及 NH_4Cl 存在的 $CoCl_2$ 溶液。反应式为：

$$2CoCl_2 + 2NH_4Cl + 10NH_3 + H_2O_2 =\!=\!= 2[Co(NH_3)_6]Cl_3 + 2H_2O$$

所得产品 $[Co(NH_3)_6]Cl_3$ 为橘黄色单斜晶体，20 ℃时在水中的溶解度为 0.26 mol·dm^{-3}。

3. 钴（Ⅲ）的氨合物有许多种，主要有 $[Co(NH_3)_6]Cl_3$（橘黄色晶体）、$[Co(NH_3)_5(H_2O)]Cl_3$（砖红色晶体）、$[Co(NH_3)_5Cl]Cl_2$（紫红色晶体）等。它们的制备条件各不相同。

4. 在制备过程中必须严格控制温度，当温度在 215 ℃时，$[Co(NH_3)_6]Cl_3$ 将转化为 $[Co(NH_3)_5Cl]Cl_2$；温度高于 250 ℃时，则被还原为 $CoCl_2$。

5. 注意制备反应条件的设计，注意防止内界进入 H_2O 和 Cl^-。

【思考题】

1. 根据实验比较 Co(Ⅱ)、Co(Ⅲ) 化合物性质的差别。

2. 哪些因素影响产品的性质？为什么有时产品会出现异常颜色？

3. 氨和氯的测定原理是什么？分别用反应方程式表示。

4. 向钴溶液中加入 NaOH 会产生黑色的沉淀，该沉淀为何物？

5. 分析测定结果与理论值的误差来源。

6. 在制备过程中，加了过氧化氢后要在 60 ℃ 恒温一段时间，可否加热至沸？

7. 在加入 H_2O_2 和浓 HCl 时，都要求慢慢加入，为什么？它们在制备 $[Co(NH_3)_6]Cl_3$ 的过程中起到什么作用？

8. 要提高产率，你认为哪些步骤是比较关键的？为什么？

9. 产品的制备方法有很多种，不同的书中细节不同，查阅资料进行比较。

实验 43　钴配合物组成与反应动力学参数测定

【实验目的】

1. 掌握简单钴配合物的制备方法，强化对配合物内外界离子性质的认识。

2. 锻炼综合应用化学理论知识解决实际问题、设计实验方案和操作的能力。

3. 掌握应用分光光度法监控化学反应进程和测定反应动力学参数的能力。

【实验原理】

二氯化一氯五氨合钴为深红紫色正交晶体，受热时分解。不溶于乙醇，难溶于水，溶于浓硫酸。由于它的热稳定性较好，并具有耐气候、不褪色、容易分散、不迁移等特点，可用作聚氯乙烯（PVC）的染色剂和稳定剂。

在水溶液中，Co(Ⅲ)/Co(Ⅱ) 电对标准电极电势分别为 $\varphi_A^\ominus = 1.84$ V 及 $\varphi_B^\ominus = 0.17$ V。因而在通常情况下，水溶液中 Co(Ⅱ) 是稳定的。按照配位理论，六配位八面体场中，d^6 构型的 Co^{3+} 在强场中的稳定化能要比 d^7 构型的 Co^{2+} 大，因而它们的六配位配合物往往是 3 价稳定性高于 2 价稳定性。或者说，生成六配位的低自旋配合物后，增加了 Co^{2+} 的还原性。

Co^{2+} 在 NH_4Cl 存在下，$[Co(H_2O)_6]^{2+}$ 能很快与过量氨水反应，生成黄红色沉淀 $[Co(NH_3)_6]Cl_2$，$[Co(NH_3)_6]^{2+}$ 配离子还原性很强，易被空气中的 O_2 或 H_2O_2 等氧化为深红色的 $[Co(NH_3)_5 \cdot H_2O]Cl_3$ 配合物，反应方程式为：

$$CoCl_2 + 2NH_4Cl + 4NH_3 =\!=\!= [Co(NH_3)_6]Cl_2 \downarrow + 2HCl$$
$$2[Co(NH_3)_6]Cl_2 + H_2O_2 + 4HCl =\!=\!= 2[Co(NH_3)_5 \cdot H_2O]Cl_3 + 2NH_4Cl$$

$[Co(NH_3)_5 \cdot H_2O]Cl_3$ 与 Cl^- 发生取代反应，取代配离子内界的一个水分子，形成紫红色配合物 $[Co(NH_3)_5 \cdot Cl]Cl_2$，反应方程式为：

$$[Co(NH_3)_5 \cdot H_2O]^{3+} + 3HCl =\!=\!= [Co(NH_3)_5 \cdot Cl]Cl_2(紫红色) + H_2O + 3H^+$$

但在实际制备中，很少用鼓空气于体系中的方法来进行氧化过程，这主要是因为氨挥发性强的缘故。常使用不致引入杂质的 H_2O_2 作氧化剂。

本实验利用活性炭的选择催化作用，在有过量氨和氯化铵存在下，以过氧化氢为氧化剂氧化 Co(Ⅱ) 溶液，制备目标化合物。

为了除去产物中混有的催化剂，可将产物溶解在酸性溶液中，过滤除去活性炭，然后在高浓度盐酸存在下使产物结晶析出。

键合异构是配合物异构现象中一个重要类型，配合物的键合异构是由同一个配体通过不同的配位原子与中心原子配位形成的多种配合物。其分为两种情况，一种是由同一种配体在与不同的中心原子形成配合物时，用不同的配位原子与中心原子相配位，这种异构体叫配位键合异构体。另一种是配合物中心原子和配体组成完全相同，只是与中心原子结合的配位原子不同，这是真正的键合异构体。生成键合异构体的必要条件是配体的两个不同的原子都含有孤对电子。如果一种配体中具有两种配位原子，则有可能出现键合异构现象。在此实验中 $[Co(NH_3)_5NO_2]Cl_2$ 是 N 配位，称为硝基配合物，而 $[Co(NH_3)_5ONO]Cl_2$ 则是 O 配位，称为亚硝酸根配合物。

此外，这两种键合异构体稳定性有区别，在不同温度下制备时会受动力学控制生成不同的异构产物。在温度低时会优先生成 $[Co(NH_3)_5ONO)Cl_2$，但其不稳定，在溶液中会慢慢转化为 $[Co(NH_3)_5NO_2]Cl_2$，且温度越高转化越快，在 75 ℃ 以后会直接转化。

$$[Co(NH_3)_5NO_2]Cl_2 \rightleftharpoons [Co(NH_3)_5ONO]Cl_2$$

两种化合物也可通过以下反应制备：

$$[Co(NH_3)_5Cl]Cl_2 + NaNO_2 \xrightleftharpoons{H^+, 0\,℃} [Co(NH_3)_5ONO]Cl_2 + NaCl$$

$$[Co(NH_3)_5Cl]Cl_2 + NaNO_2 \xrightleftharpoons{H^+, >70\,℃} [Co(NH_3)_5NO_2]Cl_2 + NaCl$$

一级反应速率方程可表达为：

微分形式 $\qquad r = -\dfrac{dc}{dt} = kc$

积分形式 $\qquad \ln\left(\dfrac{a}{c}\right) = kt\varepsilon$

式中　a——反应初始浓度；

$\qquad c$——反应到 t 时刻的浓度。

由朗伯-比耳定律 $\qquad A = \varepsilon bc$

式中　A——吸光度；

$\qquad b$——比色皿厚度。

$$\ln\dfrac{A_{final}}{A_{final} - A} = -kt + C$$

故在反应中记录吸光度随时间的变化，即可验证是不是一级反应。

组分测定原理如下：

(1) NH_3 的测定原理（凯氏定氮法）

由于二氯化一氯五氨合钴在强酸强碱（冷时）的作用下，基本不被分解，只有在沸热的条件下，才被强碱分解。所以试样液加 NaOH 溶液，加热至沸使二氯化一氯五氨合钴分解，并蒸出氨。蒸出的氨用过量的 2% 硼酸溶液吸收，以甲基橙为指示剂，用 HCl 标准溶液滴定生成的硼酸铵，可计算出氨的百分含量。

$$[Co(NH_3)_6Cl]Cl_2 + 3NaOH =\!=\!= Co(OH)_3 + 3NaCl + 6NH_3\uparrow$$

$$NH_3 + H_3BO_3 =\!=\!= NH_4H_2BO_3$$

$$NH_4H_2BO_3 + HCl == H_3BO_3 + NH_4Cl$$

（2）钴的测定原理（碘量法）

利用 Co(Ⅲ) 的氧化性，通过碘量法测定钴的含量。

$$[Co(NH_3)_6Cl]Cl_2 + 3NaOH == Co(OH)_3 + 3NaCl + 6NH_3\uparrow$$
$$Co(OH)_3 + 3HCl == Co^{3+} + 3H_2O + 3Cl^-$$
$$2Co^{3+} + 2I^- == 2Co^{2+} + I_2$$
$$I_2 + 2S_2O_3^{2-} == 2I^- + S_4O_6^{2-}$$

（3）氯的测定方法（莫尔法、佛尔哈德法）

莫尔法：在含有 Cl^- 的中性或弱碱性溶液中，以 K_2CrO_4 作指示剂，用 $AgNO_3$ 标准溶液滴定 Cl^-。由于 AgCl 的溶解度比 $AgCrO_4$ 小，根据分步沉淀原理，溶液中析出 AgCl 白色沉淀。当 AgCl 定量沉淀完全后，稍过量的 Ag^+ 与 CrO_4^{2-} 生成砖红色的 Ag_2CrO_4 沉淀，从而指示终点的到达。

终点前：$Ag^+ + Cl^- == AgCl\downarrow$（白色），$K_{sp} = 1.8\times10^{-10}$

终点时：$2Ag^+ + CrO_4^{2-} == Ag_2CrO_4\downarrow$（砖红色），$K_{sp} = 2.0\times10^{-12}$

佛尔哈德法：指示剂为铁铵矾 $[NH_4Fe(SO_4)_2\cdot12H_2O]$，主反应为：

$$Ag^+ + Cl^- == AgCl（白色），K_{sp} = 1.8\times10^{-10}$$
$$Ag^+ + SCN^- == AgSCN（白色），K_{sp} = 1.0\times10^{-12}$$

【实验内容】

1. 制备二氯化一氯五氨合钴。
2. 设计方案测定产物中钴含量、总氯含量和外界氯含量。
3. 制备 $[Co(NH_3)_5ONO]Cl_2$ 和 $[Co(NH_3)_5NO_2]Cl_2$，并考察热稳定性。
4. 设计方案测定异构化反应的反应速率与活化能。

【实验指导】

1. 可参考二氯化一氯六氨合钴的制备及测定实验制定氯与钴的组成测定实验。
2. 参考反应速率与活化能实验和邻二氮菲测铁实验设计异构化活化能的测定实验。
3. 可以结合理论模拟计算键合异构反应的活化能，并与实验结果比较。

【思考题】

1. 如何区分内外界的氯？
2. 氯含量测定都有哪些方法？
3. 如何确定检测键合异构反应的吸收波长？
4. 如何解决加热时由于溶液挥发导致的浓度变化问题？

【参考文献】

［1］房川琳，李俊玲，邹清，李静，宋红杰. 三氯化六氨合钴（Ⅲ）制备实验的绿色化改进［J］. 实验科学与技术，2018，16（3）：26-28.

［2］王康，张家宝，马永旺，折彤彤，田华，韩晓霞. 大学化学综合实验三氯化六氨合钴（Ⅲ）的制备改进［J］. 大学化学，2017，32（12）：74-78.

［3］赵鑫，蒋军泽，王雅岚，刘建萍，胡小莉，李原芳. 二氯化一氯·五氨合钴（Ⅲ）制备实验条件探究与优化［J］. 西南师范大学学报（自然科学版），2016，41（7）：181-184.

［4］王小燕，王书文，王春芙，罗世忠，解从霞. 两种 Co(Ⅲ)配合物键合异构体的制备表征及转化分析［J］. 实验技术与管理，2014，31（7）：190-192.

［5］吴平，任红，曹雪玲，陈萍．三氯化六氨合钴（Ⅲ）制备方法的改进研究［J］．化学试剂，2014，36（7）：670-672．

［6］覃松，黄成华，兰子平．键合异构体二氯化一硝基五氨合钴（Ⅲ）的合成与转化［J］．内江师范学院学报，2008（6）：61-63．

［7］陈虹锦，马荔，马欣，谢少艾，张卫．三氯化六氨合钴（Ⅲ）的组成测定方法探讨［J］．实验室研究与探索，2007（3）：30-31＋112．

［8］凌必文，张春艳．二氯化一氯五氨合钴（Ⅲ）的制备及组成测定［J］．安庆师范学院学报（自然科学版），2006（1）：86-88．

实验 44　无机硫化物纳米材料的溶剂热合成与电催化性能研究

【实验目的】

1. 根据沉淀溶解平衡原理，设计合成无机金属硫化物的能力。
2. 掌握查找文献资料，根据文献设计和重新实验结果的能力。
3. 掌握无机材料常见表征方法。
4. 掌握金属硫化物对多硫电对的催化性能及液流电池性能。

【实验原理】

制备纳米材料的方式有很多种，但是总体上可分为化学方法和物理方法。其中物理方法一般对实验设备和条件要求苛刻而且价格昂贵，在形貌控制以及分散性方面存在诸多问题，所以这里主要简介几种常用的化学方法。

（1）模板法

模板法是指把本身有纳米结构、形状易于控制、操作简单的易得物质作为模板，然后通过其他化学方法将目标材料逐渐沉积到模板的表面、内部或者孔中，然后再通过刻蚀等方法将模板去掉，最终得到和模板形貌相似的目标纳米材料的方法。模板法方便而且易于调控，合成操作比较简单，可以同时大量制备目标产物，尤其适合合成球状、立方体状以及一维纳米材料（如纳米管和纳米棒）。相比于传统的软、硬模板法，自模板法中的模板材料不仅起到传统模板的支撑框架作用，还可以直接参与到中空纳米结构壳层的形成过程中——模板材料直接转化为壳层或者作为壳层的前驱物。因此，自模板法具有反应步骤少和无需额外模板等特点，在中空纳米结构设计与组分优化上具有显著的优势。

（2）水热或溶剂热法

在特制的密封反应器（通常为高压钢釜）中，以水或其他有机溶剂作为反应溶剂，通过对反应釜内体系在一定温度下加热就会达到高温高压环境，在这种方法下制备无机纳米材料是一种极为有效的方法。其中以水为溶剂则称作水热法，以其他有机溶剂为介质时称作溶剂热法。这种方法制备出的材料结晶性好、形貌奇特，反应气氛条件独特且可控，容易得到较好的形貌。这种方法在无机纳米材料的合成中非常常见。在本文中，将模板法与水热法结合进行物质的合成。

（3）沉淀法

指通过调节反应条件从前驱可溶性溶液中制备固体超细微材料的一种制备方法。这种方法的原理是，目标材料在溶液中的溶解度极小（必须小于前驱原料溶解度），反应时，目标产物能够迅速沉淀析出，使反应持续进行。具体的方法有很多，比如向前驱可溶性溶液中加入沉淀剂或者加热溶液达到沉淀反应温度，亦或只是将能互相反应的溶液进行混合然后使其发生沉淀反应等。目前很多金属硫族化合物材料都可应用此法进行合成。反应过程中还可以通过加入特定的表面活性剂等物质以控制产物的形貌和尺寸。

【实验要求】

1. 根据沉淀平衡原理、金属氧化物与硫化物的溶度积，选择合适的硫源和方法制备无机硫化物纳米材料。

（1）自模板法制备 $Cu_{2-x}S$ 多级结构：查阅文献合成立方体、纳米线等不同形貌的氧化亚铜纳米材料作为模板。利用沉淀转化原理，选择合适的硫源和方法制备 $Cu_{2-x}S$ 多级结构。

（2）采用均相沉淀法制备 CoS、CoS_2 及其异质结复合材料。

2. 探索溶剂、离子强度、配位剂和表面活性剂等对晶体成核和生长的动力学影响。

3. 对合成材料的物相、组成、结构和形貌等进行表征。

4. 参考实验 37 多硫-铁液流电池电极材料的制备与性能研究与文献，探索所得材料的电催化和液流电池性能。

【参考文献】

［1］［美］巴德，［美］福克纳著. 电化学方法原理和应用［M］. 邵元华等译. 北京：化学工业出版社，2005.

［2］张华民. 液流电池技术［M］. 北京：化学工业出版社，2015.

［3］Wang M，Chen W，Zai J，et al. Hierarchical Cu_7S_4 nanotubes assembled by hexagonal nanoplates with high catalytic performance for quantum dot-sensitized solar cells［J］. Journal of Power Sources，2015，299：212-220.

［4］Chen W，Wang M，Qian T，et al. Rational design and fabrication of skeletal Cu_7S_4 nanocages for efficient counter electrode in quantum dot-sensitized solar cells［J］. Nano Energy，2015，12：186-196.

［5］Xu M，Wang M，Ye T，et al. Cube-in-Cube Hollow Cu_9S_5 Nanostructures with Enhanced Photocatalytic Activities in Solar H_2 Evolution［J］. Chemistry-a European Journal，2014，20（42）：13576-13582.

［6］Yang K，Yang G B，Chen L，et al. FeS nanoplates as a multifunctional nano-theranostic for magnetic resonance imaging guided photothermal therapy［J］. Biomaterials，2015，38：1-9.

［7］Song C，Wang S，Dong W，et al. Hydrothermal synthesis of iron pyrite（FeS_2）as efficient counter electrodes for dye-sensitized solar cells［J］. Solar Energy，2016，133：429-436.

［8］Faber M S，Dziedzic R，Lukowski M A，et al. High-performance electrocatalysis using metallic cobalt pyrite（CoS_2）micro- and nanostructures［J］. Journal of the American Chemical Society，2014，136（28）：10053-10061.

［9］Tan Y，Liang M，Lou P，et al. In Situ Fabrication of CoS and NiS Nanomaterials Anchored on Reduced Graphene Oxide for Reversible Lithium Storage［J］. ACS Applied Materials & Interfaces，2016，8（23）：14488-14493.

［10］Peng S，Li L，Tan H，et al. MS_2（M＝Co and Ni）Hollow Spheres with Tunable Interiors for High-Performance Supercapacitors and Photovoltaics［J］. Advanced Functional Materials，2014，24（15）：2155-2162.

实验 45　半导体结光催化剂的制备与水质净化实验

【实验目的】

1. 了解水质净化常用的方法及原理。

2. 锻炼根据沉淀平衡的原理设计合成无机物及其复合物的能力。

3. 掌握芬顿法、光辅助芬顿法和光催化等高级化学氧化水处理方法的原理及优缺点。

4. 强化水质测定的方法。

【实验原理】

随着社会生产的飞速发展及人类对现存资源的过度消耗，全球范围内的环境污染和能源危机已经成为我们所面对的严峻问题。在大力发展工业的同时，始终伴随着对环境造成的严重污染，尤其是水污染。随着环境污染问题的不断加剧，人们对污染的处理方法的要求也越来越高，尤其是水污染。人工光合作用可以高效地将太阳能转换成化学能或电能，太阳能本身又是一种持续可再生的清洁能源。所以通过人工光合作用（太阳能）直接净化有机污染物，是我们亟待解决的问题。作为其中最为关键的部分，半导体光催化技术引起了人们的广泛关注。

当有等于或大于禁带宽度的能量（E_g）照射在半导体上时，价带电子受到激发跃迁到导带，产生相应的光生电子（e^-），光生电子具有较强的还原能力。同时在价带留下相应的光生空穴（h^+），具有超强的氧化能力。半导体光催化剂能够有效地吸收和利用太阳能，将太阳能转化成其他形式的能量，并应用于有机污染物的降解、制备新能源氢气、光伏电池等方面，最终达到净化环境和解决能源危机的目的，所以引起了许多科研工作者的兴趣。针对降解有机染料，常见的半导体催化剂主要有 TiO_2、Bi_2WO_6、$BiVO_4$、ZnO、$Bi_2O_2CO_3$、Ag_2CO_3、$BiOCl$、WO_3、Ag_3PO_4、$AgInS_2$ 等。然而，大部分半导体光催化剂都存在两个问题：第一，对光的响应范围多数集中在紫外光区域；第二，即使在可见光范围有响应，产生的光生电子和空穴很容易复合。这些都是导致光催化效率较低的原因。异质结光催化剂可以单独或同时解决这两方面的问题，这主要取决于两种半导体的禁带宽度和能带位置是否匹配。异质结光催化剂降解罗丹明 B 的效率明显高于单纯的 $Bi_2O_2CO_3$，这是因为异质结的形成阻止了光生载流子的复合，进而提高了光生电子和空穴的利用率。

【实验要求】

1. 根据沉淀平衡原理，查找常见半导体的溶度积常数，如铋和银化合物，利用沉淀转化（自模板）法设计合成一系列组成不同的复合光催化材料。

2. 综合应用酸碱、配位、氧化还原和沉淀平衡原理，设计合成一系列形貌可控的铁基氧化物或铁氧体材料。

3. 对以上材料的组成与结构及光吸收性质进行表征。

4. 分别以染料模拟废水和生活污水作为对象，采用不同的水质净化方法，研究材料的水质净化性能。

5. 设计电解的方法处理污水，效果与上面的实验进行比较。

6. 光催化材料的回收和循环利用是限制其推广应用的难题，请尝试提出解决方案。

【参考文献】

[1] 尹秉胜，于洋. 氧化钨和钨酸盐化合物作为光催化剂应用的研究进展 [J]. 中国钨业，2018，33 (6)：36-42，55.

[2] Linsebigle A L，Lu G，Yates J T. Photocatalysis on TiO_2 Surfaces：Principles，Mechanisms，and Selected Results [J]. Chemical Reviews，1995，95（3）：735-758.

[3] 韩穗奇，李佳，杨凯伦，等. β-Bi_2O_3/BiOI 异质结的制备及其有效去除有机染料的光催化作用

[J]. 催化学报，2015，(12)：2119-2126.

[4] Zhao T, Zai J, Xu M, et al. Hierarchical $Bi_2O_2CO_3$ Microspheres with Improved Visible-Light-Driven Photocatalytic Activity [J]. CrystEngComm, 2011, 13 (12)：4010-4017.

[5] Liang N, Wang M, Jin L, et al. High efficient $Ag_2O/Bi_2O_2CO_3$ p-n heterojunction photocatalysts with improved visible light responsive activity. ACS Applied Materials & Interfaces, 2014, 6 (14)：11698-11705.

[6] Liang N, Zai J, Xu M, et al. Novel $Bi_2S_3/Bi_2O_2CO_3$ heterojunction photocatalysts with enhanced visible light responsive activity and wastewater treatment. Journal of Materials Chemistry A, 2014, 2 (12)：4208-4216.

[7] Pignatello J J, Oliveros E, Mackay A. Advanced Oxidation Processes for Organic Contaminant Destruction Based on the Fenton Reaction and Related Chemistry [J]. Critical Reviews in Environmental Science & Technology, 2006, 36 (1)：1-84.

[8] Zepp R G, Faust B C, Hoigne J. Hydroxyl radical formation in aqueous reactions (pH 3-8) of iron (Ⅱ) with hydrogen peroxide：the photo-Fenton reaction [J]. Environmental Science & Technology, 1992, 26 (2)：313-319.

实验 46 肖特基异质结催化剂的制备及其在甲烷干重整反应中的应用

【实验目的】

1. 了解金属半导体复合材料的制备方法。
2. 根据金属和半导体的功函差，设计具有整流接触的肖特基催化剂的实验方案。
3. 探索整流接触带来的活性中心电荷密度变化对干重整反应的影响。
4. 了解对催化材料的组成和结构的基础表征手段。
5. 掌握气固反应催化剂评价测试。

【实验原理】

金属与半导体接触所形成的异质结主要分为具有整流效应的肖特基异质结和非整流作用的欧姆异质结。在欧姆异质结中，电子可以自由穿梭在金属和半导体界面两侧。而在肖特基异质结中，由于金属和半导体之间的功函数（费米能级）差异，在界面处会发生载流子浓度和电势的再分布。通常情况下，电子会从功函数小（费米能级高）的一侧流向功函数大的另一侧，直到金属与半导体内各处的功函数相同为止。从而，由整流接触驱动半导体载流子的再分布会导致界面处载流子耗尽或积累。与体相相比，载流子富集和耗散区域的能带结构、自由载流子密度和局部电导率等物理性质也会发生显著的变化，从而导致其化学特性也会发生相应的改变。对于催化反应过程而言，金属-半导体界面处形成的可调节电子富集和耗散区可以在很大程度上改变某些特定反应物的吸附/解吸行为和/或催化反应的活化能，从而能够产生增强催化反应活性。基于此类异质结设计的催化剂通常称为肖特基异质结催化剂。

肖特基异质结催化剂的设计主要是基于金属与半导体接触形成肖特基势垒或者整流接触的原理。因此，一些修饰金属的功函数和半导体的能带结构的关键因素如调节半导体的厚度、金属晶面结构、引入缺陷和合金及双金属界面等方法已经被广泛地应用，以放大界面整流效果，从而提高肖特基异质结催化剂的最终催化活性。

甲烷是天然气、沼气和页岩气等气体的主要成分，是重要的化工产品原料，同时也是优秀的能量来源。但同时甲烷也是温室气体的重要组成部分，其温室效应是 CO_2 的 $25\sim30$ 倍。CO_2 作为一种温室气体主要来源于化石能源的利用，因此将两者转化为高经济价值产物一直是研究的热点方向。甲烷干重整反应可将两者转化为合成气，在减少温室气体排放的同时，合成气可以通过费托合成制备成更高价值的液态油品。但本身反应是强吸热反应，需在 $600\sim1000$ ℃条件下催化反应，在这个温度下同时会发生甲烷自身裂解，在催化剂表面生成积炭。同时高温也会导致催化剂烧结，因此解决催化剂易积炭和烧结问题成为甲烷干重整反应的重中之重。

本实验旨在通过筛选合适的金属种类并调控其电子密度实现对甲烷或 CO_2 的吸附/活化，进而提高目标活性中心附近反应活性物质的浓度。最终实现在低温下获得优秀的转化率和选择性，避免催化剂失活等问题。

【实验要求】

1. 根据金属和半导体的功函位置，结合文献中常见用于甲烷干重整的金属，利用热还原、湿法浸渍等方法制备肖特基异质结催化剂。

2. 探索金属含量、半导体能带结构和烧结温度等对甲烷干重整的影响。

3. 对合成的催化材料进行 XRD、TEM 等表征。

4. 利用固定床装置评价催化剂在干重整反应中的性能，掌握气相色谱分析产物的方法。

【参考文献】

［1］Zhang N Q，Ye C L，Yan H，et al. Single-atom site catalysts for environmental catalysis ［J］. Nano Research，2020，13（12）：3165-3182.

［2］Armor J N. A history of industrial catalysis ［J］. Catalysis Today，2011，163（1）：3-9.

［3］Chen S，Chang X，Sun G D，et al. Propane dehydrogenation：Catalyst development，new chemistry，and emerging technologies ［J］. Chemical Society Reviews，2021，50（5）：3315-3354.

［4］Gao W L，Liang S Y，Wang R J，et al. Industrial carbon dioxide capture and utilization：State of the art and future challenges ［J］. Chemical Society Reviews，2020，49（23）：8584-8686.

［5］Xu D，Zhang N S，Chen J S，et al. Design of the synergistic rectifying interfaces in Mott-Schottky catalysts ［J］. Chemical Reviews，2022，123：1-30.

［6］Climent M J，Corma A，Iborra S，Heterogeneous catalysts for the one-pot synthesis of chemicals and fine chemicals ［J］. Chemical Reviews，2011，111：1072-1133.

［7］Buelens L C，Galvita V V，Poelman H，et al. Super-dry reforming of methane intensifies CO_2 utilization via Le Chatelier's principle ［J］. Science，2016，354（6311）：449-452.

［8］Song Y，Ozdemir E，Ramesh S，et al. Dry reforming of methane by stable Ni-Mo nanocatalysts on single-crystalline MgO ［J］. Science，2020，367（6479）：777-781.

［9］Zhu Q，Zhou H，Wang L，et al. Enhanced CO_2 utilization in dry reforming of methane achieved through nickel-mediated hydrogen spillover in zeolite crystals ［J］. Nature Catalysis，2022，5（11）：1030-1037.

实验 47　SBA-15 负载 TiO_2 催化剂的制备与性能研究

【实验目的】

1. 了解水解反应的基本原理及其在 SBA-15 合成中的应用。

2. 学习简单的无机合成操作及材料的表征。

3. 通过制备 SBA-15 负载 TiO_2 催化剂，了解介孔材料化学改性的方法和路径。

4. 掌握制备负载型催化剂的一种常用方法，即浸渍法。

【实验原理】

SBA 系列二氧化硅介孔材料是在酸性合成体系中，利用双亲性非离子高分子表面活性剂 P123、F108 和 F127 等模板剂作为结构导向剂，并通过改变合成体系中的合成温度与溶液 pH 值等条件制备出来的，主要包括立方型 SBA-1、三维六方型 SBA-2、二维六方型 SBA-3、立方型 SBA-11、二维六方型 SBA-12、层状 SBA-14、二维六方型 SBA-15 和立方型 SBA-16[1-6]。其中 SBA-15 介孔二氧化硅是 SBA 系列材料中的典型材料。SBA-15 的合成符合中性模板机理：以三嵌段共聚物 P123 为模板剂，和中性无机硅物种通过氢键键合，不存在强的静电作用，并随硅烷醇的进一步水解、缩合导致短程六边形胶粒的堆积和骨架的形成。

SBA-15 具有高度有序的六边形直孔结构，为 *p6mm* 空间群，其孔径可在 5~50 nm 范围内变化，且孔壁较厚（典型的为 3~9 nm），因此使得该材料具有较好的（水）热稳定性等优势，在催化、分离、生物及纳米材料等领域有广泛的应用前景。SBA-15 的骨架结构完全由二氧化硅组成，只有其表面的硅羟基具有微弱的酸性，SBA-15 的酸性远远低于具有晶体骨架结构的微孔分子筛。由于 SBA-15 的表面存在大量的 Si—OH 基团，该基团极易受水分子的进攻而发生骨架 Si—O—Si 的水解反应，由此引起骨架结构的坍塌，这严重限制了其在石油化工领域中作为催化剂或催化剂载体的实际应用。

虽然 SBA-15 的孔道有序性好，但是从原子水平上看，SBA-15 的骨架主要是由无定形二氧化硅组成的，具有和二氧化硅类似的化学性质，存在化学反应活性不高等内在缺点，大大限制了它在催化反应中的应用。为实现 SBA-15 的潜在应用价值，常常需要通过各种途径在介孔材料的孔壁或孔道中引入催化活性中心，即对 SBA-15 进行化学改性。

粉末状光催化剂在使用后，存在分离和回收困难等问题。同时，粉末状光催化剂不易对气体污染物进行处理。催化剂负载技术则是解决以上问题的有效途径之一。本实验将首先探究合成 SBA-15 的影响因素，然后利用浸渍法制备 SBA-15 负载 TiO_2 催化剂，探索多孔材料在水处理领域的应用。

【实验要求】

1. 参考合成 SBA-15 介孔材料文献资料，考察盐酸浓度、温度、水量对介孔材料结构和形貌的影响。

2. 采用钛酸四正丁酯浸渍-煅烧法制备不同负载量的 SBA-15 负载 TiO_2 催化剂。

3. 对合成材料的物相、组成、结构和形貌等进行表征。

4. 对比测试介孔材料对水中模拟染料分子的吸附性能。

5. 对比测试 SBA-15 负载 TiO_2 对水中模拟染料分子的光催化降解性能。

【思考题】

1. 除了用三嵌段共聚物 P123 为模板剂来合成介孔 SiO_2 材料，还有哪些分子可以用来作为模板剂来合成介孔 SiO_2 材料？为什么？

2. SBA-15 合成过程中使用的 HCl 有什么作用？

3. 为什么要配制钛酸四正丁酯的无水乙醇溶液来制备 SBA-15 负载 TiO_2 催化剂？为什么还要加入酸？

4. 你认为还可以通过什么方法来制备 SBA-15 负载 TiO_2 催化剂？

【参考文献】

［1］Zhao D，Feng J，Huo Q，et al. Stucky. Triblock Copolymer Syntheses of Mesoporous Silica with Periodic 50 to 300 Angstrom Pores ［J］. Science，1998，279：548-552.

［2］Kim M J，Ryoo R. Synthesis and Pore Size Control of Cubic Mesoporous Silica SBA-1 ［J］. Chemistry of Materials，1999，11：487-491.

［3］Zapilko C，Anwander R. Size-Selective Surface Silylation of Cagelike Mesoporous Silica SBA-2 with Disilazane Reagents ［J］. Chemistry of Materials 2006，18：1479-1482.

［4］Koshimizu M，Shimokita K，Zhou H S，et al. Positron Annihilation Lifetime in Ordered Porous Silica SBA-3 ［J］. Journal of Physical Chemistry C，2008，112：8779-8783.

［5］Xia Y，Mokaya R. Generalized and Facile Synthesis Approach to N-Doped Highly Graphitic Mesoporous Carbon Materials. ［J］ Chemistry of Materials，2005，17：1553-1560.

［6］Kim T-W，Ryoo R，Kruk M，et al. Tailoring the Pore Structure of SBA-16 Silica Molecular Sieve through the Use of Copolymer Blends and Control of Synthesis Temperature and Time ［J］. Journal of Physical Chemistry B，2004，108：11480-11489.

［7］Akira T，Ferdi S. Ordered mesoporous materials in catalysis ［J］，Microporous and Mesoporous Materials，2005，77：1-45.

实验 48　电化学葡萄糖传感电极的制备与性能研究

【实验目的】

1. 学习制备电化学传感电极并学习对应的电化学传感测试技术。

2. 对科学研究的基本程序有所了解，同时培养其团队合作和统筹协调能力。

3. 重点培养学生运用原理设计实验的能力，提高发现、分析和解决问题的能力，强化创新意识。

【实验原理】

柔性电极也是传感领域备受关注的电极基底。LIG 由于其便捷的制备方式，在传感领域也具有广阔的应用前景。由于酶在复杂环境中的不稳定性与贵金属活性中心的高成本，过渡金属元素因其简单易得的特点与相对较为稳定的特性成为第三代葡萄糖传感电极的优良选择。许多过渡金属与其氧化物诸如 Ni、FeOOH、Co_3O_4、CuO 等被应用于葡萄糖电化学传感。

【实验要求】

1. 参考文献 2，采用激光直写技术设计合成不同过渡金属氧化物与 LIG 的复合材料。

2. 对合成材料的物相、组成、结构和形貌等进行表征。

3. 对合成材料的电化学活性面积等进行表征。

4. 采用循环伏安、线性伏安和电流-时间曲线等探索不同电极材料对葡萄糖电化学传感的性能。

【参考文献】

［1］Lin J，Peng Z，Liu Y，et al. Laser-induced porous graphene films from commercial polymers ［J］. Nature Communications，2014，5（1）：5714.

［2］Li W，Zhao J，Yan C，et al. Asymmetric Activation of the Nitro Group over a Ag/Graphene Heterointerface to Boost Highly Selective Electrocatalytic Reduction of Nitrobenzene. ACS Applied Materials & Interfaces. 2022，14：25478-25489.

［3］Ye R，James D K，Tour J M. Laser-Induced graphene：from discovery to translation ［J］. Advanced Materials，2019，31 (1)：1803621.

［4］Xuan X，Kim J Y，Hui X，et al. A highly stretchable and conductive 3d porous graphene metal nanocomposite based electrochemical-physiological hybrid biosensor ［J］. Biosensors and Bioelectronics，2018，120：160-167.

［5］Vanegas D，Patiño L，Mendez C，et al. Laser scribed graphene biosensor for detection of biogenic amines in food samples using locally sourced materials ［J］. Biosensors，2018，8 (2)：42.

［6］Griesche C，Hoecherl K，Baeumner A J. Substrate-Independent Laser-Induced Graphene Electrodes for Microfluidic Electroanalytical Systems ［J］. ACS Applied Nano Materials，2021，4 (3)：3114-3121.

［7］You T，Niwa O，Chen Z，et al. An amperometric detector formed of highly dispersed Ni nanoparticles embedded in a graphite-like carbon film electrode for sugar determination ［J］. Analytical Chemistry，2003，75 (19)：5191-5196.

［8］Xia C，Ning W. A novel non-enzymatic electrochemical glucose sensor modified with FeOOH nanowire ［J］. Electrochemistry Communications，2010，12 (11)：1581-1584.

［9］Lang X，Fu H，Hou C，et al. Nanoporous gold supported cobalt oxide microelectrodes as high-performance electrochemical biosensors ［J］. Nature Communications，2013，4：2169.

［10］Jiang L，Zhang W. A highly sensitive nonenzymatic glucose sensor based on CuO nanoparticles-modified carbon nanotube electrode ［J］. Biosensors and Bioelectronics，2010，25 (6)：1402-1407.

附录

附录 1 弱酸、弱碱的解离平衡常数（298 K）

弱酸	解离平衡常数	弱酸	解离平衡常数
H_3AsO_3	$K_1^\ominus = 6.03 \times 10^{-3}$	HNO_2	4.5×10^{-4}
	$K_2^\ominus = 1.0 \times 10^{-7}$	NH_4^+	5.8×10^{-10}
	$K_3^\ominus = 3.2 \times 10^{-12}$	H_2O_2	2.2×10^{-12}
$HAsO_2$	6.0×10^{-10}	H_3PO_4	$K_1^\ominus = 7.1 \times 10^{-3}$
H_3BO_3	5.8×10^{-10}		$K_2^\ominus = 6.3 \times 10^{-8}$
$HClO$	2.8×10^{-8}		$K_3^\ominus = 4.2 \times 10^{-13}$
H_2CO_3（包括 CO_2 的水合常数）	$K_1^\ominus = 4.4 \times 10^{-7}$	H_2S	$K_1^\ominus = 1.1 \times 10^{-7}$
	$K_2^\ominus = 4.7 \times 10^{-11}$		$K_2^\ominus = 1.3 \times 10^{-13}$
$H_2C_2O_4$	$K_1^\ominus = 5.9 \times 10^{-2}$	H_2SiO_3	$K_1^\ominus = 1.7 \times 10^{-10}$
	$K_2^\ominus = 6.4 \times 10^{-5}$		$K_2^\ominus = 1.6 \times 10^{-12}$
$HCOOH$	1.8×10^{-4}	HSO_4^-	1.0×10^{-2}
CH_3COOH	1.8×10^{-5}	H_2SO_3（不包括 SO_2 的水合常数）	$K_1^\ominus = 1.3 \times 10^{-2}$
HCN	6.2×10^{-10}		$K_2^\ominus = 6.1 \times 10^{-8}$
$HCrO_4^-$	1.3×10^{-6}	C_6H_5COOH	6.2×10^{-5}
HF	6.6×10^{-4}	邻苯二甲酸	$K_1^\ominus = 1.1 \times 10^{-3}$
Fe^{2+}(aq)水解	1.8×10^{-7}		$K_2^\ominus = 3.9 \times 10^{-6}$
Fe^{3+}(aq)水解	$K_1^\ominus = 1.5 \times 10^{-3}$	C_6H_5OH	1.1×10^{-10}
	$K_2^\ominus = 2.6 \times 10^{-5}$	Al^{3+}(aq)	9.8×10^{-6}
Bi^{3+}(aq)$\rightleftharpoons Bi(OH)^{2+} + H^+$	2.6×10^{-2}	Cu^{2+}(aq)$\rightleftharpoons Cu(OH)^+ + H^+$	1.0×10^{-8}
Cr^{3+}(aq)水解	1.0×10^{-4}	Pb^{2+}(aq)分步水解	$K_1^\ominus = 2 \times 10^{-8}$
Sn^{2+}(aq)水解	2.0×10^{-2}		$K_2^\ominus = 4 \times 10^{-10}$
$Ti^{3+} + H_2O \rightleftharpoons Ti(OH)^{2+} + H^+$	5.1×10^{-2}		
弱碱	**解离平衡常数**	**弱碱**	**解离平衡常数**
NH_3	1.8×10^{-5}	$HOCH_2CH_2NH_2$（乙醇胺）	3.2×10^{-5}
NH_2OH	9.1×10^{-9}	$(HOCH_2CH_2)_3N$（三乙醇胺）	5.8×10^{-7}
H_2NNH_2	$K_1^\ominus = 3.0 \times 10^{-6}$	$(CH_2)_6N_4$（六亚甲基四胺）	1.4×10^{-9}
	$K_2^\ominus = 7.6 \times 10^{-15}$	$H_2NCH_2CH_2NH_2$（乙二胺）	$K_1^\ominus = 8.5 \times 10^{-5}$
CH_3NH_2	4.2×10^{-4}		$K_2^\ominus = 7.1 \times 10^{-8}$
$C_2H_5NH_2$	5.6×10^{-4}		
$(CH_3)_2NH$	1.2×10^{-4}	（吡啶）	7.0×10^{-9}
$(C_2H_5)_2NH$	1.3×10^{-3}		

附录 2　实验室常用酸、碱的浓度

试剂名称	密度(20 ℃)/g·cm^{-3}	浓度/mol·dm^{-3}	质量分数
浓硫酸	1.84	18	0.96
浓盐酸	1.19	12.1	0.372
浓硝酸	1.42	15.9	0.704
磷酸	1.70	14.8	0.855
冰醋酸	1.05	17.45	0.998
浓氨水	0.90	14.53	0.566
浓氢氧化钠	1.54	19.4	0.505

附录 3　常用酸碱指示剂

指示剂	变色 pH 范围	颜色 酸色	颜色 碱色	p$K_{HIn}^{\ominus}$	浓度
百里酚蓝(第一次变色)	1.8~2.8	红	黄	1.7	0.1%的20%乙醇溶液
甲基黄	2.9~4.0	红	黄	3.3	0.1%的90%乙醇溶液
甲基橙	3.1~4.4	红	黄	3.4	0.05%的水溶液
溴酚蓝	3.0~4.6	黄	紫	4.1	0.1%的20%乙醇溶液或其钠盐的水溶液
溴甲酚绿	4.0~5.4	黄	蓝	4.9	0.1%的20%乙醇溶液或其钠盐的水溶液
甲基红	4.4~6.2	红	黄	5	0.1%的60%乙醇溶液或其钠盐的水溶液
溴百里酚蓝	6.2~7.6	黄	蓝	7.3	0.1%的20%乙醇溶液或其钠盐的水溶液
中性红	6.8~8.0	红	橙黄	7.4	0.1%的60%乙醇溶液
苯酚红	6.7~8.4	黄	红	8	0.1%的60%乙醇溶液或其钠盐的水溶液
酚酞	8.0~10.0	无	红	9.1	0.1%的90%乙醇溶液
百里酚蓝(第二次变色)	8.0~9.6	黄	蓝	8.9	0.1%的20%乙醇溶液
百里酚酞	9.4~10.6	无	蓝	10	0.1%的90%乙醇溶液
茜素黄	10.1~12.0	黄	紫	—	0.1%的水溶液

附录 4　无机化合物在水中的溶解度[①]

单位：g/100 g 水

化合物 \ 温度/℃	0	20	40	60	80	100
AgC$_2$H$_3$C$_2$[AgAc]	0.73	1.05	1.43	1.93	2.59	
AgNO$_3$	122	216	311	440	585	733
Al(NO$_3$)$_3$	60	73.9	88.7	106	132	160

温度/℃ 化合物	0	20	40	60	80	100
$Al_2(SO_4)_3$	31.2	36.4	45.8	59.2	73	89
$BaCl_2$	31.2	35.8	40.8	46.2	52.5	59.4
$Ba(NO_3)_2$	4.95	9.02	14.1	20.4	27.2	34.4
$Ba(OH)_2$	1.67	3.89	8.22	20.94	101.4	
$CaCl_2$	59.5	74.5	128	137	147	159
$Ca(NO_3)_2$	102	129	191		358	363
$Ca(OH)_2$	0.189	0.173	0.141	0.121	0.094	0.076
$CoCl_2$	43.5	52.9	69.5	93.8	97.6	106
$Co(NO_3)_2$	84	97.4	125	174	204	300(90℃)
$CuCl_2$	68.6	73	87.6	96.5	104	120
$Cu(NO_3)_2$	83.5	125	163	182	208	247
$CuSO_4$	23.1	32	44.6	61.8	83.8	114
$FeCl_3$	74.4	91.8				
$Fe(NO_3)_3$	112	137.7	175			
$FeSO_4$	28.8	48	73.3	100.7	79.9	57.8
H_3BO_3	2.67	5.04	8.72	14.81	23.62	40.25
HCl	82.3	72.1	63.3	56.1		
$HgCl_2$	3.63	6.57	10.2	16.3	30	61.3
$KAl(SO_4)_2$	3	5.9	11.7	24.8	71	109(90℃)
KBr	53.6	65.3	75.4	85.5	94.9	104
KCl	28	34.2	40.1	45.8	51.3	56.3
$KClO_3$	3.3	7.3	13.9	23.8	37.6	56.3
K_2CrO_4	56.3	63.7	67.8	70.1		
$K_2Cr_2O_7$	4.7	12.3	26.3	45.6	73	
$K_3[Fe(CN)_6]$	30.2	46	59.3	70		91
$K_4[Fe(CN)_6]$	14.3	28.2	41.4	54.8	66.9	74.2
KI	128	144	162	176	192	206
$KMnO_4$	2.83	6.34	12.6	22.1		
KNO_3	13.9	31.6	61.3	106	167	245
KOH	95.7	112	134	154		178
$K_2S_2O_8$	1.65	4.7	11			
$MgCl_2$	52.9	54.6	57.5	61	66.1	73.3
$Mg(NO_3)_2$	62.1	69.5	78.9	78.9	91.6	
$Mn(NO_3)_2$	102	139				
$MnSO_4$	52.9	62.9	60	53.6	45.6	35.3
$Na_2B_4O_7$	1.11	2.56	6.67	19	31.4	52.5
$NaC_2H_3O_2[NaAc]$	36.2	46.4	65.6	139	153	170
$NaCl$	35.7	35.9	36.4	37.1	38	39.2
Na_2CO_3	7	21.5	49	46	43.9	
$NaHCO_3$	7	9.6	12.7	16		
$NaNO_3$	73	87.6	102	122	148	180
$NaOH$		109	129	174		
Na_2S	9.6	15.7	26.6	39.1	55	
Na_2SO_3	14.4	26.3	37.2	32.6	29.4	
$Na_2S_2O_3 \cdot 5H_2O$	50.2	70.1	104			
$(NH_4)_2C_2O_4$	2.2	4.45	8.18	14	22.4	34.7
NH_4Cl	29.4	37.2	45.8	55.3	65.6	77.3
$(NH_4)_2Fe(SO_4)_2$	17.23	36.47				
NH_4NO_3	118	192	297	421	580	871

续表

温度/℃ 化合物	0	20	40	60	80	100
NH_4SCN	120	170	234	346		
$(NH_4)_2SO_4$	70.6	75.4	81	88	95	103
$Ni(NO_3)_2$	79.2	94.2	119	158	187	
$NiSO_4$	26.2	37.7	50.4			
$Pb(C_2H_3O_2)_2[Pb(Ac)_2]$	19.8	44.3	116			
$Pb(NO_3)_2$	37.5	54.3	72.1	91.6	111	133
$Zn(NO_3)_2$	98		211			
$ZnSO_4$	41.6	53.8	70.5	75.4	71.1	60.5

① 溶解度表示在一定温度（℃）下，给定化学式的物质溶解在 100 g H_2O 中形成饱和溶液时该物质的质量（g）。实际取用的试剂往往带有一定数目的结晶水，需做相应换算。

注：表中数据录自 John A. Dean，Langé's Handbook of Chemistry，13thed.，1985。

附录 5　溶度积常数（291~298 K）

化学式（颜色）	$K_{sp}^{\ominus}$	化学式（颜色）	$K_{sp}^{\ominus}$
AgI（黄）	8.5×10^{-17}	$Hg(OH)_2(HgO,红)$	3×10^{-26}
AgBr（浅黄）	5.0×10^{-13}	Hg_2S（黑）	1×10^{-45}
AgCl（白）	1.8×10^{-10}	HgS（黑）	1.6×10^{-52}
Ag_2CO_3（白）	8.2×10^{-12}	HgS（红）	4×10^{-53}
$Ag_2C_2O_4$（白）	1.1×10^{-11}	$HgSO_4$（白）	1×10^{-6}
Ag_2CrO_4（砖红）	1.9×10^{-12}	$MgCO_3$（白）	约1×10^{-5}
$AgOH(Ag_2O,棕)$	2.0×10^{-8}	MgC_2O_4（白）	8.6×10^{-5}
Ag_3PO_4（黄）	1.4×10^{-16}	MgF_2（白）	8×10^{-8}
Ag_2S（黑）	5.5×10^{-51}	$Mg(OH)_2$（白）	8.9×10^{-12}
AgSCN（白）	1.0×10^{-12}	$MnCO_3$（白）	8.8×10^{-11}
Ag_2SO_4（白）	1.24×10^{-5}	$Mn(OH)_2$（白）	2×10^{-13}
$Al(OH)_3$（白）	5×10^{-33}	$Mn(OH)_3$（棕黑）	1×10^{-36}
$Au(OH)_3$（黄棕）	8.5×10^{-45}	MnS（绿）	2.5×10^{-13}
$BaCO_3$（白）	5.1×10^{-9}	MnS（肉）	2.5×10^{-10}
$BaC_2O_4\cdot2H_2O$（白）	1.5×10^{-8}	$NiCO_3$（浅绿）	1.4×10^{-7}
$BaCrO_4$（黄）	8.5×10^{-11}	$Ni(OH)_2$（浅绿）	1.6×10^{-16}
BaF_2（白）	2.4×10^{-5}	NiS（α，黑）	3×10^{-21}
$Ba_3(PO_4)_2$（白）	6×10^{-39}	NiS（β，黑）	1×10^{-26}
$BaSO_4$（白）	1.1×10^{-10}	NS（γ，黑）	2×10^{-28}
$Bi(OH)_3$（白）	4×10^{-31}	PbI_2（黄）	8.3×10^{-9}
BiOCl（白）	1.8×10^{-31}	$PbBr_2$（白）	4.6×10^{-6}
Bi_2S_3（棕黑）	1.6×10^{-72}	$CdCO_3$（白）	5.2×10^{-12}
$CaCO_3$（白）	4.7×10^{-9}	$Cd(OH)_2$（白）	2.0×10^{-14}
$CaC_2O_4\cdot H_2O$（白）	1.3×10^{-9}	CdS（黄）	1.0×10^{-28}
CaF_2（白）	1.7×10^{-10}	$CoCO_3$（粉红）	8×10^{-13}
$Ca_3(PO_4)_2$（白）	1.3×10^{-32}	$Co(OH)_2$（粉红）	2.5×10^{-16}
Hg_2Cl_2（白）	1.1×10^{-18}	$Co(OH)_3$（棕）	1×10^{-43}
Hg_2CO_3（浅黄）	9.0×10^{-17}	CoS（α，黑）	5×10^{-22}
$Hg_3C_2O_4$（黄）	1×10^{-13}	CoS（β，黑）	1.9×10^{-27}

续表

化学式(颜色)	$K_{sp}^{\ominus}$	化学式(颜色)	$K_{sp}^{\ominus}$
$Cr(OH)_2$(黄)	1.0×10^{-17}	PbC_2O_4(白)	8.3×10^{-12}
$Cr(OH)_3$(灰绿)	6.7×10^{-31}	$PbCrO_4$(黄)	2.8×10^{-13}
CuI(白)	1.1×10^{-12}	$Pb(OH)_2$(白)	4.2×10^{-15}
$CuBr$(白)	5.9×10^{-9}	$Pb_3(PO_4)_2$(白)	1×10^{-54}
$CuCl$(白)	3.2×10^{-7}	PbS(黑)	7×10^{-29}
$CuCO_3$(绿蓝)	2.5×10^{-10}	$PbSO_4$(白)	1.3×10^{-8}
$CuOH(Cu_2O$,红)	1.4×10^{-15}	$Sn(OH)_2$(白)	3×10^{-27}
$Cu(OH)_2$(浅蓝)	1.6×10^{-19}	$Sn(OH)_4$(白)	约10^{-57}
Cu_2S(黑)	1.2×10^{-49}	SnS(褐)	1×10^{-25}
CuS(黑)	8×10^{-37}	$SrCO_3$(白)	7×10^{-10}
$FeCO_3$(白)	2.11×10^{-11}	SnS_2(黄)	2×10^{-27}
$Fe(OH)_2$(白)	5×10^{-15}	$SrC_2O_4\cdot H_2O$(白)	5.6×10^{-8}
$Fe(OH)_3$(红棕)	6×10^{-38}	$SrCrO_4$(黄)	3.6×10^{-5}
$FePO_4$(浅黄)	1.5×10^{-18}	SrF_2(白)	7.9×10^{-10}
$FeS(\alpha$,黑)	4×10^{-19}	$Sr(OH)_2\cdot8H_2O$(白)	3.2×10^{-4}
Fe_2S_3(黑)	10^{-88}	$Sr_3(PO_4)_2$(白)	1×10^{-31}
$Ca(OH)_2$(白)	1.3×10^{-6}	$SrSO_4$(白)	7.6×10^{-7}
$CaSO_4\cdot2H_2O$(白)	2.4×10^{-5}	$ZnCO_3$(白)	2×10^{-10}
$PbCl_2$(白)	1.6×10^{-5}	$Zn(OH)_2$(白)	4.5×10^{-17}
PbF_2(白)	4×10^{-8}	$\alpha\text{-}ZnS$(白)	1.6×10^{-24}
$PbCO_3$(白)	1.5×10^{-13}	$\beta\text{-}ZnS$(白)	2.5×10^{-22}

注：表中数据录自 W. M. Latimer, Oxidation Potentials, 2nded. , 1952。

附录6 常用酸碱缓冲溶液的配制方法

附表 6-1 普通缓冲溶液的配制

pH 值	配制方法
0.0	c_B 为 1 $mol\cdot dm^{-3}$ 的 HCl 溶液
1.0	c_B 为 0.1 $mol\cdot dm^{-3}$ 的 HCl 溶液
2.0	c_B 为 0.01 $mol\cdot dm^{-3}$ 的 HCl 溶液
3.6	8 g $CH_3COONa\cdot3H_2O$ 溶于适量水后加入 c_B 为 6 $mol\cdot dm^{-3}$ 的 CH_3COOH 134 cm^3,加水稀释至 500 cm^3
4.0	20 g $CH_3COONa\cdot3H_2O$ 溶于适量水后加入 c_B 为 6 $mol\cdot dm^{-3}$ 的 CH_3COOH 134 cm^3,加水稀释至 500 cm^3
4.5	32 g $CH_3COONa\cdot3H_2O$ 溶于适量水后加入 c_B 为 6 $mol\cdot dm^{-3}$ 的 CH_3COOH 68 cm^3,加水稀释至 500 cm^3
5.0	50 g $CH_3COONa\cdot3H_2O$ 溶于适量水后加入 c_B 为 6 $mol\cdot dm^{-3}$ 的 CH_3COOH 34 cm^3,加水稀释至 500 cm^3
5.7	100 g $CH_3COONa\cdot3H_2O$ 溶于适量水后加入 c_B 为 6 $mol\cdot dm^{-3}$ 的 CH_3COOH 13 cm^3,加水稀释至 500 cm^3
7.0	77 g CH_3COONH_4 溶于适量水中,加水稀释至 500 cm^3
7.5	60 g NH_4Cl 溶于适量水中,加入 c_B 为 15 $mol\cdot dm^{-3}$ 的 $NH_3\cdot H_2O$ 1.4 cm^3,加水稀释至 500 cm^3
8.0	50 g NH_4Cl 溶于适量水中,加入 c_B 为 15 $mol\cdot dm^{-3}$ 的 $NH_3\cdot H_2O$ 3.5 cm^3,加水稀释至 500 cm^3
8.5	40 g NH_4Cl 溶于适量水中,加入 c_B 为 15 $mol\cdot dm^{-3}$ 的 $NH_3\cdot H_2O$ 8.8 cm^3,加水稀释至 500 cm^3
9.0	35 g NH_4Cl 溶于适量水中,加入 c_B 为 15 $mol\cdot dm^{-3}$ 的 $NH_3\cdot H_2O$ 24 cm^3,加水稀释至 500 cm^3
9.5	30 g NH_4Cl 溶于适量水中,加入 c_B 为 15 $mol\cdot dm^{-3}$ 的 $NH_3\cdot H_2O$ 65 cm^3,加水稀释至 500 cm^3
10.0	27 g NH_4Cl 溶于适量水中,加入 c_B 为 15 $mol\cdot dm^{-3}$ 的 $NH_3\cdot H_2O$ 197 cm^3,加水稀释至 500 cm^3
10.5	9 g NH_4Cl 溶于适量水中,加入 c_B 为 15 $mol\cdot dm^{-3}$ 的 $NH_3\cdot H_2O$ 175 cm^3,加水稀释至 500 cm^3
11.0	3 g NH_4Cl 溶于适量水中,加入 c_B 为 15 $mol\cdot dm^{-3}$ 的 $NH_3\cdot H_2O$ 207 cm^3,加水稀释至 500 cm^3
12.0	c_B 为 0.01 $mol\cdot dm^{-3}$ 的 NaOH 溶液
13.0	c_B 为 0.1 $mol\cdot dm^{-3}$ 的 NaOH 溶液

注：c_B 为溶液中溶质 B 的物质的量浓度，即物质的量比溶液体积。

附表 6-2　伯瑞坦-罗比森（Britton-Robinson）缓冲溶液的配制

pH 值	NaOH/cm³	pH 值	NaOH/cm³	pH 值	NaOH/cm³	pH 值	NaOH/cm³
1.81	0.0	4.10	25.0	6.80	50.0	9.62	75.0
1.89	2.5	4.35	27.5	7.00	52.5	9.91	77.5
1.98	5.0	4.56	30.0	7.24	55.0	10.38	80.0
2.09	7.5	4.78	32.5	7.54	57.5	10.88	82.5
2.21	10.0	5.02	35.0	7.96	60.0	11.20	85.0
2.36	12.5	5.33	37.5	8.36	62.5	11.40	87.5
2.56	15.0	5.72	40.0	8.69	65.0	11.58	90.0
2.87	17.5	6.09	42.5	8.95	67.5	11.70	92.5
3.29	20.0	6.37	45.0	9.15	70.0	11.82	95.0
3.78	22.5	6.59	47.5	9.37	72.5	11.92	97.5

注：在 100 cm³ 三酸混合液（磷酸、乙酸、硼酸，浓度均为 0.04 mol·dm⁻³）中，加入表中指定体积的 0.2 mol·dm⁻³ 氢氧化钠，即得表中相应 pH 值的缓冲溶液。

附表 6-3　克拉克-鲁布斯（Clark-Lubs）缓冲溶液的配制

pH 值	KCl/cm³	HCl/cm³	$KHC_6H_4O_4$/cm³	NaOH/cm³	KH_2PO_4/cm³	H_3BO_3/cm³
1.0	25.00	48.50	—	—	—	—
1.2	24.90	75.10	—	—	—	—
1.4	52.60	47.40	—	—	—	—
1.6	70.06	29.90	—	—	—	—
1.8	81.14	18.86	—	—	—	—
2.0	88.10	11.90	—	—	—	—
2.2	92.48	7.52	—	—	—	—
2.4	—	39.60	50.00	—	—	—
2.6	—	33.00	50.00	—	—	—
2.8	—	26.50	50.00	—	—	—
3.0	—	20.40	50.00	—	—	—
3.2	—	14.80	50.00	—	—	—
3.4	—	9.95	50.00	—	—	—
3.6	—	6.00	50.00	—	—	—
3.8	—	2.65	50.00	—	—	—
4.0	—	—	50.00	0.40	—	—
4.2	—	—	50.00	3.65	—	—
4.4	—	—	50.00	7.35	—	—
4.6	—	—	50.00	12.00	—	—
4.8	—	—	50.00	17.50	—	—
5.0	—	—	50.00	23.65	—	—
5.2	—	—	50.00	29.75	—	—
5.4	—	—	50.00	35.25	—	—
5.6	—	—	50.00	39.70	—	—
6.2	—	—	—	8.55	50.00	—
6.4	—	—	—	12.60	50.00	—
6.6	—	—	—	17.74	50.00	—
6.8	—	—	—	23.60	50.00	—
7.0	—	—	—	29.54	50.00	—
7.2	—	—	—	34.90	50.00	—

续表

pH 值	KCl/cm³	HCl/cm³	KHC₆H₄O₄/cm³	NaOH/cm³	KH₂PO₄/cm³	H₃BO₃/cm³
7.4	—	—	—	39.34	50.00	—
7.6	—	—	—	42.74	50.00	—
8.2	—	—	—	5.90	50.00	50.00
8.4	—	—	—	8.55	—	50.00
8.6	—	—	—	12.00	—	50.00
8.8	—	—	—	16.40	—	50.00
9.0	—	—	—	21.40	—	50.00
9.2	—	—	—	26.70	—	50.00
9.4	—	—	—	32.00	—	50.00
9.6	—	—	—	36.85	—	50.00
9.8	—	—	—	40.80	—	50.00
10.0	—	—	—	43.90	—	50.00

注：将表中所列两种储备液按体积混合，稀释至 200 cm³，即得相应 pH 值的缓冲溶液（20 ℃）。0.2 mol·dm⁻³ KCl 储备液：含 KCl 14.912 g·dm⁻³；0.2 mol·dm⁻³ 邻苯二甲酸氢钾储备液：含 KHC₆H₄O₄ 40.836 g·dm⁻³；0.2 mol·dm⁻³ 磷酸二氢钾储备液：含 KH₂PO₄ 27.232 g·dm⁻³；0.2 mol·dm⁻³ 硼酸储备液：含（12.405 g H₃BO₃ + 14.912 g KCl）·dm⁻³；0.2 mol·dm⁻³ 氢氧化钠（应除去 CO₂）储备液；0.2 mol·dm⁻³ 盐酸储备液。

附表 6-4　乙酸-乙酸钠缓冲溶液的配制

pH 值	NaAc/cm³	HAc/cm³	pH 值	NaAc/cm³	HAc/cm³	pH 值	NaAc/cm³	HAc/cm³
3.6	1.5	18.5	4.4	7.4	12.6	5.2	15.8	4.2
3.8	2.4	17.6	4.6	9.8	10.2	5.4	17.1	2.9
4.0	3.6	16.4	4.8	12.0	8.0	5.6	18.1	1.9
4.2	5.3	14.7	5.0	14.1	5.9			

注：将表中所列 0.2 mol·dm⁻³ 乙酸和 0.2 mol·dm⁻³ 乙酸钠溶液混合，即得相应 pH 值的缓冲溶液（20 ℃）。

附表 6-5　氨-氯化铵缓冲溶液的配制

pH 值	NH₃/cm³	NH₄Cl/cm³	pH 值	NH₃/cm³	NH₄Cl/cm³	pH 值	NH₃/cm³	NH₄Cl/cm³
8.0	1.1	18.9	8.8	5.2	14.8	9.6	13.8	6.2
8.2	1.7	18.3	9.0	7.2	12.8	9.8	15.6	4.4
8.4	2.5	17.5	9.2	10.0	10.0	10.0	17.0	3.0
8.6	3.7	16.3	9.4	11.7	8.3			

注：将表中所列 0.2 mol·dm⁻³ 氨和 0.2 mol·dm⁻³ 氯化铵溶液混合，即得相应 pH 值的缓冲溶液。

附表 6-6　常用标准缓冲溶液的配制及其 pH 值与温度的关系

1. 配制方法

（1）邻苯二甲酸氢钾缓冲溶液（pH 值为 4.01，298 K）

用 10.21 g 邻苯二甲酸氢钾（G. R.），溶解于蒸馏水中，并稀释到 1 dm³。

（2）磷酸二氢钾-磷酸氢二钠缓冲液（pH 值为 6.86，298 K）

用 3.4 g 磷酸二氢钾（G. R.）、3.55 g 磷酸氢二钠（G. R.），溶解于蒸馏水中，并稀释到 1 dm³。

（3）硼酸钠缓冲液（pH 值为 9.18，298 K）

用 3.81 g 硼酸钠（G. R.），溶解于蒸馏水中，并稀释到 1 dm³。

2. 缓冲溶液 pH 值与温度的关系

温度/K	pH 值		
	邻苯二甲酸氢钾缓冲液	磷酸二氢钾-磷酸氢二钠缓冲液	硼酸钠缓冲液
278	4.01	6.95	9.39
283	4.00	6.92	9.33
288	4.00	6.90	9.27
293	4.01	6.88	9.22
298	4.01	6.86	9.18
303	4.02	6.85	9.14
308	4.03	6.84	9.10
313	4.04	6.84	9.07
318	4.05	6.83	9.04
323	4.06	6.83	9.01
328	4.08	6.84	8.99
333	4.10	6.84	8.96

附录 7 标准电极电势（298 K）

附表 7-1 在酸性水溶液中的标准电极电势（酸表）

电对符号	$\varphi^{\ominus}/V$	电对平衡式
Li^+/Li	-3.045	$Li^+ + e^- \Longrightarrow Li$
K^+/K	-2.925	$K^+ + e^- \Longrightarrow K$
Rb^+/Rb	-2.925	$Rb^+ + e^- \Longrightarrow Rb$
Cs^+/Cs	-2.923	$Cs^+ + e^- \Longrightarrow Cs$
Ba^{2+}/Ba	-2.9	$Ba^{2+} + 2e^- \Longrightarrow Ba$
Sr^{2+}/Sr	-2.89	$Sr^{2+} + 2e^- \Longrightarrow Sr$
Ca^{2+}/Ca	-2.87	$Ca^{2+} + 2e^- \Longrightarrow Ca$
Na^+/Na	-2.714	$Na^+ + e^- \Longrightarrow Na$
La^{3+}/La	-2.52	$La^{3+} + 3e^- \Longrightarrow La$
Mg^{2+}/Mg	-2.37	$Mg^{2+} + 2e^- \Longrightarrow Mg$
Sc^{3+}/Sc	-2.08	$Sc^{3+} + 3e^- \Longrightarrow Sc$
Be^{2+}/Be	-1.85	$Be^{2+} + 2e^- \Longrightarrow Be$
Al^{3+}/Al	-1.66	$Al^{3+} + 3e^- \Longrightarrow Al$
Ti^{2+}/Ti	-1.63	$Ti^{2+} + 2e^- \Longrightarrow Ti$
Zr^{4+}/Zr	-1.53	$Zr^{4+} + 4e^- \Longrightarrow Zr$
V^{2+}/V	-1.18	$V^{2+} + 2e^- \Longrightarrow V$
Mn^{2+}/Mn	-1.18	$Mn^{2+} + 2e^- \Longrightarrow Mn$
TiO^{2+}/Ti	-0.88	$TiO^{2+} + 2H^+ + 4e^- \Longrightarrow Ti + H_2O$
H_3BO_3/B	-0.87	$H_3BO_3 + 3H^+ + 3e^- \Longrightarrow B + 3H_2O$
SiO_2/Si	-0.86	$SiO_2 + 4H^+ + 4e^- \Longrightarrow Si + 2H_2O$
Zn^{2+}/Zn	-0.763	$Zn^{2+} + 2e^- \Longrightarrow Zn$
Cr^{3+}/Cr	-0.74	$Cr^{3+} + 3e^- \Longrightarrow Cr$
Ga^{3+}/Ga	-0.53	$Ga^{3+} + 3e^- \Longrightarrow Ga$
$CO_2/H_2C_2O_4$	-0.49	$2CO_2 + 2H^+ + 2e^- \Longrightarrow H_2C_2O_4$
Fe^{2+}/Fe	-0.44	$Fe^{2+} + 2e^- \Longrightarrow Fe$
Cr^{3+}/Cr^{2+}	-0.41	$Cr^{3+} + e^- \Longrightarrow Cr^{2+}$
Cd^{2+}/Cd	-0.403	$Cd^{2+} + 2e^- \Longrightarrow Cd$

电对符号	$\varphi^{\ominus}/V$	电对平衡式
Ti^{3+}/Ti^{2+}	-0.37	$Ti^{3+}+e^- \rightleftharpoons Ti^{2+}$
PbI_2/Pb	-0.365	$PbI_2+2e^- \rightleftharpoons Pb+2I^-$
$PbSO_4/Pb$	-0.356	$PbSO_4+2e^- \rightleftharpoons Pb+SO_4^{2-}$
In^{3+}/In	-0.342	$In^{3+}+3e^- \rightleftharpoons In$
Tl^+/Tl	-0.336	$Tl^++e^- \rightleftharpoons Tl$
$PbBr_2/Pb$	-0.28	$PbBr_2+2e^- \rightleftharpoons Pb+2Br^-$
Co^{2+}/Co	-0.277	$Co^{2+}+2e^- \rightleftharpoons Co$
H_3PO_4/H_3PO_3	-0.276	$H_3PO_4+2H^++2e^- \rightleftharpoons H_3PO_3+H_2O$
$PbCl_2/Pb$	-0.268	$PbCl_2+2e^- \rightleftharpoons Pb+2Cl^-$
V^{3+}/V^{2+}	-0.255	$V^{3+}+e^- \rightleftharpoons V^{2+}$
VO_2^+/V	-0.253	$VO_2^++4H^++5e^- \rightleftharpoons V+H_2O$
Ni^{2+}/Ni	-0.25	$Ni^{2+}+2e^- \rightleftharpoons Ni$
Mo^{3+}/Mo	-0.2	$Mo^{3+}+3e^- \rightleftharpoons Mo$
CuI/Cu	-0.185	$CuI+e^- \rightleftharpoons Cu+I^-$
AgI/Ag	-0.151	$AgI+e^- \rightleftharpoons Ag+I^-$
GeO_2/Ge	-0.15	$GeO_2+4H^++4e^- \rightleftharpoons Ge+2H_2O$
Sn^{2+}/Sn	-0.136	$Sn^{2+}+2e^- \rightleftharpoons Sn$
Pb^{2+}/Pb	-0.126	$Pb^{2+}+2e^- \rightleftharpoons Pb$
WO_3/W	-0.09	$WO_3+6H^++6e^- \rightleftharpoons W+3H_2O$
H^+/H_2	0	$2H^++2e^- \rightleftharpoons H_2$
$AgBr/Ag$	0.095	$AgBr+e^- \rightleftharpoons Ag+Br^-$
$CuCl/Cu$	0.137	$CuCl+e^- \rightleftharpoons Cu+Cl^-$
S/H_2S	0.141	$S+2H^++2e^- \rightleftharpoons H_2S$
Sn^{4+}/Sn^{2+}	0.15	$Sn^{4+}+2e^- \rightleftharpoons Sn^{2+}$
SO_4^{2-}/H_2SO_3	0.17	$SO_4^{2-}+4H^++2e^- \rightleftharpoons H_2SO_3+H_2O$
SbO^+/Sb	0.212	$SbO^++2H^++3e^- \rightleftharpoons Sb+H_2O$
$AgCl/Ag$	0.222	$AgCl+e^- \rightleftharpoons Ag+Cl^-$
Hg_2Cl_2/Hg	0.2676	$Hg_2Cl_2+2e^- \rightleftharpoons 2Hg+2Cl^-$
BiO^+/Bi	0.32	$BiO^++2H^++3e^- \rightleftharpoons Bi+H_2O$
Cu^{2+}/Cu	0.337	$Cu^{2+}+2e^- \rightleftharpoons Cu$
VO^{2+}/V^{3+}	0.361	$VO^{2+}+2H^++e^- \rightleftharpoons V^{3+}+H_2O$
H_2SO_3/S	0.45	$H_2SO_3+4H^++4e^- \rightleftharpoons S+3H_2O$
Cu^+/Cu	0.521	$Cu^++e^- \rightleftharpoons Cu$
$HgCl_2/Hg_2Cl_2$	0.53	$2HgCl_2+2e^- \rightleftharpoons Hg_2Cl_2+2Cl^-$
I_2/I^-	0.535	$I_2+2e^- \rightleftharpoons 2I^-$
$Cu^{2+}/CuCl$	0.538	$Cu^{2+}+Cl^-+e^- \rightleftharpoons CuCl$
$H_2AsO_4/HAsO_2$	0.559	$H_2AsO_4+2H^++2e^- \rightleftharpoons HAsO_2+2H_2O$
Sb_2O_5/SbO^+	0.581	$Sb_2O_5+6H^++4e^- \rightleftharpoons 2SbO^++3H_2O$
O_2/H_2O_2	0.682	$O_2+2H^++2e^- \rightleftharpoons H_2O_2$
$[PtCl_4]^{2-}/Pt$	0.73	$[PtCl_4]^{2-}+2e^- \rightleftharpoons Pt+4Cl^-$
Fe^{3+}/Fe^{2+}	0.771	$Fe^{3+}+e^- \rightleftharpoons Fe^{2+}$
Hg_2^{2+}/Hg	0.789	$Hg_2^{2+}+2e^- \rightleftharpoons 2Hg$
Ag^+/Ag	0.799	$Ag^++e^- \rightleftharpoons Ag$
NO_3^-/N_2O_4	0.8	$2NO_3^-+4H^++2e^- \rightleftharpoons N_2O_4+2H_2O$
Cu^{2+}/CuI	0.86	$Cu^{2+}+I^-+e^- \rightleftharpoons CuI$
NO_3^-/NH_4^+	0.88	$NO_3^-+10H^++8e^- \rightleftharpoons NH_4^++3H_2O$
Hg^{2+}/Hg_2^{2+}	0.92	$2Hg^{2+}+2e^- \rightleftharpoons Hg_2^{2+}$
NO_3^-/HNO_2	0.94	$NO_3^-+3H^++2e^- \rightleftharpoons HNO_2+H_2O$
NO_3^-/NO	0.96	$NO_3^-+4H^++3e^- \rightleftharpoons NO+2H_2O$

电对符号	$\varphi^{\ominus}/V$	电对平衡式
HNO_2/NO	1.00	$HNO_2+H^++e^- \rightleftharpoons NO+H_2O$
$[AuCl_4]^-/Au$	1.00	$[AuCl_4]^-+3e^- \rightleftharpoons Au+4Cl^-$
H_6TeO_6/TeO_2	1.02	$H_6TeO_6+2H^++2e^- \rightleftharpoons TeO_2+4H_2O$
N_2O_4/NO	1.03	$N_2O_4+4H^++4e^- \rightleftharpoons 2NO+2H_2O$
Br_2/Br^-	1.065	$Br_2+2e^- \rightleftharpoons 2Br^-$
N_2O_4/HNO_2	1.07	$N_2O_4+2H^++2e^- \rightleftharpoons 2HNO_2$
$[AuCl_2]^-/Au$	1.15	$[AuCl_2]^-+e^- \rightleftharpoons Au+2Cl^-$
SeO_4^{2-}/H_2SeO_3	1.15	$SeO_4^{2-}+4H^++2e^- \rightleftharpoons H_2SeO_3+H_2O$
ClO_4^-/ClO_3^-	1.19	$ClO_4^-+2H^++2e^- \rightleftharpoons ClO_3^-+H_2O$
IO_3^-/I_2	1.2	$2IO_3^-+12H^++10e^- \rightleftharpoons I_2+6H_2O$
Pt^{2+}/Pt	1.2	$Pt^{2+}+2e^- \rightleftharpoons Pt$
$ClO_3^-/HClO_2$	1.21	$ClO_3^-+3H^++2e^- \rightleftharpoons HClO_2+H_2O$
O_2/H_2O	1.229	$O_2+4H^++4e^- \rightleftharpoons 2H_2O$
MnO_2/Mn^{2+}	1.23	$MnO_2+4H^++2e^- \rightleftharpoons Mn^{2+}+2H_2O$
NO_3^-/N_2	1.24	$2NO_3^-+12H^++10e^- \rightleftharpoons N_2+6H_2O$
Tl^{3+}/Tl^+	1.25	$Tl^{3+}+2e^- \rightleftharpoons Tl^+$
$ClO_2/HClO_2$	1.275	$ClO_2+H^++e^- \rightleftharpoons HClO_2$
$Cr_2O_7^{2-}/Cr^{3+}$	1.33	$Cr_2O_7^{2-}+14H^++6e^- \rightleftharpoons 2Cr^{3+}+7H_2O$
Cl_2/Cl^-	1.36	$Cl_2+2e^- \rightleftharpoons 2Cl^-$
HIO/I_2	1.45	$2HIO+2H^++2e^- \rightleftharpoons I_2+2H_2O$
PbO_2/Pb^{2+}	1.455	$PbO_2+4H^++2e^- \rightleftharpoons Pb^{2+}+2H_2O$
Au^{3+}/Au	1.5	$Au^{3+}+3e^- \rightleftharpoons Au$
Mn^{3+}/Mn^{2+}	1.51	$Mn^{3+}+e^- \rightleftharpoons Mn^{2+}$
MnO_4^-/Mn^{2+}	1.51	$MnO_4^-+8H^++5e^- \rightleftharpoons Mn^{2+}+4H_2O$
BrO_3^-/Br_2	1.52	$2BrO_3^-+12H^++10e^- \rightleftharpoons Br_2+6H_2O$
$HBrO/Br_2$	1.59	$2HBrO+2H^++2e^- \rightleftharpoons Br_2+2H_2O$
H_5IO_6/IO_3^-	1.6	$H_5IO_6+H^++2e^- \rightleftharpoons IO_3^-+3H_2O$
Bi_2O_5/Bi^{3+}	1.6	$Bi_2O_5+10H^++4e^- \rightleftharpoons 2Bi^{3+}+5H_2O$
Ce^{4+}/Ce^{3+}	1.61	$Ce^{4+}+e^- \rightleftharpoons Ce^{3+}$
$HClO/Cl_2$	1.63	$2HClO+2H^++2e^- \rightleftharpoons Cl_2+2H_2O$
$HClO_2/HClO$	1.64	$HClO_2+2H^++2e^- \rightleftharpoons HClO+H_2O$
Au^+/Au	1.68	$Au^++e^- \rightleftharpoons Au$
NiO_2/Ni^{2+}	1.68	$NiO_2+4H^++2e^- \rightleftharpoons Ni^{2+}+2H_2O$
$PbO_2/PbSO_4$	1.685	$PbO_2+4H^++SO_4^{2-}+2e^- \rightleftharpoons PbSO_4+2H_2O$
MnO_4^-/MnO_2	1.695	$MnO_4^-+4H^++3e^- \rightleftharpoons MnO_2+2H_2O$
BrO_4^-/BrO_3^-	1.76	$BrO_4^-+2H^++2e^- \rightleftharpoons BrO_3^-+H_2O$
H_2O_2/H_2O	1.77	$H_2O_2+2H^++2e^- \rightleftharpoons 2H_2O$
Co^{3+}/Co^{2+}	1.842	$Co^{3+}+e^- \rightleftharpoons Co^{2+}$
FeO_4^{2-}/Fe^{3+}	1.9	$FeO_4^{2-}+8H^++3e^- \rightleftharpoons Fe^{3+}+4H_2O$
Ag^{2+}/Ag^+	1.98	$Ag^{2+}+e^- \rightleftharpoons Ag^+$
$S_2O_8^{2-}/SO_4^{2-}$	2.01	$S_2O_8^{2-}+2e^- \rightleftharpoons 2SO_4^{2-}$
O_3/H_2O	2.07	$O_3+2H^++2e^- \rightleftharpoons O_2+H_2O$
OF_2/H_2O	2.1	$OF_2+2H^++4e^- \rightleftharpoons H_2O+2F^-$
O/H_2O	2.42	$O+2H^++2e^- \rightleftharpoons H_2O$
F_2/HF	3.06	$F_2+2H^++2e^- \rightleftharpoons 2HF$

附表 7-2 在碱性水溶液中的标准电极电势（碱表）

电对符号	$\varphi^{\ominus}/V$	电对平衡式
Li^+/Li	-3.045	$Li^++e^- \rightleftharpoons Li$
$Ca(OH)_2/Ca$	-3.03	$Ca(OH)_2+2e^- \rightleftharpoons Ca+2OH^-$
$Sr(OH)_2 \cdot 8H_2O/Sr$	-2.99	$Sr(OH)_2 \cdot 8H_2O+2e^- \rightleftharpoons Sr+2OH^-+8H_2O$
$Ba(OH)_2 \cdot 8H_2O/Ba$	-2.97	$Ba(OH)_2 \cdot 8H_2O+2e^- \rightleftharpoons Ba+2OH^-+8H_2O$

续表

电对符号	$\varphi^{\ominus}/V$	电对平衡式
K^+/K	-2.925	$K^+ + e^- \Longrightarrow K$
Rb^+/Rb	-2.925	$Rb^+ + e^- \Longrightarrow Rb$
Cs^+/Cs	-2.923	$Cs^+ + e^- \Longrightarrow Cs$
$La(OH)_3/La$	-2.9	$La(OH)_3 + 3e^- \Longrightarrow La + 3OH^-$
Na^+/Na	-2.714	$Na^+ + e^- \Longrightarrow Na$
$Mg(OH)_2/Mg$	-2.69	$Mg(OH)_2 + 2e^- \Longrightarrow Mg + 2OH^-$
$Be_2O_3^{2-}/Be$	-2.62	$Be_2O_3^{2-} + 3H_2O + 4e^- \Longrightarrow 2Be + 6OH^-$
$Sc(OH)_3/Sc$	-2.6	$Sc(OH)_3 + 3e^- \Longrightarrow Sc + 3OH^-$
$H_2AlO_3^-/Al$	-2.35	$H_2AlO_3^- + H_2O + 3e^- \Longrightarrow Al + 4OH^-$
H_2/H^-	-2.25	$H_2 + 2e^- \Longrightarrow 2H^-$
$H_2BO_3^-/B$	-1.79	$H_2BO_3^- + H_2O + 3e^- \Longrightarrow B + 4OH^-$
SiO_3^{2-}/Si	-1.7	$SiO_3^{2-} + 3H_2O + 4e^- \Longrightarrow Si + 6OH^-$
TiO_2/Ti	-1.69	$TiO_2 + 2H_2O + 4e^- \Longrightarrow Ti + 4OH^-$
$Mn(OH)_2/Mn$	-1.55	$Mn(OH)_2 + 2e^- \Longrightarrow Mn + 2OH^-$
$H_2GaO_3^-/Ga$	-1.22	$H_2GaO_3^- + H_2O + 3e^- \Longrightarrow Ga + 4OH^-$
ZnO_2^{2-}/Zn	-1.216	$ZnO_2^{2-} + 2H_2O + 2e^- \Longrightarrow Zn + 4OH^-$
CrO_2^-/Cr	-1.2	$CrO_2^- + 2H_2O + 3e^- \Longrightarrow Cr + 4OH^-$
PO_4^{3-}/HPO_3^{2-}	-1.12	$PO_4^{3-} + 2H_2O + 2e^- \Longrightarrow HPO_3^{2-} + 3OH^-$
$[Zn(NH_3)_4]^{2+}/Zn$	-1.04	$[Zn(NH_3)_4]^{2+} + 2e^- \Longrightarrow Zn + 4NH_3$
$In(OH)_3/In$	-1	$In(OH)_3 + 3e^- \Longrightarrow In + 3OH^-$
SO_4^{2-}/SO_3^{2-}	-0.93	$SO_4^{2-} + H_2O + 2e^- \Longrightarrow SO_3^{2-} + 2OH^-$
$HSnO_2^-/Sn$	-0.91	$HSnO_2^- + H_2O + 2e^- \Longrightarrow Sn + 3OH^-$
$HGeO_3^-/Ge$	-0.9	$HGeO_3^- + 2H_2O + 4e^- \Longrightarrow Ge + 5OH^-$
$[Sn(OH)_6]^{2-}/HSnO_2^-$	-0.9	$[Sn(OH)_6]^{2-} + 2e^- \Longrightarrow HSnO_2^- + 3OH^- + H_2O$
$Fe(OH)_2/Fe$	-0.877	$Fe(OH)_2 + 2e^- \Longrightarrow Fe + 2OH^-$
H_2O/H_2	-0.828	$2H_2O + 2e^- \Longrightarrow H_2 + 2OH^-$
$Cd(OH)_2/Cd$	-0.809	$Cd(OH)_2 + 2e^- \Longrightarrow Cd + 2OH^-$
$FeCO_3/Fe$	-0.756	$FeCO_3 + 2e^- \Longrightarrow Fe + CO_3^{2-}$
$Co(OH)_2/Co$	-0.73	$Co(OH)_2 + 2e^- \Longrightarrow Co + 2OH^-$
$Ni(OH)_2/Ni$	-0.72	$Ni(OH)_2 + 2e^- \Longrightarrow Ni + 2OH^-$
HgS/Hg	-0.72	$HgS + 2e^- \Longrightarrow Hg + S^{2-}$
Ag_2S/Ag	-0.69	$Ag_2S + 2e^- \Longrightarrow 2Ag + S^{2-}$
AsO_4^{3-}/AsO_2^-	-0.67	$AsO_4^{3-} + 2H_2O + 2e^- \Longrightarrow AsO_2^- + 4OH^-$
SbO_2^-/Sb	-0.66	$SbO_2^- + 2H_2O + 3e^- \Longrightarrow Sb + 4OH^-$
SO_3^{2-}/S	-0.66	$SO_3^{2-} + 3H_2O + 4e^- \Longrightarrow S + 6OH^-$
$SO_3^{2-}/S_2O_3^{2-}$	-0.58	$2SO_3^{2-} + 3H_2O + 4e^- \Longrightarrow S_2O_3^{2-} + 6OH^-$
$Fe(OH)_3/Fe(OH)_2$	-0.56	$Fe(OH)_3 + e^- \Longrightarrow Fe(OH)_2 + OH^-$
$HPbO_2^-/Pb$	-0.54	$HPbO_2^- + H_2O + 2e^- \Longrightarrow Pb + 3OH^-$
Cu_2S/Cu	-0.54	$Cu_2S + 2e^- \Longrightarrow 2Cu + S^{2-}$
S/S^{2-}	-0.48	$S + 2e^- \Longrightarrow S^{2-}$
NO_2^-/NO	-0.46	$NO_2^- + H_2O + e^- \Longrightarrow NO + 2OH^-$
Bi_2O_3/Bi	-0.44	$Bi_2O_3 + 3H_2O + 6e^- \Longrightarrow 2Bi + 6OH^-$
$[Cu(CN)_2]^-/Cu$	-0.43	$[Cu(CN)_2]^- + e^- \Longrightarrow Cu + 2CN^-$
Cu_2O/Cu	-0.358	$Cu_2O + H_2O + 2e^- \Longrightarrow 2Cu + 2OH^-$
$TlOH/Tl$	-0.3445	$TlOH + e^- \Longrightarrow Tl + OH^-$
$[Ag(CN)_2]^-/Ag$	-0.31	$[Ag(CN)_2]^- + e^- \Longrightarrow Ag + 2CN^-$
$[Cu(NH_3)_2]^+/Cu$	-0.12	$[Cu(NH_3)_2]^+ + e^- \Longrightarrow Cu + 2NH_3$
CrO_4^{2-}/CrO_2^-	-0.12	$CrO_4^{2-} + 2H_2O + 3e^- \Longrightarrow CrO_2^- + 4OH^-$
$Cu(OH)_2/Cu_2O$	-0.08	$2Cu(OH)_2 + 2e^- \Longrightarrow Cu_2O + 2OH^- + H_2O$

电对符号	$\varphi^{\ominus}/V$	电对平衡式
O_2/HO_2^-	-0.076	$O_2 + H_2O + 2e^- \rightleftharpoons HO_2^- + OH^-$
$MnO_2/Mn(OH)_2$	-0.05	$MnO_2 + 2H_2O + 2e^- \rightleftharpoons Mn(OH)_2 + 2OH^-$
$[Cu(NH_3)_4]^{2+}/[Cu(NH_3)_2]^+$	-0.01	$[Cu(NH_3)_4]^{2+} + e^- \rightleftharpoons [Cu(NH_3)_2]^+ + 2NH_3$
$[Ag(S_2O_3)_2]^{3-}/Ag$	0.01	$[Ag(S_2O_3)_2]^{3-} + e^- \rightleftharpoons Ag + 2S_2O_3^{2-}$
NO_3^-/NO_2^-	0.01	$NO_3^- + H_2O + 2e^- \rightleftharpoons NO_2^- + 2OH^-$
SeO_4^{2-}/SeO_3^{2-}	0.05	$SeO_4^{2-} + H_2O + 2e^- \rightleftharpoons SeO_3^{2-} + 2OH^-$
$S_4O_6^{2-}/S_2O_3^{2-}$	0.08	$S_4O_6^{2-} + 2e^- \rightleftharpoons 2S_2O_3^{2-}$
HgO/Hg	0.098	$HgO + H_2O + 2e^- \rightleftharpoons Hg + 2OH^-$
$[Co(NH_3)_6]^{3+}/[Co(NH_3)_6]^{2+}$	0.1	$[Co(NH_3)_6]^{3+} + e^- \rightleftharpoons [Co(NH_3)_6]^{2+}$
$Mn(OH)_3/Mn(OH)_2$	0.1	$Mn(OH)_3 + e^- \rightleftharpoons Mn(OH)_2 + OH^-$
$Co(OH)_3/Co(OH)_2$	0.17	$Co(OH)_3 + e^- \rightleftharpoons Co(OH)_2 + OH^-$
PbO_2/PbO	0.248	$PbO_2 + H_2O + 2e^- \rightleftharpoons PbO + 2OH^-$
IO_3^-/I^-	0.26	$IO_3^- + 3H_2O + 6e^- \rightleftharpoons I^- + 6OH^-$
ClO_3^-/ClO_2^-	0.33	$ClO_3^- + H_2O + 2e^- \rightleftharpoons ClO_2^- + 2OH^-$
Ag_2O/Ag	0.344	$Ag_2O + H_2O + 2e^- \rightleftharpoons 2Ag + 2OH^-$
$[Fe(CN)_6]^{3-}/[Fe(CN)_6]^{4-}$	0.36	$[Fe(CN)_6]^{3-} + e^- \rightleftharpoons [Fe(CN)_6]^{4-}$
ClO_4^-/ClO_3^-	0.36	$ClO_4^- + H_2O + 2e^- \rightleftharpoons ClO_3^- + 2OH^-$
$[Ag(NH_3)_2]^+/Ag$	0.373	$[Ag(NH_3)_2]^+ + e^- \rightleftharpoons Ag + 2NH_3$
TeO_4^{2-}/TeO_3^{2-}	0.4	$TeO_4^{2-} + H_2O + 2e^- \rightleftharpoons TeO_3^{2-} + 2OH^-$
O_2/OH^-	0.401	$O_2 + 2H_2O + 4e^- \rightleftharpoons 4OH^-$
ClO^-/Cl_2	0.42	$2ClO^- + 2H_2O + 2e^- \rightleftharpoons Cl_2 + 4OH^-$
IO^-/I_2	0.45	$2IO^- + 2H_2O + 2e^- \rightleftharpoons I_2 + 4OH^-$
$NiO_2/Ni(OH)_2$	0.49	$NiO_2 + 2H_2O + 2e^- \rightleftharpoons Ni(OH)_2 + 2OH^-$
I_2/I^-	0.535	$I_2 + 2e^- \rightleftharpoons 2I^-$
MnO_4^-/MnO_4^{2-}	0.564	$MnO_4^- + e^- \rightleftharpoons MnO_4^{2-}$
AgO/Ag_2O	0.57	$2AgO + H_2O + 2e^- \rightleftharpoons Ag_2O + 2OH^-$
MnO_4^-/MnO_2	0.588	$MnO_4^- + 2H_2O + 3e^- \rightleftharpoons MnO_2 + 4OH^-$
MnO_4^{2-}/MnO_2	0.6	$MnO_4^{2-} + 2H_2O + 2e^- \rightleftharpoons MnO_2 + 4OH^-$
BrO_3^-/Br^-	0.61	$BrO_3^- + 3H_2O + 6e^- \rightleftharpoons Br^- + 6OH^-$
ClO_2^-/ClO^-	0.66	$ClO_2^- + H_2O + 2e^- \rightleftharpoons ClO^- + 2OH^-$
$H_3IO_6^{2-}/IO_3^-$	0.7	$H_3IO_6^{2-} + 2e^- \rightleftharpoons IO_3^- + 3OH^-$
Ag_2O_3/AgO	0.74	$Ag_2O_3 + H_2O + 2e^- \rightleftharpoons 2AgO + 2OH^-$
BrO^-/Br^-	0.76	$BrO^- + H_2O + 2e^- \rightleftharpoons Br^- + 2OH^-$
HO_2^-/OH^-	0.88	$HO_2^- + H_2O + 2e^- \rightleftharpoons 3OH^-$
N_2O_4/NO_2^-	0.88	$N_2O_4 + 2e^- \rightleftharpoons 2NO_2^-$
ClO^-/Cl^-	0.89	$ClO^- + H_2O + 2e^- \rightleftharpoons Cl^- + 2OH^-$
FeO_4^{2-}/FeO_2^-	0.9	$FeO_4^{2-} + 2H_2O + 3e^- \rightleftharpoons FeO_2^- + 4OH^-$
BrO_4^-/BrO_3^-	0.93	$BrO_4^- + H_2O + 2e^- \rightleftharpoons BrO_3^- + 2OH^-$
Br_2/Br^-	1.065	$Br_2 + 2e^- \rightleftharpoons 2Br^-$
$Cu^{2+}/[Cu(CN)_2]^-$	1.12	$Cu^{2+} + 2CN^- + e^- \rightleftharpoons [Cu(CN)_2]^-$
ClO_2/ClO_2^-	1.16	$ClO_2 + e^- \rightleftharpoons ClO_2^-$
O_3/OH^-	1.24	$O_3 + H_2O + 2e^- \rightleftharpoons O_2 + 2OH^-$
Cl_2/Cl^-	1.36	$Cl_2 + 2e^- \rightleftharpoons 2Cl^-$
OF_2/OH^-	1.69	$OF_2 + H_2O + 4e^- \rightleftharpoons 2OH^- + 2F^-$
$S_2O_8^{2-}/SO_4^{2-}$	2.01	$S_2O_8^{2-} + 2e^- \rightleftharpoons 2SO_4^{2-}$
F_2/F^-	2.87	$F_2 + 2e^- \rightleftharpoons 2F^-$

附录 8　配离子的累积稳定常数（291～298 K）

附表 8-1　金属-无机配位体配合物的稳定常数

序号	配位体	金属离子	配位体数目 n	$\lg\beta_n$
1	NH₃	Ag^+	1, 2	3.24, 7.05
		Au^{3+}	4	10.3
		Cd^{2+}	1, 2, 3, 4, 5, 6	2.65, 4.75, 6.19, 7.12, 6.80, 5.14
		Co^{2+}	1, 2, 3, 4, 5, 6	2.11, 3.74, 4.79, 5.55, 5.73, 5.11
		Co^{3+}	1, 2, 3, 4, 5, 6	6.7, 14.0, 20.1, 25.7, 30.8, 35.2
		Cu^+	1, 2	5.93, 10.86
		Cu^{2+}	1, 2, 3, 4, 5	4.31, 7.98, 11.02, 13.32, 12.86
		Fe^{2+}	1, 2	1.4, 2.2
		Hg^{2+}	1, 2, 3, 4	8.8, 17.5, 18.5, 19.28
		Mn^{2+}	1, 2	0.8, 1.3
		Ni^{2+}	1, 2, 3, 4, 5, 6	2.80, 5.04, 6.77, 7.96, 8.71, 8.74
		Pd^{2+}	1, 2, 3, 4	9.6, 18.5, 26.0, 32.8
		Pt^{2+}	6	35.3
		Zn^{2+}	1, 2, 3, 4	2.37, 4.81, 7.31, 9.46
2	Br⁻	Ag^+	1, 2, 3, 4	4.38, 7.33, 8.00, 8.73
		Bi^{3+}	1, 2, 3, 4, 5, 6	2.37, 4.20, 5.90, 7.30, 8.20, 8.30
		Cd^{2+}	1, 2, 3, 4	1.75, 2.34, 3.32, 3.70
		Ce^{3+}	1	0.42
		Cu^+	2	5.89
		Cu^{2+}	1	0.30
		Hg^{2+}	1, 2, 3, 4	9.05, 17.32, 19.74, 21.00
		In^{3+}	1, 2	1.30, 1.88
		Pb^{2+}	1, 2, 3, 4	1.77, 2.60, 3.00, 2.30
		Pd^{2+}	1, 2, 3, 4	5.17, 9.42, 12.70, 14.90
		Rh^{3+}	2, 3, 4, 5, 6	14.3, 16.3, 17.6, 18.4, 17.2
		Sc^{3+}	1, 2	2.08, 3.08
		Sn^{2+}	1, 2, 3	1.11, 1.81, 1.46
		Tl^{3+}	1, 2, 3, 4, 5, 6	9.7, 16.6, 21.2, 23.9, 29.2, 31.6
		U^{4+}	1	0.18
		Y^{3+}	1	1.32
3	Cl⁻	Ag^+	1, 2, 4	3.04, 5.04, 5.30
		Bi^{3+}	1, 2, 3, 4	2.44, 4.7, 5.0, 5.6
		Cd^{2+}	1, 2, 3, 4	1.95, 2.50, 2.60, 2.80
		Co^{3+}	1	1.42
		Cu^+	2, 3	5.5, 5.7
		Cu^{2+}	1, 2	0.1, −0.6
		Fe^{2+}	1	1.17
		Fe^{3+}	2	9.8
		Hg^{2+}	1, 2, 3, 4	6.74, 13.22, 14.07, 15.07
		In^{3+}	1, 2, 3, 4	1.62, 2.44, 1.70, 1.60
		Pb^{2+}	1, 2, 3	1.42, 2.23, 3.23
		Pd^{2+}	1, 2, 3, 4	6.1, 10.7, 13.1, 15.7
		Pt^{2+}	2, 3, 4	11.5, 14.5, 16.0
		Sb^{3+}	1, 2, 3, 4	2.26, 3.49, 4.18, 4.72

序号	配位体	金属离子	配位体数目 n	$\lg\beta_n$
3	Cl^-	Sn^{2+}	1, 2, 3, 4	1.51, 2.24, 2.03, 1.48
		Tl^{3+}	1, 2, 3, 4	8.14, 13.60, 15.78, 18.00
		Th^{4+}	1, 2	1.38, 0.38
		Zn^{2+}	1, 2, 3, 4	0.43, 0.61, 0.53, 0.20
		Zr^{4+}	1, 2, 3, 4	0.9, 1.3, 1.5, 1.2
4	CN^-	Ag^+	2, 3, 4	21.1, 21.7, 20.6
		Au^+	2	38.3
		Cd^{2+}	1, 2, 3, 4	5.48, 10.60, 15.23, 18.78
		Cu^+	2, 3, 4	24.0, 28.59, 30.30
		Fe^{2+}	6	35.0
		Fe^{3+}	6	42.0
		Hg^{2+}	4	41.4
		Ni^{2+}	4	31.3
		Zn^{2+}	1, 2, 3, 4	5.3, 11.70, 16.70, 21.60
5	F^-	Al^{3+}	1, 2, 3, 4, 5, 6	6.11, 11.12, 15.00, 18.00, 19.40, 19.80
		Be^{2+}	1, 2, 3, 4	4.99, 8.80, 11.60, 13.10
		Bi^{3+}	1	1.42
		Co^{2+}	1	0.4
		Cr^{3+}	1, 2, 3	4.36, 8.70, 11.20
		Cu^{2+}	1	0.9
		Fe^{2+}	1	0.8
		Fe^{3+}	1, 2, 3, 5	5.28, 9.30, 12.06, 15.77
		Ga^{3+}	1, 2, 3	4.49, 8.00, 10.50
		Hf^{4+}	1, 2, 3, 4, 5, 6	9.0, 16.5, 23.1, 28.8, 34.0, 38.0
		Hg^{2+}	1	1.03
		In^{3+}	1, 2, 3, 4	3.70, 6.40, 8.60, 9.80
		Mg^{2+}	1	1.30
		Mn^{2+}	1	5.48
		Ni^{2+}	1	0.50
		Pb^{2+}	1, 2	1.44, 2.54
		Sb^{3+}	1, 2, 3, 4	3.0, 5.7, 8.3, 10.9
		Sn^{2+}	1, 2, 3	4.08, 6.68, 9.50
		Th^{4+}	1, 2, 3, 4	8.44, 15.08, 19.80, 23.20
		TiO^{2+}	1, 2, 3, 4	5.4, 9.8, 13.7, 18.0
		Zn^{2+}	1	0.78
		Zr^{4+}	1, 2, 3, 4, 5, 6	9.4, 17.2, 23.7, 29.5, 33.5, 38.3
6	I^-	Ag^+	1, 2, 3	6.58, 11.74, 13.68
		Bi^{3+}	1, 4, 5, 6	3.63, 14.95, 16.80, 18.80
		Cd^{2+}	1, 2, 3, 4	2.10, 3.43, 4.49, 5.41
		Cu^+	2	8.85
		Fe^{3+}	1	1.88
		Hg^{2+}	1, 2, 3, 4	12.87, 23.82, 27.60, 29.83
		Pb^{2+}	1, 2, 3, 4	2.00, 3.15, 3.92, 4.47
		Pd^{2+}	4	24.5
		Tl^+	1, 2, 3	0.72, 0.90, 1.08
		Tl^{3+}	1, 2, 3, 4	11.41, 20.88, 27.60, 31.82

序号	配位体	金属离子	配位体数目 n	$\lg\beta_n$
7	OH^-	Ag^+	1, 2	2.0, 3.99
		Al^{3+}	1, 4	9.27, 33.03
		As^{3+}	1, 2, 3, 4	14.33, 18.73, 20.60, 21.20
		Be^{2+}	1, 2, 3	9.7, 14.0, 15.2
		Bi^{3+}	1, 2, 4	12.7, 15.8, 35.2
		Ca^{2+}	1	1.3
		Cd^{2+}	1, 2, 3, 4	4.17, 8.33, 9.02, 8.62
		Ce^{3+}	1	4.6
		Ce^{4+}	1, 2	13.28, 26.46
		Co^{2+}	1, 2, 3, 4	4.3, 8.4, 9.7, 10.2
		Cr^{3+}	1, 2, 4	10.1, 17.8, 29.9
		Cu^{2+}	1, 2, 3, 4	7.0, 13.68, 17.00, 18.5
		Fe^{2+}	1, 2, 3, 4	5.56, 9.77, 9.67, 8.58
		Fe^{3+}	1, 2, 3	11.87, 21.17, 29.67
		Hg^{2+}	1, 2, 3	10.6, 21.8, 20.9
		In^{3+}	1, 2, 3, 4	10.0, 20.2, 29.6, 38.9
		Mg^{2+}	1	2.58
		Mn^{2+}	1, 3	3.9, 8.3
		Ni^{2+}	1, 2, 3	4.97, 8.55, 11.33
		Pa^{4+}	1, 2, 3, 4	14.04, 27.84, 40.7, 51.4
		Pb^{2+}	1, 2, 3	7.82, 10.85, 14.58
		Pd^{2+}	1, 2	13.0, 25.8
		Sb^{3+}	2, 3, 4	24.3, 36.7, 38.3
		Sc^{3+}	1	8.9
		Sn^{2+}	1	10.4
		Th^{3+}	1, 2	12.86, 25.37
		Ti^{3+}	1	12.71
		Zn^{2+}	1, 2, 3, 4	4.40, 11.30, 14.14, 17.66
		Zr^{4+}	1, 2, 3, 4	14.3, 28.3, 41.9, 55.3
8	NO_3^-	Ba^{2+}	1	0.92
		Bi^{3+}	1	1.26
		Ca^{2+}	1	0.28
		Cd^{2+}	1	0.40
		Fe^{3+}	1	1.0
		Hg^{2+}	1	0.35
		Pb^{2+}	1	1.18
		Tl^+	1	0.33
		Tl^{3+}	1	0.92
9	$P_2O_7^{4-}$	Ba^{2+}	1	4.6
		Ca^{2+}	1	4.6
		Cd^{3+}	1	5.6
		Co^{2+}	1	6.1
		Cu^{2+}	1, 2	6.7, 9.0
		Hg^{2+}	2	12.38
		Mg^{2+}	1	5.7
		Ni^{2+}	1, 2	5.8, 7.4
		Pb^{2+}	1, 2	7.3, 10.15
		Zn^{2+}	1, 2	8.7, 11.0

序号	配位体	金属离子	配位体数目 n	$\lg\beta_n$
10	SCN⁻	Ag^+	1, 2, 3, 4	4.6, 7.57, 9.08, 10.08
		Bi^{3+}	1, 2, 3, 4, 5, 6	1.67, 3.00, 4.00, 4.80, 5.50, 6.10
		Cd^{2+}	1, 2, 3, 4	1.39, 1.98, 2.58, 3.6
		Cr^{3+}	1, 2	1.87, 2.98
		Cu^+	1, 2	12.11, 5.18
		Cu^{2+}	1, 2	1.90, 3.00
		Fe^{3+}	1, 2, 3, 4, 5, 6	2.21, 3.64, 5.00, 6.30, 6.20, 6.10
		Hg^{2+}	1, 2, 3, 4	9.08, 16.86, 19.70, 21.70
		Ni^{2+}	1, 2, 3	1.18, 1.64, 1.81
		Pb^{2+}	1, 2, 3	0.78, 0.99, 1.00
		Sn^{2+}	1, 2, 3	1.17, 1.77, 1.74
		Th^{4+}	1, 2	1.08, 1.78
		Zn^{2+}	1, 2, 3, 4	1.33, 1.91, 2.00, 1.60
11	$S_2O_3^{2-}$	Ag^+	1, 2	8.82, 13.46
		Cd^{2+}	1, 2	3.92, 6.44
		Cu^+	1, 2, 3	10.27, 12.22, 13.84
		Fe^{3+}	1	2.10
		Hg^{2+}	2, 3, 4	29.44, 31.90, 33.24
		Pb^{2+}	2, 3	5.13, 6.35
12	SO_4^{2-}	Ag^+	1	1.3
		Ba^{2+}	1	2.7
		Bi^{3+}	1, 2, 3, 4, 5	1.98, 3.41, 4.08, 4.34, 4.60
		Fe^{3+}	1, 2	4.04, 5.38
		Hg^{2+}	1, 2	1.34, 2.40
		In^{3+}	1, 2, 3	1.78, 1.88, 2.36
		Ni^{2+}	1	2.4
		Pb^{2+}	1	2.75
		Pr^{3+}	1, 2	3.62, 4.92
		Th^{4+}	1, 2	3.32, 5.50
		Zr^{4+}	1, 2, 3	3.79, 6.64, 7.77

附表 8-2　金属-有机配位体配合物的稳定常数

序号	配位体	金属离子	配位体数目	$\lg\beta_n$
1	乙二胺四乙酸 （EDTA） $[(HOOCCH_2)_2NCH_2]_2$	Ag^+	1	7.32
		Al^{3+}	1	16.11
		Ba^{2+}	1	7.78
		Be^{2+}	1	9.3
		Bi^{3+}	1	22.8
		Ca^{2+}	1	11
		Cd^{2+}	1	16.4
		Co^{2+}	1	16.31
		Co^{3+}	1	36
		Cr^{3+}	1	23
		Cu^{2+}	1	18.7
		Fe^{2+}	1	14.83
		Fe^{3+}	1	24.23
		Ga^{3+}	1	20.25
		Hg^{2+}	1	21.8
		In^{3+}	1	24.95

续表

序号	配位体	金属离子	配位体数目	$\lg\beta_n$
1	乙二胺四乙酸 （EDTA） $[(HOOCCH_2)_2NCH_2]_2$	Li^+	1	2.79
		Mg^{2+}	1	8.64
		Mn^{2+}	1	13.8
		$Mo(V)$	1	6.36
		Na^+	1	1.66
		Ni^{2+}	1	18.56
		Pb^{2+}	1	18.3
		Pd^{2+}	1	18.5
		Sc^{2+}	1	23.1
		Sn^{2+}	1	22.1
		Sr^{2+}	1	8.8
		Th^{4+}	1	23.2
		TiO^{2+}	1	17.3
		Tl^{3+}	1	22.5
		U^{4+}	1	17.5
		VO^{2+}	1	18
		Y^{3+}	1	18.32
		Zn^{2+}	1	16.4
		Zr^{4+}	1	19.4
2	乙酸 （acetic acid） CH_3COOH	Ag^+	1,2	0.73,0.64
		Ba^{2+}	1	0.41
		Ca^{2+}	1	0.6
		Cd^{2+}	1,2,3	1.5,2.3,2.4
		Ce^{3+}	1,2,3,4	1.68,2.69,3.13,3.18
		Co^{2+}	1,2	1.5,1.9
		Cr^{3+}	1,2,3	4.63,7.08,9.60
		$Cu^{2+}(20\ ℃)$	1,2	2.16,3.20
		In^{3+}	1,2,3,4	3.50,5.95,7.90,9.08
		Mn^{2+}	1,2	9.84,2.06
		Ni^{2+}	1,2	1.12,1.81
		Pb^{2+}	1,2,3,4	2.52,4.0,6.4,8.5
		Sn^{2+}	1,2,3	3.3,6.0,7.3
		Tl^{3+}	1,2,3,4	6.17,11.28,15.10,18.3
		Zn^{2+}	1	1.5
3	乙酰丙酮 （acetyl acetone） $CH_3COCH_2CH_3$	$Al^{3+}(30\ ℃)$	1,2	8.6,15.5
		Cd^{2+}	1,2	3.84,6.66
		Co^{2+}	1,2	5.40,9.54
		Cr^{2+}	1,2	5.96,11.7
		Cu^{2+}	1,2	8.27,16.34
		Fe^{2+}	1,2	5.07,8.67
		Fe^{3+}	1,2,3	11.4,22.1,26.7
		Hg^{2+}	2	21.5
		Mg^{2+}	1,2	3.65,6.27
		Mn^{2+}	1,2	4.24,7.35
		Mn^{3+}	3	3.86
		$Ni^{2+}(20\ ℃)$	1,2,3	6.06,10.77,13.09
		Pb^{2+}	2	6.32
		$Pd^{2+}(30\ ℃)$	1,2	16.2,27.1
		Th^{4+}	1,2,3,4	8.8,16.2,22.5,26.7

序号	配位体	金属离子	配位体数目	$\lg\beta_n$
3	乙酰丙酮 （acetyl acetone） $CH_3COCH_2CH_3$	Ti^{3+}	1,2,3	10.43,18.82,24.90
		V^{2+}	1,2,3	5.4,10.2,14.7
		$Zn^{2+}(30\ ℃)$	1,2	4.98,8.81
		Zr^{4+}	1,2,3,4	8.4,16.0,23.2,30.1
4	草酸 （oxalic acid） $HOOCCOOH$	Ag^+	1	2.41
		Al^{3+}	1,2,3	7.26,13.0,16.3
		Ba^{2+}	1	2.31
		Ca^{2+}	1	3
		Cd^{2+}	1,2	3.52,5.77
		Co^{2+}	1,2,3	4.79,6.7,9.7
		Cu^{2+}	1,2	6.23,10.27
		Fe^{2+}	1,2,3	2.9,4.52,5.22
		Fe^{3+}	1,2,3	9.4,16.2,20.2
		Hg^{2+}	1	9.66
		Hg_2^{2+}	2	6.98
		Mg^{2+}	1,2	3.43,4.38
		Mn^{2+}	1,2	3.97,5.80
		Mn^{3+}	1,2,3	9.98,16.57,19.42
		Ni^{2+}	1,2,3	5.3,7.64,约8.5
		Pb^{2+}	1,2	4.91,6.76
		Sc^{3+}	1,2,3,4	6.86,11.31,14.32,16.70
		Th^{4+}	4	24.48
		Zn^{2+}	1,2,3	4.89,7.60,8.15
		Zr^{4+}	1,2,3,4	9.80,17.14,20.86,21.15
5	乳酸 （lactic acid） $CH_3CH(OH)COOH$	Ba^{2+}	1	0.64
		Ca^{2+}	1	1.42
		Cd^{2+}	1	1.7
		Co^{2+}	1	1.9
		Cu^{2+}	1,2	3.02,4.85
		Fe^{3+}	1	7.1
		Mg^{2+}	1	1.37
		Mn^{2+}	1	1.43
		Ni^{2+}	1	2.22
		Pb^{2+}	1,2	2.40,3.80
		Sc^{2+}	1	5.2
		Th^{4+}	1	5.5
		Zn^{2+}	1,2	2.20,3.75
6	水杨酸 （salicylic acid） $C_6H_4(OH)COOH$	Al^{3+}	1	14.11
		Cd^{2+}	1	5.55
		Co^{2+}	1,2	6.72,11.42
		Cr^{2+}	1,2	8.4,15.3
		Cu^{2+}	1,2	10.60,18.45
		Fe^{2+}	1,2	6.55,11.25
		Mn^{2+}	1,2	5.90,9.80
		Ni^{2+}	1,2	6.95,11.75
		Th^{4+}	1,2,3,4	4.25,7.60,10.05,11.60
		TiO^{2+}	1	6.09
		V^{2+}	1	6.3
		Zn^{2+}	1	6.85

序号	配位体	金属离子	配位体数目	$\lg\beta_n$
7	磺基水杨酸 (5-sulfosalicylic acid) $HO_3SC_6H_3(OH)COOH$	Al^{3+}	1,2,3	13.20,22.83,28.89
		Be^{2+}	1,2	11.71,20.81
		Cd^{2+}	1,2	16.68,29.08
		Co^{2+}	1,2	6.13,9.82
		Cr^{3+}	1	9.56
		Cu^{2+}	1,2	9.52,16.45
		Fe^{2+}	1,2	5.9,9.9
		Fe^{3+}	1,2,3	14.64,25.18,32.12
		Mn^{2+}	1,2	5.24,8.24
		Ni^{2+}	1,2	6.42,10.24
		Zn^{2+}	1,2	6.05,10.65
8	酒石酸 (tartaric acid) $(HOOCCHOH)_2$	Ba^{2+}	2	1.62
		Bi^{3+}	3	8.3
		Ca^{2+}	1,2	2.98,9.01
		Cd^{2+}	1	2.8
		Co^{2+}	1	2.1
		Cu^{2+}	1,2,3,4	3.2,5.11,4.78,6.51
		Fe^{3+}	1	7.49
		Hg^{2+}	1	7
		Mg^{2+}	2	1.36
		Mn^{2+}	1	2.49
		Ni^{2+}	1	2.06
		Pb^{2+}	1,3	3.78,4.7
		Sn^{2+}	1	5.2
		Zn^{2+}	1,2	2.68,8.32
9	丁二酸 (butanedioic acid) $HOOCCH_2CH_2COOH$	Ba^{2+}	1	2.08
		Be^{2+}	1	3.08
		Ca^{2+}	1	2
		Cd^{2+}	1	2.2
		Co^{2+}	1	2.22
		Cu^{2+}	1	3.33
		Fe^{3+}	1	7.49
		Hg^{2+}	2	7.28
		Mg^{2+}	1	1.2
		Mn^{2+}	1	2.26
		Ni^{2+}	1	2.36
		Pb^{2+}	1	2.8
		Zn^{2+}	1	1.6
10	硫脲 (thiourea) $H_2NC(=S)NH_2$	Ag^+	1,2	7.4,13.1
		Bi^{3+}	6	11.9
		Cd^{2+}	1,2,3,4	0.6,1.6,2.6,4.6
		Cu^+	3,4	13.0,15.4
		Hg^{2+}	2,3,4	22.1,24.7,26.8
		Pb^{2+}	1,2,3,4	1.4,3.1,4.7,8.3
11	乙二胺 (ethylenediamine) $H_2NCH_2CH_2NH_2$	Ag^+	1,2	4.70,7.70
		$Cd^{2+}(20\,℃)$	1,2,3	5.47,10.09,12.09
		Co^{2+}	1,2,3	5.91,10.64,13.94
		Co^{3+}	1,2,3	18.7,34.9,48.69
		Cr^{2+}	1,2	5.15,9.19
		Cu^+	2	10.8

序号	配位体	金属离子	配位体数目	$\lg\beta_n$
11	乙二胺 (ethylenediamine) $H_2NCH_2CH_2NH_2$	Cu^{2+}	1,2,3	10.67,20.0,21.0
		Fe^{2+}	1,2,3	4.34,7.65,9.70
		Hg^{2+}	1,2	14.3,23.3
		Mg^{2+}	1	0.37
		Mn^{2+}	1,2,3	2.73,4.79,5.67
		Ni^{2+}	1,2,3	7.52,13.84,18.33
		Pd^{2+}	2	26.9
		V^{2+}	1,2	4.6,7.5
		Zn^{2+}	1,2,3	5.77,10.83,14.11
12	吡啶 (pyridine) C_5H_5N	Ag^+	1,2	1.97,4.35
		Cd^{2+}	1,2,3,4	1.40,1.95,2.27,2.50
		Co^{2+}	1,2	1.14,1.54
		Cu^{2+}	1,2,3,4	2.59,4.33,5.93,6.54
		Fe^{2+}	1	0.71
		Hg^{2+}	1,2,3	5.1,10.0,10.4
		Mn^{2+}	1,2,3,4	1.92,2.77,3.37,3.50
		Zn^{2+}	1,2,3,4	1.41,1.11,1.61,1.93
13	甘氨酸 (glycine) H_2NCH_2COOH	Ag^+	1,2	3.41,6.89
		Ba^{2+}	1	0.77
		Ca^{2+}	1	1.38
		Cd^{2+}	1,2	4.74,8.60
		Co^{2+}	1,2,3	5.23,9.25,10.76
		Cu^{2+}	1,2,3	8.60,15.54,16.27
		$Fe^{2+}(20\ ℃)$	1,2	4.3,7.8
		Hg^{2+}	1,2	10.3,19.2
		Mg^{2+}	1,2	3.44,6.46
		Mn^{2+}	1,2	3.6,6.6
		Ni^{2+}	1,2,3	6.18,11.14,15.0
		Pb^{2+}	1,2	5.47,8.92
		Pd^{2+}	1,2	9.12,17.55
		Zn^{2+}	1,2	5.52,9.96
14	2-甲基-8-羟基喹啉 （50%二噁烷） (8-hydroxy-2-methyl quinoline)	Cd^{2+}	1,2,3	9.00,9.00,16.60
		Ce^{3+}	1	7.71
		Co^{2+}	1,2	9.63,18.50
		Cu^{2+}	1,2	12.48,24.00
		Fe^{2+}	1,2	8.75,17.10
		Mg^{2+}	1,2	5.24,9.64
		Mn^{2+}	1,2	7.44,13.99
		Ni^{2+}	1,2	9.41,17.76
		Pb^{2+}	1,2	10.30,18.50
		UO_2^{2+}	1,2	9.4,17.0
		Zn^{2+}	1,2	9.82,18.72

附录9 容量分析常用的基准物及干燥条件

基准物名称	化学式	分子量	干燥条件
对氨基苯磺酸	$H_2NC_6H_4SO_3H$	173.19	120 ℃烘至恒重
亚砷酸酐	As_2O_3	197.84	在硫酸干燥器中干燥至恒重

续表

基准物名称	化学式	分子量	干燥条件
亚铁氰化钾	$K_4Fe(CN)_6\cdot 3H_2O$	422.39	在潮湿的氯化钙上干燥至恒重
邻苯二甲酸氢钾	$KHC_8H_4O_4$	204.22	105 ℃烘至恒重
苯甲酸	C_6H_5COOH	122.12	125 ℃烘至恒重
草酸钠	$Na_2C_2O_4$	134.00	105 ℃烘至恒重
草酸氢钾	KHC_2O_4	128.13	空气中干燥
重铬酸钾	$K_2Cr_2O_7$	294.18	120 ℃烘至恒重
氧化汞	HgO	216.59	在硫酸真空干燥器中
铁氰化钾	$K_3Fe(CN)_6$	329.25	100 ℃烘至恒重
氯化钠	$NaCl$	58.44	500～600 ℃灼烧至恒重
氯化钾	KCl	74.55	500～600 ℃灼烧至恒重
硫代硫酸钠	$Na_2S_2O_3$	158.10	120 ℃烘至恒重
硫氰酸钾	$KCNS$	97.18	150 ℃加热1～2 h,然后再200 ℃加热150 min
硝酸银	$AgNO_3$	169.87	220～250 ℃加热15 min
硫酸肼	$N_2H_2\cdot H_2SO_4$	130.12	140 ℃烘至恒重
溴化钾	KBr	119.00	500～600 ℃灼烧至恒重
溴酸钾	$KBrO_3$	167.00	140 ℃烘至恒重
硼砂	$Na_2B_4O_7\cdot 10H_2O$	381.37	70%相对湿度中干燥至恒重(在盛氯化钠和蔗糖的饱和溶液中及二者的固体的恒湿器中其相对湿度为70%)
碘	I_2	126.90	在氯化钙干燥器中
碘化钾	KI	166.00	250 ℃烘至恒重
碘酸钾	KIO_3	214.00	105～110 ℃烘至恒重
碳酸钠	Na_2CO_3	105.99	270～300 ℃烘至恒重
碳酸氢钾	$KHCO_3$	100.16	在干燥空气中放置至恒重

注：摘自《化学实验室手册（第三版）》。

附录 10　实验室火灾分类及常用的灭火器

分类	燃烧物质	可使用的灭火器	注意事项
A 类	木材、纸张、棉花	水、酸碱式和泡沫灭火器	
B 类	可燃性液体如石油醚、正己烷等常用溶剂	泡沫灭火器、二氧化碳灭火器、干粉灭火器、"1211"灭火器[①]	
C 类	可燃性气体如氢气等	"1211"灭火器[①]、干粉灭火器	水、酸碱式和泡沫灭火器均无作用
D 类	可燃性金属如钾、钠、钙、镁	干沙土、"7150"灭火器[②]	禁止使用水、酸碱式和泡沫灭火器。二氧化碳灭火器、干粉灭火器、"1211"灭火器均无效

① 四氯化碳、"1211"均属卤代烷灭火剂，遇高温时可形成剧毒的光气，使用时要注意防毒。但它们有绝缘性能好、灭火后在燃烧物上不留痕迹、不损坏仪器设备等特点，适用于扑灭精密仪器、贵重图书资料和电线等的火情。

② 7150灭火剂主要成分三甲氧基硼氧六环受热分解，吸收大量热，并在可燃物表面形成氧化硼保护膜，隔绝空气，使火窒息。

附录 11　定量分析中的分离方法

在分析化学的应用时，实际分析对象往往比较复杂，测定某一组分时常受到其他组分的干扰，这不仅影响测定结果的准确性，有时甚至无法测定。消除干扰的最简便的方法是控制分析条件或使用掩蔽剂，这在讨论各种测定方法时已做过介绍。但有时使用这些方法还不能消除干扰，就需事先将被测组分的干扰成分分离。若被测组分含量很低，测定的方法的灵敏度又不够高，分离的同时往往还需把被测组分富集起来，使其有可能被测定。

分析中对分离的要求是：干扰组分应减少至不再干扰被测组分的测定；被测组分在分离过程中的损失要小到可忽略不计。后者常用回收率来衡量：

$$R_r（回收率）=\frac{分离后测量值(Q_r)}{原始含量(Q_r^0)}\times100\%$$

回收率越高越好，但实际工作中随被测组分的含量不同对回收率有不同的要求。含量在1%以上的常量组分，回收率应接近100%；对于痕量组分，回收率可在90%～110%，有的情况下，例如待测组分的含量太低时，回收率在80%～120%亦符合要求。

例如：50.0 mg铁经分离干扰后，测得49.8 mg，其回收率是：

$$\frac{49.8}{50.0}\times100\%=99.6\%$$

定量分析中常用的分离方法包括溶剂萃取分离法、色谱分离法、离子交换分离法和沉淀分离法等。

1. 溶剂萃取分离法

（1）分配系数、分配比和萃取效率

溶剂萃取分离法就是利用物质溶解性上的差异，采用与水不混溶的有机溶剂，从水溶液中把无机离子萃取到有机相中，以实现分离的目的。如果欲从水溶液中把有些无机离子萃取出来，必须设法将它们的亲水性转化为疏水性，才能使它们溶入有机溶剂层中。有时需要把有机相的物质再转入水相，这一过程称反萃取。通过萃取和反萃取的使用，能提高萃取分离的选择性。

使用有机溶剂从水中萃取溶质 B 时，如果溶质 B 在两相中存在的型体相同，平衡时在有机相中的浓度 $[A]_有$ 和水相中的浓度 $[A]_水$ 之比（严格说是活度比）在给定温度下是一常数，即

$$\frac{[A]_有}{[A]_水}=K_D$$

这个分配平衡中的平衡常数称为分配系数。

实际上萃取体系是一个复杂体系，它可能伴有解离、缔合和配合等多种化学作用，溶质A 在两相中可能有多种型体存在，这时分配定律就不适用了。对分析工作者重要的是知道溶质 A 在两相间的分配。因此，常把溶质 A 在两相中各型体浓度和（即分析浓度，总浓度）之比称为分配比，以 D 表示：

$$D=\frac{c_有}{c_水}=\frac{[A_1]_有+[A_2]_有+\cdots+[A_n]_有}{[A_1]_水+[A_2]_水+\cdots+[A_n]_水}$$

只有在最简单的萃取体系中，溶质在两相中的存在形式完全相同时，$D=K_D$。在实际情况中，$D\neq K_D$。如果物质在某种有机溶剂中的分配比较大，则用该种有机溶剂萃取时，溶质的极大部分将进入有机溶剂相中，这时萃取效率就高。根据分配比可以计算萃取效率。

当溶质 A 的水溶液用有机溶剂萃取时，设水溶液的体积为 $V_水$，有机溶剂的体积为$V_有$，则萃取效率 E（以百分数表示）应该等于：

$$E=\frac{\text{A 在有机相中的总含量}}{\text{A 在两相中的总量}}\times100\%=\frac{c_\text{有}V_\text{有}}{c_\text{有}V_\text{有}+c_\text{水}V_\text{水}}\times100\%$$

如果分子分母同用 $c_\text{水}V_\text{有}$ 除上式各项则得：

$$E=\frac{c_\text{有}/c_\text{水}}{c_\text{有}/c_\text{水}+V_\text{水}/V_\text{有}}\times100\%=\frac{D}{D+V_\text{水}/V_\text{有}}\times100\%$$

可见萃取效率由分配比 D 和体积比 $V_\text{水}/V_\text{有}$ 决定。D 越大，萃取效率越高。

不同 D 值的萃取率 E（％）如下：

D	1	10	100	1000
$E/\%$	50	91	99	99.9

若一次萃取要求萃取率达到 99.9％，则 D 值必须大于 1000。如果 D 固定，减小 $V_\text{水}/V_\text{有}$ 体积比，即增加有机溶剂的用量，也可提高萃取效率，但后者的效果不太显著；另外，增加有机溶剂的用量，将使萃取以后溶质在有机相中的浓度降低，不利于进一步的分离和测定。因此在实际工作中，对于分配比较小的溶质，常采用分几次加入溶剂，连续几次萃取的办法，以提高萃取效率。

（2）萃取剂

无机物中只有少数共价分子，如 HgI_2、$HgCl_2$、$GeCl_4$、$AsCl_3$ 等可以直接用有机溶剂萃取。大多数无机物在水溶液中解离成离子，并与水分子结合成水合离子，各种无机物质较易溶解于极性溶剂水中。而萃取过程却要用非极性或弱极性的有机溶剂，从水中萃取出已水合的离子来，这显然是有困难的。为了使无机离子的萃取过程能顺利进行，必须在水中加入某种试剂，使被萃取物质与试剂结合成不带电荷的、难溶于水而易溶于有机溶剂的分子，这种试剂称萃取剂。根据被萃取组分与萃取剂所形成的可被萃取分子性质的不同，可把萃取体系分为形成内配盐的萃取体系、形成离子缔合物的萃取体系和形成三元配合物的体系。

2. 色谱分离法

色谱分离法又称层析法，是一种物理化学分离法，利用混合物各组分的物理化学性质的差异，使各组分不同程度地分布在两相中。其中一相是固定相，另一相是流动相。用该法分离样品时，总是由一种流动相带着样品流经固定相，从而使各种组分分离。固定相可以是固体的吸附剂，也可以是固体支持体及（载体、担体）上载有液体所组成的固定相。流动相可以是气体，也可以是液体。用气体作为流动相称为气相色谱分析，以液体作为流动相称为液相色谱分析。色谱分离操作简便，不需要很复杂的设备，样品用量可大可小，既能用于实验室的分离分析，也适用于产品的制备和提纯。如果与有关仪器结合，可组成各种自动的分离分析仪器。因此，在医药卫生、环境保护、生物化学等领域中已成为经常使用的分离分析方法。

色谱分离法主要分为纸上萃取色谱分离法（纸色谱）和薄层萃取色谱分离法。

3. 离子交换分离法

利用离子交换剂与溶液中离子发生交换反应而使离子分离的方法，称离子交换法。如果把交换上去的离子，用适当的洗脱剂一次洗脱，相互分离，称离子交换层析法。该方法分离效率高，既能用于带相反电荷离子间的分离，也能用于带相同电荷离子间的分离，尤其适宜的是用于性质相近的离子间的分离，如 Nb 和 Ta、Zr 和 Hf 以及稀土元素等。还可用于微量元素的富集和高纯物质的制备，其中也包括蛋白质、核酸、酶等生物活性物质的纯化。离子交换分离法设备简单，操作也不复杂，树脂又具有再生能力，可以反复使用，因此广泛应用于科研、生产等许多部门。离子交换分离法的不足之处是分离过程的周期长，耗时过多，因此在分析化学中，仅用它解决较困难的分离问题。

离子交换剂的种类很多，有无机交换剂，也有有机交换剂。目前应用较多的是有机交换剂，即离子交换树脂。离子交换树脂根据其性质可以分为阳离子交换树脂、阴离子交换树脂和螯合树脂。

4. 沉淀分离法

通过形成沉淀来分离的方法为沉淀分离法。无机沉淀剂有很多，形成沉淀的类型也很多，主要以氢氧化物和硫化物沉淀应用居多。

（1）氢氧化物沉淀

大多数金属离子都能生成氢氧化物沉淀，但沉淀的溶解度往往相差很大，有可能借助控制酸度的方法使某些金属离子彼此分离。从理论上讲，只要知道氢氧化物的溶度积和金属离子的原始浓度，就能算出沉淀开始析出和沉淀完全时的酸度。但实际上，金属离子可能形成多种羟基配合物（包括多核配合物）及其他配合物，有关常数现在也还不完全；沉淀的溶度积又随沉淀的晶形而变（如刚洗出与陈化后，沉淀的晶态有变化，溶度积就不同了）。因此，金属离子分离的最宜 pH 范围与计算值常会有出入，必须由实验确定。

① 采用 NaOH 作沉淀剂可使两性元素与非两性元素分离，两性元素（如铬、铝等）便以含氧酸盐的阴离子形态保留在溶液中，非两性元素则生成氢氧化物沉淀。

② 在铵盐存在下以氨水为沉淀剂（pH＝8～9）可使高价金属离子如 Th^{4+}、Al^{3+}、Fe^{3+} 等与大多数一、二价金属离子分离。这时，Ag^+、Cu^{2+}、Co^{2+}、Ni^{2+}、Zn^{2+}、Cd^{2+} 等以氨配合物型体存在于溶液中，而 Ca^{2+}、Mg^{2+} 因其氢氧化物溶解度较大也会留在溶液中。

③ 也可用加入某种金属氧化物（如 ZnO）、有机碱［如 $(CH_2)_6N_4$］等来调节和控制溶液酸度，以达到沉淀分离的目的。

氧化物沉淀分离法的选择性较差，又由于氢氧化物是非晶形沉淀，共沉淀现象较为严重，为了改善沉淀性能，减少共沉淀现象，沉淀作用应在较浓的热溶液中进行，使生成的氢氧化物共沉淀含水分较少，结构较紧密，体积较小，吸附的杂质离开沉淀表面转入溶液，从而获得较纯的沉淀。如果让沉淀作用在尽量浓的溶液中进行，并同时加入大量没有干扰作用的盐类，即进行"小体积沉淀"，可使吸附其他组分的机会进一步减小，沉淀较为纯净。

（2）硫化物沉淀

能形成硫化物沉淀的金属离子约有 40 余种，由于它们的溶解度相差悬殊，因而可以通过控制溶液中硫离子的浓度使金属离子彼此分离。硫化物沉淀分离所用的主要沉淀剂是 H_2S，在溶液中 H_2S 存在如下平衡：

$$H_2S \underset{+H^+}{\overset{-H^+}{\rightleftharpoons}} HS^- \underset{+H^+}{\overset{-H^+}{\rightleftharpoons}} S^{2-}$$

溶液中的 S^{2-} 浓度与溶液的酸度有关。因此控制适当的酸度，亦即控制 $[S^{2-}]$，即可进行硫化物沉淀分离。和氢氧化物沉淀法相似，硫化物沉淀法的选择性较差，硫化物是非晶形沉淀，吸附现象严重。如果改用硫代乙酰胺为沉淀剂，利用硫代乙酰胺在酸性或碱性溶液中水解产生的 H_2S 或 S^{2-} 来进行均相沉淀，可使沉淀性能和分离效果有所改善。

$$CH_3CSNH_2 + 2H_2O + H^+ \rightleftharpoons CH_3COOH + H_2S + NH_4^+$$

$$CH_3CSNH_2 + 3OH^- \rightleftharpoons CH_3COO^- + S^{2-} + NH_3 + H_2O$$

硫化物共沉淀现象严重，分离效果不理想，而且 H_2S 是有毒并恶臭的气体，因此，硫化物沉淀分离法的应用并不广泛。近年来有机沉淀剂的应用已较普遍，它的选择性和灵敏度较高，生成的沉淀性能好，沉淀剂灼烧后易去除，显示了较强的优越性，因而得到迅速的发展。

有机沉淀剂与金属离子形成沉淀主要有螯合物沉淀、缔合物沉淀和三元配合物沉淀。在此不多叙述。

5. 其他方法

常用的分离方法中，除上面所介绍的几种以外，还有一些较为常见的方法，简单介绍如下。

（1）挥发和蒸馏分离法

挥发和蒸馏分离法是利用化合物挥发性的差异来进行分离的方法，可以用于除去干扰组分，也可以用于使被测组分定量分出，然后进行测定。

蒸馏法是有机化学中一种重要的分离方法。在有机分析中，也经常用到挥发和蒸馏分离法。在无机分析中，挥发和蒸馏分离法的应用虽然不多，但由于方法的选择性高，容易掌握，故在某些情况下仍具有很大的意义，它主要应用于非金属元素和少数几种金属元素的分离。

（2）气浮分离法

采用某种方式，通入水中少量微小气泡，在一定条件下呈表面活性的待分离物质吸附或黏附于上升的气泡表面而浮升到液面，从而使某组分得以分离的方法，叫气浮分离法或气泡吸附分离法。过去曾称为浮选分离法或泡沫浮选分离法。该法于 1959 年开始应用于分析化学领域，是分离和富集痕量物质的一种有效方法。

气浮分离涉及的理论比较复杂，有待进一步研究。目前认为，主要是由于表面活性剂在水溶液中易被吸附到气泡的气-液界面上。表面活性剂极性的一端向着水相，非极性的一端向着气相，在含有待分离的离子、分子的水溶液中，加入表面活性剂时，表面活性剂的极性端与水相中的离子或其极性分子通过物理（如静电引力）或化学（如配合反应）作用连接在一起，当通入气泡时，表面活性剂就将这些物质连在一起定向排列在气-液界面，被气泡带至液面，形成泡沫层，从而达到分离的目的。

附录 12　化学实验常用数据库

1. 化合物基本物性数据库 Chemistry WebBook：https：//webbook. nist. gov/chemistry/

2. SciFinder 化学物质、反应、专利和期刊数据库：https：//sso. cas. org/as/jkJkb/resume/as/authorization. ping

3. 剑桥结构数据库（CSD）：https：//www. ccdc. cam. ac. uk

4. 化合物毒性相关数据库 Toxnet：http：//toxnet. nlm. nih. gov/

5. 药物使用指南，USP DI：http：// www. nlm. nih. gov/medlineplus/druginforma-

tion. html

    6. NIST 的 Chemistry WebBook：http：//webbook. nist. gov/chemistry/

    7. BeilsteinAbstracts：http：//www. chemweb. com/databases/belabs

    8. 美国化学会：https：//pubs. acs. org. ccindex. cn/

    9. 英国皇家化学会：https：//pubs. rsc. org/

    10. 万方数据库：http：//www. wanfangdata. com. cn/index. html

    11. 中国知网：http：//www. cnki. net/

    12. 维普网：http：//www. cqvip. com/

参 考 文 献

[1] 殷学锋. 新编大学化学实验. 北京：高等教育出版社，2002.

[2] 大连理工大学. 基础化学实验. 北京：高等教育出版社，2004.

[3] 南京大学化学实验教学组. 大学化学实验. 北京：高等教育出版社，1999.

[4] 方文军. 新编普通化学实验. 北京：科学出版社，2005.

[5] 田玉美. 新大学化学实验. 北京：科学出版社，2005.

[6] 刘约权，李贵深. 实验化学：上册. 北京：高等教育出版社，1999.

[7] 李梅，梁竹梅，韩莉. 化学实验与生活——从实验中了解化学. 北京：化学工业出版社，2004.

[8] 南京大学大学化学实验教学组. 大学化学实验. 北京：高等教育出版社，1999.

[9] 袁书玉等. 现代化学实验基础. 北京：清华大学出版社，2006.

[10] 复旦大学等. 物理化学实验：上册. 北京：高等教育出版社，1979.

[11] 大连理工大学无机化学教研室. 无机化学实验. 北京：高等教育出版社，2004.

[12] 郭伟强. 大学化学基础实验. 北京：科学出版社，2005.

[13] 曹庭礼. 基础化学. 北京：中央广播电视大学出版社，1988.

[14] 武汉大学. 分析化学. 第 2 版. 北京：高等教育出版社，1982.

[15] 李珺. 综合化学实验. 西安：西北大学出版社，2003.

[16] 浙江大学等. 综合化学实验. 北京：高等教育出版社，2001.

[17] 傅献彩. 大学化学：上册. 北京：高等教育出版社，1999.

[18] 楼书聪，杨玉玲. 化学试剂配制手册. 第 2 版. 南京：江苏科学技术出版社，2002.

[19] 武汉大学等. 分析化学实验. 北京：高等教育出版社，1997.

[20] 南京大学. 无机及分析化学. 第 4 版. 北京：高等教育出版社，2006.

[21] Jack T Ballinger. 化学操作人员便携手册. 北京：机械工业出版社，2006.

[22] 蔡良珍等. 大学基础化学实验. 北京：化学工业出版社，2003.

[23] 张小林等. 化学实验教程. 北京：化学工业出版社，2006.

[24] 谢少艾等. 元素化学简明教程. 上海：上海交通大学出版社，2006.

[25] 周怀宁. 微型无机化学实验. 北京：科学出版社，2000.

[26] 雷群芳等. 中级化学实验. 北京：科学出版社，2005.

[27] 王尊本. 综合化学实验. 北京：科学出版社，2003.

[28] 徐伟亮. 基础化学实验. 北京：科学出版社，2005.

[29] 杜志强. 综合化学实验. 北京：科学出版社，2005.

[30] 迪安 J A. 兰氏化学手册. 第 15 版. 北京：科学出版社，2003.

[31] 北京师范大学无机化学教研室，等. 无机化学实验. 第 2 版. 北京：高等教育出版社，1993.

[32] 郭丙南等. 无机化学实验. 北京：北京理工大学出版社，1991.

[33] 武汉大学. 分析化学实验. 第三版. 北京：高等教育出版社，1998.

[34] 成都科学技术大学分析化学教研组，等. 分析化学实验. 第 2 版. 北京：高等教育出版社，1996.

[35] 华中师范大学，等. 分析化学实验. 第 2 版. 北京：高等教育出版社，1987.

[36] 北京大学化学系分析化学教研组. 基础分析化学实验. 第 2 版. 北京：北京大学出版社，1998.

[37] 古凤才，肖衍繁. 基础化学实验教程. 北京：科学出版社，1999.

[38] 国家环保局. 水和废水监测分析方法. 第 3 版. 北京：中国环境科学出版社，1989.

[39] 北京大学化学系普通化学教研室. 普通化学实验. 第 2 版. 北京：北京大学出版社，1991.

[40] 史启桢，肖新亮. 无机化学及化学分析实验. 北京：高等教育出版社，1995.

[41] 刘珍等. 化验员读本. 第 3 版. 北京：北京化工大学出版社，1998.

[42] 陈行表，蔡风英. 实验室安全技术. 上海：华东化工学院出版社，1998.

[43] 吕春绪，诸松渊. 化验室工作手册. 江苏：江苏科学技术出版社，1994.

[44] 中山大学等. 无机化学实验（修订本）. 北京：高等教育出版社，1981.

[45] 印永嘉. 大学化学手册. 济南：山东科学技术出版社，1985.

[46] 实用化学手册编写组. 实用化学手册. 北京：科学出版社，2000.

[47] 周宁怀. 微型无机化学实验. 北京：科学出版社，2000.

[48] 王伯康，钱文浙. 中级无机化学实验. 北京：高等教育出版社，1984.

[49] 吴琴媛等. 无机化学实验. 南京：南京大学出版社，1988.

[50] 沈君朴. 实验无机化学. 第2版. 天津：天津大学出版社，1992.

[51] 董松琦，宁鸿霞. 基础化学实验（1）. 山东：石油大学出版社，1999.

[52] 郑化桂. 实验无机化学. 合肥：中国科技大学出版社，1988.

[53] 申泮文. 无机化学丛书. 第九卷. 北京：科学出版社，1980.

[54] 武汉大学. 无机化学. 第2版. 武汉：武汉大学出版社，1983.

[55] 武汉大学化学与分子科学学院《无机及分析化学实验》编写组. 无机及分析化学实验. 第2版. 武汉：武汉大学出版社，1989.

[56] 孙尔康等. 物理化学实验. 南京：南京大学出版社，1997.

[57] 刘约权等. 实验化学. 北京：高等教育出版社，2000.

[58] 吴泳. 大学化学新体系实验. 北京：科学出版社，1999.

[59] 吕苏琴等. 基础化学实验教程（Ⅰ）. 北京：科学出版社，2001.

[60] 周其镇等. 大学基础化学实验（Ⅰ）. 北京：化学工业出版社，2000.

[61] 兰州大学等. 有机化学实验. 北京：高等教育出版社，1994.

[62] 陈虹锦. 无机与分析化学. 北京：科学出版社，2002.

[63] 宁鸿霞，李丽. 无机及分析化学实验. 东营：中国石油大学出版社，2002.

[64] 南京大学. 大学化学实验. 北京：高等教育出版社，1999.

[65] 北京大学有机化学教研室等. 有机化学实验. 北京：北京大学出版社，1990.

[66] 王福来. 有机化学实验. 武汉：武汉大学出版社，2001.

[67] 焦家俊. 有机化学实验. 上海：上海交通大学出版社，2002.

[68] 黄涛等. 有机化学实验. 第3版. 北京：高等教育出版社，1998.

[69] 金世美. 有机分析教程. 北京：高等教育出版社，1989.

[70] Bell C E, Clark A K, Taber D F, et al. Organic Chemistry Laboratory Standard & Microscale Experiments. 2nd Ed. New York：Saunders College Publishing, 1997.

[71] Mohrig J R, Hammond C N, Morrill T C, et al. Experimental Organic Chemistry：a balanced approach, macroscale and microscale. New York：W H Freeman, 1998.

[72] Pavia D L, Lampman G M, Kriz G S. Introduction to Organic Laboratory Techniques：a contemporary approach. 3rd ed. Philadelphia：Saunders College Publishing, 1989.

[73] Wilcox C F. Experimental Organic Chemistry：a small scale approach. New York：Macmillan, 1988.

元素周期表

IUPAC 2013

氧化态(单质的氧化态为0,
未列入;常见的为红色)

以 ^{12}C 为基准的原子量
(注 • 的是半衰期最长同位
素的原子量)

原子序数
元素符号红色的为放射性元素)
元素名称(注 ▲ 的为人造元素)
价层电子构型

| 95 | Am 镅▲ | |
| $^{+2}_{+3}$ $^{+4}_{+5}$ $^{+6}$ | $5f^77s^2$ | 243.06118(2)• |

s区元素　　p区元素　　ds区元素
d区元素　　f区元素　　稀有气体

族周期	1 IA	2 IIA	3 IIIB	4 IVB	5 VB	6 VIB	7 VIIB	8	9 VIIB(VIII)	10	11 IB	12 IIB	13 IIIA	14 IVA	15 VA	16 VIA	17 VIIA	18 VIIIA(0)
1	1 H 氢 $1s^1$ 1.008																	2 He 氦 $1s^2$ 4.002602(2)
2	3 Li 锂 $2s^1$ 6.94	4 Be 铍 $2s^2$ 9.0121831(5)											5 B 硼 $2s^22p^1$ 10.81	6 C 碳 $2s^22p^2$ 12.011	7 N 氮 $2s^22p^3$ 14.007	8 O 氧 $2s^22p^4$ 15.999	9 F 氟 $2s^22p^5$ 18.998403163(6)	10 Ne 氖 $2s^22p^6$ 20.1797(6)
3	11 Na 钠 $3s^1$ 22.98976928(2)	12 Mg 镁 $3s^2$ 24.305											13 Al 铝 $3s^23p^1$ 26.9815385(7)	14 Si 硅 $3s^23p^2$ 28.085	15 P 磷 $3s^23p^3$ 30.973761998(5)	16 S 硫 $3s^23p^4$ 32.06	17 Cl 氯 $3s^23p^5$ 35.45	18 Ar 氩 $3s^23p^6$ 39.948(1)
4	19 K 钾 $4s^1$ 39.0983(1)	20 Ca 钙 $4s^2$ 40.078(4)	21 Sc 钪 $3d^14s^2$ 44.955908(5)	22 Ti 钛 $3d^24s^2$ 47.867(1)	23 V 钒 $3d^34s^2$ 50.9415(1)	24 Cr 铬 $3d^54s^1$ 51.9961(6)	25 Mn 锰 $3d^54s^2$ 54.938044(3)	26 Fe 铁 $3d^64s^2$ 55.845(2)	27 Co 钴 $3d^74s^2$ 58.933194(4)	28 Ni 镍 $3d^84s^2$ 58.6934(4)	29 Cu 铜 $3d^{10}4s^1$ 63.546(3)	30 Zn 锌 $3d^{10}4s^2$ 65.38(2)	31 Ga 镓 $4s^24p^1$ 69.723(1)	32 Ge 锗 $4s^24p^2$ 72.630(8)	33 As 砷 $4s^24p^3$ 74.921595(6)	34 Se 硒 $4s^24p^4$ 78.971(8)	35 Br 溴 $4s^24p^5$ 79.904	36 Kr 氪 $4s^24p^6$ 83.798(2)
5	37 Rb 铷 $5s^1$ 85.4678(3)	38 Sr 锶 $5s^2$ 87.62(1)	39 Y 钇 $4d^15s^2$ 88.90584(2)	40 Zr 锆 $4d^25s^2$ 91.224(2)	41 Nb 铌 $4d^45s^1$ 92.90637(2)	42 Mo 钼 $4d^55s^1$ 95.95(1)	43 Tc 锝▲ $4d^55s^2$ 97.90721(3)•	44 Ru 钌 $4d^75s^1$ 101.07(2)	45 Rh 铑 $4d^85s^1$ 102.90550(2)	46 Pd 钯 $4d^{10}$ 106.42(1)	47 Ag 银 $4d^{10}5s^1$ 107.8682(2)	48 Cd 镉 $4d^{10}5s^2$ 112.414(4)	49 In 铟 $5s^25p^1$ 114.818(1)	50 Sn 锡 $5s^25p^2$ 118.710(7)	51 Sb 锑 $5s^25p^3$ 121.760(1)	52 Te 碲 $5s^25p^4$ 127.60(3)	53 I 碘 $5s^25p^5$ 126.90447(3)	54 Xe 氙 $5s^25p^6$ 131.293(6)
6	55 Cs 铯 $6s^1$ 132.90545196(6)	56 Ba 钡 $6s^2$ 137.327(7)	57~71 La~Lu 镧系	72 Hf 铪 $5d^26s^2$ 178.49(2)	73 Ta 钽 $5d^36s^2$ 180.94788(2)	74 W 钨 $5d^46s^2$ 183.84(1)	75 Re 铼 $5d^56s^2$ 186.207(1)	76 Os 锇 $5d^66s^2$ 190.23(3)	77 Ir 铱 $5d^76s^2$ 192.217(3)	78 Pt 铂 $5d^96s^1$ 195.084(9)	79 Au 金 $5d^{10}6s^1$ 196.966569(5)	80 Hg 汞 $5d^{10}6s^2$ 200.592(3)	81 Tl 铊 $6s^26p^1$ 204.38	82 Pb 铅 $6s^26p^2$ 207.2(1)	83 Bi 铋 $6s^26p^3$ 208.98040(1)	84 Po 钋▲ $6s^26p^4$ 208.98243(2)•	85 At 砹▲ $6s^26p^5$ 209.98715(5)•	86 Rn 氡▲ $6s^26p^6$ 222.01758(2)•
7	87 Fr 钫▲ $7s^1$ 223.01974(2)•	88 Ra 镭▲ $7s^2$ 226.02541(2)•	89~103 Ac~Lr 锕系	104 Rf 𬬻▲ $6d^27s^2$ 267.122(4)•	105 Db 𬭊▲ $6d^37s^2$ 270.131(4)•	106 Sg 𬭳▲ $6d^47s^2$ 269.129(3)•	107 Bh 𬭛▲ $6d^57s^2$ 270.133(2)•	108 Hs 𬭶▲ $6d^67s^2$ 270.134(2)•	109 Mt 鿏▲ $6d^77s^2$ 278.156(5)•	110 Ds 𫟼▲ $6d^97s^1$ 281.165(4)•	111 Rg 𬬭▲ 281.166(6)•	112 Cn 鿔▲ 285.177(4)•	113 Nh 𰽥▲ 286.182(5)•	114 Fl 𫓧▲ 289.190(4)•	115 Mc 镆▲ 289.194(6)•	116 Lv 𫟷▲ 293.204(4)•	117 Ts 鿬▲ 293.208(6)•	118 Og 𫠝▲ 294.214(5)•

★ 镧系

| 57 La 镧 $5d^16s^2$ 138.90547(7) | 58 Ce 铈 $4f^15d^16s^2$ 140.116(1) | 59 Pr 镨 $4f^36s^2$ 140.90766(2) | 60 Nd 钕 $4f^46s^2$ 144.242(3) | 61 Pm 钷▲ $4f^56s^2$ 144.91276(2)• | 62 Sm 钐 $4f^66s^2$ 150.36(2) | 63 Eu 铕 $4f^76s^2$ 151.964(1) | 64 Gd 钆 $4f^75d^16s^2$ 157.25(3) | 65 Tb 铽 $4f^96s^2$ 158.92535(2) | 66 Dy 镝 $4f^{10}6s^2$ 162.500(1) | 67 Ho 钬 $4f^{11}6s^2$ 164.93033(2) | 68 Er 铒 $4f^{12}6s^2$ 167.259(3) | 69 Tm 铥 $4f^{13}6s^2$ 168.93422(2) | 70 Yb 镱 $4f^{14}6s^2$ 173.045(10) | 71 Lu 镥 $4f^{14}5d^16s^2$ 174.9668(1) |

★ 锕系

| 89 Ac 锕▲ $6d^17s^2$ 227.02775(2)• | 90 Th 钍▲ $6d^27s^2$ 232.0377(4) | 91 Pa 镤▲ $5f^26d^17s^2$ 231.03588(2) | 92 U 铀▲ $5f^36d^17s^2$ 238.02891(3) | 93 Np 镎▲ $5f^46d^17s^2$ 237.04817(2)• | 94 Pu 钚▲ $5f^67s^2$ 244.06421(4)• | 95 Am 镅▲ $5f^77s^2$ 243.06138(2)• | 96 Cm 锔▲ $5f^76d^17s^2$ 247.07035(3)• | 97 Bk 锫▲ $5f^97s^2$ 247.07031(4)• | 98 Cf 锎▲ $5f^{10}7s^2$ 251.07959(3)• | 99 Es 锿▲ $5f^{11}7s^2$ 252.0830(3)• | 100 Fm 镄▲ $5f^{12}7s^2$ 257.09511(5)• | 101 Md 钔▲ $5f^{13}7s^2$ 258.09843(3)• | 102 No 锘▲ $5f^{14}7s^2$ 259.1010(7)• | 103 Lr 铹▲ $5f^{14}6d^17s^2$ 262.110(2)• |

电子层: K L M N O P Q